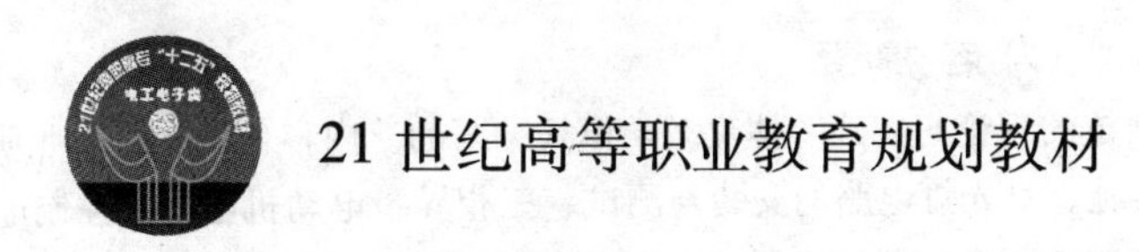

电工电路分析及应用

主　审　卢庆林
主　编　芦　晶
副主编　黎　炜　马晓燕　张玉洁

内容提要

本书是根据以项目为目标、任务为载体的理论与实践一体化教学模式编写的。内容包括：简单照明电路的规划与实施、电桥电路的规划与实施、日光灯电路的安装与测试、三相异步电动机电源及控制电路的规划与实施、延时开关电路的设计和制作、变压器的规划和制作6个项目；涵盖了直流电路、单相正弦交流电路、三相交流电路、过渡过程、磁路及互感电路的基本理论和基本技能的学习和训练，每个项目都分解为若干个由浅入深的任务，每个任务的引入都以任务描述的形式为读者提出任务要求；然后，随着知识链接、任务实施以及思考讨论环节的完成，实现本书要求的知识和能力目标。书中每个项目后附有相应任务的任务工单，以方便读者边学边做。

本书可作为高职高专电气类各专业教材使用，也可作为工程技术人员的参考用书。

图书在版编目（CIP）数据

电工电路分析及应用 / 芦晶主编. 一天津：天津大学出版社，2011.8（2018.8重印）

21世纪高等职业教育规划教材

ISBN 978-7-5618-4113-6

Ⅰ.①电… Ⅱ.①芦… Ⅲ.①电路—高等职业教育—教材 Ⅳ.①TM13

中国版本图书馆CIP数据核字（2011）第176134号

出版发行	天津大学出版社
地　　址	天津市卫津路92号天津大学内（邮编：300072）
电　　话	发行部：022-27403647
网　　址	publish. tju. edu. cn
印　　刷	天津泰宇印务有限公司
经　　销	全国各地新华书店
开　　本	185mm × 260mm
印　　张	16. 5
字　　数	412千
版　　次	2011年8月第1版
印　　次	2018年8月第6次
定　　价	33. 00元

前　言

《教育部关于以就业为导向 深化高等职业教育改革的若干意见》中指出，学校要将职业道德教育与职业素质教育内容融入课程教学中，加强学生职业能力与职业养成教育。因此，对高职院校而言，应注重学生职业岗位能力的培养，理论教学应着重围绕培养学生专业技能的需要展开。

电工电路分析及应用是高职高专机电一体化和电气自动化等工科类专业的重要技术基础课程。其主要教学目标是培养学生电气技术的基础知识和基本技能，并为后续专业综合课程的学习以及今后的职业生涯奠定坚实的理论基础和实践基础。根据高等职业院校高技能应用型人才的培养目标，结合课程综合化改革要求，构建了本书理实一体的项目化框架体系。

本书以基础、实用为原则，突出工作任务与知识的联系，让学生在职业实践活动的基础上掌握知识，注重应用能力培养，同时充分考虑到学生的认知规律，力求做到循序渐进、学做一体，使基本理论的学习以应用为目的，加强应用技术和实践能力的训练，强调教学中的可操作性。本书由6个实际应用电路为项目载体，每一个项目又由若干个由浅入深的子任务逐渐完成。每个子任务以任务描述的方式呈现出来，以任务驱动的方式，使学生明确“为什么学”；然后通过知识链接环节介绍有关电工电路的基本概念和基本理论，为最后的任务实施奠定一定的理论基础。任务实施一方面加深了学生对基本理论的理解，另一方面也使学生了解了工程实际，使抽象的理论与实际应用有机融合。书中的每个任务都有相应的任务实施步骤，具有可操作性，满足了教师理实一体教学和学生自主学习的需要。

本书由陕西工业职业技术学院卢庆林审定，芦晶统稿。项目1由陕西工业职业技术学院张玉洁编写，项目2由石河子职业技术学院马晓燕编写，项目3和项目4以及附录由陕西工业职业技术学院芦晶编写，项目5和项目6由陕西工业职业技术学院黎炜编写。昌吉职业技术学院张涛、李燕和陕西工业职业技术学院耿凡也参加了本书的编写。

由于编者水平有限，书中难免有错误和不妥之处，恳请读者批评指正。

编者

2011年5月

目　录

项目1　简单照明电路的规划与实施

学习目标

- 认识实际电路，建立电路模型。
- 掌握电路变量电压、电流、功率等重要概念及其计算方法。
- 认识电阻、电容、电感、电源元件及其伏安特性。
- 学会简单电阻的串并联电路分析。
- 掌握基尔霍夫定律及其应用。

任务目标

- 学会直流电路电流、电压的测量。
- 学会电路外特性的测绘。
- 学会直流照明电路的搭接。
- 能用实验方法验证基尔霍夫定律。
- 学会应急灯的制作。

任务1.1　电路和电路模型

任务描述>>>

搭接如图1－1所示的简单直流照明电路。根据给定电路正确连线，使灯泡正常发光。

思考：灯泡为什么会发光？灯泡两端的电压是多少？通过灯泡的电流是多少？如何分析电路的电压和电流？

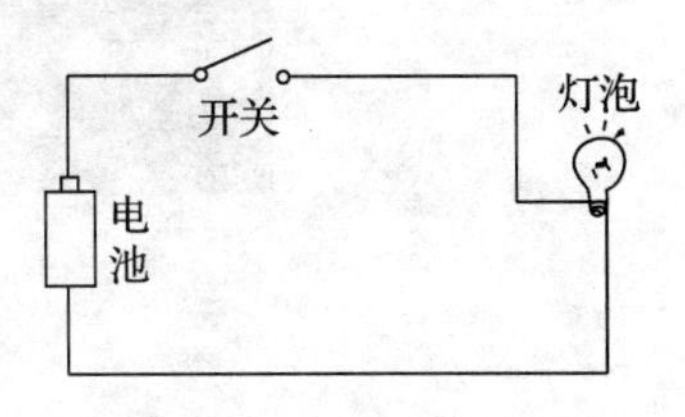

图1－1　直流照明电路

知识链接>>>

1.1.1　电路的作用

电路是人们为实现某种功能而设计出来的一种电流的通路，就其功能而言可以概括为两类。

一类是实现电能的传输、分配与转换的强电类电路，如图1－2所示的电力电路。发电机是实现把热能、水能和核能转变成电能的装置，是电路的电源部分。升压变压器、输电线、降压变压器是实现电能传输和分配的装置，是电路的中间环节。电灯、电动机、电炉等是实现将电能转换为光能、机械能和热能的装置，是电路的负载。

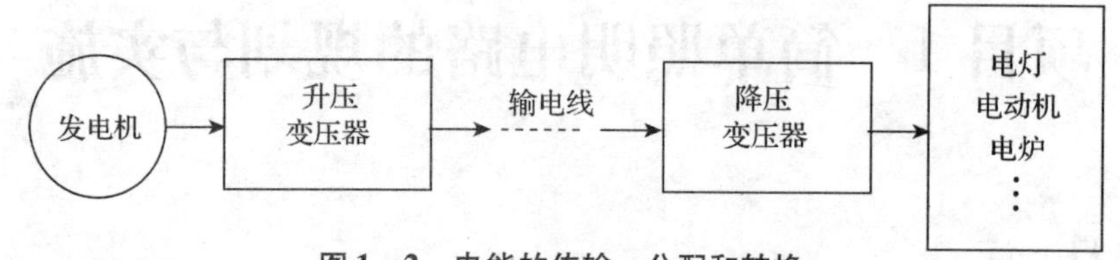

图1-2　电能的传输、分配和转换

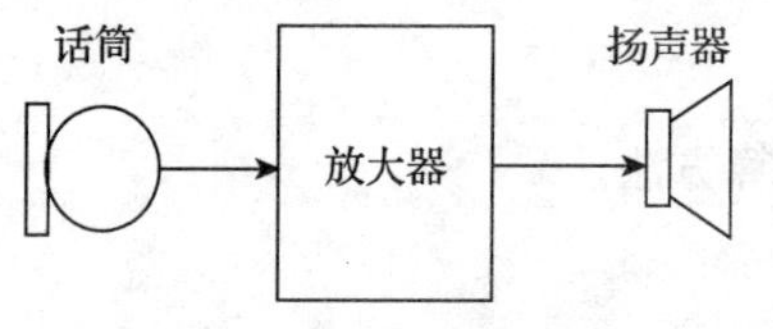

图1-3　信号的传递与处理

另一类是实现信号的传递与处理的弱电类电路，例如生活中常见的电话机、电视机等。图1-3中，话筒将语音转换为电信号，放大器将电信号进行放大处理，扬声器将电信号转换成声音信号。

1.1.2　电路的组成

为了完成不同的功能，电路的种类多样、形式各异。但一个完整的电路一般都由以下三个基本部分组成，即电源、负载和中间环节。

1. 电源

电源是产生电能和电信号的装置。各种发电机、干电池、稳压电源、信号源等都属于电源装置，如图1-4所示。

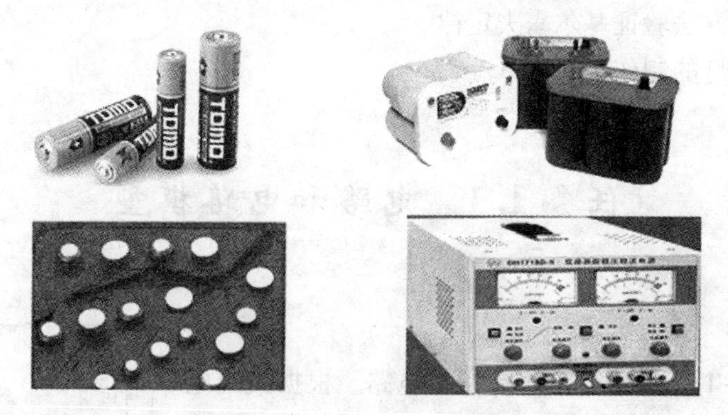

图1-4　各种电池与信号源

2. 负载

负载是将电能转化为其他形式的能量的用电设备，如电灯、电动机、电炉、扬声器等。

3. 中间环节

中间环节是连接电源和负载形成电流通路并且控制电路的通、断和起保护作用的部分，如连接导线、开关、控制电器、保护电器等。

1.1.3　电路模型

图1-1是按照实物画出的实际电路，虽然很直观，但不便于画图和分析计算。为了便于用数学方法分析电路，一般要将实际电路等效成为理想电路模型。理想电路模型是用

能够反映电路电磁性质的理想电路元件及其组合来模拟实际电路的。例如图1－1由电池、灯泡、开关组成的实际电路中，电池是电源元件，其参数为电动势U_S和内阻R_0；灯泡主要具有消耗电能的性质，是电阻元件，其参数为电阻R；导线电阻忽略不计，认为是无电阻的理想导体，开关用来控制电路的通断。那么实际电路就等效成图1－5所示的电路模型，图中各种电路元件都用国家统一规定的图形和文字符号表示。

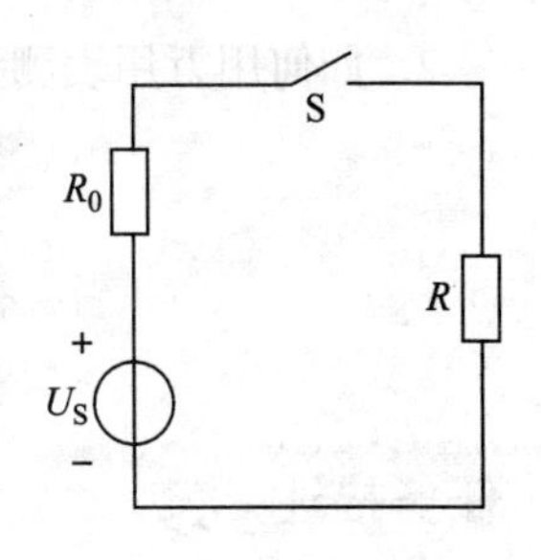

图1－5　电路模型

电路模型是由反映实际电路部件的主要电磁性质的理想电路元件及其组合组成的电路。以后分析的电路都是指电路模型，简称电路。

1.1.4　理想元件

在电工电路中常用的理想电路元件有以下五种，它们分别反映了实际元件的一种电磁特性。

电阻——反映消耗电能的元件，如电阻器、灯泡、电炉，其主要特征是消耗电能。

电感——反映产生磁场、储存磁场能量的特征，如各种电感线圈。

电容——反映产生电场、储存电场能量的特征，如各种电容器。

电源元件——表示各种将其他形式的能量转变成电能的元件，包括电压源和电流源。

如图1－6所示，这些基本的理想电路元件的共同点是都只有两个端子，即都为二端元件；但它们的特性各不相同，即伏安特性不同。

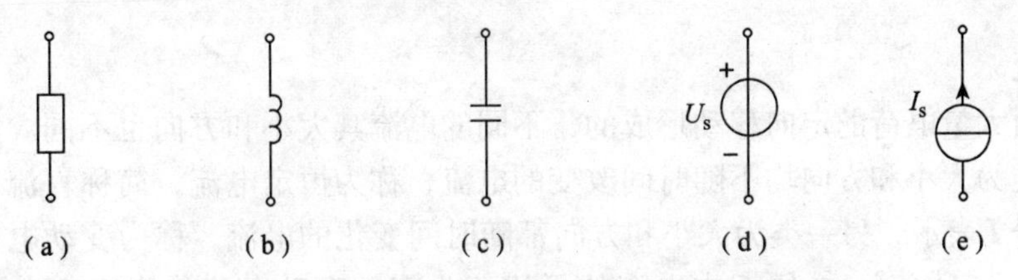

图1－6　理想元件

(a) 电阻　(b) 电感　(c) 电容　(d) 电压源　(e) 电流源

分析电路时，都是把实际电路元件用理想元件或它们的组合代替，从而使电路的分析得到简化。例如，电感线圈这一实际电路元件在不同的应用条件下，其电路模型可以有不同的形式，如图1－7所示。

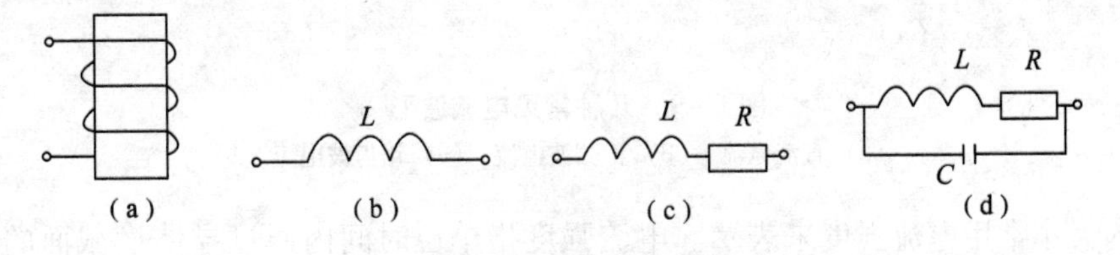

图1－7　电感线圈的等效

(a) 实际符号　(b) 低频电路中的等效　(c) 高频电路中的等效　(d) 超高频电路中的等效

思考讨论 >>>

1. 电路由哪几部分组成？各部分有什么作用？

2. 如何用万用表测量电阻阻值？

任务1.2 电路的基本物理量

任务描述 >>>

图1－8所示的小灯泡电路已搭接好，小灯泡之所以能够发光是因为有电流通过灯泡，那么通过灯泡的电流是多少？如何测量？

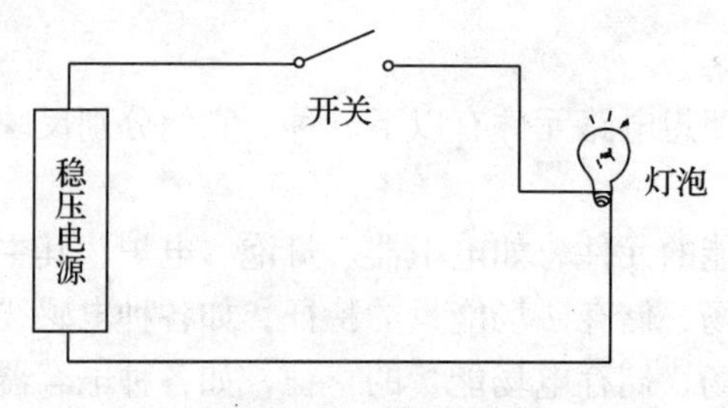

图1－8 测试电路

知识链接 >>>

1.2.1 电流

电流是由大量电荷的定向移动形成的，不同的电流其大小和方向也不同。电流主要分为两类：一类为大小和方向均不随时间改变的电流，称为恒定电流，简称直流，写作DC，其强度用符号I表示；另一类为大小和方向都随时间变化的电流，称为变动电流，其强度用符号i表示。其中，一个周期内电流的平均值为零的变动电流称为交变电流，简称交流，写作AC，其强度也用符号i表示。图1－9给出了几种常见的电流波形。

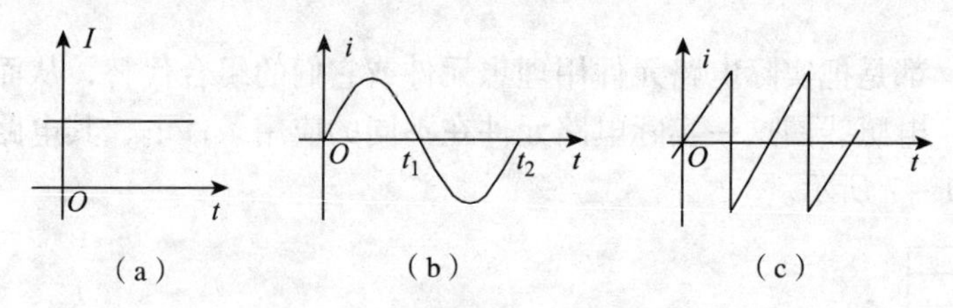

图1－9 几种常见电流波形

(a) 直流电流 (b) 正弦波电流 (c) 锯齿波电流

电流的大小常用电流强度来表示。电流强度指单位时间内通过导体横截面的电荷量，简称为电流。

直流电流单位时间内通过导体横截面的电荷量是恒定不变的，其电流强度

$$I=\frac{Q}{t} \tag{1-1}$$

对于变动电流（含交流），其电流瞬时值

$$i=\frac{\mathrm{d}q}{\mathrm{d}t} \tag{1-2}$$

在国际单位制（SI）中，电流的单位是安培，符号为A，常用单位还有千安（kA）、毫安（mA）和微安（μA）等，其关系如下：

$$1\ \text{kA}=1\ 000\ \text{A}=10^{3}\ \text{A}$$
$$1\ \text{mA}=10^{-3}\ \text{A}$$
$$1\ \mu\text{A}=10^{-6}\ \text{A}$$

电路中的电流可以很方便地用电流表测出。图1－10（a）为数模直流电流表，测量直流电流时，要把直流电流表串联到要测量的支路中，且要预先估计被测电流的大小，选择合适的量程，或者将挡位旋至最高，避免损坏仪表。图1－10是实验室中常用的两种直流电流表。

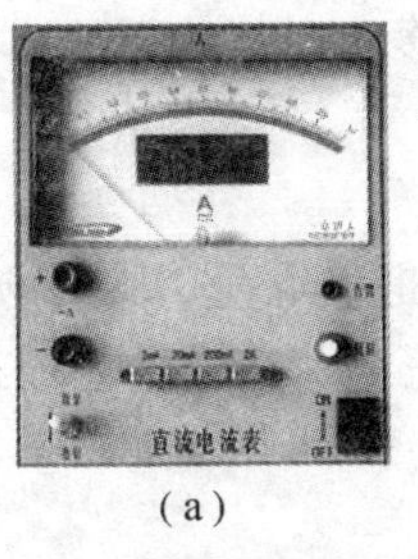

（a）

（b）

图1－10　两种直流电流表

（a）数模直流电流表　（b）直流电流表

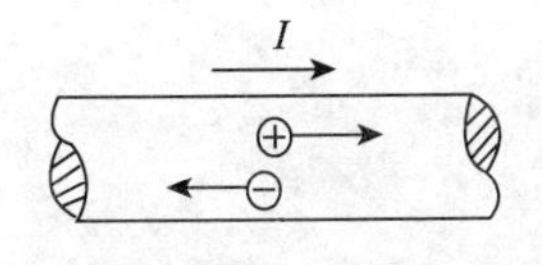

图1－11　电流的方向

电流除了有大小还有方向，电流的实际方向习惯上规定为正电荷运动的方向，如图1－11所示。

因此，要完整描述电流，就要从电流的大小和方向两方面入手。然而在分析电路时，有些复杂电路中的电流的实际方向很难立即判断出来，有时电流的实际方向还会不断改变，在电路中很难标明电流的实际方向。图1－12中，R_X支路的电流实际方向很难确定，为分析方便，引入电流的“参考方向”这一概念。对于一条特定电路来说，电流的方向只有两种情况，可任意选定一个方向作为电流的参考方向，用箭头表示，如图1－12所示。确定了参考方向后，电流就成为一个代数量。当电流为正值（$I>0$）时，电流的实际方向与参考方向相同；当电流为负值（$I<0$）时，电流的实际方向与参考方向相反，如图1－13所示。

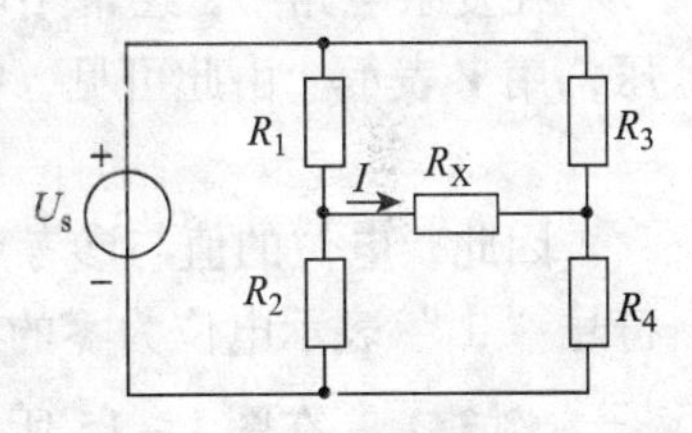

图1－12　电桥电路

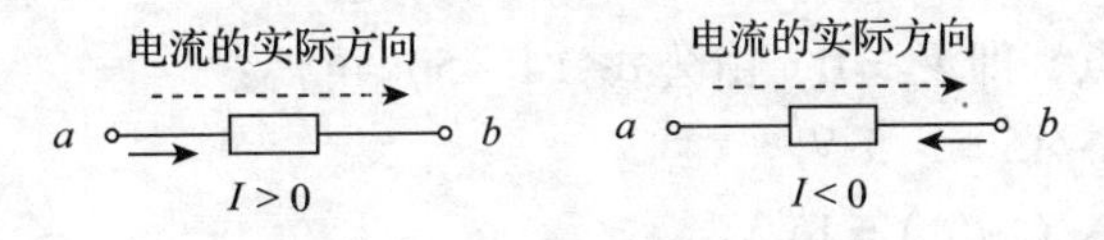

图1－13　电流参考方向与实际方向

常见电流的参考方向有三种表示方法，如图1－14所示。

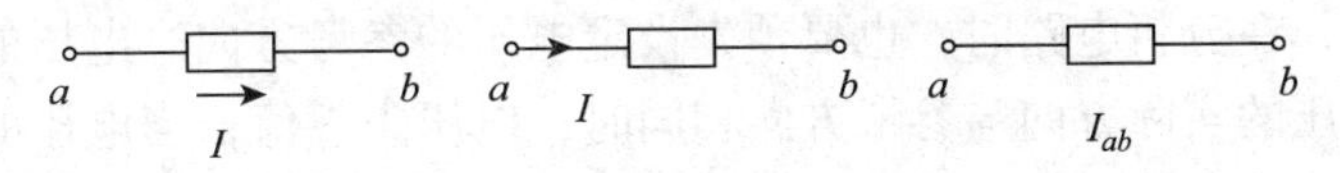

图1－14　电流参考方向的表示方法

在求解电路中的电流时，首先要假定电流的参考方向，按照假定的参考方向求解。若由计算得出的电流为正，则表明电路中电流实际方向与参考方向相同；反之，电流实际方向与参考方向相反。显然，电流的正、负，只有在选定了参考方向以后才有意义。

1.2.2 电压与电位

1. 电压

在物理课中我们已经学过，电场中 a、b 两点间电压（电势差）的大小等于电场力把单位正电荷由 a 点移动到 b 点所做的功，用 U_{ab}表示，则：

$$U_{ab}=\frac{W_{ab}}{q} \tag{1-3}$$

其中，W_{ab}为电场力把正电荷 q 从电场中 a 点移到电场中 b 点时所做的功，并规定电压的方向为电场力做功使正电荷移动的方向，即由高电位（+）指向低电位（-）。对于非点电荷，则：

$$u_{ab}=\frac{\mathrm{d}W_{ab}}{\mathrm{d}q} \tag{1-4}$$

电压的单位为伏特（V），常用的单位还有千伏（kV）、毫伏（mV）、微伏（μV）。它们之间的换算关系为：

$$1\ \mathrm{V}=1\ 000\ \mathrm{mV}=10^3\ \mathrm{mV}$$
$$1\ \mathrm{V}=1\ 000\ 000\ \mu\mathrm{V}=10^6\ \mu\mathrm{V}$$
$$1\ \mathrm{kV}=1\ 000\ \mathrm{V}=10^3\ \mathrm{V}$$

2. 电位

在复杂电路中，经常用电位的概念来分析电路。所谓电位，是指某点到参考点的电压，用 V 表示。由此可见，电路中 a、b 两点间的电压就等于 a、b 两点的电位差，即

$$U_{ab}=V_a-V_b \tag{1-5}$$

因此，电位的值与参考点的选取有关，而电压则与参考点的选取无关。电路中用接地符号“⊥”表示电位为零的参考点。

例 1.1 在图 1-15 所示的电路中，d 点为参考点，已知 a、b 和 c 三点的电位分别为 $V_a=10$ V，$V_b=15$ V，$V_c=-5$ V，试求电压 U_{ab}、U_{ac}和 U_{ad}。

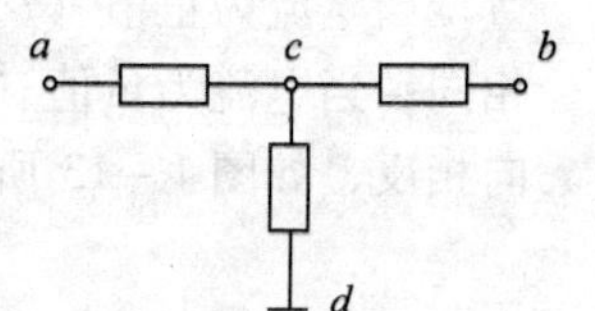

图 1-15 例 1.1 图

解：d 点为参考点，即 $V_d=0$，由公式（1-5）可得：

$U_{ab}=V_a-V_b=10-15=-5$ V

$U_{ac}=V_a-V_c=10-(-5)=15$ V

$U_{ad}=V_a-V_d=10-0=10$ V

3. 电压与电流的关联方向

与电流类似，在分析电路时，也要预先设定电压的参考方向。电压的参考方向也是任意假定的，当电压的实际方向与参考方向相同时，电压为正值；当电压的实际方向与参考方向相反时，电压为负值。这样，电压的值有正有负，它也是一个代数量，其正负表示电压的实际方向与参考方向的关系。

电压的参考方向既可以用实线箭头表示，如图 1-16（a）所示；也可以用正（+）、负（-）极性表示，如图 1-16（b）所示，正极性指向负极性的方向就是电压的参考方向；还可以用双下标表示，如图 1-16（c）所示，其中 U_{ab}表示 a、b 两点间的电压参考方向由 a 指向 b。

U → 　　$+\ U\ -$ 　　$a\ \ U_{ab}\ \ b$

(a)　　(b)　　(c)

图1-16　电压参考方向的表示方法

(a) 方法一　(b) 方法二　(c) 方法三

电压与电流既然都有参考方向，而它们的参考方向又都是任意假定的，那么就有两种可能性，要么电流与电压的参考方向相同，要么两者的参考方向相反。若电流的参考方向与电压的参考方向一致，则称为关联参考方向，如图1-17（a）所示；若电流的参考方向与电压的参考方向相反，则称为非关联参考方向，如图1-17（b）所示。

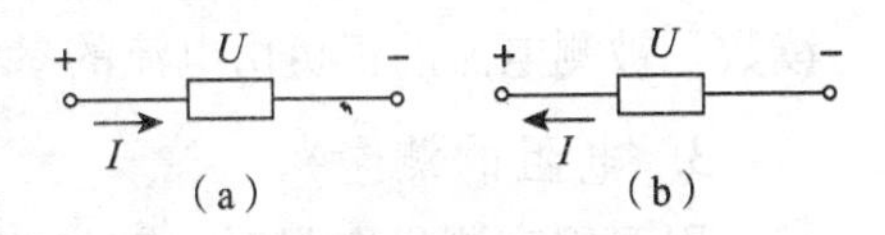

(a)　(b)

图1-17　电压与电流的方向

(a) 关联参考方向　(b) 非关联参考方向

和电流一样，用直流电压表可以方便地测量出电路中的电压。图1-18为常用的直流电压表。测量时，要把直流电压表并联到被测量的元件或被测电路的两端；正表笔接在被测电路的高电位端，负表笔接在被测电路的低电位端；选择合适的量程，在未知电压的大小时挡位旋至最高，依照电压表的说明正确读数。

(a)　　(b)

图1-18　直流电压表

(a) 数模直流电压表　(b) 直流电压表

知识拓展>>>

万用表的使用方法

(a)　　(b)

图1-19　万用表

(a) 指针式万用表　(b) 数字式万用表

万用表是一种常用的电工电子仪表，一般的万用表可以测量直流电压、直流电流、交流电压和电阻等。有些万用表还可测量电容、电感、功率、晶体管共射极直流放大系数等。

万用表主要有指针式和数字式两种，如图1-19所示。

1. 直流电压的测量

将万用表转换开关旋至直流电压挡上，根据被测电压的大小选择合适的量程，如果不清楚被测电压的大小，则选择最高挡；然后将万用表的红黑表笔并联接在被测电压的两端，红表笔接在高电位，黑表笔接在低电位，读取数据。

2. 直流电流的测量

将万用表转换开关旋至直流电流挡上，根据被测电流的大小选择合适的量程，如果不清楚被测电流的大小，则选择最高挡；然后将万用表的红黑表笔串联接到被测电路中，电流应该从红表笔流入，从黑表笔流出；当指针反向偏转时，应将两表笔交换位置，再读取读数。被测电流的正负由电流的参考方向与实际方向是否一致来决定。

3. 电阻的测量

用万用表测量电阻时，首先应该将表笔短接，将调零电位器调零，使指针在欧姆零位上，如图 1－20 所示。每次换挡之后也需重新调零。在选择欧姆挡位时，尽量选择被测阻值在接近表盘中心阻值读数的位置，以提高测试结果的精确度；如果被测电阻在电路板上，则应焊开其中一脚方可测试，否则被测电阻有其他分流器件，读数不准确。测量电阻阻值时，两手手指不要分别接触表笔与电阻的引脚，以防人体电阻分流，从而增加误差。

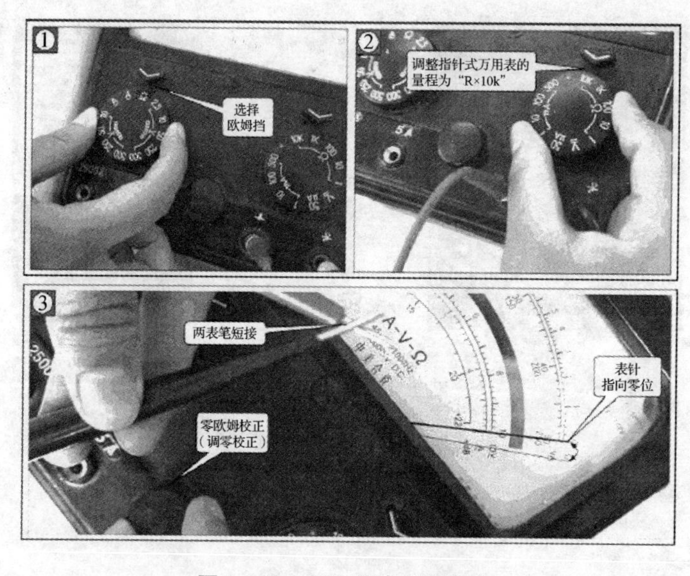

图 1－20　用万用表测量电阻

任务实施>>>

表 1－1　直流电路中电压、电流的测试

RW 1－1

任务内容	① 根据给定电路，正确布线，使电路正常运行； ② 学会使用直流电压表、电流表及万用表； ③ 完成直流电压、电流的测试

续表

	设备名称	型号或规格	数量
测试设备	直流稳压电源	0～30 V	1台
	直流电压表		1只
	直流电流表		1只
	数字万用表		1块
测试电路	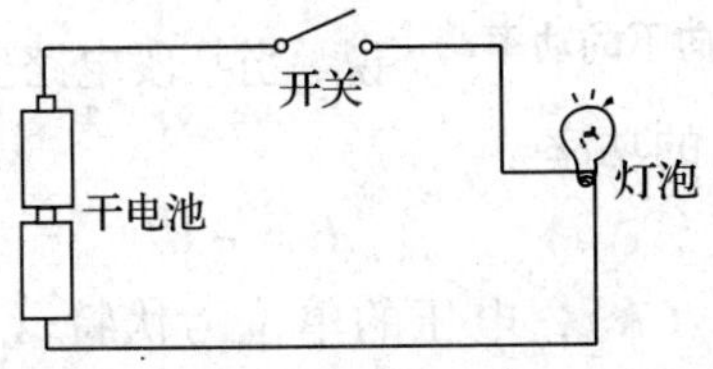 开关 干电池 灯泡 电路说明： ① 干电池也可用直流稳压电源代替，电源电压选择为6 V； ② 灯泡选择为6 V/2 W		
测试程序	① 依测试电路连接电路； ② 在开关断开、闭合两种情况下，测量电源、灯泡和开关两端电压； ③ 在开关断开、闭合两种情况下，测量电源和灯泡上的电流		

知识链接>>>

1.2.3　电能和功率

1. 功率的计算

在电路的分析和计算中，能量和功率的计算是十分重要的。一方面，电路在工作时总伴随有电能与其他形式能量的相互交换；另一方面，电气设备和电路元件本身使用都有功率的限制，在使用时要注意其电流值或电压值是否超过额定值，过载会使设备或元件损坏或不能正常工作。

电功与电压、电流密切相关。当正电荷从元件上电压的正极“+”经过元件移动到电压的负极“-”时，与此电压相应的电场力要对电荷做功，这时元件吸收能量；反之，正电荷从电压的负极“-”经过元件移动到电压正极“+”时，电场力做负功，元件向外释放电能。

功率的定义：单位时间内电场力所做的功称为电功率，简称为功率。因此，功率

$$P=\frac{W}{t}$$

变化的电功率的瞬时值

$$P=\frac{\mathrm{d}W}{\mathrm{d}t}$$

由电压的定义可知 $\mathrm{d}W=u\mathrm{d}q$，又由于 $i=\mathrm{d}q/\mathrm{d}t$，因此电路消耗（或吸收）的功率

$$P=\frac{\mathrm{d}W}{\mathrm{d}t}=ui \tag{1-6}$$

在直流电路中，电流、电压均为常量，故

$$P = UI \tag{1-7}$$

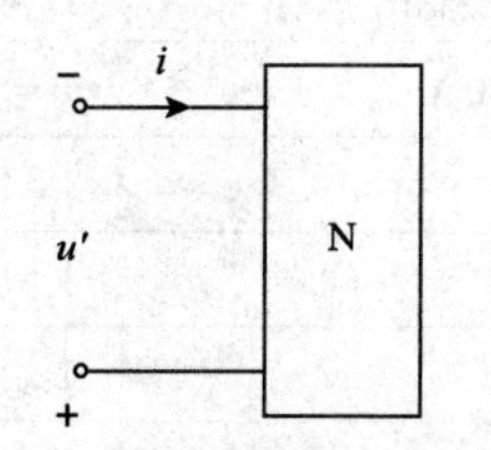

图 1-21　非关联参考方向下的功率

在式（1-6）和式（1-7）中，电流和电压为关联参考方向，计算的功率为电路吸收（或消耗）的功率。若电流和电压为非关联参考方向，如图 1-21 所示，则这时 u'与 i 为非关联参考方向，$u'=-u$，电路消耗的功率为 $P=ui=-u'i$。也就是说，当某段电路上电流和电压为非关联参考方向时，这段电路吸收（或消耗）的功率

$$P = -UI \tag{1-8}$$

若电流的单位为安培（A），电压的单位为伏特（V），则功率的单位为瓦特（W），简称为瓦。

由功率的计算公式得出的结果有下列情况。

① $P>0$，说明该段电路吸收（或消耗）功率。

② $P=0$，说明该段电路不消耗功率。

③ $P<0$，说明该段电路释放（或发出）功率。

2. 电能的计算

当已知设备的功率为 P 时，则在 t 秒内设备消耗的电能

$$W = Pt$$

电能就等于电场力所做的功，单位是焦耳（J）。工程上，直接用千瓦时（kW·h）作单位，俗称“度”，且 1 kW·h = 3 600 000 J。

例 1.2　在图 1-22 中，用方框代表某一电路元件，其电压、电流如图所示，求图中各元件吸收的功率，并说明该元件实际上是吸收功率还是发出功率。

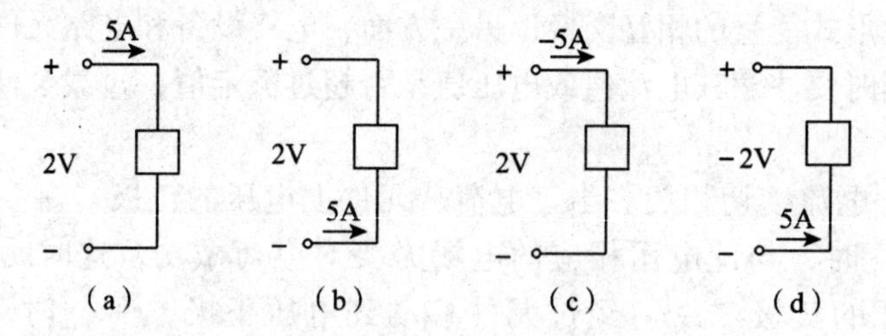

图 1-22　例 1.2 图

(a) 图1　(b) 图2　(c) 图3　(d) 图4

解：图 1 中电压、电流的参考方向关联，元件吸收的功率

$$P = UI = 2 \times 5 = 10\ \text{W} > 0$$

元件实际上是吸收功率。

图 2 中电压、电流的参考方向非关联，元件吸收的功率

$$P = -UI = -2 \times 5 = -10\ \text{W} < 0$$

元件实际上是发出功率。

图 3 中电压、电流的参考方向关联，元件吸收的功率

$$P=UI=2\times(-5)=-10\ \text{W}<0$$

元件实际上是发出功率。

图 4 中电压、电流的参考方向非关联，元件吸收的功率

$$P=-UI=-(-2)\times 5=10\ \text{W}>0$$

元件实际上是吸收功率。

1.2.4　电气设备的额定值

对于实际元件和设备来说，为了避免因过热而加速电气设备的老化甚至烧坏，设备的制造厂家规定了电气设备在正常运行时的规定使用值（电压、电流或功率），统称额定值，标在产品上。只有在额定值下设备才能正常工作，否则会影响设备的安全和寿命。比如，在电动机和变压器等设备中，能量损耗引起的发热会使绝缘材料的温度升高，使材料加速老化或烧毁，从而造成事故。因此，使用设备时必须注意不能超过制造厂家规定的额定值。当然选择设备额定值也不是越大越好。

① 额定工作状态：$I=I_N$，$P=P_N$（经济合理安全可靠）。

② 过载（超载）：$I>I_N$，$P>P_N$（设备易损坏）。

③ 欠载（轻载）：$I<I_N$，$P<P_N$（不经济）。

其中，I_N 和 P_N 分别表示设备的额定电流和额定功率。

任务实施>>>

表 1－2　电位、电压的测定及电路电位图的绘制

RW 1－2

<table>
<tr><td>任务内容</td><td colspan="3">① 测量电路中各点电位；
② 测量电路中相邻两点之间的电压</td></tr>
<tr><td rowspan="5">测试设备</td><td>设备名称</td><td>型号或规格</td><td>数量</td></tr>
<tr><td>电工电路综合实训台</td><td></td><td>1 套</td></tr>
<tr><td>直流数字电压表</td><td></td><td>1 只</td></tr>
<tr><td>直流数字毫安表</td><td></td><td>1 只</td></tr>
<tr><td>恒压源</td><td></td><td>2 个</td></tr>
<tr><td>测试电路</td><td colspan="3">f　a　b　R1　R2　+　Us1　R3　Us2　−　e　R4　d　R5　c
电路说明：
① 恒压源 $U_{S1}=6$ V、$U_{S2}=12$ V；
② 电阻 $R_1=510\ \Omega$、$R_2=1\ \text{k}\Omega$、$R_3=510\ \Omega$、$R_4=510\ \Omega$、$R_5=330\ \Omega$</td></tr>
</table>

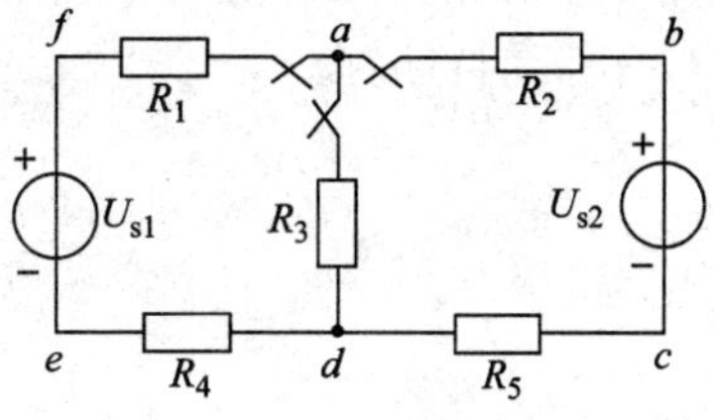

续表

测试程序	① 按测试电路连接电路； ② 以图中的 a 点作为电位参考点，分别测量 b、c、d、e、f 各点的电位； ③ 以 d 点作为电位参考点，分别测量 a、b、c、d、e、f 各点的电位； ④ 在图中，测量电压 U_{ab}：将电压表的红表笔端插入 a 点，黑表笔端插入 b 点，读电压表读数，按同样方法测量 U_{bc}、U_{cd}、U_{de}、U_{ef} 及 U_{fa}

思考讨论>>>

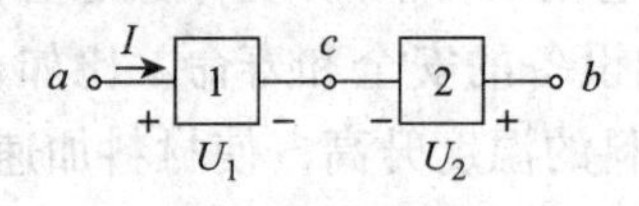

图 1－23　题 1 图

1. 在图 1－23 中，若电流和电压的参考方向如图所示，问元件 1 和元件 2 的电流与电压参考方向是关联还是非关联？

2. 在图 1－23 中，若 $U_1 = -6$ V，$U_2 = 4$ V。

① U_{ab} 等于多少？

② 若选 b 点为参考点，则 a、b 和 c 三点的电位各是多少？

③ 若选 c 点为参考点，则 a、b 和 c 三点的电位各是多少？

3. 在图 1－24 中，方框代表电源或负载。已知 $U = 100$ V，$I = -2$ A，方框代表电源的有________；方框代表负载的有________。

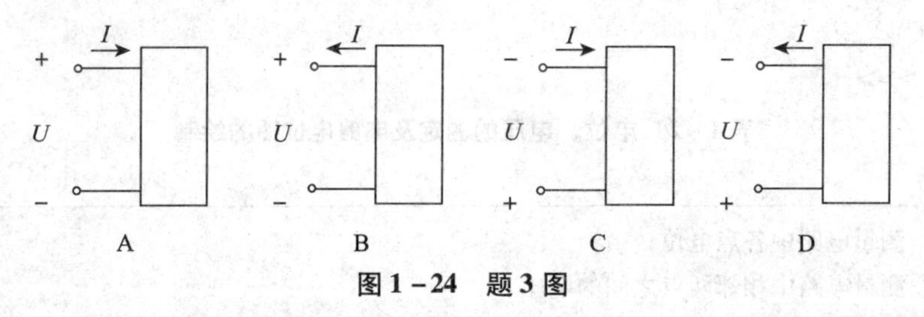

图 1－24　题 3 图

任务 1.3　电阻元件

任务描述>>>

电阻器是实际电路中最常见的电路元件之一。它在电路中起什么作用？怎样识别它？电阻器的电路模型是什么？有什么特性？

知识链接>>>

1.3.1　电阻器

1. 电阻器的类型

实际电路中的电阻器、灯泡、电炉等元件均为耗能元件，耗能元件的电路模型用电阻表示。电阻器通常就叫电阻，在电路图中用字母 R 或 r 表示，常见的电阻器如图1－25

所示。

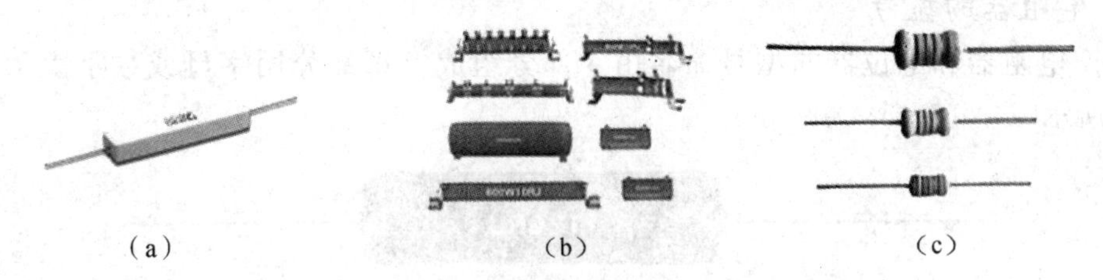

图1-25　常见电阻器

(a) 水泥电阻器　(b) 绕线可调电阻器　(c) 金属膜电阻

电阻器的种类很多，按功能可分为固定电阻器、可变电阻器和特殊电阻器。固定电阻器的阻值是固定不变的，可变电阻器的阻值可在一定范围内调节改变，特殊电阻器的阻值随外界条件（如温度、压力、光线等）的变化而变化。按材料电阻器可分为碳膜电阻、金属膜电阻、水泥电阻和绕线电阻等。按用途电阻器可分为通用型、精密型、高阻型、高压型、高频无感型和特殊电阻。其中特殊电阻又分为光敏电阻、热敏电阻、压敏电阻等。另外，还有一类特殊用途的电阻，如热敏电阻、压敏电阻等。

电路图中常用电阻器的符号如图1-26所示。

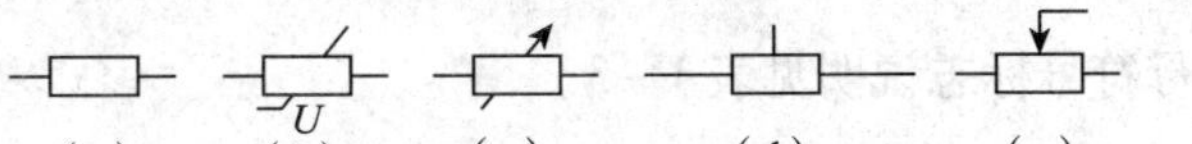

(a)　(b)　(c)　(d)　(e)

图1-26　电阻器的符号

(a) 固定电阻　(b) 压敏电阻　(c) 可调电阻　(d) 抽头固定电阻　(e) 电位器

2. 电阻器的主要性能参数

电阻器的性能参数主要包括标称阻值、允许偏差、额定功率、最高工作温度、最高工作电压、噪声系数和高频特性等。在选用电阻器时一定不能突破极限参数，尤其要考虑阻值、额定功率及允许偏差。其他参数，一般在特定条件下才予以考虑。

电阻值的SI（国际单位制）单位是欧姆，简称欧，通常用符号“Ω”表示。常用的单位还有“kΩ”“MΩ”，它们的换算关系如下：

$$1\ \text{M}\Omega = 1\ 000\ \text{k}\Omega = 1\ 000\ 000\ \Omega$$

电阻的倒数称为电导，用字母G表示，即

$$G = \frac{1}{R}$$

电导的SI单位为西门子，简称西，通常用符号“S”表示。电导也是表征电阻元件特性的参数，反映的是电阻元件的导电能力。

平常所说电阻器的电阻值为多少欧姆就是指标称阻值，它是一个近似值，与实际阻值有一定偏差。误差等级按国家标准规定有E24、E12和E6系列。其中，E24系列的最大误差为±5%，E12系列的最大误差为±10%，E6系列的最大误差为±20%。

额定功率是电阻正常工作时消耗的功率，它是选择电阻器时首先要考虑的一个参数，电阻器的额定功率应满足电路的需要。

3. 电阻器的型号

国产电阻器和电位器的型号命名由4部分组成，每部分用字母或数字表示，如图1－27所示。

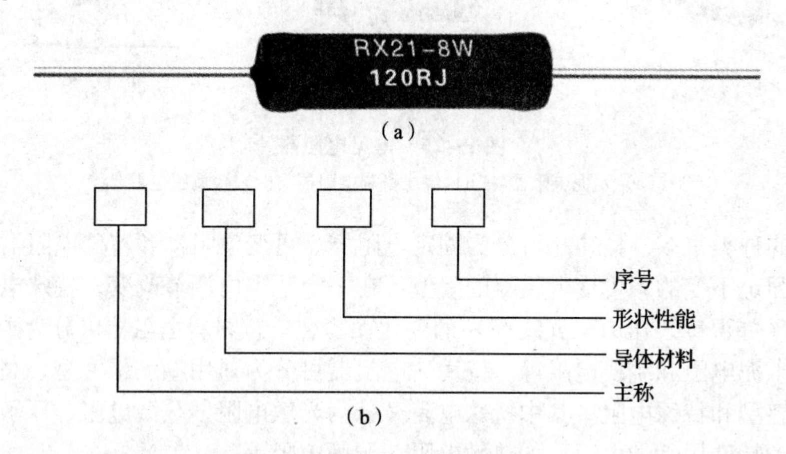

图1－27　电阻类别及型号表示

(a) 实物图　(b) 型号组成

电阻类别的字母符号标志说明见表1－3。

表1－3　电阻型号命名含义

第一部分 主称		第二部分 导体材料		第三部分 形状性能		第四部分 序号
R	电阻	T	碳膜电阻	X	大小	对主称、材料特征相同，仅尺寸性能指标略有差别，但基本上不影响互换的产品给同一序号，若尺寸、性能指标的差别已明显影响互换，则在序号后面用大写字母予以区别
				J	精密	
		J	金属膜电阻	L	测量	
				G	高功率	
		Y	金属氧化膜电阻	1	普通	
				2	普通	
		X	绕线电阻	3	超高频	
W	电位器	M	压敏电阻	4	高阻	
				5	高温	
		G	光敏电阻	7	精密	
				8	高压	
		R	热敏电阻	9	特殊	

4. 电阻的规格标注方法

电阻的标注方法有色标法、直标法和文字符号描述法。直标法是将电阻的类别、标称阻值及误差、额定功率等主要参数直接标注在它的表面上，如图1－28（a）所示。目前最常用的是色标法。色标法就是将电阻的类别及主要技术参数用颜色（色环或色点）标注在它的表面上，如图1－28（b）所示。碳质电阻和一些小碳膜电阻的阻值和误差，一般用色环来表示（个别电阻也有用色点表示的）。

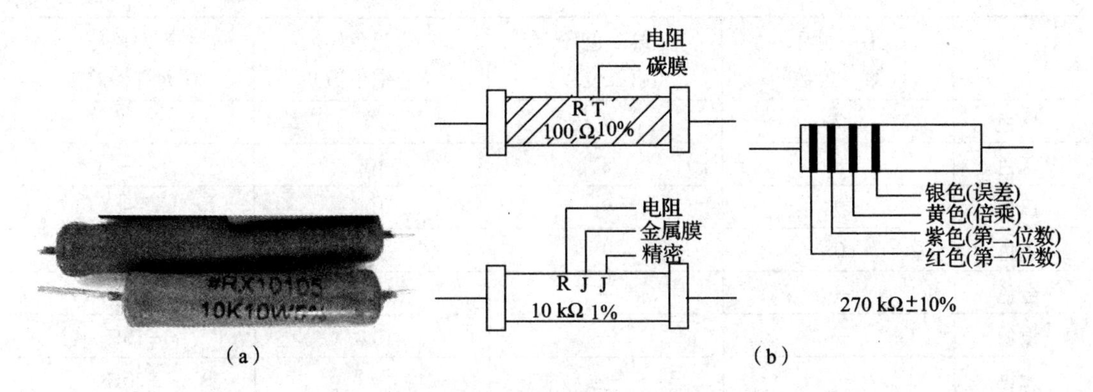

（a）　　（b）

图1－28　电阻规格标注法

（a）直标法　（b）色标法

色标法是在电阻元件的一端上画有三道或四道色环，紧靠电阻端的为第一色环，其余依次为第二、三、四色环。第一道色环表示阻值第一位数字，第二道色环表示阻值第二位数字，第三道色环表示阻值倍率的数字，第四道色环表示阻值的允许误差。

普通精度的电阻用四条色环来表示其阻值与误差级别，首先要把颜色与所代表的数字记熟，即：棕1、红2、橙3、黄4、绿5、蓝6、紫7、灰8、白9、黑0。把色环与数字的对应关系编成口诀：

棕1红2橙上3，4黄5绿6是蓝，

7紫8灰9雪白，黑色是0须记牢。

首先背熟口诀，其次是第三环所表示的数量级，即第三环表示第一、二位有效数字之后的“0”的个数，再加上最后一环，金色为Ⅰ级误差（±5%）、银色为Ⅱ级误差（±10%），这样就能迅速读出阻值和误差了。精密电阻（误差为±2%）用五条色环表示，可与四条色环进行比较，记忆其规律。色环所代表数及数字意义如表1－4所示。例如有一只电阻有四个色环颜色依次为红、紫、黄、银，则这个电阻的阻值为270 000 Ω，误差为±10%（即270 kΩ±10%）；另有一只电阻标有棕、绿、黑三道色环，显然其阻值为15 Ω，误差为±20%（即15 Ω±20%）；还有一只电阻的四个色环颜色依次为绿、棕、金、金，则其阻值为5.1 Ω，误差为±10%（即5.1 Ω±10%）。

表1－4　色环所代表的数及数字意义

色　别	第一色环（第一位数）	第二色环（第二位数）	第三色环（应乘位数）	第四色环（允许误差）
棕色	1	1	10^1	—
红色	2	2	10^2	—
橙色	3	3	10^3	—
黄色	4	4	10^4	—
绿色	5	5	10^5	—
蓝色	6	6	10^6	—

续表

色　别	第一色环 （第一位数）	第二色环 （第二位数）	第三色环 （应乘位数）	第四色环 （允许误差）
紫色	7	7	10^7	—
灰色	8	8	10^8	—
白色	9	9	10^9	—
黑色	0	0	10^0	—
金色	—	—	10^{-1}	±5%
银色	—	—	10^{-2}	±10%
无色	—	—	—	±20%

应当指出，拿到一个色环电阻时，第一色环指的是最靠近电阻端部的那个色环，否则会读反，初学者应多加实践练习。

1.3.2 电阻元件的伏安特性

电阻元件的特性，可以用其两端的电压与电流的关系表示，称为伏安特性。伏安特性可以很直观地用 $u-i$ 平面的一条曲线表示，称为电阻元件的伏安特性曲线。如果伏安特性曲线是一条过原点的直线，如图 1－29（a）所示，这样的电阻元件称为线性电阻元件。在工程上，还有许多电阻元件，其伏安特性曲线是一条过原点的曲线，这样的电阻元件称为非线性电阻元件。图 1－29（b）所示是二极管的伏安特性曲线，所以二极管是一个非线性电阻元件。

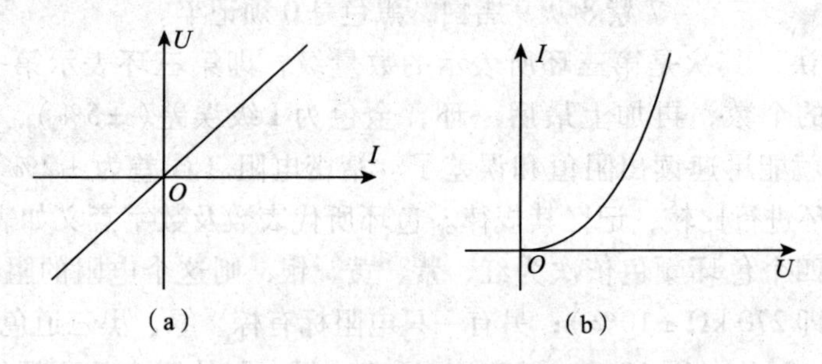

图 1－29　电阻的伏安特性曲线

（a）线性电阻　（b）非线性电阻

严格地说，实际电路器件的电阻都是非线性的。如常用的白炽灯，只有在一定的工作范围内，才能把白炽灯近似看成线性电阻，而超过此范围，就成了非线性电阻。

任务实施 >>>

表 1－5　电阻、灯泡、二极管伏安特性的测试

RW 1－3

任务内容	① 认识电阻； ② 测量线性电阻的伏安特性，测量 6.3 V 灯泡的伏安特性； ③ 测量二极管的伏安特性

续表

<table>
<tr><td></td><td>设备名称</td><td>型号或规格</td><td>数量</td></tr>
<tr><td rowspan="5">测试设备</td><td>电工电路综合实训台</td><td></td><td>1 套</td></tr>
<tr><td>直流稳压电源</td><td>0 ~ 30 V</td><td>1 台</td></tr>
<tr><td>直流电压表</td><td></td><td>1 只</td></tr>
<tr><td>直流电流表</td><td></td><td>1 只</td></tr>
<tr><td>数字万用表</td><td></td><td>1 块</td></tr>
<tr><td>测试电路</td><td colspan="3">（a）
（b）
电路说明：
电源电压选择为 0 ~ 10 V</td></tr>
<tr><td>测试程序</td><td colspan="3">① 按图（a）所示电路连线；
② 调节恒压源可调稳压电源的输出电压 U，从 0 开始缓慢地增加（不能超过 10 V），记下相应的电压表和电流表的读数；
③ 将图（a）中的 1 kΩ 线性电阻换成一只 6.3 V 的灯泡，重复②的步骤，注意电压不能超过 6.3 V；
④ 按图（b）接线，R 为限流电阻，取 200 Ω（十进制可变电阻箱），二极管的型号为 IN4007；
⑤ 测二极管的正向特性时，其正向电流不得超过 25 mA，二极管 VD 的正向压降可在 0 ~ 0.75 V 取值，特别是在 0.5 ~ 0.75 V 更应多取几个测量点；
⑥ 测反向特性时，将可调稳压电源的输出端正、负连线互换，调节可调稳压输出电压 U，从 0 开始缓慢地增加（不能超过 −30 V），将数据分别记录下来</td></tr>
</table>

知识链接>>>

1.3.3　欧姆定律

欧姆定律是电路分析中的重要定律之一，它说明流过线性电阻的电流与该电阻两端电压之间的关系，反映了电阻元件的特性。

欧姆定律指出：在电阻电路中，当电压与电流为关联参考方向，电流的大小与电阻两端的电压成正比，与电阻值成反比。即欧姆定律可用下式表示：

$$I = \frac{U}{R} \tag{1-9}$$

当选定电压与电流为非关联方向时，则欧姆定律可用下式表示：

$$I = -\frac{U}{R} \tag{1-10}$$

在国际单位制中，电阻的单位为欧姆（Ω）。当电路两端的电压为1 V，通过的电流为1 A，则该段电路的电阻为1 Ω。

欧姆定律表达了电路中电压、电流和电阻的关系。使用欧姆定律时应注意的是欧姆定律只适用于线性电阻（R 为常数）。此外，若电阻上的电压与电流参考方向非关联，公式中应冠以负号，如式（1－10）。

1.3.4 电阻元件的功率

当电阻元件上电压 U 与电流 I 为关联参考方向时，由欧姆定律得 $U=RI$，元件吸收的功率

$$P=UI=I^2R=\frac{U^2}{R} \tag{1-11}$$

若电阻元件上电压 U 与电流 I 为非关联参考方向，这时 $U=-RI$，元件吸收的功率

$$P=-UI=I^2R=\frac{U^2}{R} \tag{1-12}$$

由式（1－11）和式（1－12）可知，P 恒大于等于零，说明实际的电阻元件总是吸收功率，即是耗能元件。

对于一个实际的电阻元件，其参数主要有两个：一个是电阻值，另一个是功率。如果在使用时超过其额定功率，则元件将被烧毁。

在 t_0 到 t 的时间内，电阻元件吸收的电能

$$W=\int_{t_0}^{t}P(t)\,\mathrm{d}t=\int_{t_0}^{t}\frac{u^2(t)}{R}\mathrm{d}t=\int_{t_0}^{t}Ri^2(t)\,\mathrm{d}t$$

当电流、电压为常数时，上式可以写为

$$W=P(t-t_0)=UI(t-t_0) \tag{1-13}$$

例1.3 一个额定电压为220 V，额定功率为100 W的灯泡，试计算：

① 灯泡额定电流和电阻值；

② 灯泡在额定电压下每天工作5小时，则一个月（按30天计算）消耗的电能为多少？

解： ① 由 $P=UI=U^2/R$ 可得

额定电流 $I=P/U=100\text{ W}/220\text{ V}=0.4545\text{ A}$

阻值 $R=U^2/P=(220\text{ V})^2/100\text{ W}=484\ \Omega$

② 一个月（按30天计算）灯泡消耗的电能

$$W=PT=100\text{ W}\times(5\text{ h}\times 30)=15\times10^3\text{ W}\cdot\text{h}=15\text{ kW}\cdot\text{h}$$

思考讨论>>>

1. 2 kΩ的电阻上通过2 mA的电流，试求：

① 电阻两端的电压；

② 电阻吸收的功率；

③ 电阻在1小时内消耗的电能。

2. 将两个标有“100 V，20 W”的灯泡串联后接在220 V的电源上是否合适？并联后

接在220 V的电源上是否合适?

3. 试判断图1-30所示各电路中电阻元件的伏安关系式，正确的是________；错误的是________。

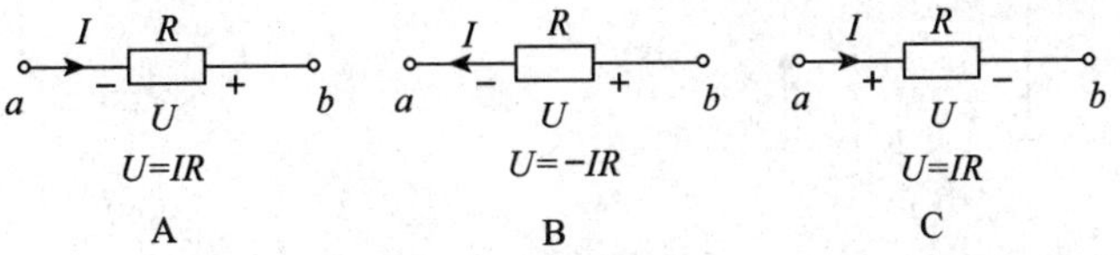

$U=IR$　　$U=-IR$　　$U=IR$

A　　B　　C

图1-30　题3图

任务1.4　认识电感元件与电容元件

任务描述>>>

电感和电容元件也是组成电路模型的基本元件。与电阻不同的是电感和电容元件都是储能元件，而电阻是耗能元件，电感元件储存的是磁场能量，电容元件储存的是电场能量，因此它们在电路中表现出的性质不同。那么电容和电感元件在电路中有什么特性呢?

知识链接>>>

1.4.1　电感元件的伏安特性

在一定条件下，实际电路中的电感线圈的电路模型可看成是电感元件。图1-31（a）中，有电流通过线圈时，其周围就会产生磁场，其磁通Φ与电流i的实际方向符合右手螺旋法则。当线圈电流变化时，它周围的磁场也要变化，这种变化的磁场将使线圈自身产生感应电压，这就是自感现象。

线圈一般是由许多线匝密绕而成，与整个线圈相交链的总磁通称为线圈的磁链Ψ，当线圈中没有铁磁材料时，磁链Ψ与电流i成正比，即$\Psi=Li$或$L=\Psi/i$。

比例系数L称为线圈的电感，它是电感元件的参数。电感元件的电路符号如图1-31（b)所示，其单位为亨利，简称亨，用H表示，常用单位还有毫亨（mH)、微亨（μH)，它们的换算关系如下：

$$1\ \text{mH}=10^{-3}\ \text{H}$$

$$1\ \mu\text{H}=10^{-3}\ \text{mH}$$

电感元件中电流随时间变化时，其磁链Ψ也随时间变化，在线圈的两端将产生感应电压。如果感应电压的参考方向与磁链满足右手螺旋法则，根据法拉第电磁感应定律，有

$$u=\frac{\mathrm{d}\Psi}{\mathrm{d}t}$$

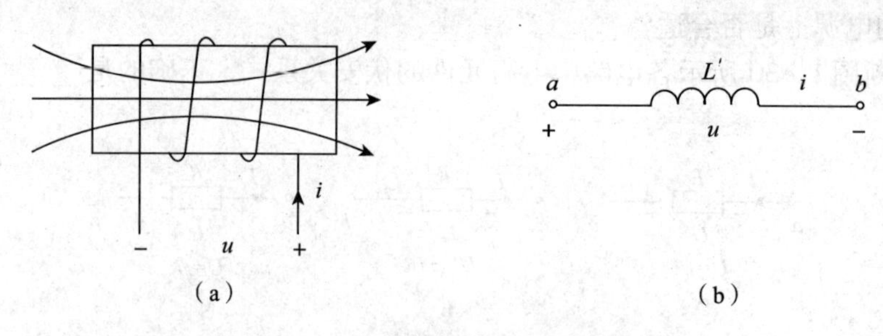

图1-31 电感元件电压与电流的关系

(a) 电路模型 (b) 电路符号

若电感上电流的参考方向与磁链满足右手螺旋法则，则 $\Psi = Li$，代入上式得

$$u = L\frac{\mathrm{d}i}{\mathrm{d}t} \tag{1-14}$$

式（1-14）为电感元件的电压与电流关系，即伏安特性。由于电压和电流的参考方向与磁链都满足右手螺旋法则，因此电压和电流为关联参考方向。电感元件的特性为电感元件的电压与电流的变化率成正比。如果电压和电流的参考方向为非关联，则式（1-14）前应冠以“-”号。

例1.4 已知电感电流 $i = 100\mathrm{e}^{-0.02t}$ mA，$L = 0.5$ H，求：

① 电压表达式；

② $t = 0$ 时的电感电压。

解：① 由电感元件的电压电流关系可知

$$u = L\frac{\mathrm{d}i}{\mathrm{d}t} = 0.5\frac{\mathrm{d}100\mathrm{e}^{-0.02t}}{\mathrm{d}t} = -\mathrm{e}^{-0.02t}$$

② $t = 0$ 时的电感电压

$$u = -\mathrm{e}^{-0.02t}\Big|_{t=0} = -\mathrm{e}^{-0.02\times 0} = -1\ \mathrm{V}$$

知识拓展>>>

1.4.2 电感元件储存的能量

在电压和电流的关联参考方向下，线性电感元件吸收的功率

$$P = ui = Li\frac{\mathrm{d}i}{\mathrm{d}t}$$

从 $-\infty$ 到 t 的时间段内电感吸收的磁场能量

$$W_L(t) = \int_{-\infty}^{t} P\mathrm{d}t = \int_{-\infty}^{t} Li\frac{\mathrm{d}i}{\mathrm{d}t}\mathrm{d}t = \frac{1}{2}Li^2(t) - \frac{1}{2}Li^2(-\infty)$$

设在 $t \leqslant 0$ 时，$i(t) = 0$，代入式中得

$$W_L(t) = \frac{1}{2}Li^2(t) \tag{1-15}$$

这就是线性电感元件在任何时刻的磁场能量表达式。

从 t_1 到 t_2 时刻，线性电感元件吸收的磁场能量

$$W_L = L\int_{i(t_1)}^{i(t_2)} i\mathrm{d}i = \frac{1}{2}Li^2(t_2) - \frac{1}{2}Li^2(t_1) = W_L(t_2) - W_L(t_1)$$

当电流 $|i|$ 增加时，$W_L>0$，元件吸收能量；当电流 $|i|$ 减小时，$W_L<0$，元件释放能量。可见电感元件并不是把吸收的能量消耗掉，而是以磁场能量的形式储存在磁场中。所以，电感元件是一种储能元件。同时，它不会释放出多于它所吸收或储存的能量，因此它也是一种无源元件。

知识链接>>>

1.4.3　电容元件的伏安特性

电容元件是储存电场能的元件，是实际电容器的理想化模型。从原理上讲，两块彼此绝缘的金属，就形成一个实际电容器。其特点是两块金属上能储存等量异号电荷。实际电容器的能耗和漏电流都很小，忽略不计的情况下称为理想电容元件，简称电容。其电路符号如图1－32所示。

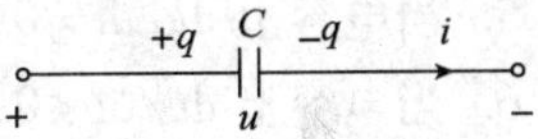

图1－32　电容元件的电路符号

我们在物理学中已学习过电容的定义：

$$C = \frac{q}{u} \tag{1-16}$$

式中：q 是电容元件一个极板上的带电量；u 是电容元件两极板间的电压；C 是电容元件的参数，称为电容。如果电容是常量，这就是一个线性电容。电容的单位为法拉，简称法，其符号为F。由于法拉单位比较大，因此在实际使用时常用微法（μF）或皮法（pF），它们的换算关系如下：

$$1\ \mu\text{F} = 10^{-6}\ \text{F}$$
$$1\ \text{pF} = 10^{-12}\ \text{F}$$

一般情况下，说“电容”一词及其符号 C 时，既表示电容元件也表示电容量的大小。

图1－32中，当电流 i 与电压 u 的参考方向关联时，有

$$q = Cu$$

由 $i = \mathrm{d}q/\mathrm{d}t$ 得

$$i = \frac{\mathrm{d}q}{\mathrm{d}t} = C\frac{\mathrm{d}u}{\mathrm{d}t} \tag{1-17}$$

式（1－17）即为电容元件的电压与电流的关系，即为伏安特性。如果电压和电流的参考方向为非关联，则公式前应冠以“－”号，即

$$i = \frac{\mathrm{d}q}{\mathrm{d}t} = -C\frac{\mathrm{d}u}{\mathrm{d}t} \tag{1-18}$$

例1.5　电容元件上的电压、电流方向如图1－33所示，已知 $u=-60\sin 100t$ V，$C=0.013$ F。求 $t=2\pi/300$ s 时的电流。

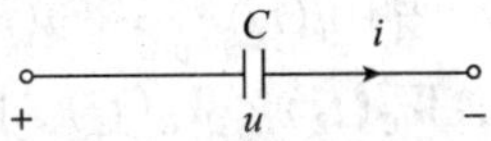

图1－33　例1.5图

解： 由图可知，电容元件上的电压、电流为关联参考方向，根据公式（1－17）得

$$i=C\frac{du}{dt}=C\frac{d(-60\sin 100t)}{dt}=-60\times 100C\cos 100t$$
$$=-60\times 100\times 0.013\times\cos(100\times 2\pi/300)$$
$$=39\text{ A}$$

思考讨论 >>>

1. 当电感上电流 i 为直流稳态电流时，u 为多少？说明什么问题？
2. 若电感上电压 u 与电流 i 为非关联参考方向，则 u 为多少？
3. 流过电容的电流与其两端的电压有什么关系？
4. 当电容上 $du/dt>0$ 时，电流会怎样？
5. 当电容上 $du/dt=0$ 时，电流会怎样？
6. 当电容上 $du/dt<0$ 时，电流会怎样？

知识拓展 >>>

1.4.4 电容元件储存的能量

当电压和电流取关联参考方向时，线性电容元件吸收的功率

$$P=ui=Cu\frac{du}{dt}$$

从 $-\infty$ 到 t 的时间段内，电容元件吸收的电场能量

$$W_C(t)=\int_{-\infty}^{t}P\,dt=\int_{-\infty}^{t}Cu(t)\frac{du(t)}{dt}dt$$
$$=\int_{u(-\infty)}^{u(t)}u(t)\,du(t)$$
$$=\frac{1}{2}Cu^2(t)-\frac{1}{2}Cu^2(-\infty)$$

电容元件吸收的能量以电场能量的形式储存在元件的电场中。

假设在 $t\leqslant 0$ 时，$u(t)=0$，其电场能量也为零，因此电容元件在任何时刻 t 储存的电场能量 $W_C(t)$ 即等于它吸收的能量，可写为

$$W_C(t)=\frac{1}{2}Cu^2(t) \tag{1-19}$$

从 t_1 到 t_2 时刻，电容元件吸收的能量为

$$W_C=C\int_{u(t_1)}^{u(t_2)}u\,du=\frac{1}{2}Cu^2(t_2)-\frac{1}{2}Cu^2(t_1)=W_C(t_2)-W_C(t_1)$$

当 $|u(t_2)|>|u(t_1)|$ 时，$W_C(t_2)>W_C(t_1)$，电容元件充电；当 $|u(t_2)|<|u(t_1)|$ 时，$W_C(t_2)<W_C(t_1)$，电容元件放电。若元件原先没有充电，则它在充电时吸收并储存起来的能量一定又会在放电完毕时全部释放，并不消耗能量。所以，电容元件是一种储能元件。同时，电容元件也不会释放出多于它所吸收或储存的能量，因此它也是一种无源元件。

任务1.5　认识电源元件

任务描述>>>

生活中，我们见过的电源很多，如干电池、蓄电池以及实验室里的交流电源、直流电源，它们种类不同、形式各异，那么用什么样的电路模型去表示电源呢？

知识链接>>>

1.5.1　电压源

1. 理想电压源

理想电压源简称为电压源（或恒压源），它的特点是：两端的电压一定或按照某给定规律变化，而与流过的电流无关。

端电压为固定常数的电压源称为直流电压源，而电压按照某给定规律变化的电压源称为交流电压源，其图形符号如图1－34所示。

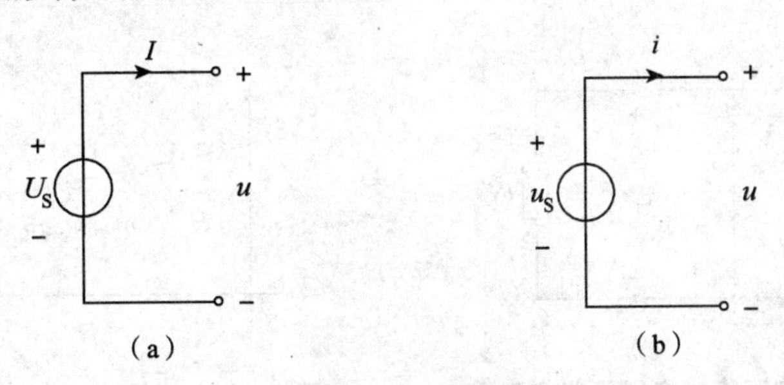

图1－34　电压源符号

(a) 直流电压源　(b) 交流电压源

理想电压源的特点如下。

① 无论它的外电路如何变化，它两端的输出电压为恒定值 U_S，或为一定时间的函数 $u_S(t)$。

② 通过电压源的电流虽是任意的，但仅由它本身是不能决定的，还取决于与之相连接的外部电路。

直流电压源的伏安特性如图1－35所示，它是一条以 I 为横坐标且平行于 I 轴的直线，表明其电流由外电路决定，不论电流为何值，直流电压源端电压总为 U_S。

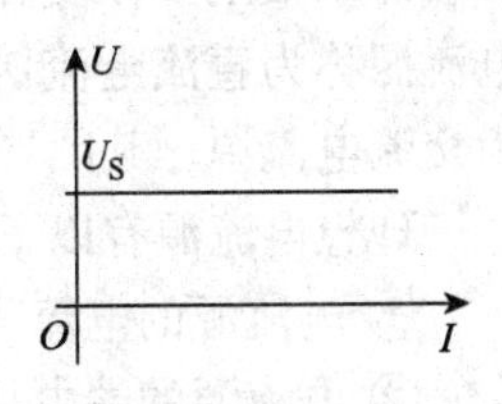

图1－35　直流电压源伏安特性

例1.6　计算图1－36电路图中电阻上的电压和电流。

解：图1－36中，由电压源的性质可知电压源的电压值与外电路无关，电阻上的电压 $U=U_S=10$ V；又由欧姆定律可知，电阻上的电流

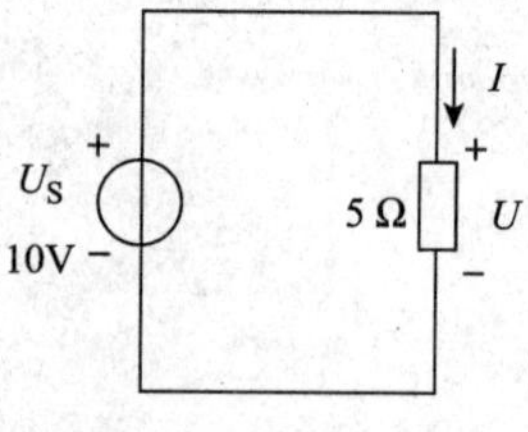

$$I=U/R=10\ \text{V}/5\ \Omega=2\ \text{A}$$

思考：当图中电阻为 50 Ω 时，电阻上的电压和电流分别为多少？

图 1－36　例 1.6 图

2. 实际电压源

理想电压源实际上是不存在的，只有当实际电压源的内阻可以忽略不计的情况下，才可以视其为理想电压源。在实际电压源的内阻不可忽略时，可以用一个电压源和一个电阻相串联的电路模型来表示实际电压源。图 1－37 中的虚线框内的部分即为实际直流电压源的电路模型。

当实际电压源接上负载 R_L 之后，在图 1－37 所示的参考方向下，实际电压源的端电压 U 与流过它的电流 I 之间的关系为

$$U=U_S-R_0I \tag{1-20}$$

式中：U_S 为电压源电压；R_0 为实际电压源的内阻；I 为流过电压源和负载的电流；U 为实际电压源的端电压，也是负载 R_L 两端的电压。

由式（1－20）可知，在 U_S 和 R_0 不变的情况下，U 和 I 的关系曲线如图 1－38 所示。也就是说，实际直流电压源的伏安特性曲线是一条斜直线。当 I 不为零时，电压源的端电压 U 总是低于电压源电压 U_S。当 $R_0 \ll R_L$ 时，$U \approx U_S$，此时可以把一个实际电压源看作理想电压源。

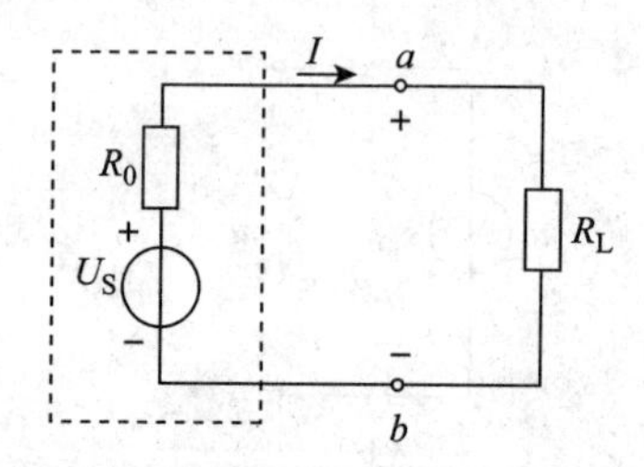

图 1－37　实际直流电压源供电电路

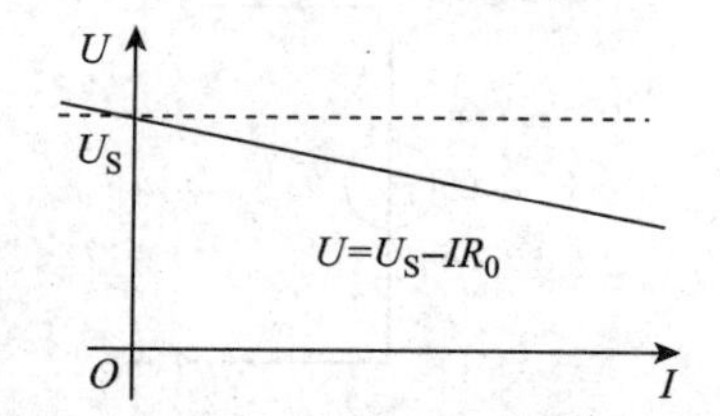

图 1－38　实际直流电压源伏安特性

1.5.2　电流源

1. 理想电流源

理想电流源简称电流源（或恒流源），它的特点是：电流固定或按照某给定规律变化，而与其端电压无关。电流为固定常数的电流源称为直流电流源，而电流按照某给定规律变化的电流源称为交流电流源，其图形符号如图1－39所示。

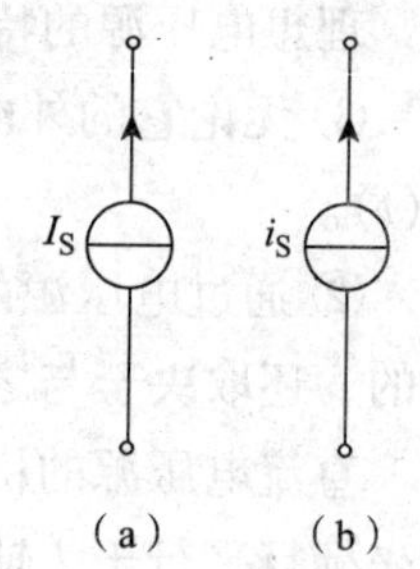

图 1－39　电流源符号

（a）直流电流源

（b）交流电流源

理想电流源有以下特点。

① 电流源的电流为恒定值 I_S，或为一定时间的函数 $i_S(t)$。

② 电流源的端电压由电流源和外接电路共同决定。

直流电流源的伏安特性如图 1－40 所示，它是一条以 I 为横坐标且垂直于 I 轴的直线，表明其端电压由外电路决定，不论其端电压为何值，直流电流源输出电流总为 I_S。

上述电压源对外输出的电压为一个独立量，电流源对外输出的电流也为一个独立量，因此二者常被称为独立电源。

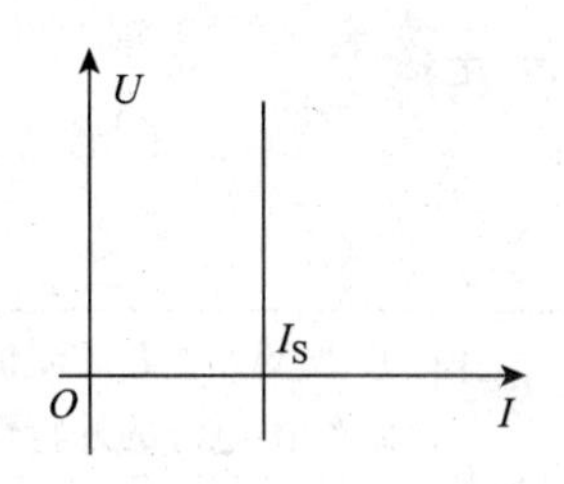

图1-40　直流电流源伏安特性

例1.7　计算电路图1-41（a）中电阻上的电压和电流。

解： 由于电流源的电流值与外电路无关，则电阻上的电流 $I=I_S=2$ A；又由欧姆定律可知，电阻上的电压 $U=IR=2\text{ A}\times 5\ \Omega=10$ V。

思考： 当图1-41（a）中电阻为50 Ω时，电阻上的电压和电流为多少？当电路如图1-41（b）所示时，电阻上的电压和电流是多少？

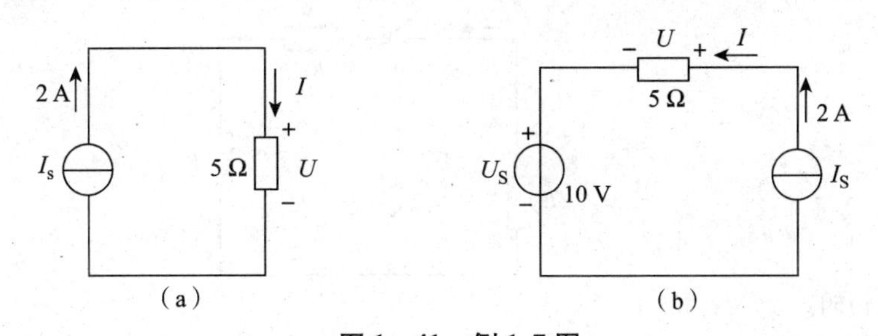

图1-41　例1.7图

（a）电路一　（b）电路二

2. 实际电流源

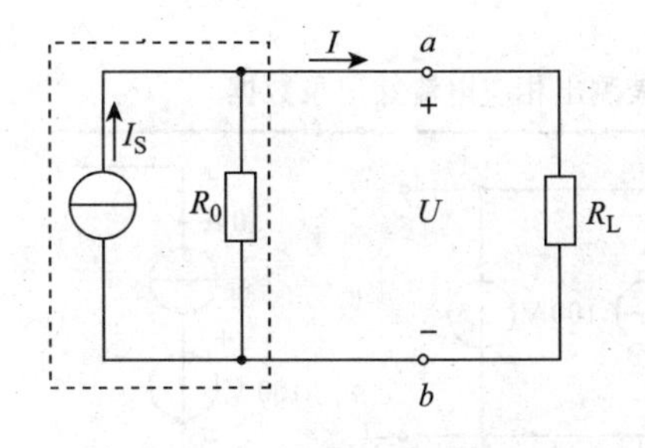

图1-42　实际直流电流源供电电路

与电压源相似，理想电流源实际上是不存在的。只有当实际电流源（如电池）的内阻为无穷大时，才可以视它为理想电流源。当实际电流源的内阻不能视为无穷大时，可以用一个电流源和一个电阻相并联的电路模型来表示实际的电流源。图1-42中的虚线框内的部分即为实际直流电流源的电路模型。

当实际电流源接上负载 R_L 之后，如图1-42所示，在图示的参考方向下，实际电流源的端电压 U 和通过负载的电流 I 之间的关系为

$$I=I_S-\frac{U}{R_0}$$

式中：I_S 为电流源电流；R_0 为实际电流源内阻；I 为流过负载的电流；U 为实际电流源的端电压，也是负载 R_L 两端的电压。

由上式可知，在 I_S 和 R_0 不变的情况下，U 和 I 的关系曲线如图1-43所示。也就是说，实际直流电流源的伏安特性曲线是一条斜直线。当 U 不为零时，流过负载的电流总是低于电流源电流 I_S。当 $R_0\gg R_L$ 时，$I\approx I_S$，此时可以把一个实际电流源看作理想电流源。

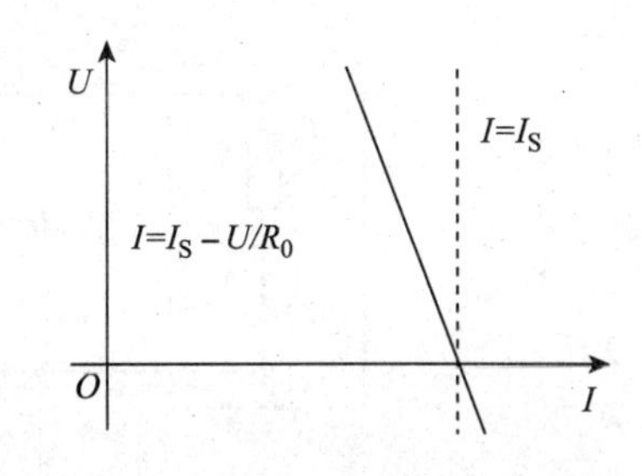

图1-43　实际直流电流源伏安特性

任务实施>>>

表 1-6 电源的外特性曲线的测绘

RW1-3

<table>
<tr><td>任务内容</td><td colspan="3">① 改变外电路的阻值大小，测量电源两端的电压和流过电源的电流；
② 绘出电源的外特性曲线</td></tr>
<tr><td rowspan="4">测试设备</td><td>设备名称</td><td>型号或规格</td><td>数量</td></tr>
<tr><td>电工电路综合实训台（含直流稳压电源）</td><td></td><td>1 套</td></tr>
<tr><td>直流电压表</td><td></td><td>1 只</td></tr>
<tr><td>直流电流表</td><td></td><td>1 只</td></tr>
<tr><td>测试电路</td><td colspan="3">电路说明：
① 电源电压选择为 6 V，电源中串联一个 $R_0=10\ \Omega$ 的电阻；
② 灯泡选择 12 V/2 W，电位器为 500 Ω</td></tr>
<tr><td>测试程序</td><td colspan="3">① 依照测试电路连接电路；
② 调节电位器，改变电源两端电压，用电压表监测；
③ 电压表读数分别为 1、2、3、4、5、6 V 时，用电流表测出相应电流并记录数据</td></tr>
</table>

思考讨论>>>

1. 根据理想电压源和理想电流源的性质，把图 1-44 所示的电路化简成一个理想电源。

2. 计算图 1-45 电路中的电流 I 和电压 U。当实际电源的参数不变时，将负载 R_L 增大，图（a）中的 U 和图（b）中的 I 是增大还是减小？

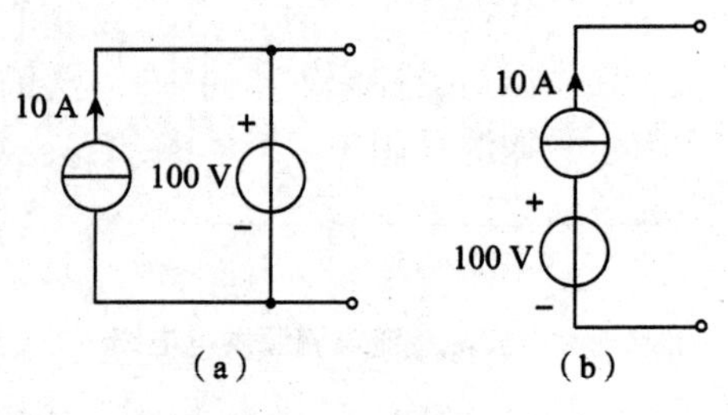

图 1-44 题 1 图

（a）电路一 （b）电路二

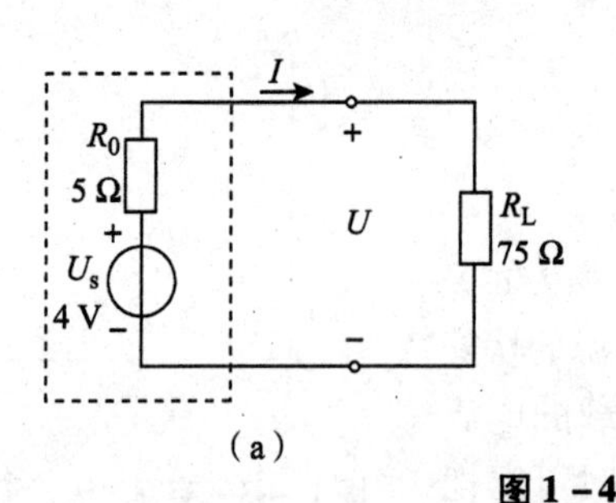

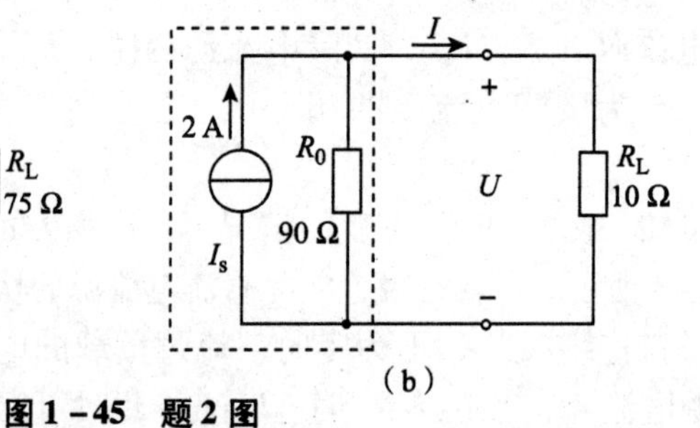

图 1-45 题 2 图

（a）电路一 （b）电路二

知识链接>>>

1.5.3　受控源

前面所介绍的电压源和电流源都是独立电源。所谓独立电源，就是电压源的电压或电流源的电流不受外电路的控制而独立存在。此外，在电子电路中还将会遇到另一种类型的电源，电压源的电压和电流源的电流是受电路中其他部分的电流或电压控制的，这种电源称为受控电源。当控制的电压或电流消失或等于零时，受控电源的电压或电流也将为零。

1. 受控源分类

受控源在电子电路中得到了广泛的应用，例如晶体三极管是电子电路中常见的一种器件，它有基极b、发射极e和集电极c三个电极。根据晶体三极管的特性，在一定范围内，集电极电流 i_c 与基极电流 i_b 成正比，即 $i_c=\beta i_b$。事实上 i_c 是受 i_b 控制的，如图1-46（a）所示。将其理想化，就可以用电流控制电流源来描述其工作性能。这种受控源简称CCCS，其图形符号如图1-46（b）所示。

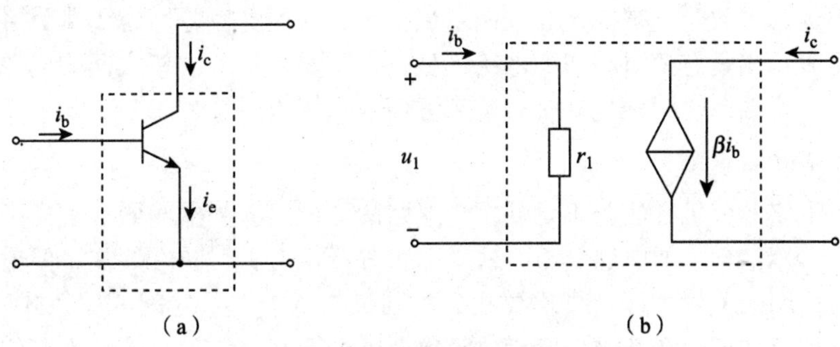

图1-46　电流控制电流源的一个例子

（a）电路模型　（b）图形符号

独立源与受控源在电路中的作用不同。独立源作为电路的输入，反映了外界对电路的作用；受控源是用来表示电路的某一器件中所发生的物理现象，反映了电路中某处的电压或电流能控制另一处的电压或电流。

根据控制量是电压还是电流以及受控的是电压源还是电流源，受控源有四种：电压控制电压源（VCVS）、电流控制电压源（CCVS）、电压控制电流源（VCCS）和电流控制电流源（CCCS）。它们在电路中的图形符号如图1-47所示，图中菱形符号表示受控电压源或受控电流源，其参考方向的表示方法与独立源相同。

四种受控源，在受控端与控制端之间的转移关系分别用 μ、g_m、r_m、β 来表示。即

$\mu=\frac{U_2}{U_1}$为电压控制电压源的转移电压比；

$g_m=\frac{I_2}{U_1}$为电压控制电流源的转移电导；

$r_m=\frac{U_2}{I_1}$为电流控制电压源的转移电阻；

$\beta=\frac{I_2}{I_1}$为电流控制电流源的转移电流比。

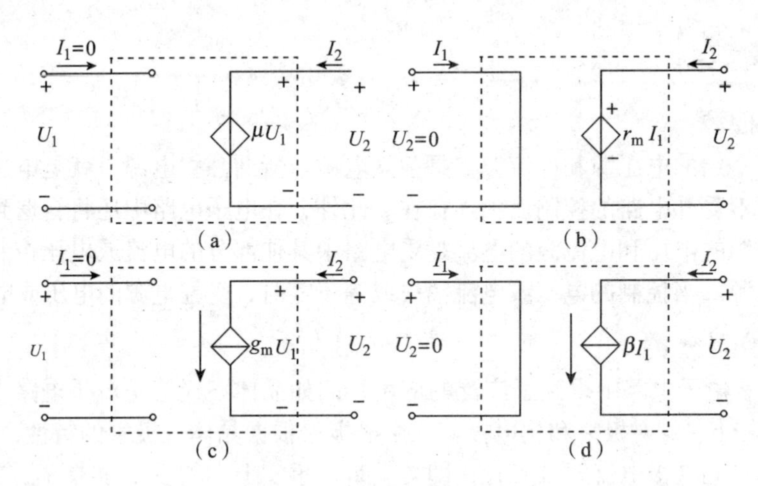

图 1-47 四种受控源

(a) VCVS (b) CCVS (c) VCCS (d) CCCS

当这些系数为常数时，被控量与控制量成正比，这种受控源称为线性受控源。

把受控源表示成具有两对端钮的电路模型，控制量为一对端钮之间的电源或电流，被控制量存在另一对端钮之间，这样常会带来方便。

2. 受控源电路的解题方法

含受控源电路的分析方法与不含受控源电路的分析方法基本相同。首先把受控源作为独立源看待，运用已学过的电路分析方法对电路进行化简。不同之处在于要增加一个控制量与所求变量之间的关系方程（即需要找到控制量与所求变量之间的关系式）。需要特别指出的是，在用叠加定理和戴维南定理求等效电阻的计算时，对受控源不能像其他方法那样当成独立源处理，而要把它看成是电阻来处理（即不能将其短路或断路，而要保持在电路中的原来位置和原来的参数不变）。

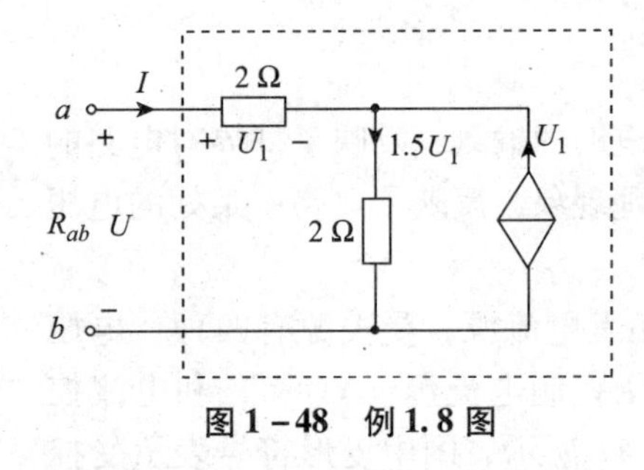

图 1-48 例 1.8 图

例 1.8 求图 1-48 中电路 ab 端口的输入电阻。

解： 输入电阻

$$R_{ab}=\frac{U}{I}=\frac{U_1+2\times1.5U_1}{\frac{U_1}{2}}=8\ \Omega$$

任务 1.6 电阻的串并联

任务描述>>>

前面我们学习了组成电路的基本元件电阻、电感、电容以及电源的特性。由此组成的最简单的电路就是电阻的串并联。那么这样的电路有什么作用？在电路分析中又常常采取什么方法分析呢？

知识链接>>>

1.6.1　等效变换

“等效”在电路理论中是一个重要的概念，即用一个较为简单的电路替代原电路，从而使问题得以简化。那么两个电路在满足什么条件时，就是等效的呢？那就是伏安特性相同。

如果电路的某一部分只有两个端子与外电路相连，则这部分电路称为二端网络，也叫单口网络。一个二端元件就是一个最简单的二端网络。如图1－49（a）所示，方框内的字母“N”代表网络；内部含有电源的二端网络称为含源二端网络，方框内用字母“A”表示，如图1－49（b）所示；网络内不含有电源的，称为无源二端网络，方框内用字母“P”表示，如图1－49（c）所示。

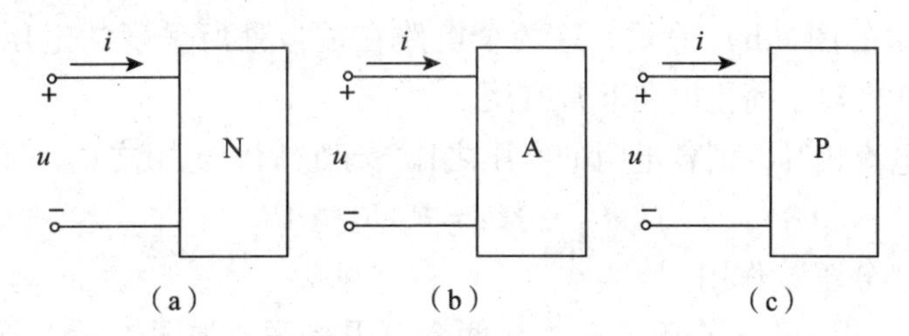

图1－49　二端网络

（a）简单二端网络　（b）含源二端网络　（c）无源二端网络

图1－49中所标的电压、电流称为端口电压和端口电流，两者之间的关系称为二端网络端口间的伏安特性。若一个二端网络端口的伏安特性与另一个二端网络端口的伏安特性完全相同，则称这两个二端网络对同一个外电路而言是等效的，即互为等效网络。因此，用一个结构简单的等效网络替代原来较复杂的网络，可以简化电路。

一个仅由电阻元件组成的无源二端网络，总可以找到一个与之等效的等效电阻，等效电阻等于关联参考方向下该二端网络的端口电压与端口电流的比值。

1.6.2　电阻的串联

两个或更多个电阻连成一串，中间没有分支，各电阻流过同一个电流的连接方式，称为电阻的串联，如图1－50（a）所示。

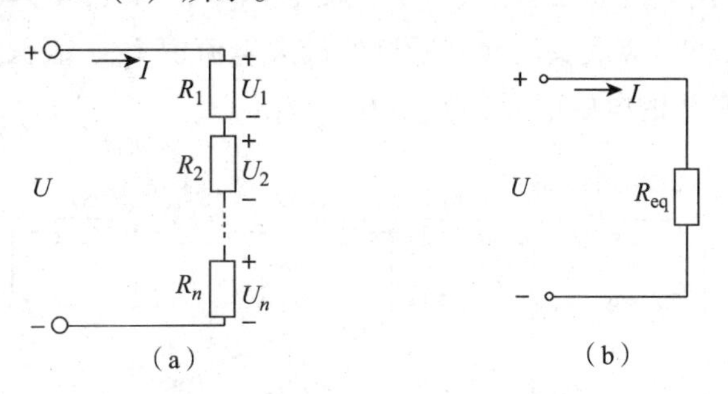

图1－50　电阻的串联及等效电路

（a）电阻的串联　（b）等效电路

串联的各个电阻的电流相等，均等于I，而端口电压等于各电阻电压之和，即

$$U=U_1+U_2+\cdots+U_n$$

又由欧姆定律可得

$$U_1=R_1I,\ U_2=R_2I,\ \cdots,\ U_n=R_nI$$

则

$$U=R_1I+R_2I+\cdots+R_nI=(R_1+R_2+\cdots+R_n)\ I \tag{1-21}$$

图 1-50（b）是图 1-50（a）的等效电路，显然其端口电压与端口电流的关系为

$$U=R_{eq}I \tag{1-22}$$

比较式（1-21）和式（1-22），根据等效的概念，有

$$R_{eq}=R_1+R_2+\cdots+R_n=\sum_{i=1}^{n}R_i$$

即当电阻串联时，等效电阻等于串联的各电阻之和。这样分析电路时，图 1-50 中的图（a）就可用简单的图（b）等效，这两个电路在端口处所呈现的电压电流关系完全一样。可见，等效变换对于简化电路非常有用。

串联电阻的电流相等，则各电阻的电压之比等于它们的电阻之比，即

$$U_1:U_2:\cdots:U_n=R_1:R_2:\cdots:R_n$$

因此串联电阻有“分压”作用。

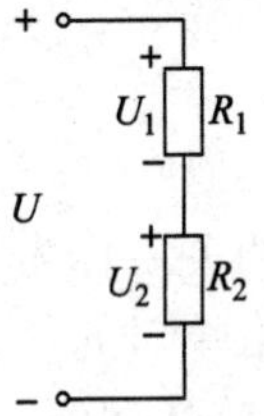

图 1-51　两电阻串联

若只有 R_1、R_2两个电阻串联，如图 1-51 所示，两个电阻的分压公式为

$$\begin{cases} U_1=IR_1=\dfrac{U}{R_1+R_2}R_1=\dfrac{R_1}{R_1+R_2}U \\ U_2=IR_2=\dfrac{U}{R_1+R_2}R_2=\dfrac{R_2}{R_1+R_2}U \end{cases} \tag{1-23}$$

值得注意的是：若 U_1的参考方向变了，则

$$U_1=-\frac{R_1}{R_1+R_2}U$$

想一想：总结一下什么情况下式（1-23）前为“+”，什么情况下为“-”。

例 1.9　如图 1-52 所示的 C30-V 型磁电式电压表，其表头的内阻 $R_g=29.28\ \Omega$，各挡分压电阻分别为 $R_1=970.72\ \Omega$，$R_2=1.5\ \text{k}\Omega$，$R_3=2.5\ \text{k}\Omega$，$R_4=5\ \text{k}\Omega$，这个电压表的最大量程 $U_m=30$ V。试计算表头所允许通过的最大电流值 I_{gm}、表头所能测量的最大电压值 U_{gm}以及扩展后各量程的电压值 U_1、U_2、U_3、U_4。

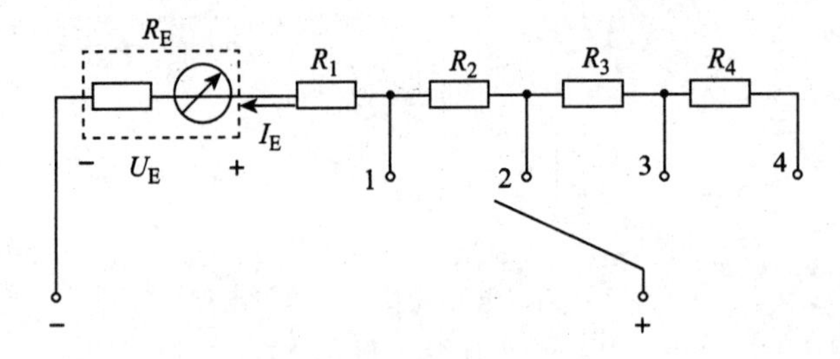

图 1-52　例 1.9 图

解：当开关在“4”挡时，电压表的总电阻

$$R = R_g + R_1 + R_2 + R_3 + R_4 = (29.28 + 970.72 + 1\,500 + 2\,500 + 5\,000)\ \Omega$$
$$= 10\,000\ \Omega = 10\ \text{k}\Omega$$

通过表头的最大电流值

$$I_{gm} = \frac{U_m}{R} = \frac{30\ \text{V}}{10\ \text{k}\Omega} = 3\ \text{mA}$$

当开关在“1”挡时，电压表的量程

$$U_1 = (R_g + R_1)I_{gm} = (29.28 + 970.72) \times 3\ \text{mV} = 3\ \text{V}$$

当开关在“2”挡时，电压表的量程

$$U_2 = (R_g + R_1 + R_2)I_{gm} = (29.28 + 970.72 + 1\,500) \times 3\ \text{mV} = 7.5\ \text{V}$$

当开关在“3”挡时，电压表的量程

$$U_3 = (R_g + R_1 + R_2 + R_3)I_{gm} = (29.28 + 970.72 + 1\,500 + 2\,500) \times 3\ \text{mV} = 15\ \text{V}$$

表头所能测量的最大电压

$$U_{gm} = R_g I_{gm} = 29.28 \times 3\ \text{mV} = 87.84\ \text{mV}$$

由此可见，直接利用表头测量电压时，它只能测量 87.84 mV 以下的电压，而串联了分压电阻 R_1、R_2、R_3、R_4后，它就有 3 V、7.5 V、15 V、30 V 四个量程，实现了电压表的量程扩展。

1.6.3　电阻的并联

几个电阻元件的两端分别连接起来，各电阻的电压都相等的连接方式，称为电阻的并联，如图 1－53（a）所示。

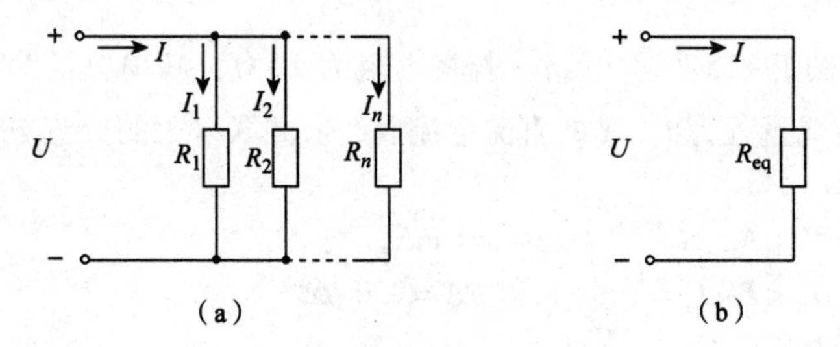

图 1－53　电阻并联及等效电路

（a）并联电路　（b）等效电路

在图 1－53（a）中，设电阻的电压为 U，则根据欧姆定律可得通过每一个电阻的电流

$$I_1 = \frac{U}{R_1},\ I_2 = \frac{U}{R_2},\ \cdots,\ I_n = \frac{U}{R_n}$$

端口的总电流

$$I = I_1 + I_2 + \cdots + I_n = \frac{U}{R_1} + \frac{U}{R_2} + \cdots + \frac{U}{R_n} = \left(\frac{1}{R_1} + \frac{1}{R_2} + \cdots + \frac{1}{R_n}\right)U \tag{1-24}$$

由图 1－53（b）得

$$I = \frac{1}{R_{eq}}U \tag{1-25}$$

比较式（1－24）和式（1－25），只有$\frac{1}{R_{eq}}=\frac{1}{R_1}+\frac{1}{R_2}+\cdots+\frac{1}{R_n}$或$G_{eq}=G_1+G_2+\cdots+G_n$时，图1－53（a）和图1－53（b）电路等效。

可见，若干个电阻并联后的等效电阻总是小于其中阻值最小的那个电阻。并联电阻的电压相等，则各电阻的电流与它们的电导成正比，即与它们的电阻成反比，即

$$I_1:I_2:\cdots:I_n=\frac{1}{R_1}:\frac{1}{R_2}:\cdots:\frac{1}{R_n}=G_1:G_2:\cdots:G_n$$

因此并联电阻有“分流”作用。

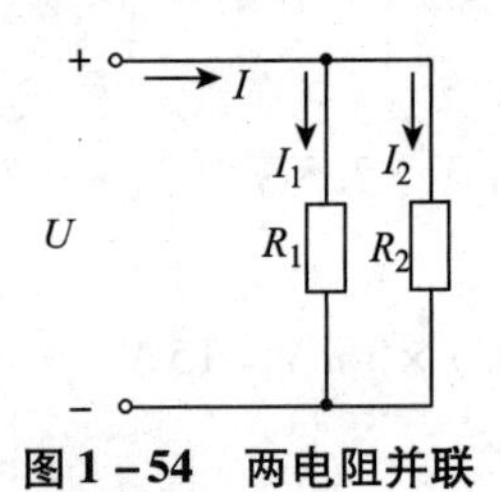

图1－54　两电阻并联

若只有R_1、R_2两个电阻并联，如图1－54所示，则

$$\frac{1}{R_{eq}}=\frac{1}{R_1}+\frac{1}{R_2}=\frac{R_1+R_2}{R_1R_2}$$

可得等效电阻

$$R_{eq}=\frac{R_1R_2}{R_1+R_2}$$

则两个电阻并联时的分流公式为

$$\begin{cases}I_1=\dfrac{U}{R_1}=\dfrac{R_{eq}I}{R_1}=\dfrac{R_2}{R_1+R_2}I\\[2ex] I_2=\dfrac{U}{R_2}=\dfrac{R_{eq}I}{R_2}=\dfrac{R_1}{R_1+R_2}I\end{cases}\qquad(1-26)$$

若I_1的参考方向相反，则有

$$I_1=-\frac{R_2}{R_1+R_2}I$$

例1.10　如图1－55所示电路，若将内阻为2 kΩ，满偏电流为50 μA的表头改装成量程为1 mA的直流电流表，应并联多大的分流电阻？

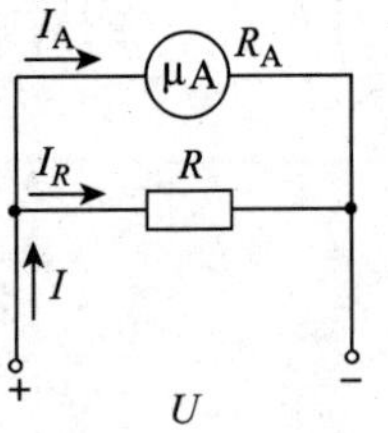

解： 由题$I_A=50\ \mu A$，$R_A=2\ k\Omega$，$I=1\ mA$，则

$$I_R=I-I_A=1\ mA-50\ \mu A=950\ \mu A$$

并联部分电压相等，得

$$\frac{I_A}{I_R}=\frac{R}{R_A}$$

$$R=\frac{I_A}{I_R}R_A=\frac{50\ \mu A}{950\ \mu A}\times 2\ k\Omega=105.26\ \Omega$$

图1－55　例1.10图

思考讨论>>>

额定电压为110 V的100 W、60 W、40 W三个灯泡，如何连接在220 V电路中，使各灯泡都能正常发光，并用计算简单说明原因。

任务实施>>>

表 1－7　串、并联照明电路的测试

RW1－5

任务内容	① 搭接三个灯泡串联电路、三个灯泡并联电路； ② 测量串、并联电路中的相关电压、电流及等效电阻		
测试设备	设备名称	型号或规格	数量
	电工电路综合实训台		1 套
	直流稳压电源	0～30 V	1 台
	直流电压表		1 只
	直流电流表		1 只
	数字万用表		1 块
测试电路	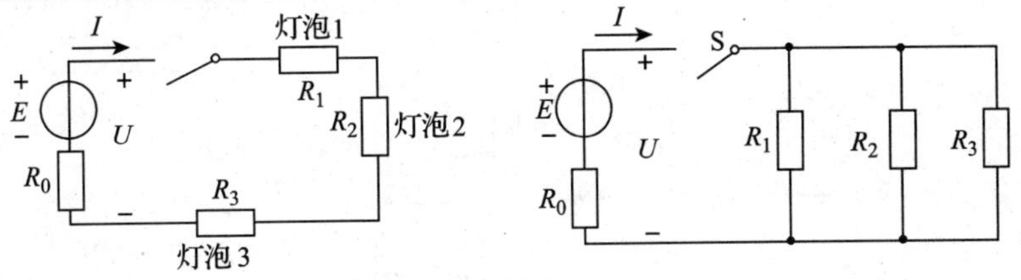 (a)　(b) 电路说明： ① 电源电压选择为 6 V； ② 灯泡 1 为 12 V/1 W，灯泡 2 为 12 V/3 W，灯泡 3 为 12 V/5 W		
测试程序	① 依测试电路图（a）搭接电路，用电流表和电压表分别测出电压、电流值； ② 依测试电路图（b）搭接电路，用电流表和电压表分别测出电压、电流值； ③ 分析结果说明串、并联电阻的作用		

知识链接>>>

1.6.4　电阻的混联

在实际电路中经常出现的是既有电阻的串联又有电阻的并联的混联电阻电路。分析混联电路的关键是找出电阻的串并联关系。一般可从以下三个方面入手分析。

① 分析电路的结构特点。若两个电阻连成一串即是串联；若两个电阻连接在相同的两点间就是并联。

② 分析电压电流关系。若流经两个电阻的是同一个电流就是串联；若两个电阻承受的是同一个电压就是并联。

③ 对电路连接变形。对电路作扭动变形，如左边的支路扭到右边，上面的支路翻到下面，弯曲的支路拉直；对电路中的短路线任意压缩或拉伸，对多点接地的点用短路线连接。

例 1.11　求图 1－56 中 ab 端口的等效电阻，且图中 $R_1=1\ \Omega$，$R_2=4\ \Omega$，$R_3=2\ \Omega$，

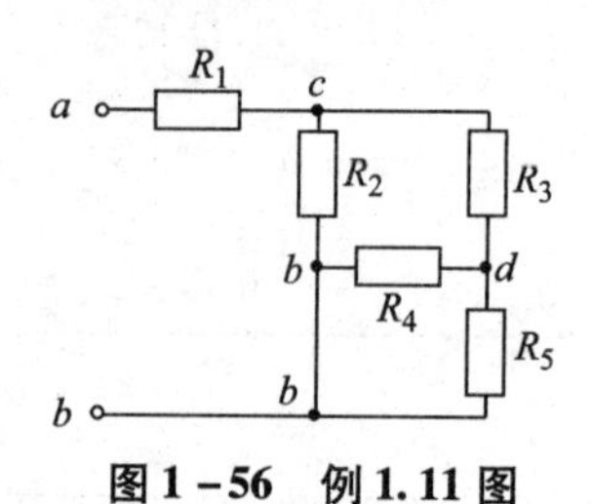

图1－56　例1.11图

$R_4=3\ \Omega$，$R_5=6\ \Omega$。

解：图中把短路线压缩为一点 b，可以看出 R_4 与 R_5 并联，则

$$R_{ab}=R_1+R_2//[R_3+(R_4//R_5)]$$
$$=1+4//[2+(3//6)]=3$$

注：这里“//”表示两元件并联，其运算规律遵守该类元件的并联公式。

思考讨论>>>

1. 怎样理解等效的概念？两个二端网络满足怎样的条件才能彼此等效？
2. 电路如图1－57所示，求等效电阻。

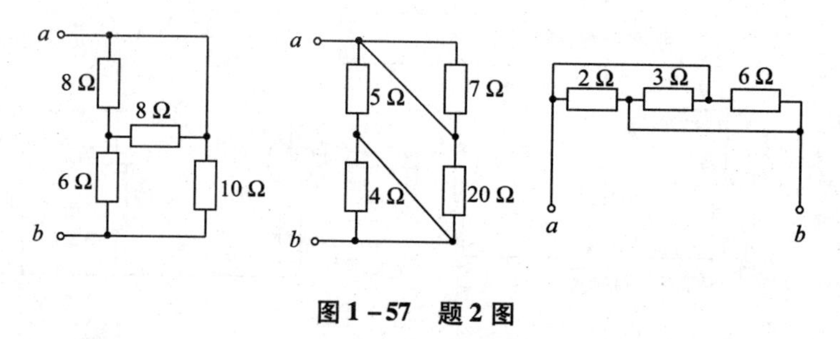

图1－57　题2图

任务1.7　基尔霍夫定律的应用

任务描述>>>

分析和计算电路中的电压和电流时，所依据的不仅是元件的伏安特性，还有电路的基本规律：基尔霍夫定律。那么基尔霍夫定律的内容是什么？怎样用它来分析电路呢？

知识链接>>>

1.7.1　电路中的常用术语

基尔霍夫定律是电路中电压和电流所遵循的基本规律，是分析计算电路的基础。它包括两方面的内容：一是基尔霍夫电流定律，简写为KCL定律；二是基尔霍夫电压定律，简写为KVL定律。它们与构成电路的元件性质无关，仅与电路的结构有关。为了叙述问题方便，先介绍电路模型图中的一些常用术语。

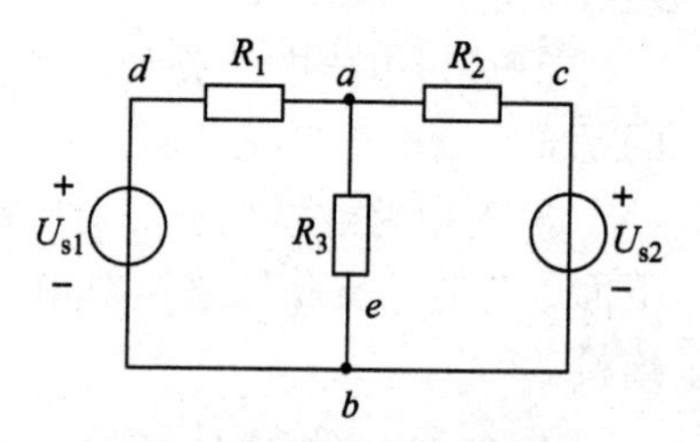

图1－58　电路的基本概念

1. 支路

一般来说，常把电路中流过同一电流的几个元件互相连接起来的分支称为一条支路。图1－58的电路中有三条

支路，分别为 adb、aeb、acb。

2. 节点

一般来说，节点是指三条或三条以上支路的连接点。图 1－58 的电路中有两个节点，分别为 a 点和 b 点。

3. 回路

由一条或多条支路所组成的任何闭合电路称为回路。图 1－58 的电路中有三个回路，分别为 $adbca$、$adbea$、$aebca$。

4. 网孔

在电路图中，内部不含支路的回路称为网孔。图 1－58 的电路中有两个网孔，分别为 $adbea$ 和 $aebca$。

任务实施>>>

表 1－8　体验基尔霍夫定律

RW1－6

<table>
<tr><td>任务内容</td><td colspan="3">① 测量支路电流，分析电路节点处各支路电流的关系；
② 测量元件电压，分析回路中各元件电压的关系</td></tr>
<tr><td rowspan="4">测试设备</td><td>设备名称</td><td>型号或规格</td><td>数量</td></tr>
<tr><td>电工电路综合实训台</td><td></td><td>1 套</td></tr>
<tr><td>直流数字电压表</td><td></td><td>1 只</td></tr>
<tr><td>直流数字毫安表</td><td></td><td>1 只</td></tr>
<tr><td>测试电路</td><td colspan="3"> 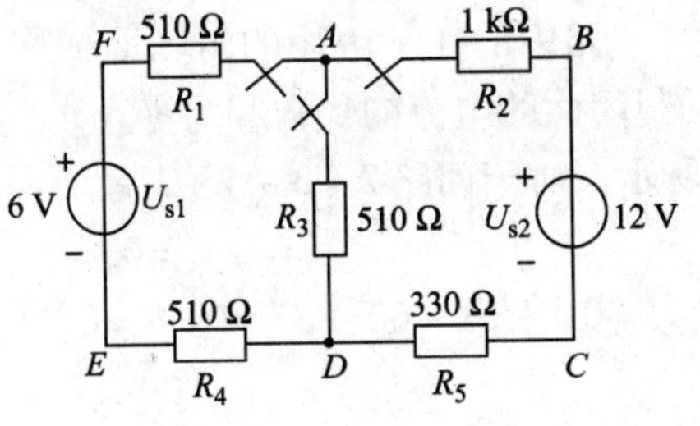电路说明：
① 恒压源 $U_{s1}=6\ V$，$U_{s2}=12\ V$；
② 电阻 $R_1=510\ \Omega$，$R_2=1\ k\Omega$，$R_3=510\ \Omega$，$R_4=510\ \Omega$，$R_5=330\ \Omega$</td></tr>
<tr><td>测试程序</td><td colspan="3">① 按图所示电路连线；
② 用电流表测各支路电流（注意电流的方向）；
③ 用电压表测回路中各元件的电压（注意方向）</td></tr>
</table>

知识链接>>>

1.7.2 基尔霍夫电流定律（KCL）

基尔霍夫电流定律简称 KCL。它是根据电流的连续性，即电路中任一节点在任一时刻均不能堆积电荷的原理推导来的。其基本内容是：对电路中的任一节点，在任一时刻流出或流入该节点电流的代数和为零。写成数学表达式为

$$\sum_{i=0}^{n} I_i = 0 \tag{1-27}$$

对于交流电路也可以写成

$$\sum_{i=1}^{n} i_i = 0 \tag{1-28}$$

通常把上面两式称为节点电流方程，简称 KCL 方程。

应当指出：在列写节点电流方程时，各电流变量前的正、负号取决于各电流的参考方向对该节点的关系（是“流入”还是“流出”）；而各电流值的正、负则反映了该电流的实际方向与参考方向的关系（是相同还是相反）。通常规定，对参考方向背离节点的电流取正号，而对参考方向指向节点的电流取负号。

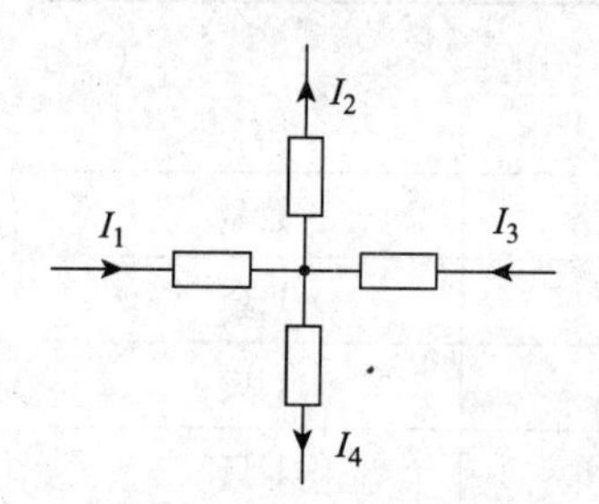

图 1-59　例 1.12 图

例 1.12　在图 1-59 中，已知 $I_1=2$ A，$I_2=-3$ A，$I_3=-2$ A，试求 I_4。

解：由基尔霍夫电流定律可知

$$I_1-I_2+I_3-I_4=0$$

即

$$2-(-3)+(-2)-I_4=0$$

得

$$I_4=3\text{ A}$$

KCL 定律不仅适用于电路中的节点，还可以推广应用于电路中的任一假设的封闭面，称为广义节点。即在任一瞬间，通过电路中的任一假设的封闭面的电流的代数和为零。

如图 1-60（a）所示，对于回路 2-3-4-2 有

$$i_1+i_2+i_3=0$$

图 1-60（b）中，$i=0$；图 1-60（c）中，$i=0$。

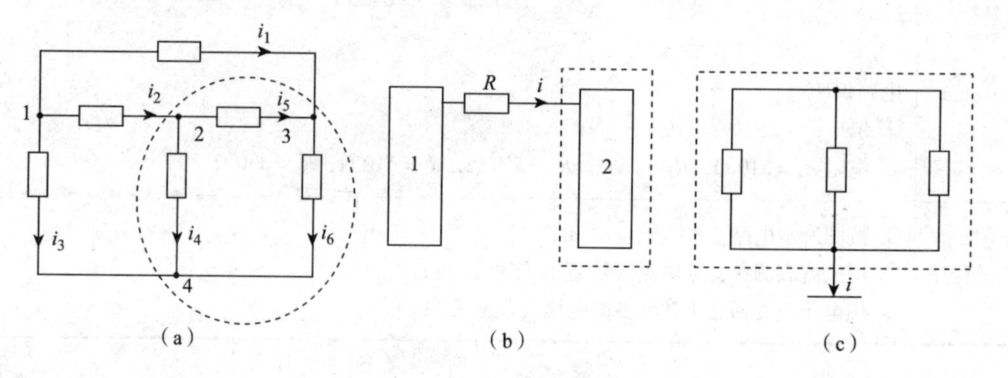

图 1-60　KCL 应用

（a）图 1　（b）图 2　（c）图 3

1.7.3　基尔霍夫电压定律（KVL）

基尔霍夫电压定律简称 KVL，它是根据能量守恒定律推导而得，当单位正电荷沿任一闭合路径移动一周时，其能量不改变。它的内容是：对电路中的任一回路，在任一时刻沿回路绕行方向，各段电压的代数和为零。即

$$\sum_{i=1}^{n} U_i = 0 \tag{1-29}$$

在交流的情况下，则有

$$\sum_{i=1}^{n} u_i = 0 \tag{1-30}$$

通常把上面两式称为回路电压方程，简称 KVL 方程。

在列写 KVL 方程时，需要任意选定一个回路的绕行方向，凡电压的参考方向与绕行方向一致时，该电压前面取“＋”号；凡电压的参考方向与绕行方向相反时，则取“－”号。

例 1.13　有一闭合回路如图 1－61 所示，各支路的元件是任意的，已知 $U_{AB}=5\text{ V}$，$U_{BC}=-4\text{ V}$，$U_{DA}=-3\text{ V}$，试求 U_{CD}。

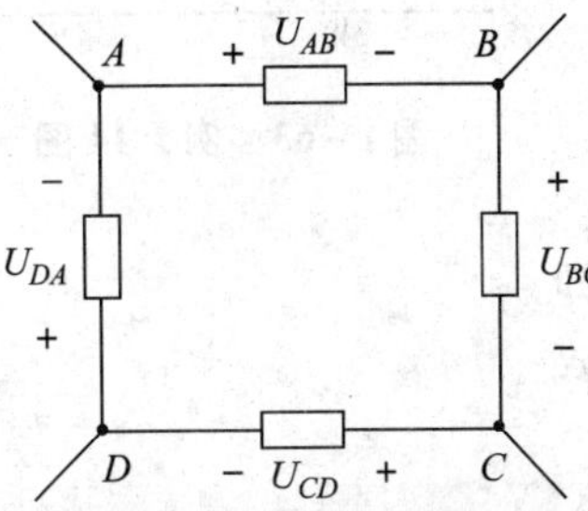

图 1－61　例 1.13 图

解：由基尔霍夫电压定律可知

$$U_{AB}+U_{BC}+U_{CD}+U_{DA}=0$$

即
$$5+(-4)+U_{CD}+(-3)=0$$

得
$$U_{CD}=2\text{ V}$$

KVL 定律不仅适用于电路中的具体回路，还可以推广应用于电路中的任一假想的回路。即在任一瞬间，沿回路绕行方向，电路中假想的回路中各段电压的代数和为零。

例如，图 1－62 所示为某电路中的一部分，路径 a、f、c、b 并未构成回路，选定图中所示的回路“绕行方向”，对假象的回路 $afcba$ 列写 KVL 方程有

$$-U_4+U_5-U_{ab}=0$$

则
$$U_{ab}=-U_4+U_5$$

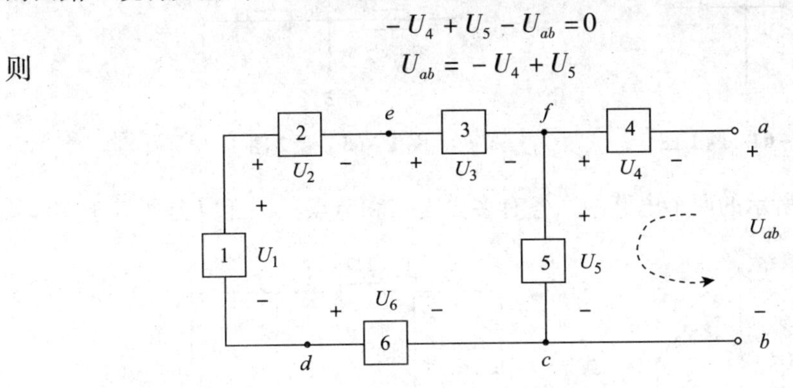

图 1－62　KVL 应用

由此可见：电路中 a、b 两点的电压 U_{ab} 等于以 a 为出发点，以 b 为终点的绕行方向上的任一路径上各段电压的代数和。其中，a、b 可以是某一元件或一条支路的两端，也可以是电路中任意两点。今后若要计算电路中任意两点间的电压，可以直接利用这一推论。

如例 1.13，如果还要求 U_{CA} 时，虽然 $ABCA$ 不是闭合回路，也可应用基尔霍夫电压定

律的推论列出

$$U_{AB}+U_{BC}+U_{CA}=0$$

即

$$5+(-4)+U_{CA}=0$$

得

$$U_{CA}=-1\ \text{V}$$

例 1.14 如图 1－63 所示的电路中，已知 $R_1=10\ \text{k}\Omega$，$R_2=20\ \text{k}\Omega$，$U_{s1}=6\ \text{V}$，$U_{s2}=6\ \text{V}$，$U_{AB}=-0.3\ \text{V}$，试求电流 I_1、I_2和 I_3。

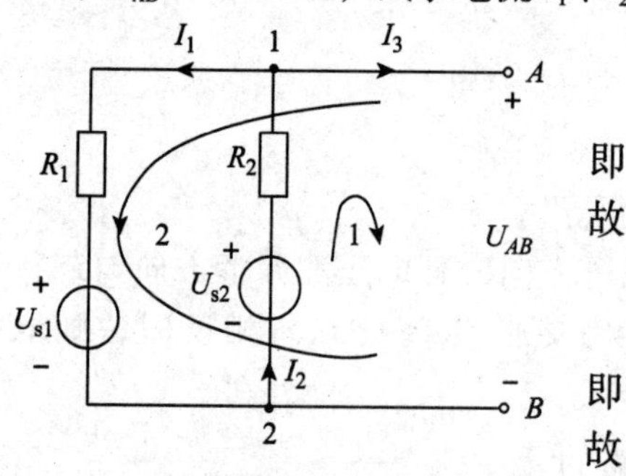

图 1－63 例 1.14 图

解： 对回路 1 应用基尔霍夫电压定律得

$$-U_{s2}+R_2I_2+U_{AB}=0$$

即

$$-6+20I_2+(-0.3)=0$$

故

$$I_2=0.315\ \text{mA}$$

对回路 2 应用基尔霍夫电压定律得

$$U_{s1}+R_1I_1-U_{AB}=0$$

即

$$6+10I_1-(-0.3)=0$$

故

$$I_1=-0.63\ \text{mA}$$

对节点 1 应用基尔霍夫电流定律得

$$-I_1+I_2-I_3=0$$

即

$$-(-0.63)+0.315-I_3=0$$

故

$$I_3=0.945\ \text{mA}$$

思考讨论 >>>

1. 图 1－64 是某电路的一个节点，已知电流 I_1，I_2，I_3的参考方向如图所示，试判断这三个电流有无可能都是正值？

2. 求图 1－65 所示电路中的 B 点的电位 V_B。

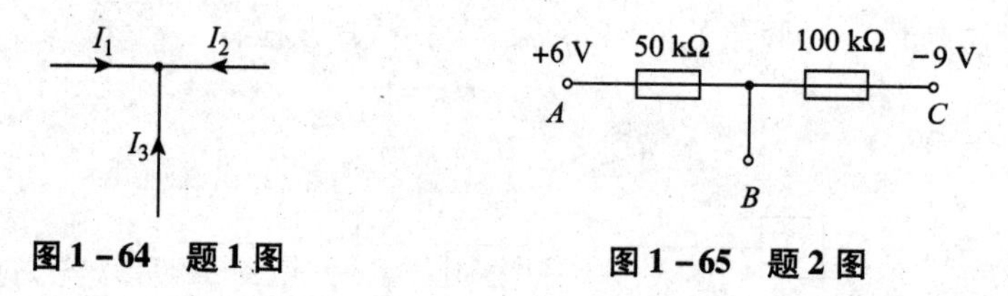

图 1－64 题 1 图　　图 1－65 题 2 图

3. 在图 1－66 所示的两个电路中，各有多少支路和节点？U_{ab}和 I 是否等于零？

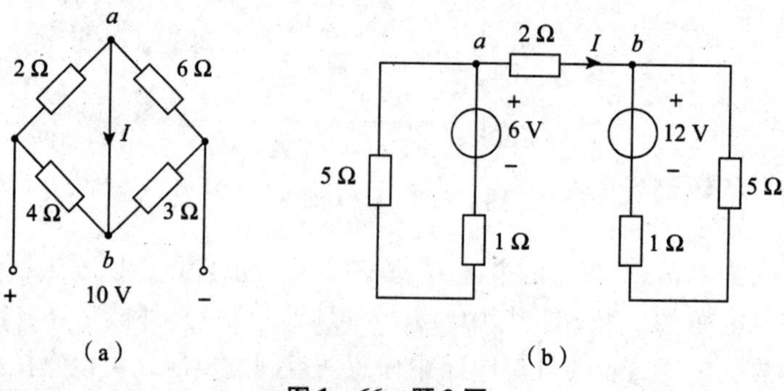

图 1－66 题 3 图
(a) 电路一 (b) 电路二

任务1.8　电路的工作状态

任务描述>>>

实际电路应用中电源有三种状态，即有载工作状态、开路状态和短路状态。电路处在不同工作状态时的特点是不同的。下面以最简单的直流电源为例分别讨论电源在三种状态下的电流、电压以及功率。

知识链接>>>

1.8.1　电源的有载工作状态

将图1-67中的开关Q闭合，电源与负载接通，这就是电路的有载工作状态。在图1-67（a）中的参考方向下，实际电压源的输出电流和电压分别为

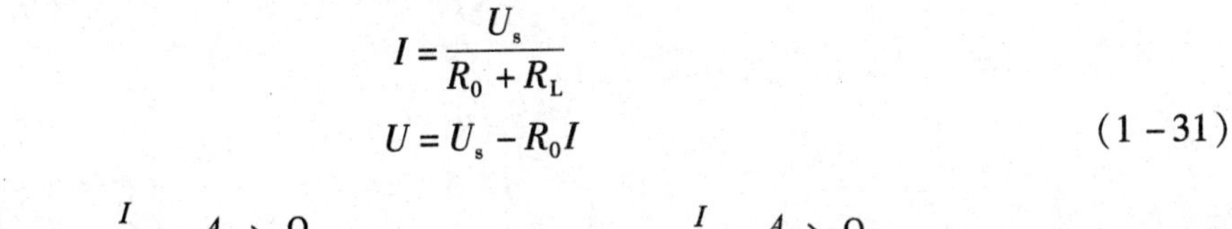

$$I=\frac{U_s}{R_0+R_L}$$
$$U=U_s-R_0I \tag{1-31}$$

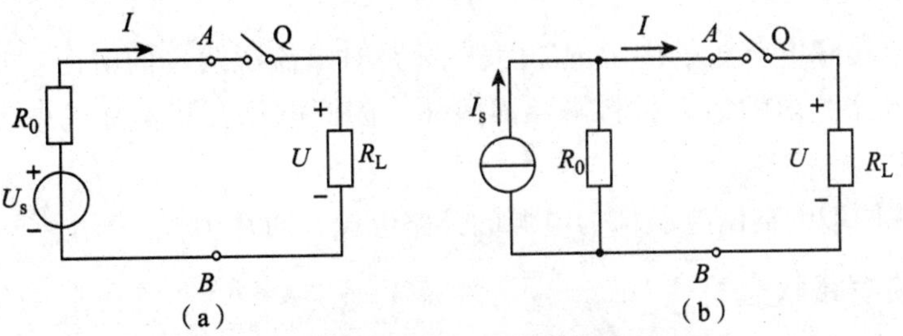

图1-67　电源有载工作状态和开路状态

（a）电压源有载工作和开路状态　（b）电流源有载工作和开路状态

在图1-67（b）中的参考方向下，实际电流源的输出电流和电压分别为

$$U=\frac{I_s}{G_0+G_L}=\frac{R_0R_L}{R_0+R_L}I_s$$
$$I=I_s-G_0U=I_s-\frac{U}{R_0} \tag{1-32}$$

由式（1-31）和式（1-32）可知，实际电压源电路中，负载上的电压U总是小于电压源的电压U_s；实际电流源电路中，负载上的电流I总是小于电流源的电流I_s。在电源参数不变的情况下，电源输出的电压和电流取决于负载的大小。

实际使用中，流过电源和负载的电流不能无限制地增加，否则会由于电流过大而烧坏电源或负载。因此，各种用电设备或电路元件的电压、电流、功率等都有规定的使用数据，这些数据称为该用电设备或元件的额定值。确切地说，额定值是制造厂为了使产品能在给定的工作条件下正常运行而规定的正常容许值。按照额定值来使用是最经济、

最合理和最安全的，也才能使电气设备有正常的使用寿命。大多数电气设备的寿命与绝缘材料的耐热性能及绝缘强度有关。当电流超过额定值过多时，由于过热而使绝缘材料损坏；当所加电压超过额定值过多时，绝缘材料有可能被击穿。反之，如果电气设备使用时的电压和电流远低于其额定值时，往往会使设备不能正常工作，或者不能充分利用设备能力达到预期的工作效果。例如，电流或电压过低，电灯灯光会很暗，电动机则不能启动等。

电气设备和电路元件的额定值通常标在铭牌上或写在其他说明中，在使用时应充分考虑额定数据。额定值通常用下标 N 表示，例如额定电压、电流和功率分别用 U_N、I_N 和 P_N 表示。

1.8.2 电源的开路状态

在图 1－67 中，若打开开关 Q，则电路处于开路状态，也称空载状态。在这种情况下，外电路的电阻相当于无穷大，此时外电路的电流为零。于是，电压源的输出电压和电流分别为

$$U=U_s$$

$$I=0 \qquad (1-33)$$

电流源的输出电压和电流分别为

$$U=R_0I_s$$

$$I=0 \qquad (1-34)$$

应当指出，实际电流源的内阻 R_0 很大，开路时电流源两端的电压会很高，这样高的电压将使实际电流源内的绝缘材料击穿而毁坏，因此电流源和实际的电流源是不允许开路的。

开路时电源两端的输出电压称为电源的开路电压，通常用 U_{oc} 表示。

1.8.3 电源的短路状态

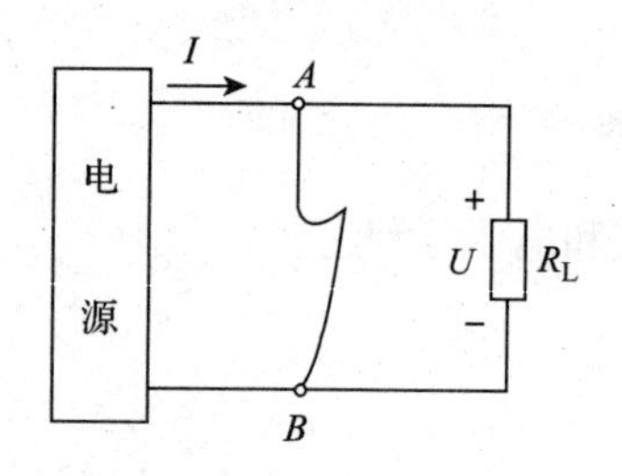

图 1－68 电源的短路工作状态

在图 1－68 中，若由于某种原因而使电源的两端 A 和 B 连接在一起时，电源就被短路。在这种情况下，外电路的电阻相当于零，此时电流 I 不经过负载而经过短路线直接流回电源。于是，短路时电压源的输出电压和电流分别为

$$U=0$$

$$I=\frac{U_s}{R_0}$$

电流源的输出电压和电流分别为

$$U=0$$

$$I=I_s \qquad (1-36)$$

短路时的电流称为短路电流，通常用 I_{sc} 表示。应当指出，因为电压源的内阻 R_0 很小，所以短路时流过电压源的电流 I 很大。这样大的电流将使电源内部遭受强大的电动力和过热而损坏，所以电压源和实际的电压源都是不允许短路的。由于实际中使用的大多数为实际电压源，因此短路是一种严重事故，要特别引起注意。为了防止短路，在电路中通常接

入保护装置，例如熔断器、短路自动跳闸装置等，一旦发生短路，能自动切断电源。

例 1.15　若已知电源的开路电压 $U_{oc}=12\ \mathrm{V}$，短路电流 $I_{sc}=30\ \mathrm{A}$，试问该电源的电压 U_s 和内阻 R_0 各为多少？

解：由电源开路和短路时的特点可知：

电源电压

$$U_s=U_{oc}=12\ \mathrm{V}$$

电源内阻

$$R_0=\frac{U_s}{I_{sc}}=\frac{U_{oc}}{I_{sc}}=\frac{12\ \mathrm{V}}{30\ \mathrm{A}}=0.4\ \Omega$$

这就是由电源的开路电压和短路电流计算电源电压和内阻的一种方法。但是，实际使用中，一定要避免电压源短路和电流源开路。

思考讨论>>>

1. 试求图 1－69 中各个电路的电流 I 和电压 U，并说出实际使用中哪几种情况是不允许的。

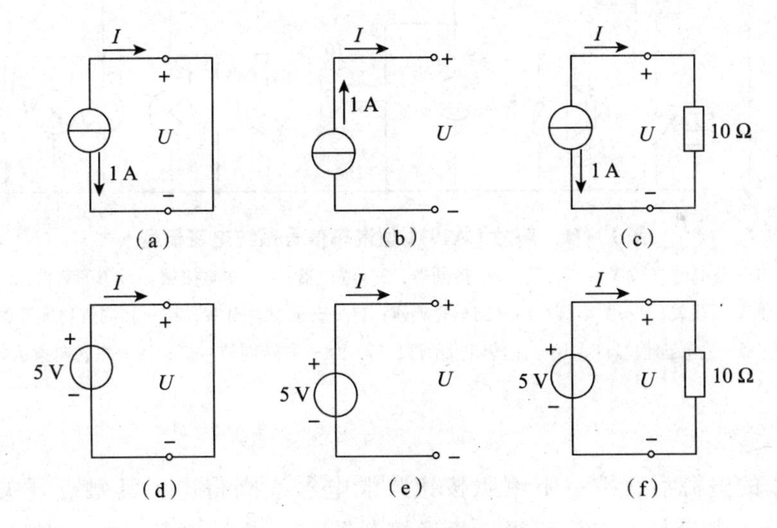

图 1－69　题 1 图

(a) 电路一　(b) 电路二　(c) 电路三

(d) 电路四　(e) 电路五　(f) 电路六

2. 求图 1－70 所示两个电路中，当开关 Q 合上和断开时的 U_{AB}。

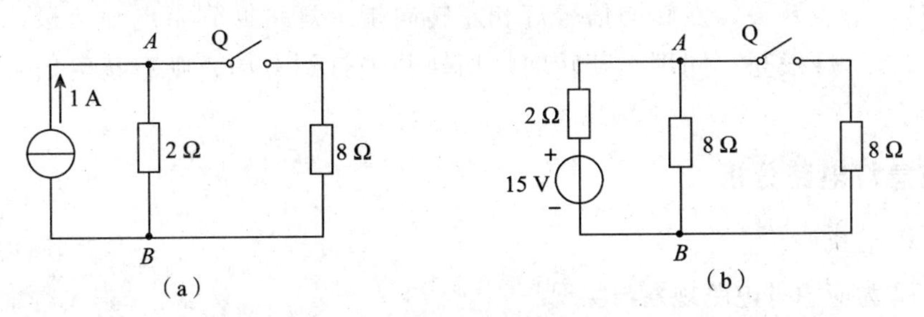

图 1－70　题 2 图

(a) 电路一　(b) 电路二

知识拓展>>>

任务1.9　简单照明电路的规划

1.9.1　汽车车灯电路分析

1. 电路组成

图1－71为解放CA1091型汽车信号系统电路模型。

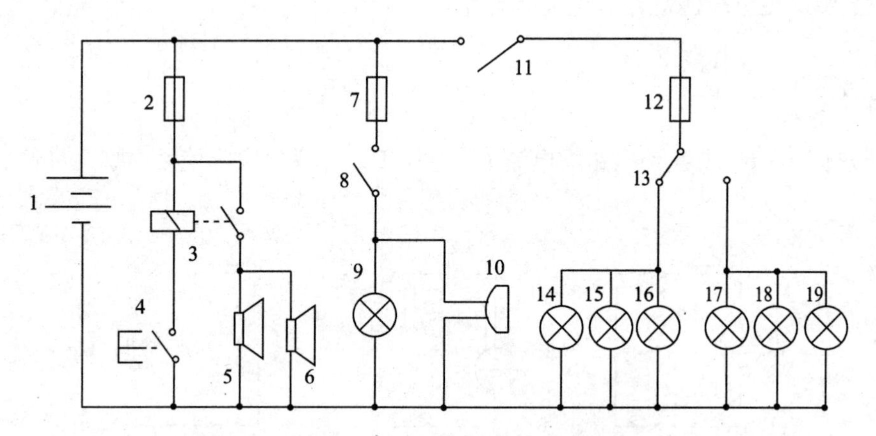

图1－71　解放CA1091型汽车信号系统电路模型

1—蓄电池（12 V）；2，7，12—熔断器；3—继电器；4—喇叭按钮；5，6—喇叭；
8—倒车灯开关；9—倒车灯；10—倒车蜂鸣器；11—转向灯总开关；13—转向灯切换开关；
14，15—左转向信号灯；16—左转向指示灯；17，18—右转向信号灯；19—右转向指示灯

2. 工作过程

启动汽车的电源后，按一下喇叭按钮，继电器线圈得电，其触点开关动作闭合，接通喇叭电路，电流从蓄电池正极，流经熔断器、继电器触点开关、喇叭，回到蓄电池负极，于是喇叭响一下，长按则长响；倒车灯开关闭合，接通倒车灯及倒车蜂鸣器，倒车灯发亮，同时倒车蜂鸣器发出声音信号；转向灯切换开关打到左挡，将转向灯总开关闭合，左转向信号灯电路接通，电流从蓄电池正极，流经转向灯总开关、熔断器、转向灯切换开关、左转向信号灯和左转向指示灯，回到蓄电池负极，于是左转向信号灯和指示灯发亮；同理，若转向灯切换开关打到右挡，则右转向信号灯和指示灯发亮。

1.9.2　应急灯电路分析

1. 电路组成

图1－72为应急灯电路规划与实现。

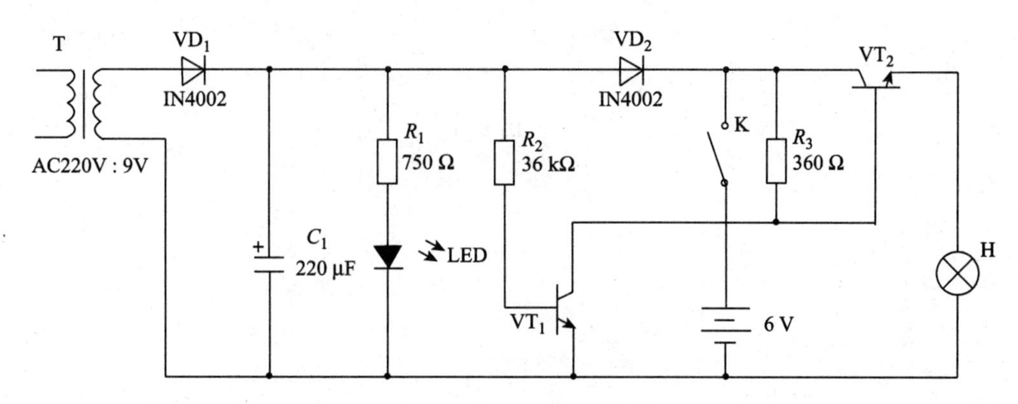

图1-72 应急灯电路规划与实现

2. 工作过程

如图1-72所示，220 V市电经变压器T降压、VD_1整流后，在电容器C_1上得到大约9 V的直流电压。此电压一路经VD_2对蓄电池充电，一路经电阻R_2为VT_1提供基极偏压，使VT_1饱和导通，VT_2截止，灯泡H不亮。当市电突然停电后，C_1两端的电压消失，由于VD_2的隔离作用，使R_2上无电流流过，VT_1截止，此时蓄电池的正极经R_3为VT_2提供基极电流使其导通，灯泡H点亮。R_1、LED组成电源指示电路。

3. 元件参数

变压器可用3~5 W的小型变压器；VT_1用3DG130，β值大于50；V_2用3DD15，β值大于30；H可选用3 V的小灯泡；其余电路参数如图1-72所示。

思考讨论>>>

汽车信号系统电路中，灯泡、喇叭、蜂鸣器的型号如何选取？

小　结

1. 实际电路和电路模型

实际电路是由电源、负载和中间环节组成的。为分析电路方便，要把实际电路用理想元件代替组成电路模型。我们分析的是电路模型的物理量。

2. 电路变量

电路变量指的是电路中的电流、电压和功率。

① 电流$\begin{cases}\text{大小} & i=\dfrac{dq}{dt};\\ \text{方向} & \text{规定正电荷移动的方向为电流方向。}\end{cases}$

② 电压$\begin{cases}\text{大小} & u=\dfrac{dw}{dq};\\ \text{方向} & \text{规定由高电位（+）指向低电位（-）。}\end{cases}$

③ 功率 $P = \pm UI\begin{cases} >0 & \text{吸收功率；} \\ <0 & \text{发出功率；} \\ =0 & \text{不吸收也不发出功率。} \end{cases}$

3. 理想元件

① 电阻：$U = \pm RI$。

② 电感：$U = \pm L\dfrac{\mathrm{d}i}{\mathrm{d}t}$。

③ 电容：$I = \pm C\dfrac{\mathrm{d}u}{\mathrm{d}t}$。

④ 电压源：U = 恒量；I 由外电路决定。

⑤ 电流源：I = 恒量；U 由外电路决定。

4. 电路规律

① 基尔霍夫电流定律（KCL）。对于任一节点

$$\sum_{i=0}^{n} I_i = 0$$

② 基尔霍夫电压定律（KVL）。对于任一回路

$$\sum_{i=1}^{n} U_i = 0$$

习 题 1

1. 各元件的参数如题 1 图所示。

① 各个元件的电流与电压是否为关联参考方向。

② 求出各个元件的功率，并指出它是吸收功率还是释放功率。

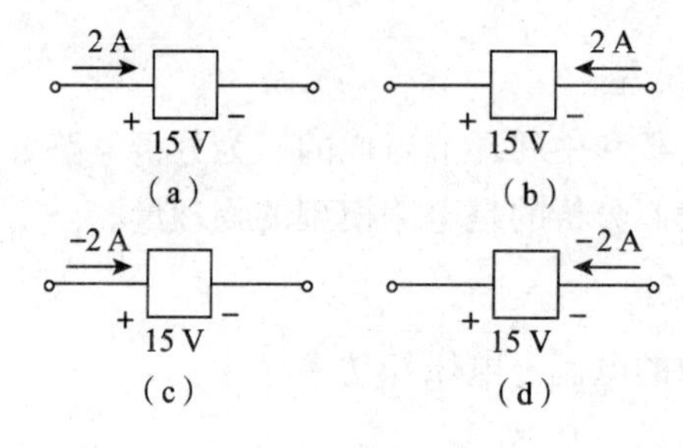

题 1 图

(a) 元件一 (b) 元件二 (c) 元件三 (d) 元件四

2. 一个 220 V、1 000 W 的电热器，若将它接到 110 V 的电源上，其吸收的功率为多少？若把它误接到 380 V 的电源上，其吸收的功率又为多少？是否安全？

3. 电路如题 3 图所示，各元件上的电压和电流的参考方向如图所示。通过实验测得 $I_1=-4$ A，$I_2=6$ A，$I_3=10$ A，$U_1=140$ V，$U_2=-90$ V，$U_3=60$ V，$U_4=-80$ V，$U_5=30$ V。

① 试标出各电流的实际方向和各电压的实际极性。

② 计算各元件的功率，并判断发出功率和吸收功率是否平衡。

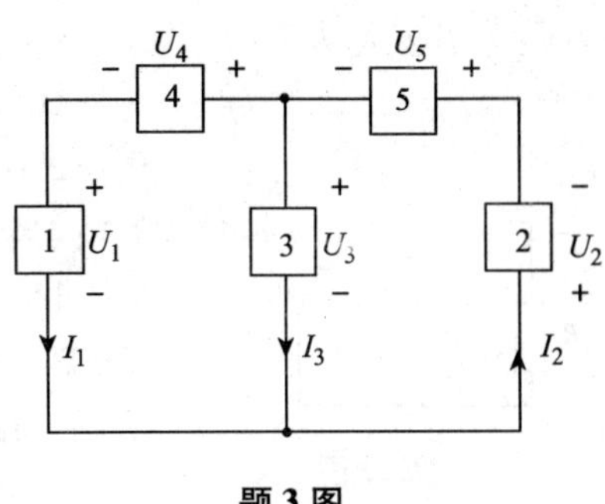

题 3 图

4. 题 4 图所示的两个电路中，要使 6 V、50 mA 的灯泡能正常发光，应该采用哪一个电路？

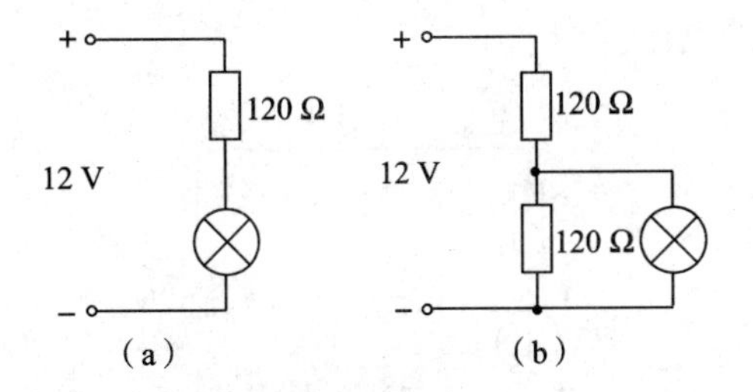

题 4 图

（a）电路一　（b）电路二

5. 某楼内有 200 V、100 W 的灯泡 100 只，若各灯泡每天平均使用 3 小时，每月按 30 天计算，且在额定电压下工作，试计算每月消耗多少电能。

6. 如题 6 图所示，已知 $I_1=0.01$ μA，$I_2=0.3$ μA，$I_5=9.61$ μA，试求电流 I_3、I_4 和 I_6。

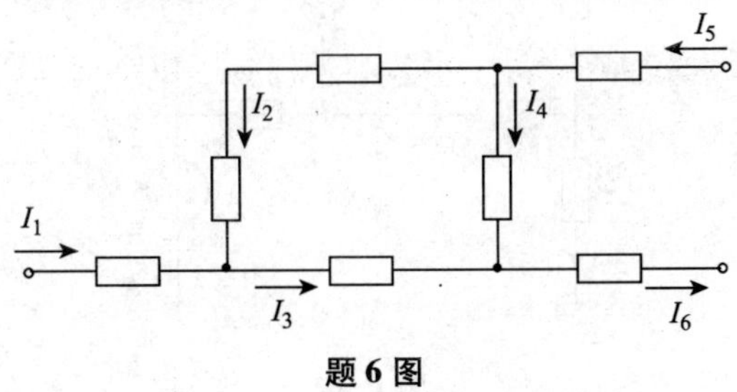

题 6 图

7. 求题 7 图所示电路中电压源、电流源和电阻消耗的功率。

8. 电路如题 8 图所示，试求流过 6 Ω 电阻的电流 I。

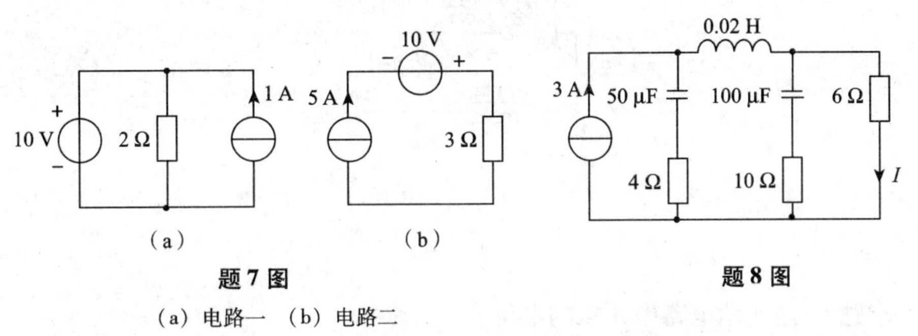

题 7 图

（a）电路一　（b）电路二

题 8 图

9. 一只 110 V、8 W 的指示灯，要接在 380 V 的电源上，问要串联多大阻值的电阻？该电阻选用多大功率?

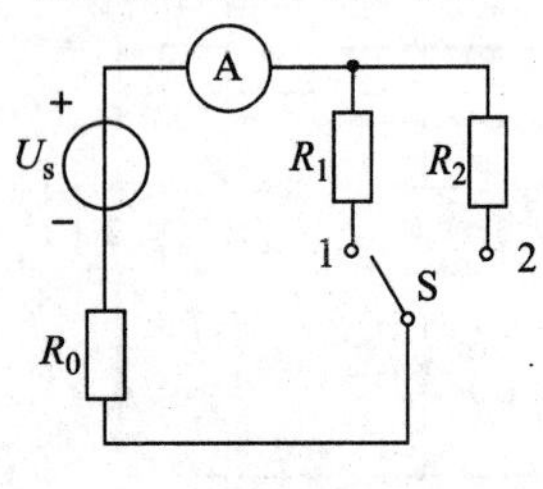

题 10 图

10. 如题 10 图所示，R_0为电源电阻，U_s为电源电压，已知 $R_1=2.6\ \Omega$，$R_2=5.5\ \Omega$。当将开关 S 置向 1 时，电流表读数为 2 A；当置向 2 时，读数为 1 A。试求 R_0和 U_s。

11. 有一个直流电源，其额定电压 $U_N=50$ V，额定功率 $P_N=200$ W，内阻 $R_0=0.5\ \Omega$，负载电阻 R_L 可以调节，电路如题 11 图所示。试求：

① 额定状态下的电流 I_N 和负载电阻 R_L 的大小；

② 开路状态下的电源端电压；

③ 电源短路状态下的电流。

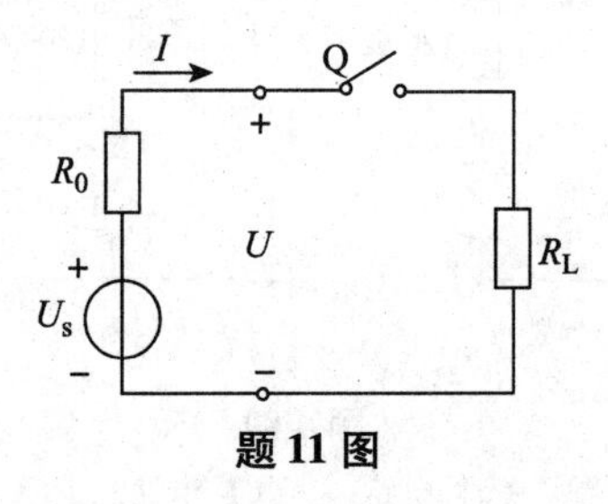

题 11 图

12. 求题 12 图所示电路中的 I 和 U_{34}。

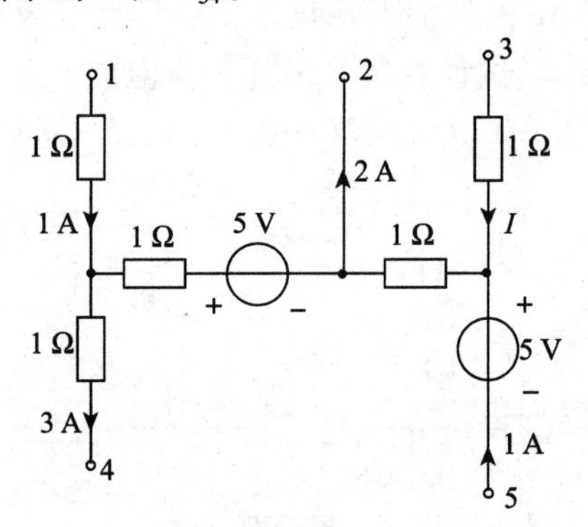

题 12 图

13. 求题 13 图所示电路中的电阻 R。

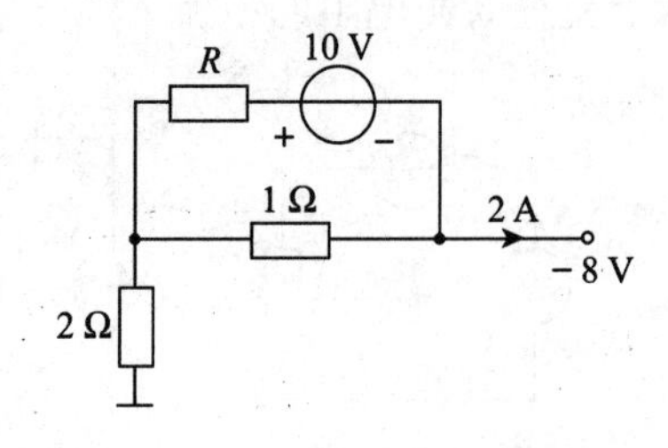

题 13 图

14. 求题 14 图所示电路中 A 点的电位。

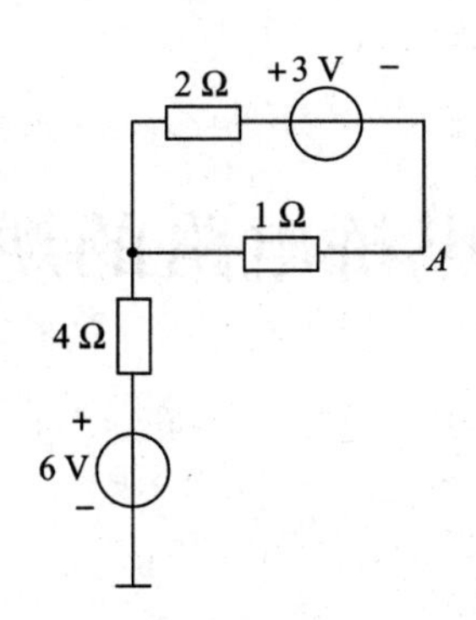

题 14 图

15. 在题 15 图所示电路中，试求在开关 S 断开和闭合的两种情况下 A 点的电位。

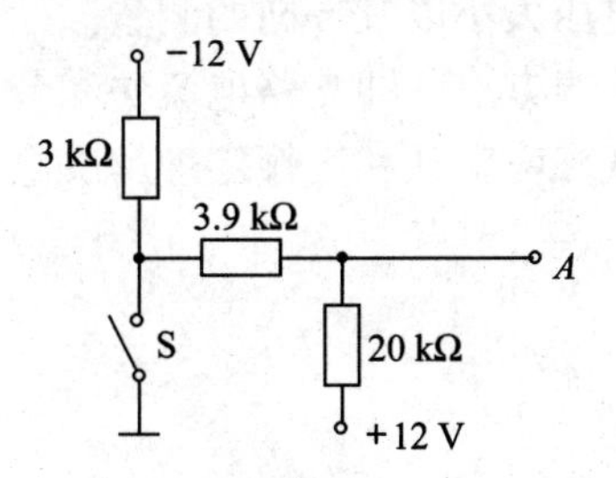

题 15 图

16. 在题 16 图所示电路中，已知 $R_1 = R_2 = R_3 = R_4 = R_5 = R_6 = 1\ \Omega$，$U_{s1} = 3\ \text{V}$，$U_{s2} = 2\ \text{V}$，以 d 点为参考点，求 V_a、V_b和 V_c。

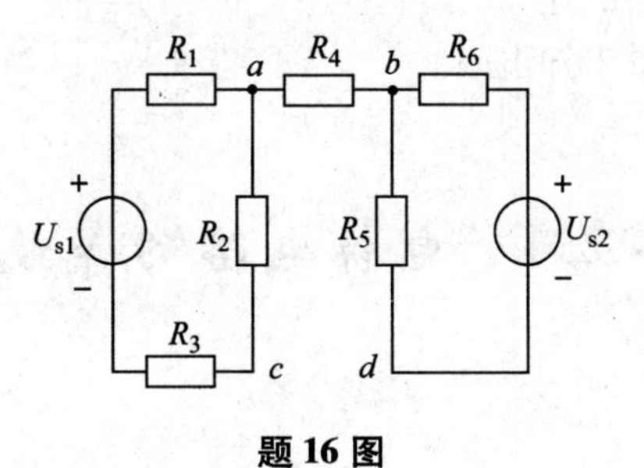

题 16 图

项目 2　电桥电路的规划与实施

学习目标

- 理解电路“等效”的含义。
- 学会电阻电路的等效化简方法。
- 学会多电源电路的等效化简。
- 学会复杂电路电流、电压大小以及方向的测量。
- 理解分析复杂电路的普遍方法，即支路电流法和节点电压法。
- 学会应用叠加原理、戴维南定理和诺顿定理解决电路问题。
- 认识受控源。

任务目标

- 学会电桥电路电流、电压的测量。
- 学会电路外特性的测绘。
- 会验证叠加定理和齐性定理。
- 学会戴维南模型电路的建立。
- 学会自组电桥并测量未知电阻。

任务 2.1　电桥电路的等效化简

任务描述 >>>

电阻元件是电路中最常用的元件之一，有关电阻的测量，在电气测量中占有重要地位。最普遍的方法是直接采用万用表来测量，只是测量的结果误差较大；实验室里往往采用伏安法来间接测量，步骤比较烦琐；要想精确地测量电阻阻值，直流电桥是最佳的测量仪表，如图 2 -1 所示。

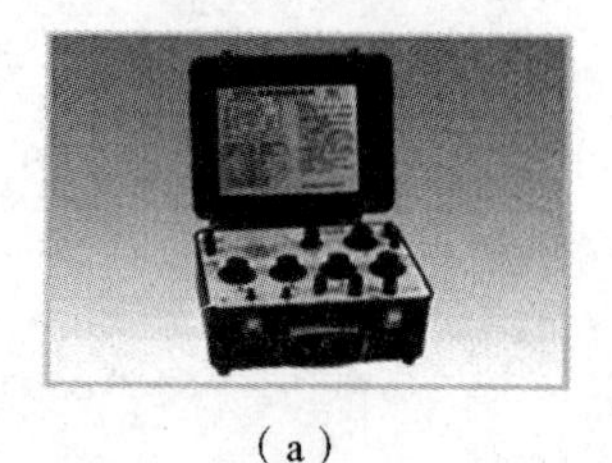

（a）　　（b）

图 2 -1　直流单臂电桥

（a）模拟式　（b）数字式

直流电桥按其功能可分为直流单臂电桥和直流双臂电桥，其中直流单臂电桥又称惠斯登电桥，适合精确测量1 Ω以上的电阻，主要用来测量各种电机、变压器及各种电气设备的直流电阻，以进行设备出厂试验及故障分析，使用比较广泛。那么电桥电路是如何测量电阻值的？电桥电路中的电流、电压大小和方向是怎样分析的呢？

知识链接>>>

2.1.1　电阻的星形与三角形连接

由前面的内容可知，我们在分析电路时可用等效的方法，即用一个简单的电路等效化简复杂电路。比如将串联或并联电阻化简为一个等效电阻，这样分析时电路就大为简化。但有些电路如图2-2所示的电桥电路中的电阻既不是串联，也不是并联，因而求其等效电阻时就不能用串、并联电阻的方法直接化简。那么，如何化简这样的电路呢？怎样知道这样一个电路中电压、电流的大小和方向呢？

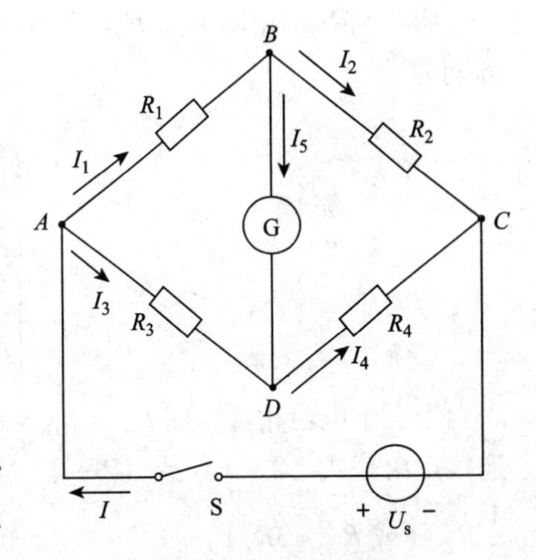

图2-2　电桥电路原理图

三个电阻的一端连接在一起构成一个节点0，另一端分别为网络的三个端钮a、b、c，它们分别与外电路相连，这种三端网络叫电阻的星形连接，又叫电阻的Y连接，如图2-3（a）所示。

三个电阻串联起来构成一个回路，而三个连接点为网络的三个端钮a、b、c，它们分别与外电路相连，电阻的这种连接叫电阻的三角形连接，又叫电阻的△连接，如图2-3（b）所示。

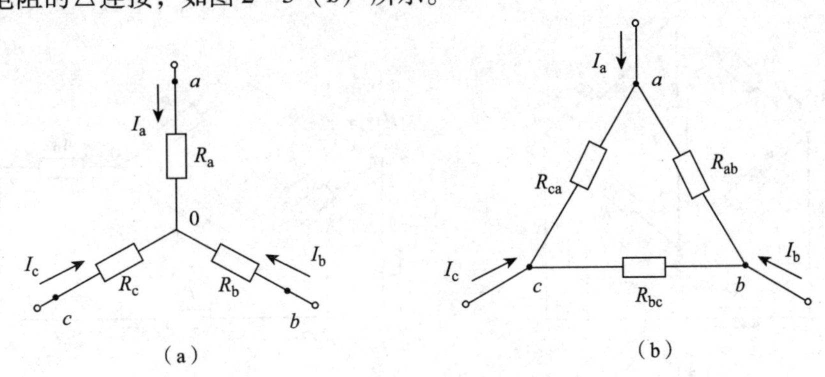

图2-3　电阻的星形与三角形连接

（a）电阻星形连接　（b）电阻三角形连接

2.1.2　电阻的星形连接与三角形连接的等效变换

电阻的星形与三角形连接都构成一个三端网络，因此两电路在满足一定条件下是可以等效变换的。电阻的星形与三角形连接所谓的等效，是指对外部等效，即当它们对应外部端钮间的电压相同时，相应端钮的电流分别相同，也就是每对端口的伏安特性是相同的。

利用此条件可以证明，将△连接的电阻 R_{ab}、R_{bc}、R_{ca} 等效变换为 Y 连接的电阻 R_a、R_b、R_c 时，等效的电阻分别为

$$\begin{cases} R_a = \dfrac{R_{ab}R_{ca}}{R_{ab}+R_{bc}+R_{ca}} \\ R_b = \dfrac{R_{bc}R_{ab}}{R_{ab}+R_{bc}+R_{ca}} \\ R_c = \dfrac{R_{ca}R_{bc}}{R_{ab}+R_{bc}+R_{ca}} \end{cases} \tag{2-1}$$

将 Y 连接的电阻 R_a、R_b、R_c 等效变换为△连接的电阻 R_{ab}、R_{bc}、R_{ca}时，等效的电阻分别为

$$\begin{cases} R_{ab} = R_a + R_b + \dfrac{R_aR_b}{R_c} \\ R_{bc} = R_b + R_c + \dfrac{R_bR_c}{R_a} \\ R_{ca} = R_c + R_a + \dfrac{R_cR_a}{R_b} \end{cases} \tag{2-2}$$

当三个电阻相等，即 $R_{ab}=R_{bc}=R_{ca}$（或 $R_a=R_b=R_c$）时，称为对称△（或 Y）电阻连接。由公式（2－1）或（2－2）等效成的 Y（或△）连接电阻也是对称的，且 $R_Y=\dfrac{1}{3}R_\triangle$（或 $R_\triangle=3R_Y$）。

例 2.1 计算图 2－4（a）所示电桥电路中各电阻的电流，其中 $R_1=1\ \Omega$，$R_2=8\ \Omega$，$R_3=5\ \Omega$，$R_4=4\ \Omega$，$R_5=4\ \Omega$，$R_0=2\ \Omega$，$U_s=18\ \text{V}$。

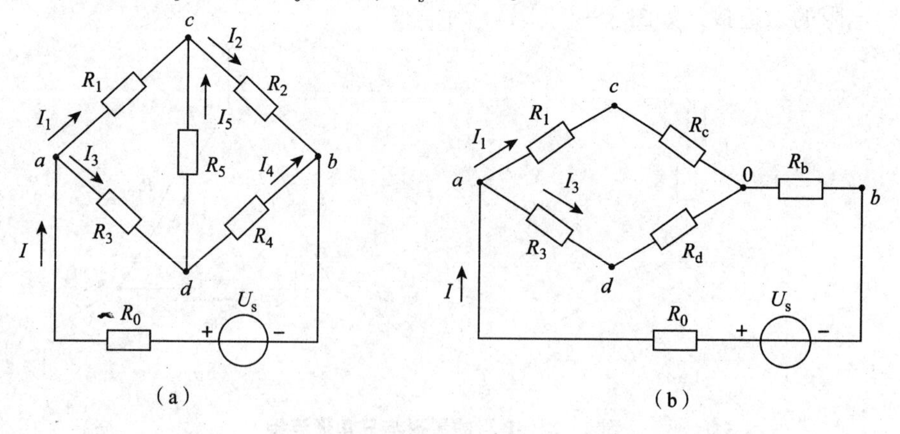

图 2－4　例 2.1 图

（a）电路一　（b）电路二

解：此电桥电路，不能用简单的电阻串并联的关系求解。可将接到 c、b、d 作三角形连接的三个电阻等效变换为星形连接，如图 2－4（b）所示。由式（2－1）得

$$R_c = \frac{4\times 8}{4+4+8} = 2\ \Omega$$

$$R_d = \frac{4\times4}{4+4+8} = 1\ \Omega$$

$$R_b = \frac{4\times8}{4+4+8} = 2\ \Omega$$

则

$$R_{1c} = 1+2 = 3\ \Omega$$

$$R_{3d} = 5+1 = 6\ \Omega$$

所以

$$I = \frac{U_s}{R_{1c}//R_{3d}+R_b+R_0} = \frac{18}{\frac{3\times6}{3+6}+2+2} = 3\ \text{A}$$

由分流公式得

$$I_1 = \frac{R_{3d}}{R_{1c}+R_{3d}}I = \frac{6}{3+6}\times3 = 2\ \text{A}$$

$$I_3 = \frac{R_{1c}}{R_{1c}+R_{3d}}I = \frac{3}{3+6}\times3 = 1\ \text{A}$$

由图2-4（b）知

$$U_{cb} = I_1R_c + IR_b = 2\times2+3\times2 = 10\ \text{V}$$

由等效关系，再回到图2-4（a）知

$$I_2 = \frac{U_{cb}}{R_2} = \frac{10}{8} = 1.25\ \text{A}$$

$$I_5 = I_2 - I_1 = 1.25-2 = -0.75\ \text{A}$$

$$I_4 = I_3 - I_5 = 1-(-0.75) = 1.75\ \text{A}$$

题中也可将 R_3、R_4、R_5 三个电阻等效成三角形连接来求解，同学们自己完成。

思考讨论>>>

1. 在如图2-5所示电路中，$R_1=R_2=R_3=3\ \Omega$，$R_4=R_5=R_6=6\ \Omega$，试求电路 ab 端口的等效电阻。

2. 在如图2-6所示电路中，求 R_{ab}。

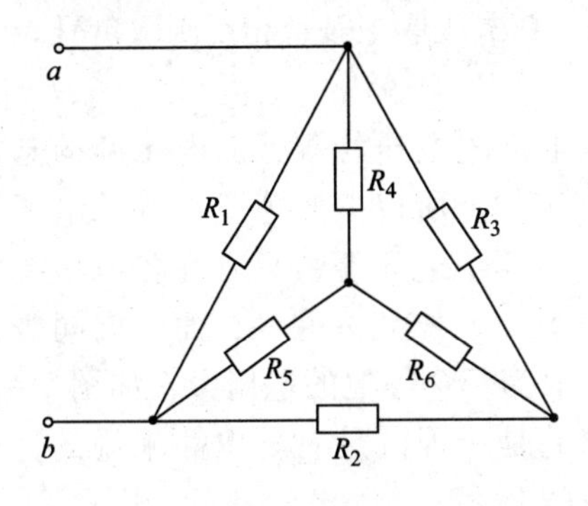

图2-5　题1图

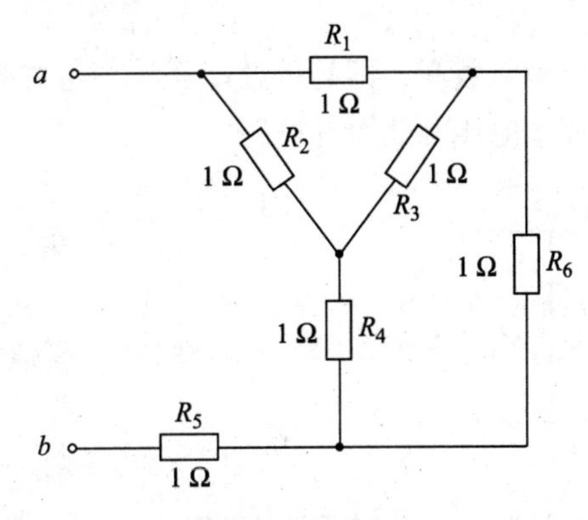

图2-6　题2图

任务2.2　实际电源模型的等效变换

任务描述>>>

通过对电阻的星形与三角形连接电路等效变换，可以使多电阻电路得以化简。那么，含有多个电源的电路是不是也能通过等效来化简呢？含有多个电源的电路怎样化简呢？

知识链接>>>

2.2.1　电压源串联

图2－7（a）为两个电压源串联的电路，由KVL可知

$$U = U_{s1} + U_{s2} = U_s$$

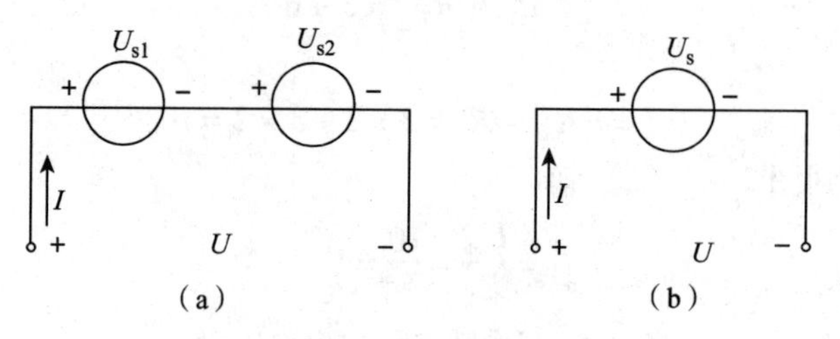

图2－7　电压源串联

（a）电路一（b）电路二

依据电压源的特性，两个电压源串联对外可以等效为一个电压源，且这一恒压源的电压 $U_s = U_{s1} + U_{s2}$，如图2－7（b）所示。显然图2－7中两电路图的伏安特性是相同的，即两电路图对外电路来说是等效的。依此类推，有 n 个电压源串联的电路，可以等效成一个电压源，这个电压源的电压值等于串联的各电压源电压的代数和，即

$$U_s = \sum_{i=1}^{n} U_{si}$$

所谓代数和，即与等效电压源参考方向一致的，其电压取正号；相反则取负号。

那么电压源能否并联呢？

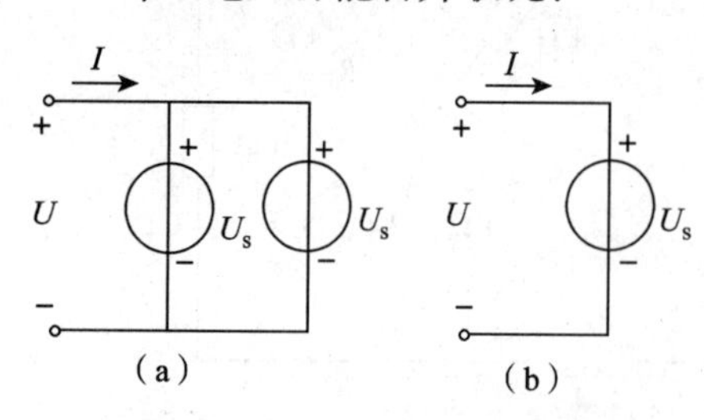

图2－8　相同电压源的并联

（a）电路一（b）电路二

由于并联电路的电压相等，而电压源的基本特性是电压是恒定的，所以电压值不相等的电压源是不允许并联的。几个电压源，只有在各电压源的电压值相等的情况下，才允许并联，而且要同极性相并，并联后等效为一个等值的电压源，如图2－8所示。应当指出的是，等效是对外电路来说的，对内电路是不等效的。

特别是电压源与任一元件或支路并联时，仍然

等效于电压源，根据并联电路特点，它们对输出电压无影响，如图2－9所示。

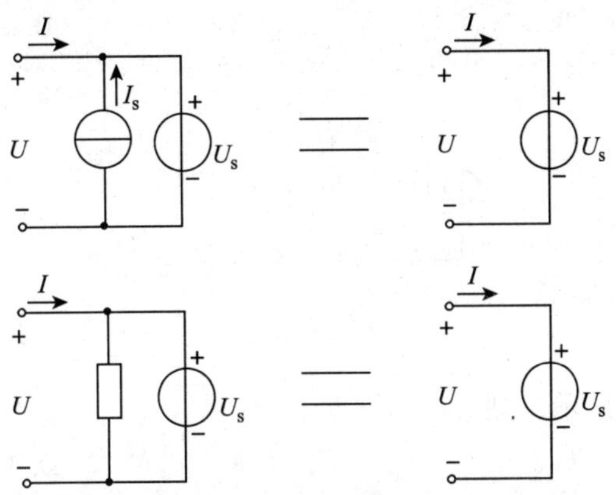

图2－9　电压源与支路并联

2.2.2　电流源并联

图2－10（a）为两个电流源并联的电路，若要图2－10（a）和（b）两电路对外等效，则

$$I_{s1}+I_{s2}=I_s$$

即两个电流源并联，可以等效为一个电流源。依此类推，有 n 个电流源并联的电路，则可等效成一个电流源，这个电流源的电流等于并联的各电流源电流的代数和，即

$$I_s=\sum_{i=1}^{n}I_{si}$$

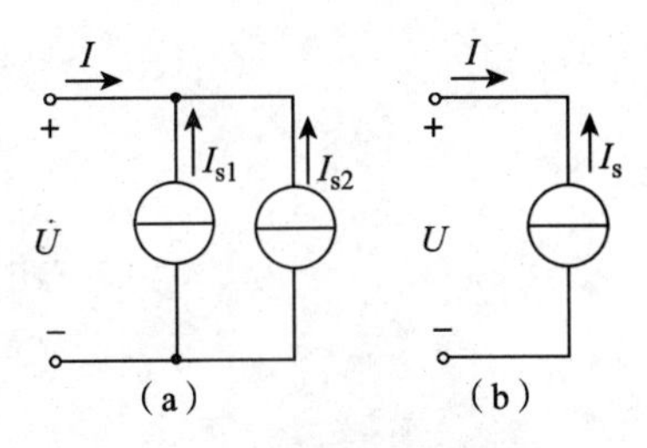

图2－10　电流源并联

（a）电路一　（b）电路二

求代数和时，与等效电流源参考方向一致的，其电流取正号；相反则取负号。

思考讨论>>>

1. 几个电流源能否串联？几个电压源能否并联？为什么？

2. 电阻与电流源串联，电压源与电流源串联，某二端电路与电流源串联能等效化简成什么电路？

3. 作出图2－11所示电路的最简等效电路。

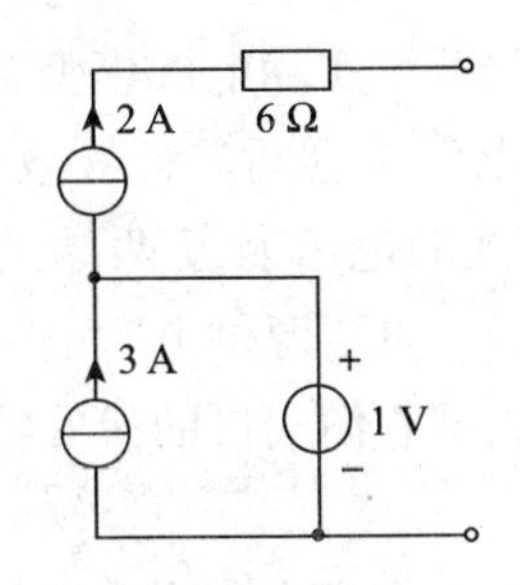

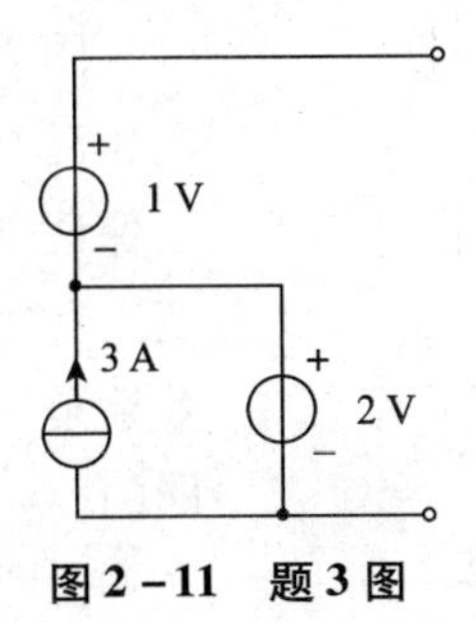

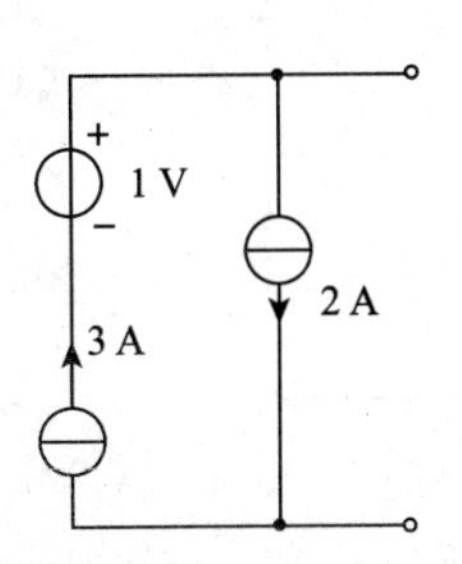

图2－11　题3图

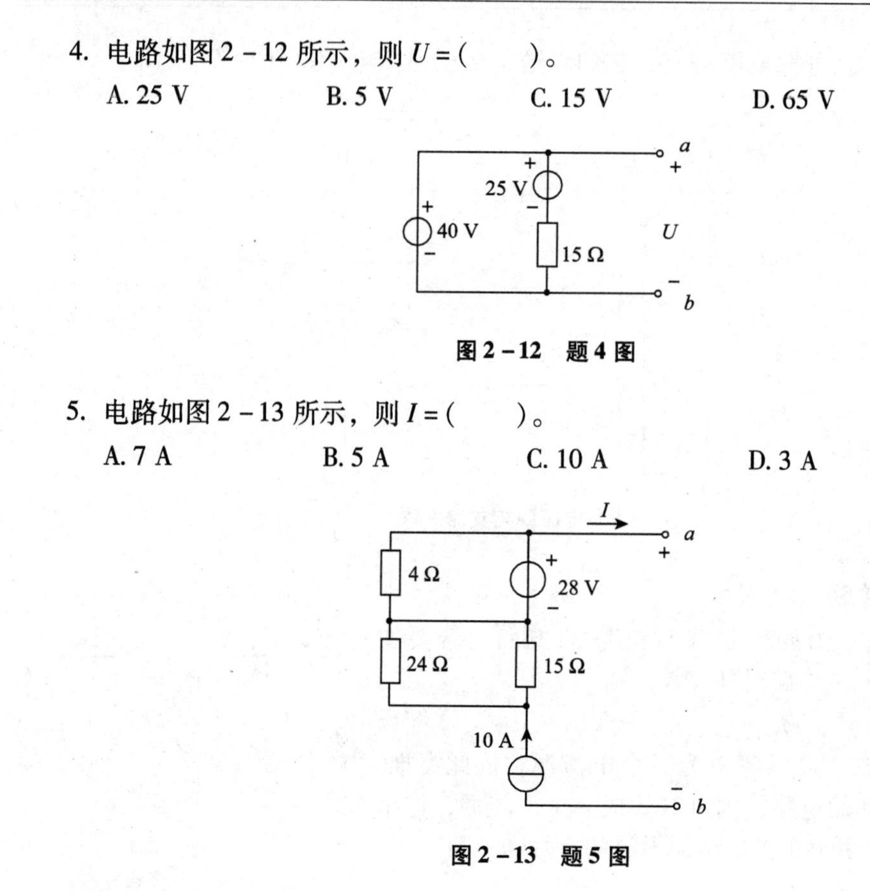

4. 电路如图 2－12 所示，则 $U=($　　$)$。

A. 25 V　　B. 5 V　　C. 15 V　　D. 65 V

图 2－12　题 4 图

5. 电路如图 2－13 所示，则 $I=($　　$)$。

A. 7 A　　B. 5 A　　C. 10 A　　D. 3 A

图 2－13　题 5 图

知识链接 >>>

2.2.3　两种电源模型的等效变换

一个实际电源既可以用电压源与电阻串联模型来等效代替；也可以用电流源与电阻并联模型来等效代替。两种电源模型反映的是同一个实际电源的外特性，只是表现形式不同而已，因此在满足一定条件下，两种电源模型也是可以等效的。在对含有两种电源模型的电路进行分析计算时，为了方便，有时需将实际电压源等效变换成实际电流源，有时又需要将实际电流源等效变换成实际电压源。

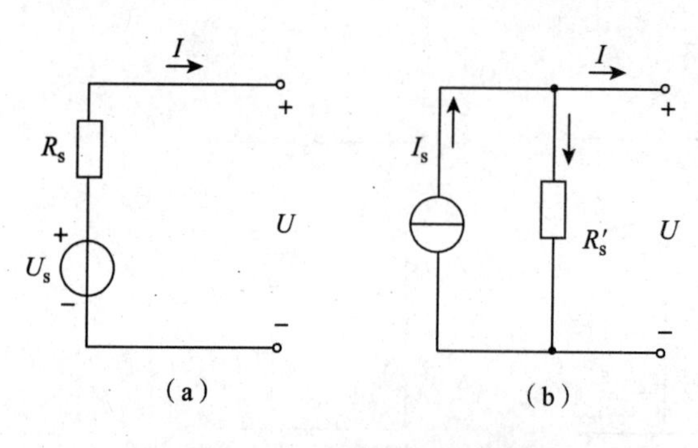

图 2－14　两种实际电源模型

（a）实际电压源　（b）实际电流源

图 2－14 为两种实际电源模型，当实际电压源与实际电流源之间进行等效变换时，要保证通过负载的电流及其两端的电压不变，对负载来说，电压源供电和电流源供电效果是一样的，即它们端口的伏安特性是相同的。

由图 2－14（a）可知其伏安特性为

$$U=U_s-IR_s$$

由图 2-14（b）可知其伏安特性为

$$U=I_sR_s'-IR_s'$$

比较以上两式可知当同时满足条件

$$\begin{cases}U_s=I_sR_s'\\R_s=R_s'\end{cases}\tag{2-3}$$

或

$$\begin{cases}I_s=\dfrac{U_s}{R_s}\\R_s'=R_s\end{cases}\tag{2-4}$$

此时两电路的伏安特性是完全相同的，因此两电路是等效的。

例 2.2　求与图 2-15（a）、（b）两电路对应的等效电源模型。

解： 图 2-15（a）是实际电压源模型，可等效为实际电流源模型，则

$$I_s=\frac{U_s}{R_s}=\frac{6}{2}=3\ \text{A}$$

$$R_s'=R_s=2\ \Omega$$

其等效电流源模型如图 2-16（a）所示。

图 2-15（b）为实际电流源模型，可等效为实际电压源模型，则

$$U_s=I_sR_s=3\times1=3\ \text{V}$$

$$R_s'=R_s=1\ \Omega$$

其等效电压源模型如图 2-16（b）所示。

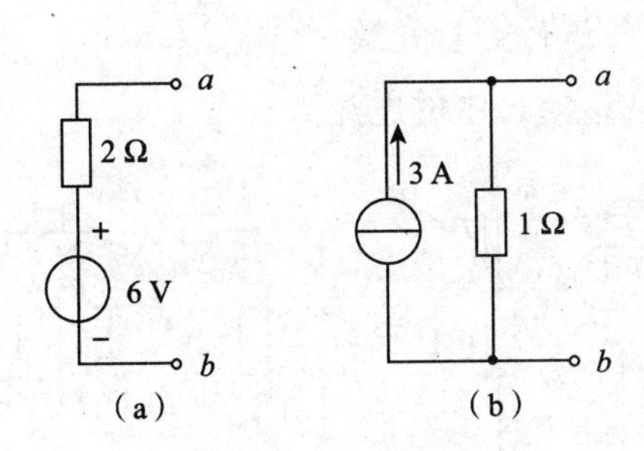

图 2-15　例 2.2 图

（a）电路一　（b）电路二

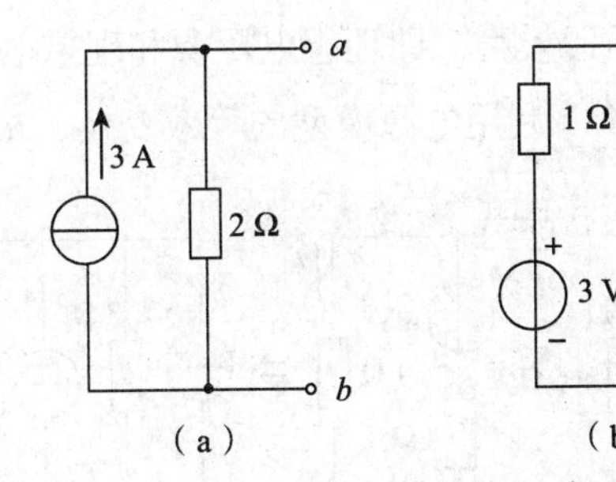

图 2-16　例 2.2 等效电源模型

（a）电路一等效　（b）电路二等效

想一想： 如果图 2-15（a）中的 6 V 电压源极性改变，等效后的电流源有什么不同?

在进行电源模型的等效变换时，电源参数不仅要满足式（2-3）或式（2-4）的条件，还应当注意的是电压源的电压极性与电流源的电流方向之间的关系，即两者的参考方向要求一致，也就是说电压源的正极对应着电流源电流的流出端。另外电压源与电流源的等效变换只是对外电路而言等效，对内电路是不等效的。

例 2.3　电路如图 2-17 所示，已知 $U_{s1}=10$ V，$I_{s1}=15$ A，$I_{s2}=5$ A，$R_1=30\ \Omega$，$R_2=20\ \Omega$，求电流 I。

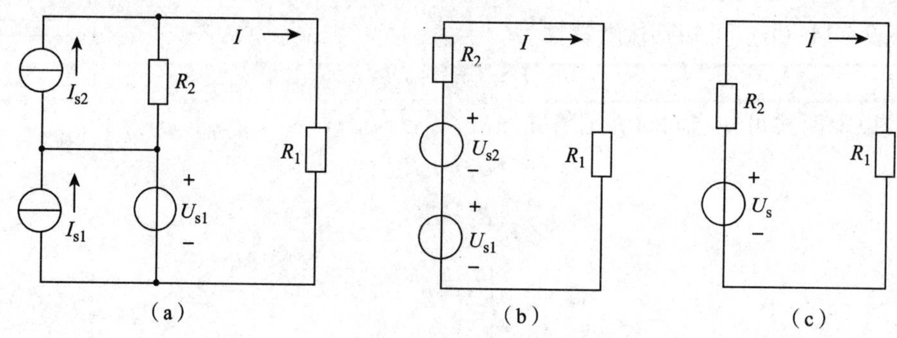

图 2-17　例 2.3 图

(a) 原电路　(b) 等效变换一　(c) 等效变换二

解：在图 2-17（a）中，电压源 U_{s1} 与电流源 I_{s1} 并联可等效为电压源 U_{s1}；电流源 I_{s2} 与电阻 R_2 的并联可等效变换为电压源 U_{s2} 与电阻 R_2 的串联，电路变换如图 2-17（b），其中

$$U_{s2}=I_{s2}R_2=5\times20=100\ \text{V}$$

在图 2-17（b）中，电压源 U_{s1} 与电压源 U_{s2} 的串联可等效变换为电压源 U_s，电路变换如图 2-17（c），其中

$$U_s=U_{s2}+U_{s1}=100+10=110\ \text{V}$$

在图 2-17（c）中，根据欧姆定律可知：

$$I=\frac{U_s}{R_1+R_2}=\frac{110}{30+20}=2.2\ \text{A}$$

应当注意的是理想电压源的特性是在任何电流下保持端电压不变，没有一个电流源能具有这样的特性，所以理想电压源没有等效的电流源模型。同样道理，理想电流源也没有等效的电压源模型。即理想电压源和理想电流源不能进行等效变换。

例 2.4　利用电源模型的等效变换，求图 2-18（a）中的电流 I。

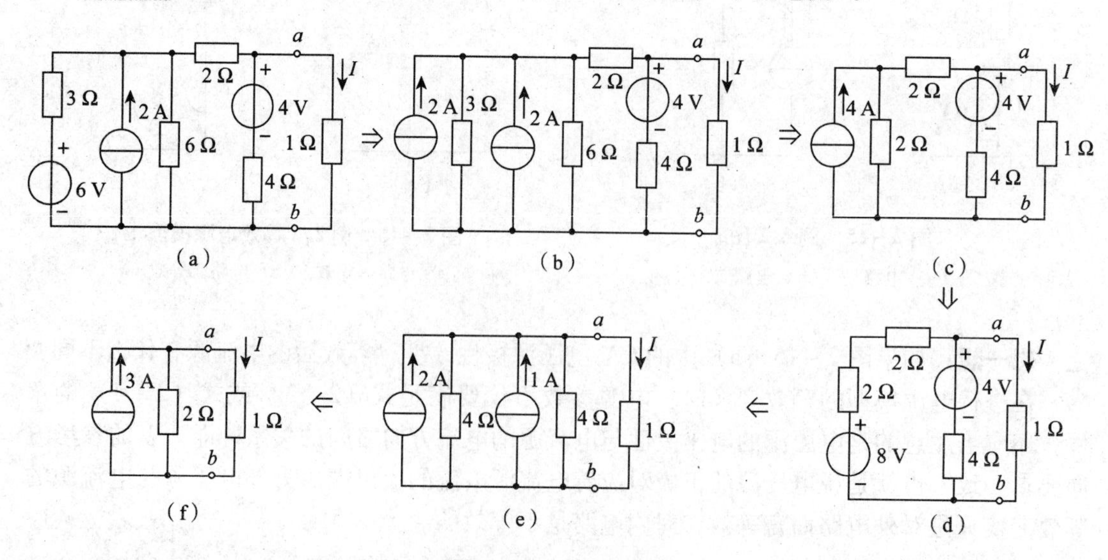

图 2-18　例 2.4 图

(a) 原电路　(b) 等效变换一　(c) 等效变换二　(d) 等效变换三

(e) 等效变换四　(f) 等效变换五

解： 本题结构较复杂，我们从左向右逐步化简，等效变换的过程如图 2－18（b）、（c）、（d）、（e）和（f）所示，最后将 a、b 端左侧的电路化简为电流源模型。利用分流公式得

$$I=\frac{2}{2+1}\times 3=2\ \text{A}$$

任务实施 >>>

表 2－1　两种电源电路模型的等效变换

RW 2－1

任务内容	① 搭接电路； ② 测试有源二端电路的外特性曲线； ③ 找到电源等效变换的条件		
测试设备	设备名称	型号或规格	数量
	电工电路综合实训台 （恒压源、电阻、电位器、恒流源）		1 套
	测试电路板（含源二端网络）		1 套
测试电路	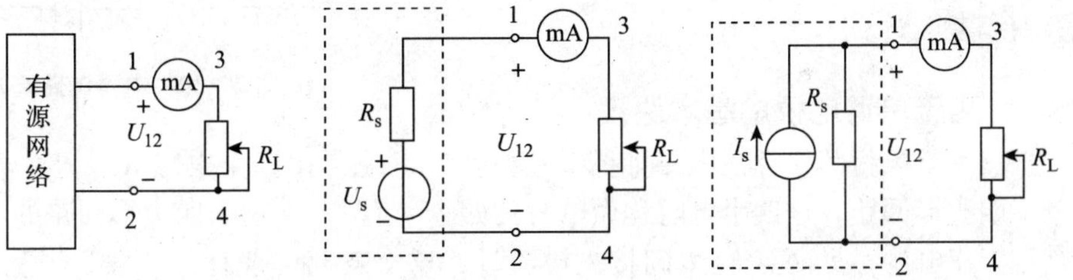 有源网络　1　mA　3　+　U_{12}　R_L　−　2　4 （a） R_s　+　U_s　−　1　mA　3　+　U_{12}　R_L　−　2　4 （b） I_s　R_s　1　mA　3　+　U_{12}　R_L　−　2　4 （c）		
测试程序	① 电路图（b）中，取 $U_s=5$ V，内阻 $R_s=200\ \Omega$，R_L 取 470 Ω 的电位器，测试并绘制恒压源及实际电压源的外特性曲线并进行比较； ② 电路图（c）中，取 $I_s=5$ mA，内阻 $R_s=1\ 000\ \Omega$，R_L 取 470 Ω 的电位器，测定并绘制恒流源及实际电流源的外特性曲线并进行比较； ③ 测试等效变换的条件，按图（b）、（c）接线，其中都取 $R_s=51\ \Omega$，负载电阻 R_L 均为 200 Ω，选取 $U_s=5$ V，记录电流表及 U_{12} 表读数，调节 I_s 使图（c）中电流表及 U_{12} 读数与图（b）中相同，改变 U_s 的值重测，找出电源等效变换的条件		

思考练习 >>>

1. 理想电压源与理想电流源能否彼此等效？为什么？

2. 利用电源的等效变换进行电路等效简化时，一般什么情况下把实际电压源化成实际电流源，又在什么情况下把实际电流源化成实际电压源呢？

3. 试求图 2－19 所示电路中的电流 I。

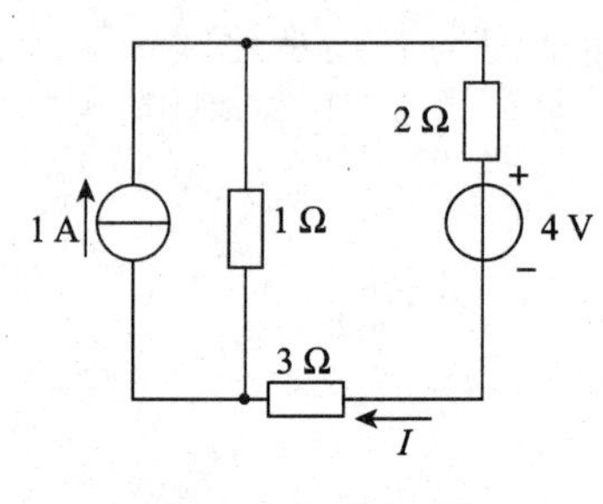

图2－19　题3图

任务2.3　电阻电路的一般分析方法

任务描述>>>

搭建一个如图2－20所示的电桥电路，分析电桥平衡的条件。进一步分析电桥不平衡时，各支路电流、电压的大小和方向的测量和计算。

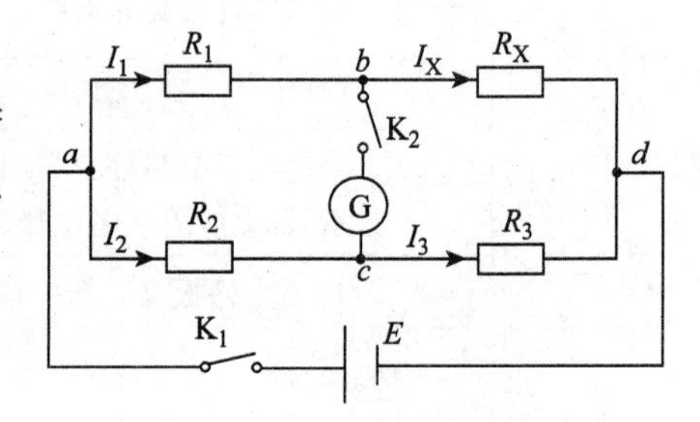

图2－20　电桥电路基本原理图

知识链接>>>

2.3.1　直流单臂电桥的基本原理

直流单臂电桥的原理性电路如图2－20所示。它是由四个电阻R_1、R_2、R_3、R_X连成的一个四边形回路，这四个电阻称做电桥的四个“臂”。在这个四边形回路的a、d点间接入直流工作电源；另两点b、c间接入检流计，这个支路一般称做“桥”。适当地调节R_X值，可使b、c两点电位相同，检流计中无电流流过，这时称电桥达到了平衡。在电桥平衡时，有

$$R_1I_1=R_2I_2$$

$$R_XI_X=R_3I_3$$

$$I_1=I_X$$

$$I_2=I_3$$

整理可得

$$\frac{R_1}{R_X}=\frac{R_2}{R_3}$$

即

$$R_X=\frac{R_1}{R_2}R_3$$

令$K=R_1/R_2$，则$R_X=KR_3$。

可见电桥平衡时，由已知的R_1、R_2（或K）及R_3值便可算出R_X。人们常把R_1、R_2称做比例臂，K为比例臂的倍率；R_3称做比较臂；R_X称做待测臂。若R_3和倍率K已知，即可由上式求出R_X。

任务实施>>>

表 2-2　电桥电路中电桥平衡的条件测试

RW 2-2

<table>
<tr><td>任务内容</td><td colspan="3">① 找出电桥平衡的条件；
② 用电桥测待测电阻的值</td></tr>
<tr><td rowspan="9">测试设备</td><td>设备名称</td><td>型号或规格</td><td>数量</td></tr>
<tr><td>直流稳压电源</td><td>0~30 V</td><td>1 台</td></tr>
<tr><td>比例臂电阻</td><td>10 Ω，100 Ω，100 Ω，1 000 Ω</td><td>4 个</td></tr>
<tr><td>毫安表</td><td></td><td>1 块</td></tr>
<tr><td>旋转式电阻箱</td><td></td><td>1 台</td></tr>
<tr><td>待测电阻</td><td></td><td>2 个</td></tr>
<tr><td>滑线变阻器</td><td></td><td>1 个</td></tr>
<tr><td>万用表</td><td></td><td>1 块</td></tr>
<tr><td>电键</td><td></td><td>1 个</td></tr>
<tr><td>测试电路</td><td colspan="3"> 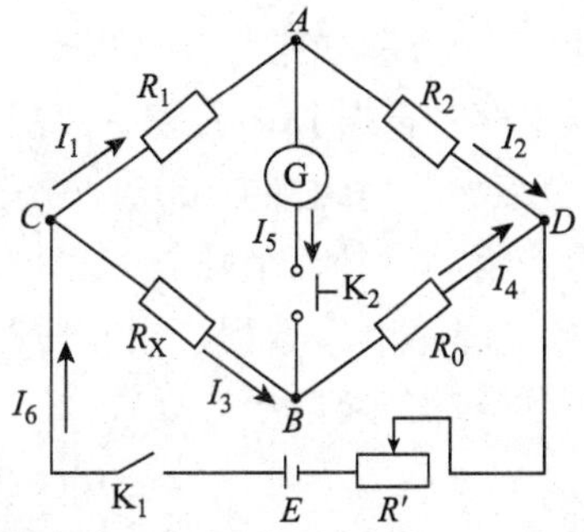电路说明：电源电压选择为 3 V</td></tr>
<tr><td>测试程序</td><td colspan="3">① 按测试电路图接好电路，调节电桥平衡。方法有两种：保持电阻 R_0 不变，调节倍率 K；保持倍率 K 不变，调节电阻 R_0。本实验采用后一种方法，即保持倍率 K 不变。验证电桥平衡的条件。
② 电桥不平衡时测量各支路电流和电压</td></tr>
</table>

思考讨论>>>

电桥平衡时可以计算出每个电阻上的电流，如电桥不平衡，那么怎样计算各电阻上的电流呢？

知识链接>>>

要回答上面的问题，就要了解几种分析线性电路普遍适用的基本方法。

2.3.2 支路电流法

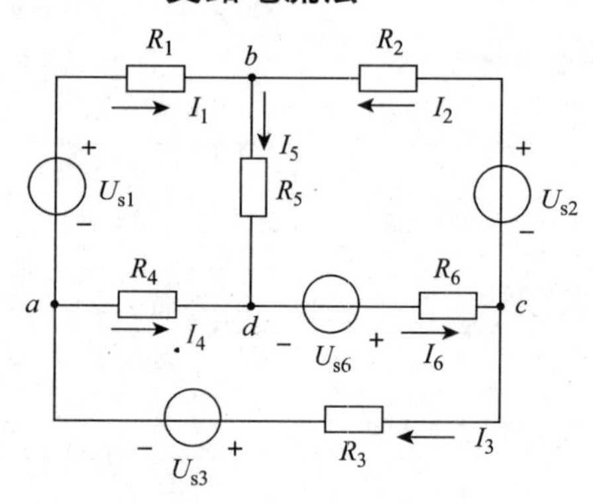

图 2-21 支路电流法

支路电流法是以支路电流为未知量，由基尔霍夫定律和欧姆定律所决定的两类约束关系，列写出需要数目的方程组，解出各支路电流，进而再根据电路有关的基本概念和规律求解电路其他未知量的一种电路分析计算的方法。

下面以一个具体的电路为例，介绍支路电流法分析电路的全过程。

例如，图 2-21 中有 6 条支路、4 个节点，假设 6 条支路上的电流分别为 I_1、I_2、I_3、I_4、I_5、I_6。

① 首先列写出电路的 KCL 方程：

a 节点 $\quad I_1-I_3+I_4=0$

b 节点 $\quad -I_1-I_2+I_5=0$

c 节点 $\quad I_2+I_3-I_6=0$

d 节点 $\quad -I_4-I_5+I_6=0$

观察上述所列写的四个方程发现，四个方程相加，得恒等式 0=0，说明这四个方程中的任一个方程都可以从其他三个方程中推导出，即这四个方程中只有三个方程是独立的。可以证明，对于 n 个节点的电路，根据 KCL 定律，只能列写出（$n-1$）个独立的节点电流方程，并将这（$n-1$）个节点称为一组独立节点。独立节点则是任选的。

② 列写出电路的 KVL 方程。另外三个独立方程可由基尔霍夫电压定律得到。对电路中的每一个回路都可以列写出回路电压方程，同样这些方程也不全是独立的。可以证明，如果电路的支路数为 b，则独立的回路电压方程数

$$l=b-(n-1)$$

也就是说，独立的节点数加上独立的回路数正好等于支路数。独立回路指的是组成回路的支路中至少有一条是其他任何回路都不包含的。而在平面电路中，网孔就是一组独立回路。

在图 2-21 中，有三个网孔，即回路 $abda$、$adca$、$bcdb$，它们是一组独立回路。由 KVL 定律，按顺时针环绕，列写出回路电压方程：

$abda$ 回路 $\quad -U_{s1}+R_1I_1+R_5I_5-R_4I_4=0$

$dbcd$ 回路 $\quad -R_5I_5-R_2I_2+U_{s2}-R_6I_6+U_{s6}=0$

$adca$ 回路 $\quad R_4I_4-U_{s6}+R_6I_6+R_3I_3+U_{s3}=0$

因此，三个独立的节点电流方程加上三个网孔电压方程，6 个独立方程就可以求解出 6 条支路的电流。若每条支路电流都知道了，那么其他电路变量就可由此求出。

例 2.5 图 2-22 电路中，$U_{s1}=6$ V、$U_{s2}=2$ V、$R_1=10\ \Omega$、$R_2=20\ \Omega$、$R=40\ \Omega$，试用支路电流法求各支路电流。

解： 这个电路共有 3 条支路，即 $b=3$，设 3 条支路的电流分别为 I_1、I_2、I，其参考方向如图 2-22 所示。

电路节点数 $n=2$，所以独立节点为（$n-1$）=1 个。取 a 点列 KCL 方程得

$$-I_1-I_2+I=0$$

电路网孔数 $l=2$，选顺时针环绕对Ⅰ、Ⅱ两个网孔列KVL方程得

$$R_1I_1-R_2I_2+U_{s2}-U_{s1}=0$$

$$R_2I_2+RI-U_{s2}=0$$

代入数据整理得

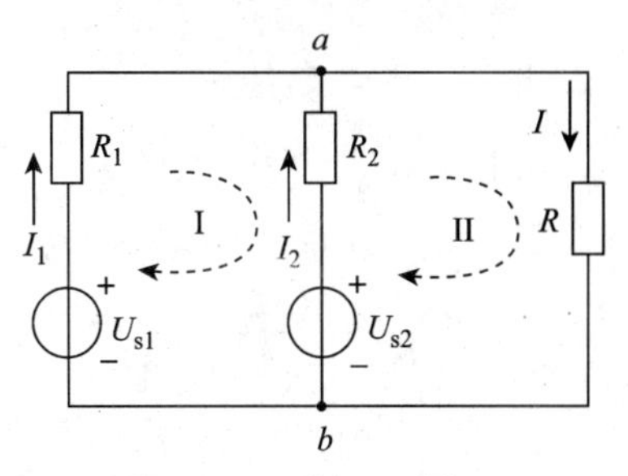

图2-22　例2.5图

$$-I_1-I_2+I=0$$

$$10I_1-20I_2=4$$

$$20I_2+40I=2$$

解得

$$I_1=0.2\ \text{A},\ I_2=-0.1\ \text{A},\ I=0.1\ \text{A}$$

由此可以总结出利用支路电流法分析计算电路的一般步骤：

① 确定电路的支路数目 b，并假设各支路电流为未知量，选定其参考方向标于电路中；

② 任选 $(n-1)$ 个独立节点，列写KCL方程；

③ 选定绕行方向，列写出 $l=b-(n-1)$ 个独立回路的KVL方程；

④ 联立求解上述所列写的 b 个方程，从而求解出各支路电流变量。

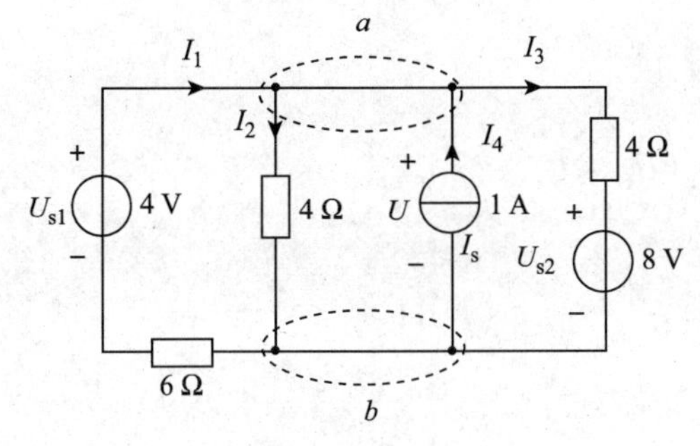

图2-23　例2.6图

例2.6　电路如图2-23所示，试用支路电流法求恒流源 I_s 两端的电压。

解：图中共有4条支路，设支路电流分别为 I_1、I_2、I_3、I_4。

图中共有两个节点，即 a 和 b，任选一点列写KCL方程：

a 节点　$-I_1+I_2+I_3-I_4=0$

图中有左、中、右3个网孔，选顺时针方向环绕，列写KVL方程：

左网孔　$6I_1+4I_2-U_{s1}=0$

中网孔　$-4I_2+U=0$

右网孔　$4I_3+U_{s2}-U=0$

KVL方程中，假设恒流源两端的电压为 U，则需增加一个辅助方程，已知含有恒流源的支路电流确定，即

$$I_4=1\ \text{A}$$

代入数据后，联立方程求解得：

$$I_1=-\frac{1}{4}\ \text{A},\ I_2=\frac{11}{8}\ \text{A},\ I_3=-\frac{5}{8}\ \text{A};\ I_4=1\ \text{A};\ U=\frac{11}{2}\ \text{V}$$

支路电流法虽然是分析计算电路的普遍适用的方法，但这种方法比较烦琐，尤其对于支路数目比较多的电路而言，列写的支路电流方程太多，不便于求解。那么，有没有减少方程数目的方法呢？

2.3.3 节点电压法

1. 节点电压方程

节点电压法简称为节点法，是电路分析中的一种重要方法。它是以节点电位为未知量求解电路的一种方法。一个电路如果有 n 个节点，若每个节点的电位都知道了，那么我们就可以由此求出电路的其他量。电位是相对量，要确定每一点的电位，就要在 n 个节点中任选一个为参考点，剩下（$n-1$）个节点恰好能列写出（$n-1$）个 KCL 方程。把方程中的变量都用节点电位表示，联立方程即可求解出各节点电位，进而求出电路的其他未知量。下面通过例子说明这种方法。

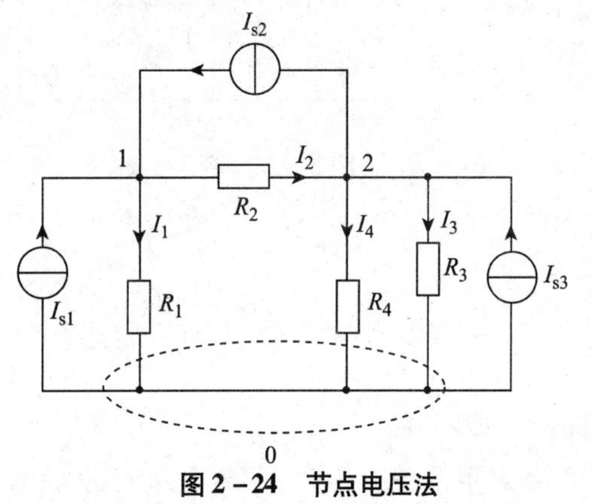

图 2-24 节点电压法

在图 2-24 电路中有三个节点，分别给节点编上号码 0、1、2。设以节点 0 为参考点，则节点 1 和节点 2 的电位等于它们与参考点 0 的电压，分别用 U_{10} 和 U_{20} 表示。列写 KCL 方程：

节点 1 $$I_1+I_2-I_{s1}-I_{s2}=0$$

节点 2 $$-I_2+I_3+I_4-I_{s2}-I_{s3}=0$$

根据欧姆定律和不闭合电路基尔霍夫电压定律得

$$I_1=\frac{U_{10}}{R_1}=G_1U_{10}$$

$$I_2=\frac{U_{10}-U_{20}}{R_2}=G_2(U_{10}-U_{20})$$

$$I_3=\frac{U_{20}}{R_3}=G_3U_{20}$$

$$I_4=\frac{U_{20}}{R_4}=G_4U_{20}$$

将支路电流代入节点方程并整理得

节点 1 $$\left(\frac{1}{R_1}+\frac{1}{R_2}\right)U_{10}-\frac{1}{R_2}U_{20}=I_{s1}+I_{s2}$$

节点 2 $$-\frac{1}{R_2}U_{10}+\left(\frac{1}{R_2}+\frac{1}{R_3}+\frac{1}{R_4}\right)U_{20}=I_{s3}+I_{s2}$$

用电导表示为

$$\begin{cases}(G_1+G_2)U_{10}-G_2U_{20}=I_{s1}+I_{s2}\\-G_2U_{10}+(G_2+G_3+G_4)U_{20}=I_{s3}+I_{s2}\end{cases}\tag{2-5}$$

整理得

$$\begin{cases}G_{11}U_{10}+G_{12}U_{20}=\sum I_{1si}\\G_{21}U_{10}+G_{22}U_{20}=\sum I_{2si}\end{cases}\tag{2-6}$$

其中：$G_1+G_2=G_{11}$、$G_2+G_3+G_4=G_{22}$ 分别为连到节点 1、2 上的所有支路上的电导之和，称为各节点的自电导，自电导总是正的；两节点 1 和 2 之间的公共电导用 G_{12} 和 G_{21} 表示，称为节点 1 和节点 2 的互电导，互电导总是负的，式（2-6）中 $G_{12}=G_{21}=-\frac{1}{R_2}$。因为假设节点电压的参考方向总是由非参考节点指向参考节点，所以各节点电压在自电导中所引起得电流总是流出该节点的，在该节点的电流方程中这些电流前取“+”号，因而自电导总是正的。节点1或2中任一节点电压在其公共电导中所引起的电流则是流入另一个节点的，所以在另一个节点的电流方程中这些电流前应取“-”号。用 $\sum I_{1si}$、$\sum I_{2si}$ 分别表示电流源流入节点1和2的电流源的电流代数和，当电流源电流指向节点时前面取正号，否则取负号。

如果是电压源和电阻串联支路，则可等效成电流源与电阻并联后同前考虑。

上述关系可推广到一般电路。对具有 n 个节点的电路，其节点电压方程的一般式为

$$\begin{cases} G_{11}U_{10} + G_{12}U_{20} + \cdots + G_{1(n-1)}U_{(n-1)} = \sum I_{1si} \\ G_{21}U_{10} + G_{22}U_{20} + \cdots + G_{2(n-1)}U_{(n-1)} = \sum I_{2si} \\ \vdots \\ G_{(n-1)1}U_{10} + G_{(n-1)2}U_{20} + \cdots + G_{(n-1)(n-1)}U_{(n-1)} = \sum I_{(n-1)si} \end{cases} \tag{2-7}$$

例2.7　试用节点电压法求如图2-25所示电路中的各支路电流。

解： 取节点0为参考节点，节点1、2的节点电压分别为 U_1、U_2，可得

$$\begin{cases} \left(\dfrac{1}{1}+\dfrac{1}{2}\right)U_1 - \dfrac{1}{2}U_2 = 3 \\ -\dfrac{1}{2}U_1 + \left(\dfrac{1}{2}+\dfrac{1}{3}\right)U_2 = 7 \end{cases}$$

解得　　$U_1 = 6\ \text{V}$　　$U_2 = 12\ \text{V}$

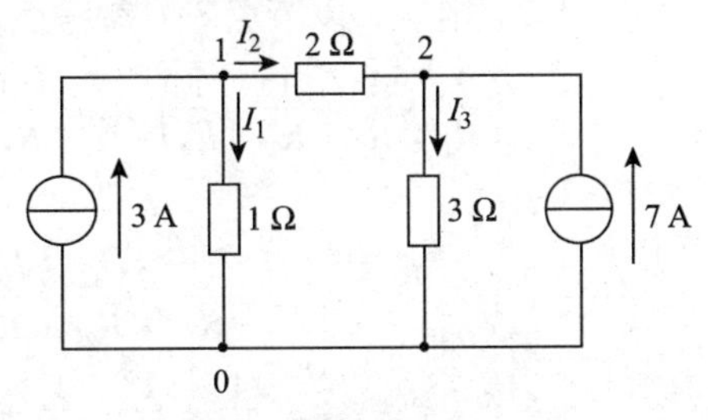

图2-25　例2.7图

取各支路电流的参考方向如图2-25所示，根据支路电流与节点电压的关系有

$$I_1 = \frac{U_1}{1} = \frac{6}{1} = 6\ \text{A}$$

$$I_2 = \frac{U_1 - U_2}{2} = \frac{6-12}{2} = -3\ \text{A}$$

$$I_3 = \frac{U_2}{3} = \frac{12}{3} = 4\ \text{A}$$

当电路中含有电压源和电阻串联组合的支路时，先把电压源和电阻串联组合变换成电流源和电阻并联组合，然后再按式（2-7）列方程。若电路中含有恒压源时，可把恒压源中的电流作为变量列入节点方程，虽然多了一个电流变量，但恒压源两端的电压却成为已知，将其电压与两端节点电压的关系作为补充方程并求解。

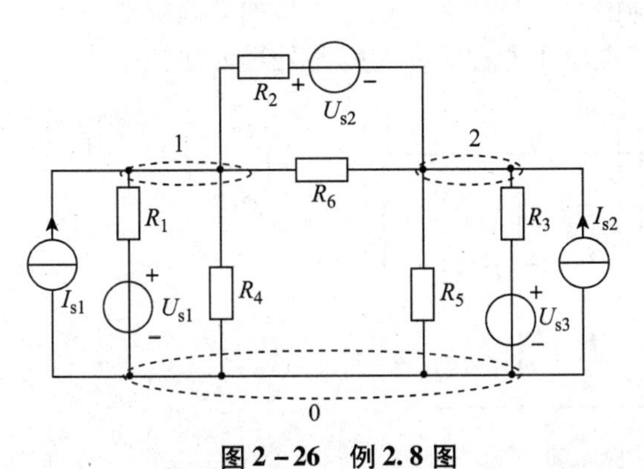

图2-26　例2.8图

例2.8　如图2-26所示，试列出电路的节点电压方程。

解： 电路共有三个节点，分别以1、2、0表示，选0为参考点，待求的两个节点电压分别为 U_{10}、U_{20}，列节点方程如下：

节点 1 $$\left(\frac{1}{R_1}+\frac{1}{R_4}+\frac{1}{R_6}+\frac{1}{R_2}\right)U_{10}-\left(\frac{1}{R_6}+\frac{1}{R_2}\right)U_{20}=I_{s1}+\frac{U_{s1}}{R_1}+\frac{U_{s2}}{R_2}$$

节点 2 $$-\left(\frac{1}{R_6}+\frac{1}{R_2}\right)U_{10}+\left(\frac{1}{R_2}+\frac{1}{R_3}+\frac{1}{R_5}+\frac{1}{R_6}\right)U_{20}=I_{s2}-\frac{U_{s2}}{R_2}+\frac{U_{s3}}{R_3}$$

2. 节点电压法解题步骤

① 在电路中任选某一节点为参考节点，设定其余节点与参考节点间的电压。

② 以节点电压为未知量，列写出所有非参考节点的 KCL 方程，且自电导总为正、互电导总为负、流入节点的电流源电流值取“正”、流出节点的电流源电流值取“负”。

③ 求解节点电压方程组，解出各节点电压。

④ 通过节点电压继而做其他分析。

例 2.9 用节点电压法求图 2－27 所示电路中的电压 U_{12}。

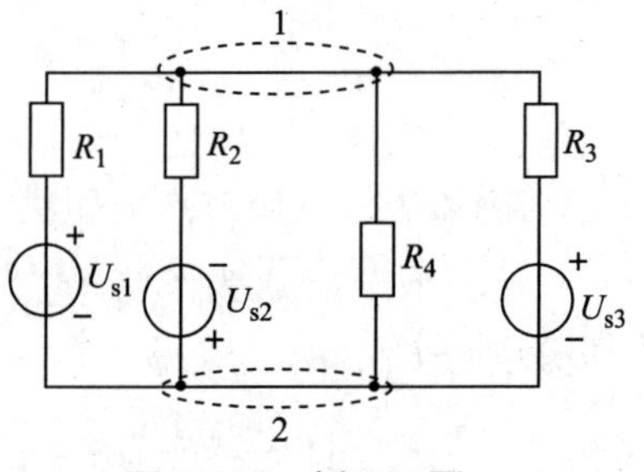

图 2－27 例 2.9 图

解：图示电路中，只有 2 个节点，U_{12}就是节点 1 对节点 2 的节点电压，以节点 2 为参考点，可列出下列方程

$$\left(\frac{1}{R_1}+\frac{1}{R_2}+\frac{1}{R_3}+\frac{1}{R_4}\right)U_{12}=\frac{U_{s1}}{R_1}-\frac{U_{s2}}{R_2}+\frac{U_{s3}}{R_3}$$

解得

$$U_{12}=\frac{\dfrac{U_{s1}}{R_1}-\dfrac{U_{s2}}{R_2}+\dfrac{U_{s3}}{R_3}}{\dfrac{1}{R_1}+\dfrac{1}{R_2}+\dfrac{1}{R_3}+\dfrac{1}{R_4}}$$

由此可得出求解两节点电路节点电压的一般表达式为

$$U=\frac{\sum\limits_{k=1}^{n}\dfrac{U_{sk}}{R_k}}{\sum\limits_{k=1}^{n}\dfrac{1}{R_k}}$$

此式称为弥尔曼定理，且应注意分子中各项前的正负号。

思考练习 >>>

1. 支路电流法的本质是什么？如何列出足够的支路电流方程？
2. 节点电压法的本质是什么？方程中各项的含义是什么？正、负号如何确定？
3. 含有理想电压源支路的电路，在列写节点电压方程时，有哪些处理方法？
4. 写出图 2－28 的节点电压方程。

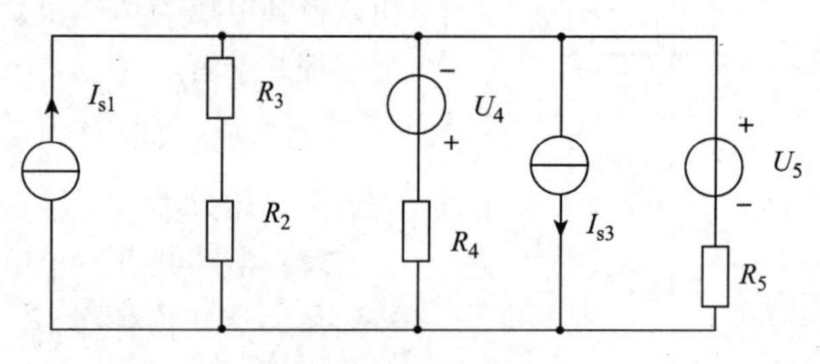

图 2－28 题 4 图

任务 2.4　叠加定律

任务描述 >>>

有两个电源的电阻电路，可以测出各支路的电流和电压，如果分别只让一个电源单独作用而另一个电源置零，同样测出各支路的电流和电压，比较一下结果，也许你会得到一个重要结论，试试看！

任务实施 >>>

表 2-3　体验叠加定理及齐性定理

RW 2-3

<table>
<tr><td>任务内容</td><td colspan="3">① 测量电源单独作用和电源共同作用时，电路中的电压、电流；
② 用实验的方法理解齐性定理；
③ 比较线性和非线性电路的不同</td></tr>
<tr><td rowspan="4">测试设备</td><td>设备名称</td><td>型号或规格</td><td>数量</td></tr>
<tr><td>电工电路综合实训台
（恒压源）</td><td>U_{s1} = +12 V，U_{s2}用
0～30 V 可调电压输出</td><td>2 套</td></tr>
<tr><td>电路板（电阻 5 个）</td><td>$R_1 = R_3 = R_4 = 510\ \Omega$,
$R_2 = 1\ \text{k}\Omega$，$R_5 = 330\ \Omega$,</td><td>5 个</td></tr>
<tr><td>二极管</td><td>IN4007</td><td>1 个</td></tr>
<tr><td>测试电路</td><td colspan="3">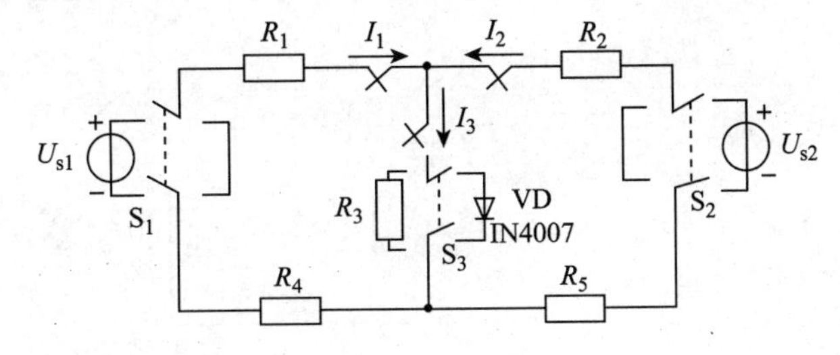
</td></tr>
<tr><td>测试程序</td><td colspan="3">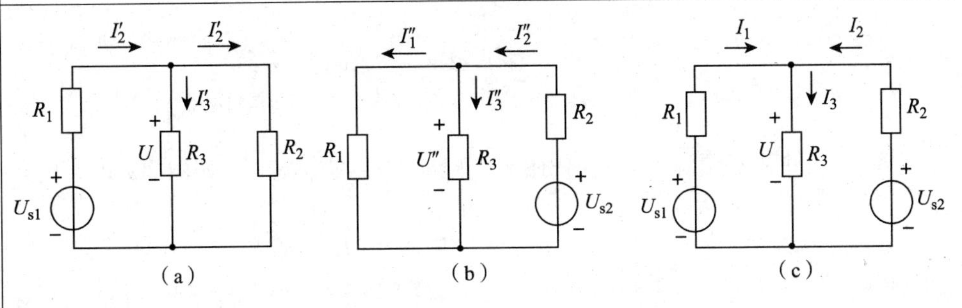

① U_{s1}电源单独作用（将开关 S_1 投向 U_{s1}侧，开关 S_2 投向短路侧），参考图（a）所示电路，测量电流、电压；</td></tr>
</table>

续表

	② U_{s2}电源单独作用（将开关 S_1 投向短路侧，开关 S_2 投向 U_{s2}侧），参考图（b）所示电路，测量电流、电压； ③ U_{s1}和 U_{s2}共同作用（开关 S_1 和 S_2 分别投向 U_{s1}和 U_{s2}侧），参考图（c）所示，完成上述电流、电压的测量； ④ 将 U_{s2}的数值调至 +12 V，重复第②步的测量； ⑤ 将测试电路中的 R_3 换成二极管，重复上述步骤的测量； ⑥ 分析结果，得出结论

知识链接 >>>

2.4.1 叠加定理

通过前面的实验，不难理解叠加定理的内容，即：在线性电路中，当有多个电源作用时，任一支路电流或电压，可看作由各个电源单独作用时在该支路中产生的电流或电压的代数和。当某一电源单独作用时，其他不作用的电源应置为零（电压源电压零，电流源电流为零），即电压源用短路代替，电流源用开路代替。

叠加定理在分析电路中怎样应用呢？

例 2.10 如图 2 - 29（a）所示电路，试用叠加定理计算电流 I。

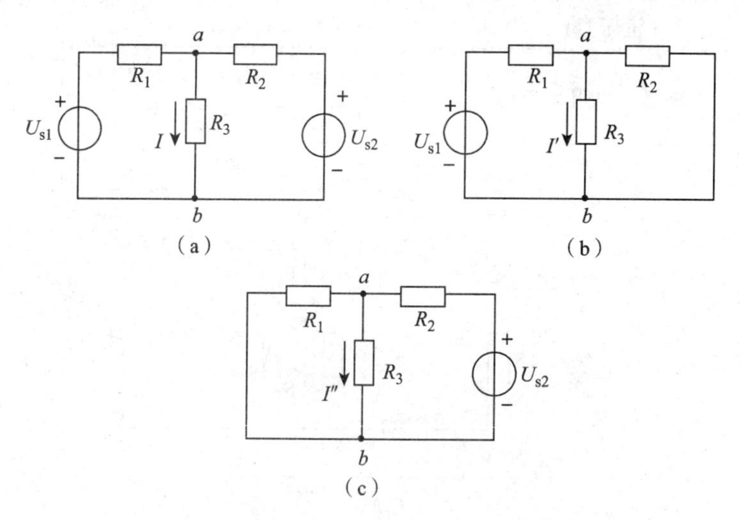

图 2 - 29 例 2.10 图

（a）原电路 （b）U_{s1}单独作用 （c）U_{s2}单独作用

解： ① 计算电压源 U_{s1}单独作用于电路时产生的电流 I'，如图 2 - 29（b）所示。

$$I' = \frac{U_{s1}}{R_1 + \dfrac{R_2 R_3}{R_2 + R_3}} \times \frac{R_2}{R_2 + R_3}$$

② 计算电压源 U_{s2}单独作用于电路时产生的电流 I''，如图 2 - 29（c）所示。

$$I''=\frac{U_{s2}}{R_2+\dfrac{R_1R_3}{R_1+R_3}}\times\frac{R_1}{R_1+R_3}$$

③ 由叠加定理，计算电压源 U_{s1}、U_{s2}共同作用于电路时产生的电流 I。

$$\begin{aligned}I=I'+I''&=\frac{U_{s1}}{R_1+\dfrac{R_2R_3}{R_2+R_3}}\times\frac{R_2}{R_2+R_3}+\frac{U_{s2}}{R_2+\dfrac{R_1R_3}{R_1+R_3}}\times\frac{R_1}{R_1+R_3}\\&=\frac{R_2}{R_1R_2+R_2R_3+R_3R_1}U_{s1}+\frac{R_1}{R_1R_2+R_2R_3+R_3R_1}U_{s2}\\&=K_1U_{s1}+K_2U_{s2}\end{aligned}$$

由此不难看出，线性电路中，当激励（电压源、电流源）同时增大或缩小时，电路响应（电压、电流）也将同样增大或缩小。这就是线性电路的齐性定理。比较 RW 2－3 中的测量结果，不难看出上述结论。

由上面的例子，可归纳用叠加定理分析电路的一般步骤：

① 将复杂电路分解为含有一个（或几个）独立源单独（或共同）作用的分解电路；

② 分析各分解电路，分别求得各电流或电压分量；

③ 将各电源单独作用的结果进行叠加，得出最后结果。

例 2.11　图 2－30（a）所示桥形电路中，$R_1=2\ \Omega$，$R_2=1\ \Omega$，$R_3=3\ \Omega$，$R_4=0.5\ \Omega$，$U_s=4.5\ \text{V}$，$I_s=1\ \text{A}$。试用叠加定理求电压源的电流 I 和电流源的端电压 U。

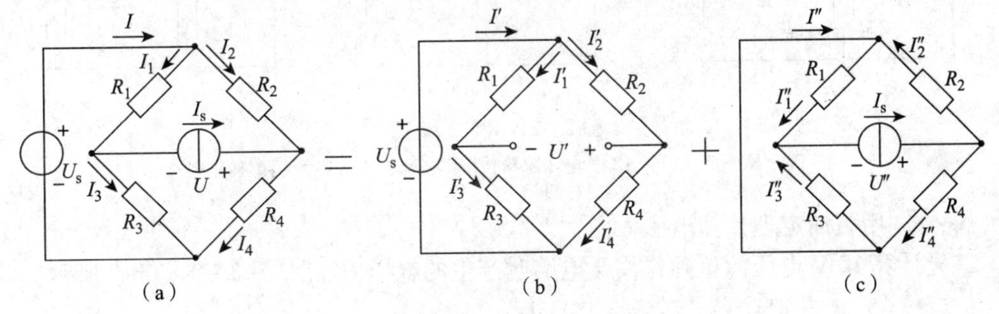

图 2－30　例 2.11 图

（a）原电路　（b）电压源单独作用　（c）电流源单独作用

解：① 当电压源单独作用时，电流源开路，如图 2－30（b）所示，各支路电流分别为

$$I'_1=I'_3=\frac{U_s}{R_1+R_3}=\frac{4.5}{2+3}=0.9\ \text{A}$$

$$I'_2=I'_4=\frac{U_s}{R_2+R_4}=\frac{4.5}{1+0.5}=3\ \text{A}$$

$$I'=I'_1+I'_2=0.9+3=3.9\ \text{A}$$

电流源支路的端电压

$$U'=R_4I'_4-R_3I'_3=0.5\times3-3\times0.9=-1.2\ \text{V}$$

② 当电流源单独作用时，电压源短路，如图 2－30（c）所示，则各支路电流分别为

$$I''_1 = \frac{R_3}{R_1 + R_3} I_s = \frac{3}{2+3} \times 1 = 0.6 \text{ A}$$

$$I''_2 = \frac{R_4}{R_2 + R_4} I_s = \frac{0.5}{1+0.5} \times 1 = 0.333 \text{ A}$$

$$I'' = I''_1 - I''_2 = (0.6 - 0.333) = 0.267 \text{ A}$$

电流源的端电压

$$U'' = R_1 I''_1 + R_2 I''_2 = 2 \times 0.6 + 1 \times 0.333 = 1.533 \text{ V}$$

③ 两个独立源共同作用时，电压源的电流

$$I = I' + I'' = 3.9 + 0.267 = 4.167 \text{ A}$$

电流源的端电压

$$U = U' + U'' = -1.2 + 1.533 = 0.333 \text{ V}$$

由此可见，叠加定理对电路中的电流、电压都是适用的。那么，功率是不是也适用于叠加定理呢?

例 2.12 如图 2-31（a）所示电路：① 试用叠加定理计算电压 U；② 计算 3 Ω 电阻的功率。

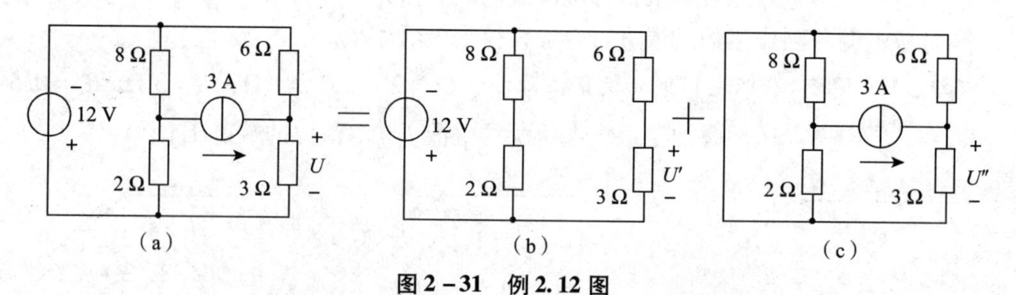

图 2-31 例 2.12 图

（a）原电路 （b）12 V 电压源单独作用 （c）3 A 电流源单独作用

解： ① 用叠加定理计算电压 U。

首先计算 12 V 电压源单独作用于电路时产生的电压 U'，如图 2-31（b）所示。

$$U' = -\frac{12}{6+3} \times 3 = -4 \text{ V}$$

其次计算 3 A 电流源单独作用于电路时产生的电压 U''，如图 2-31（c）所示。

$$U'' = 3 \times \frac{6}{6+3} \times 3 = 6 \text{ V}$$

最后由叠加定理，计算 12 V 电压源、3 A 电流源共同作用于电路时产生的电压 U。

$$U = U' + U'' = -4 + 6 = 2 \text{ V}$$

② 计算 3 Ω 电阻的功率。

电阻元件的功率

$$P = UI = \frac{U^2}{R} = \frac{2^2}{3} = \frac{4}{3} \text{ W}$$

由题可知 $$P = \frac{U^2}{R} \neq \frac{U'^2}{R} + \frac{U''^2}{R}$$

可见，功率并不满足叠加定理。想一想，为什么?

对叠加定理的理解，应注意以下几点。

① 叠加定理仅适用于线性电路，不适用于非线性电路。

② 叠加定理仅适用于电压、电流的计算，不适用于功率的计算。

③ 当某一独立源单独作用时，其他独立源都应作除源处理，即电压源短路、电流源开路。

④ 应用叠加定理求电压、电流时，应特别注意各分量的符号。若分量的参考方向与原电路中的参考方向一致，则该分量取正号；反之取负号。

⑤ 叠加的方式是任意的，可以一次使一个独立源单独作用，也可以一次使几个独立源同时作用，方式的选择取决于对分析计算问题简便与否。

思考练习 >>>

1. 叠加定理为什么不适用于功率的计算？

2. 图 2－32 所示桥式电路中 $R_1=2\ \Omega$，$R_2=1\ \Omega$，$R_3=3\ \Omega$，$R_4=5\ \Omega$，$U_s=5\ \text{V}$，$I_s=1\ \text{A}$。试用叠加定理求电压源的电流 I 和电流源的端电压 U。

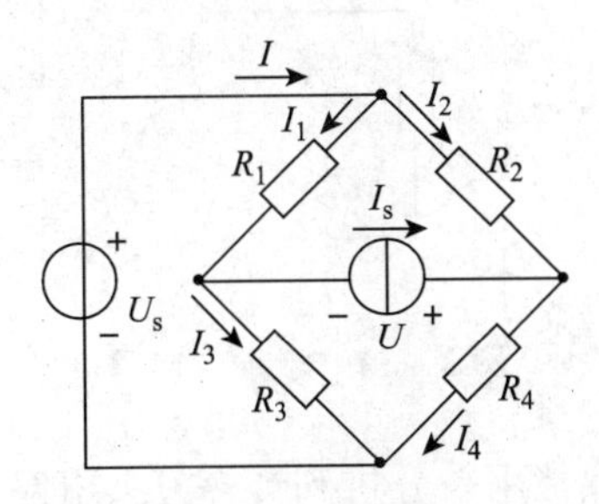

图 2－32　题 2 图

3. 试用叠加定理求图 2－33 图中 1 Ω 电阻上的电流及其消耗的功率。

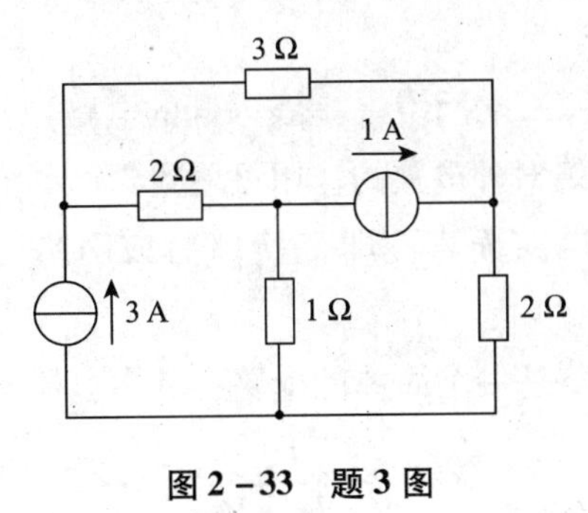

图 2－33　题 3 图

任务 2.5　戴维南定理和诺顿定理

任务描述 >>>

对于一个网络内部含有独立电源的二端网络来说，无论它的内部繁简程度如何，当与外电路接通时，它的作用都好像是电源一样，向外电路提供电压和电流，因此一个有源二端网络总能等效变换成为一个电源。电源的电路模型有两种：一个是恒压源与电阻串联，一个是恒流源与电阻并联。那么，能否建立起一个有源二端电路的电源电路模型呢?

知识链接>>>

2.5.1 戴维南定理

对于任意线性有源二端网络，它对外电路的作用可以用一个理想电压源和内阻串联的电源模型来等效，其中电压源的电压等于该二端网络的开路电压 U_{oc}，内阻 R_s 等于有源二端网络除去电源（理想电压源短路，理想电流源开路）后所得无源二端网络的等效电阻，这就是戴维南定理。

戴维南定理可用图 2－34 所示图形描述。

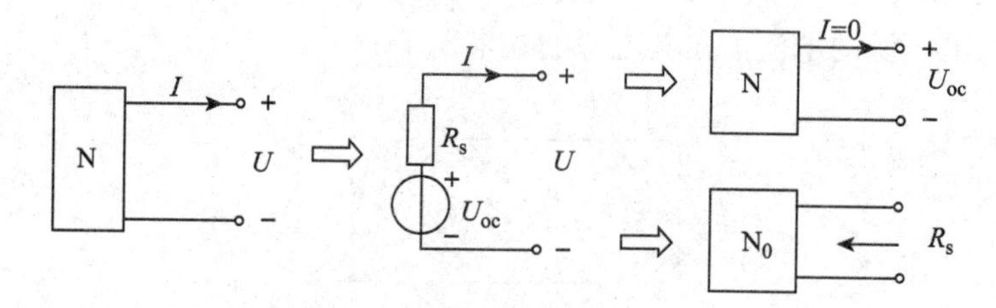

图 2－34 戴维南定理

在实际应用中，戴维南定理常用来分析和计算复杂电路中某一支路的电流（或电压）。方法是：先将待求支路断开，则剩下的部分就是一个有源二端网络，这时先应用戴维南定理求出该有源二端网络的等效电压源电压 U_{oc} 和内阻 R_s，然后接上待求支路，即可求得待求量。

图 2－35（a）所示为含源二端网络（虚线内部的电路）与外电路电阻 R 串联的电路。根据戴维南定理，含源二端网络对外电路的作用可用图 2－35（b）所示虚线内部电路来等效。所谓等效仍是指对外部电路而言，即变换前后该网络的端口电压 U 和电流 I 保持不变。

图 2－35（b）的等效电路是一个简单的电路，其中电流可由下式计算：

$$I=\frac{U_{oc}}{R_s+R}$$

等效电压源电压 U_{oc} 和内阻 R_s 可通过下述方法计算。

① 电压 U_{oc} 在数值上等于把外电路断开后 a、b 两端之间的开路电压，即二端网络的开路电压，如图 2－35（c）所示。由图可得该电路的开路电压

$$U_{oc}=I_sR_1+U_s$$

② 内阻 R_s 等于有源二端网络化为无源二端网络，即所有电源均除去（将各理想电压源短路、理想电流源开路）后从 a、b 两端看进去的等效电阻，如图 2－35（d）所示。由图可得该电路的等效电阻

$$R_s = R_1 + R_2$$

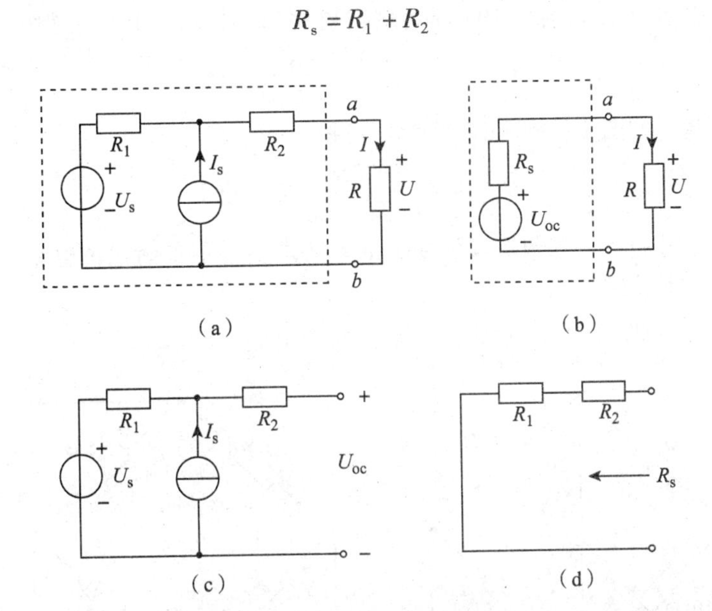

图 2-35　戴维南定理的应用

(a) 电路一　(b) 电路二　(c) 电路三　(d) 电路四

例 2.13　对图 2-36（a）所示电路，试用戴维南定理求 1 kΩ 电阻上的电流 I。

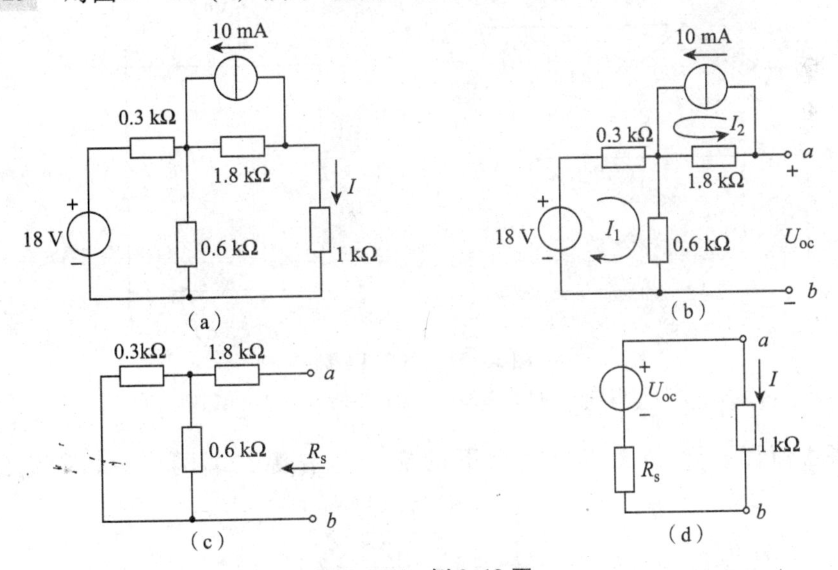

图 2-36　例 2.13 图

(a) 电路一　(b) 电路二　(c) 电路三　(d) 电路四

解： 首先断开 1 kΩ 电阻负载，剩下电路为一有源二端网络，由戴维南定理求开路电压 U_{oc}，如图 2-36（b）所示，得

$$I_1 = \frac{18}{0.3 + 0.6} = 20\ \text{mA}$$

$$I_2 = 10\ \text{mA}$$

$$U_{oc} = -1.8I_2 + 0.6I_1 = -1.8 \times 10 + 0.6 \times 20 = -6\ \text{V}$$

然后求等效电阻 R_s，画出戴维南等效电路如图 2－36（c）所示，得

$$R_s = 1.8 + \frac{0.3 \times 0.6}{0.3 + 0.6} = 2\ \text{k}\Omega$$

最后接上负载，如图 2－36（d）所示，可得

$$I = \frac{U_{oc}}{R_s + 1} = \frac{-6}{2 + 1} = -2\ \text{mA}$$

前面已经用电阻的星—三角形等效变换的方法求出了不平衡电桥电路的电流，现在用戴维南定理求解一下试试。

例 2.14 图 2－37（a）所示为一不平衡电桥电路，试求检流计的电流 I。

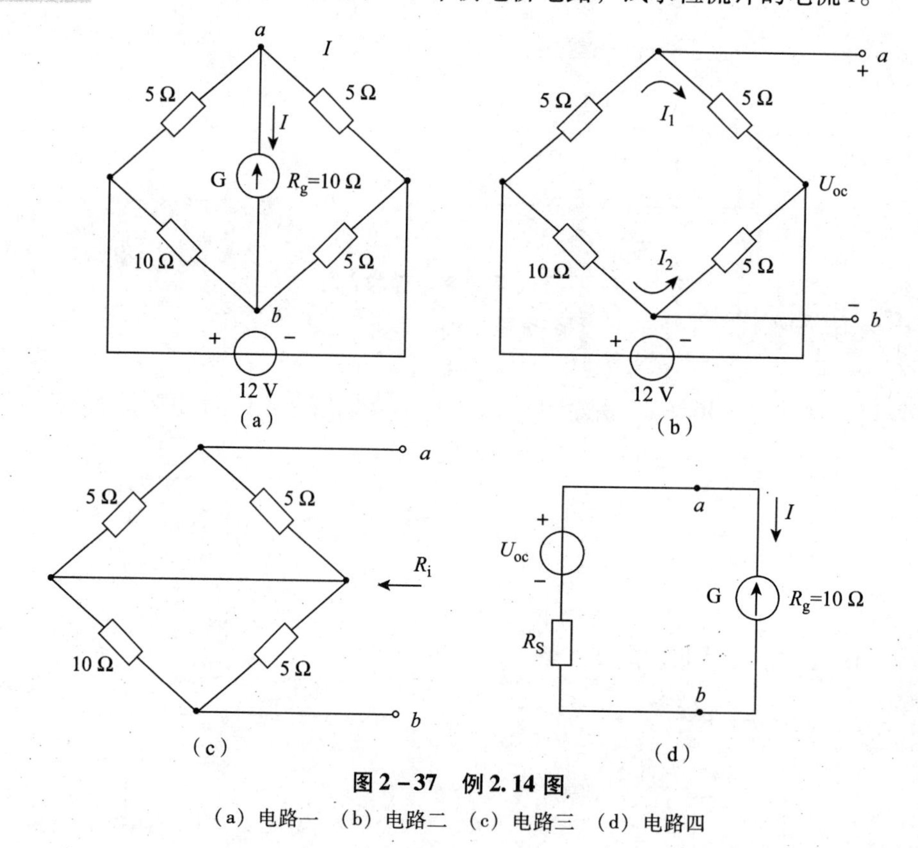

图 2－37 例 2.14 图

（a）电路一 （b）电路二 （c）电路三 （d）电路四

解： 将检流计从 a、b 处断开，余下的部分是有源二端网络，利用戴维南定理求解。

$$U_{oc} = 5I_1 - 5I_2 = 5 \times \frac{12}{5+5} - 5 \times \frac{12}{10+5} = 2\ \text{V}\ （图 2－37（b））$$

$$R_s = \frac{5 \times 5}{5+5} + \frac{10 \times 5}{10+5} = 5.83\ \Omega\ （图 2－37（c））$$

$$I = \frac{U_{oc}}{R_s + R_g} = \frac{2}{5.83 + 10} = 0.126\ \text{A}\ （图 2－37（d））$$

由此可见，用戴维南定理求解一个复杂电路中的一条支路上的电流、电压是非常方便的。

知识拓展>>>

值得注意的是，应用戴维南定理遇到含有受控源的电路，求开路电压 U_{oc} 和等效电阻 R_s 时，是对含受控源电路的计算，前面介绍的含受控源电路的分析方法均可采用。求等效电压源中的内阻 R_s 时，去掉独立源，受控源要同电阻一样保留，此时等效电阻的计算采用外加电源法，即在两端口处外加一电压 U，求得端口处的电流 I，则 U/I 即为等效电阻 R_s。

例 2.15　图 2－38（a）电路中，已知 $R_1=6\ \Omega$，$R_2=4\ \Omega$，$U_s=10\ \text{V}$，$I_s=4\ \text{A}$，$r=10\ \Omega$，用戴维南定理求电流源的端电压 U_3。

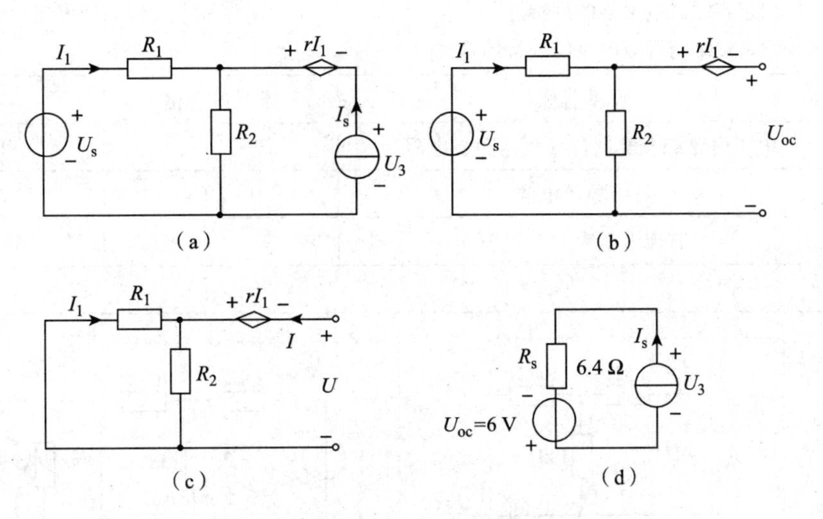

图 2－38　例 2.15 图

（a）电路一　（b）电路二　（c）电路三　（d）电路四

解：将待求支路断开，即将电流源从原电路中断开移去，在图 2－38（b）所示电路中求开路电压 U_{oc}。因为端钮电流为零，所以有

$$I_1=\frac{U_s}{R_1+R_2}=\frac{10}{6+4}=1\ \text{A}$$

$$U_{oc}=-rI_1+I_1R_2=-10\times1+1\times4=-6\ \text{V}$$

除源后得出相应的无源二端网络，如图 2－38（c）所示，注意该图中仅将原网络中的电压源看作短路，而保留了受控电压源，这个电路的电阻如何求呢？利用外加电源法，在电路的端口外加一电压 U，则设端口电流为 I，如图 2－38（c）。则由分流公式找到 I_1 与 I 的关系

$$I_1=-\frac{R_2}{R_1+R_2}I=-\frac{4}{4+6}I=-0.4I$$

则端口电压与电流的关系为

$$U=-rI_1-R_1I_1=-10\times(-0.4I)-6\times(-0.4I)=6.4I$$

所以其等效电阻　$$R_s=\frac{U}{I}=6.4\ \Omega$$

作出戴维南等效电路并与待求支路相连，如图 2－38（d）所示。因为计算出的 $U_{oc}=-6\ \text{V}$，一般电压源的参数用正值表示，因而图中电路的等效电压源极性为上负下正。由

图可求得

$$U_3 = I_s R_s - U_{oc} = 4 \times 6.4 - 6 = 19.6\ \text{V}$$

任务实施>>>

表 2-4　体验戴维南定理

RW 2-4

任务内容	① 测量有源二端网络的开路电压 U_{oc} 和入端等效电阻 R_i； ② 测定有源二端网络的外特性； ③ 测定戴维南等效电路的外特性		
测试设备	设备名称	型号或规格	数量
	电工电路综合实训台（恒压源、电阻）		1 套
	直流稳压电源	0 ~ 30 V	1 台
	直流电压表、电流表		各一块
测试电路	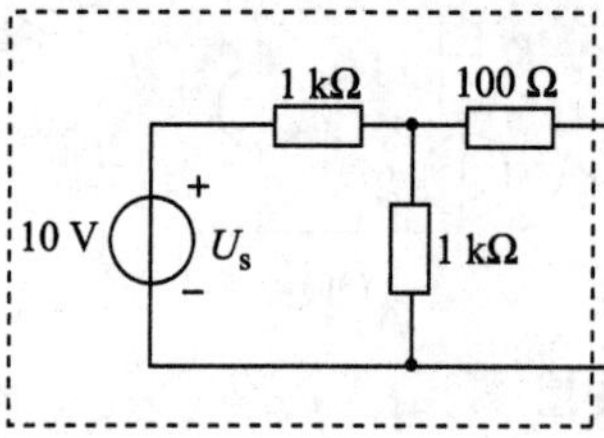 （a） 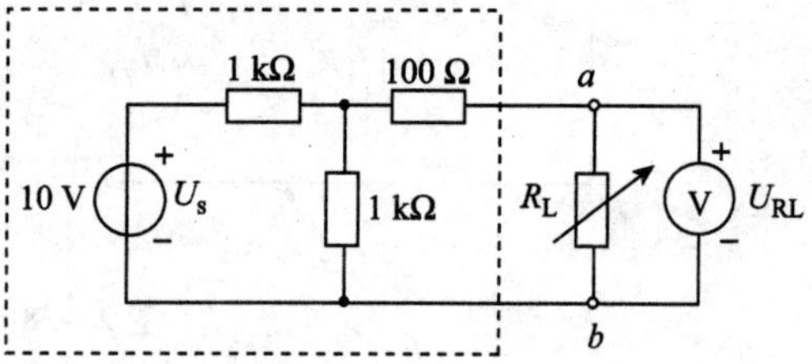　　（b）		
测试程序	① 依图（a）搭接一个有源二端电路，并依图（b）测绘其外特性曲线； ② 测量有源二端网络的开路电压 U_{oc} 和入端等效电阻 R_i； ③ 建立该有源二端电路的戴维南等效电路，测量其外特性并对它们进行比较		

知识链接>>>

2.5.2　诺顿定理

在戴维南定理中等效电源是用电压源串联电阻来表示的，根据前面所述，一个电源除了可以用理想电压源和内阻串联的电源模型表示外，还可以用理想电流源和内阻并联的电源模型来表示。

诺顿定理的内容是：任何一个线性有源二端网络，对外电路来说，可以用一个理想电流源和电阻并联的电源模型来代替，其中理想电流源的电流 I_s 等于二端网络的短路电流 I_{sc}（即将两端钮短接后其中的电流），内阻 R_s 等于有源二端网络中所有电源均除源（理想电压源短路，理想电流源开路）后所得无源二端网络的等效电阻。

例 2.16　如图 2-39（a）所示电路，用诺顿定理求电阻 R_3 上的电流 I_3。

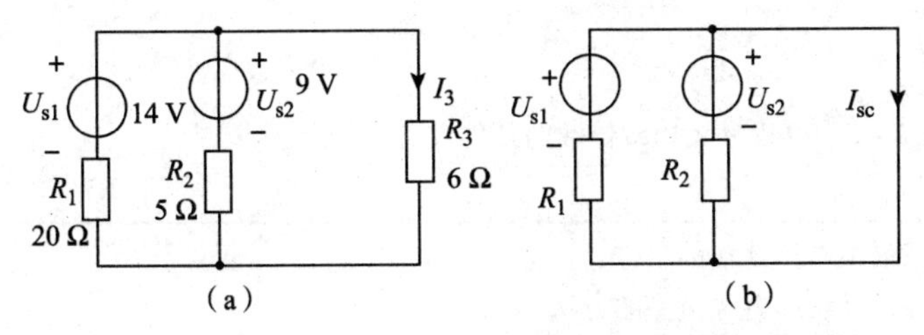

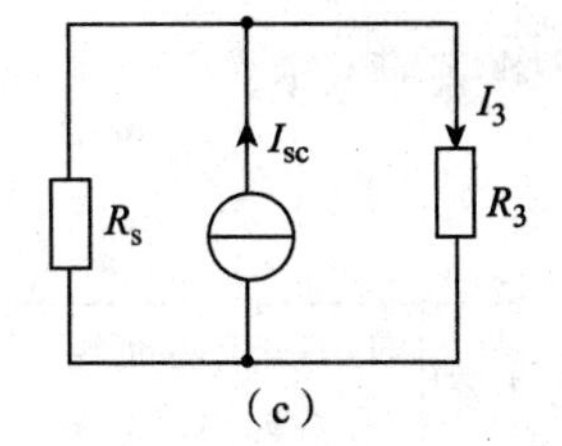

图2－39　例2.16图

(a) 电路一　(b) 电路二　(c) 电路三

解：将 R_3 电阻支路短路，电路的其余部分构成一个有源二端网络，求此网络的短路电流 I_{sc}，电路如图2－39（b）所示，计算如下：

$$I_{sc}=\frac{U_{s1}}{R_1}+\frac{U_{s2}}{R_2}=\frac{14}{20}+\frac{9}{5}=2.5\ \text{A}$$

无源二端网络的等效电阻

$$R_s=\frac{R_1R_2}{R_1+R_2}=\frac{20\times5}{20+5}=4\ \Omega$$

简化后的等效电路如2－39（c）所示，由分流公式得 R_3 上电流

$$I_3=\frac{R_s}{R_s+R_3}I_{sc}=\frac{4}{4+6}\times2.5=1\ \text{A}$$

思考练习>>>

1. 什么样的电路能简化成戴维南电路模型？
2. 对图2－40所示电路，试求其戴维南等效电路。

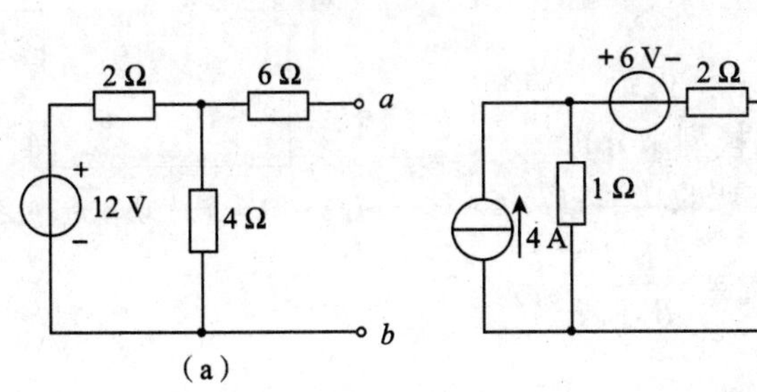

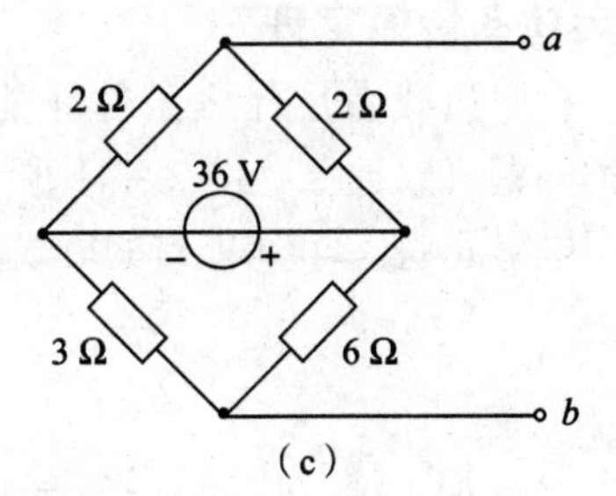

图2－40　题2图

(a) 电路一　(b) 电路二　(c) 电路三

任务2.6　最大功率传输定理

任务描述>>>

在测量、电子和信息工程的电子设备设计中，常常遇到电阻负载如何从电路获得最大功率的问题。比如一台扩音机希望所接的喇叭能放出的声音最大。那么负载应满足什么条件，才能获得最大功率呢？能否通过理论分析和实验方法找到这个条件呢？

任务实施>>>

表 2-5　寻找最大功率传输的条件实验

RW 2-5

任务内容	① 理解阻抗匹配，掌握最大功率传输的条件； ② 掌握根据电源外特性设计实际电源模型的方法		
测试设备	设备名称	型号或规格	数量
	电工电路综合实训台（恒压源、电阻）		1 套
	MEL-06 组件（电位器）		1 套
	EEL-51 组件（直流电压表、电流表）		各 1 块
测试电路	U/V 15 0 50 I/mA （a）	R_s U_s V mA R_L （b）	
测试程序	① 依照图（a）的电源外特性自己搭接电路； ② 改变电阻 R_L 测量出电压和电流； ③ 计算功率，得出结论		

知识链接>>>

最大功率传输定理

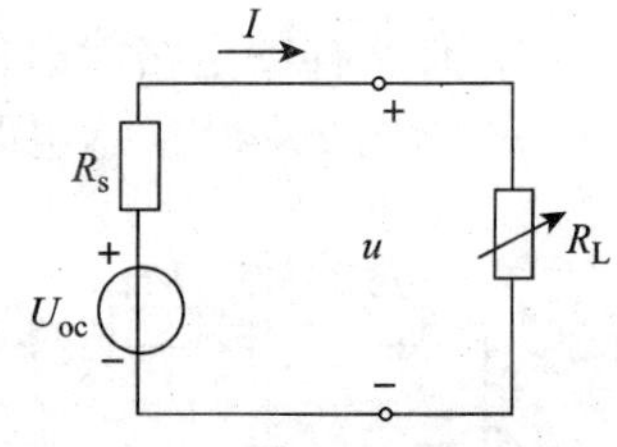

图 2-41　最大功率传输定理

电阻负载满足什么条件才能从电路中获得最大功率？这类问题可以抽象为图 2-41 所示的电路模型来分析。

电阻 R_L 表示获得能量的负载，负载 R_L 吸收功率的表达式为

$$P=I^2R_L=\frac{R_LU_{oc}^{\ 2}}{(R_s+R_L)^2}$$

欲求 P 的最大值，应满足$\frac{dP}{dR_L}=0$，即

$$\frac{dP}{dR_L}=U_{oc}^{\ 2}\left[\frac{(R_s+R_L)^2-2(R_s+R_L)R_L}{(R_s+R_L)^4}\right]=\frac{U_{oc}^{\ 2}(R_s^{\ 2}-R_L^{\ 2})}{(R_s+R_L)^4}=0$$

由此式求得 P 为极大值的条件是

$$R_L=R_s$$

由前面戴维南定理知道，任何一个线性有源二端网络都可以等效成恒压源与电阻串联的模型，那么我们就可得到如下结论：线性有源二端网络，向电阻负载 R_L 传输最大功率的条件是负载电阻 R_L 与二端网络的等效电阻 R_s 相等，此即为最大功率传输定理。满足 $R_L=R_s$ 条件时，称为最大功率匹配，此时负载电阻 R_L 获得的最大功率

$$P_{max}=\frac{U_{oc}^2}{4R_s} \tag{2-8}$$

满足最大功率匹配条件（$R_L = R_s > 0$）时，R_s 吸收功率与 R_L 吸收功率相等，对电压源 U_{oc} 而言，功率传输效率 $\eta = 50\%$，对二端网络中的独立源而言，效率可能更低。电力系统要求尽可能提高效率，以便更充分地利用能源，因此尽量采取远离功率匹配条件。但是在测量、电子与信息工程中，常常着眼于从微弱信号中获得最大功率，因而要尽量满足功率匹配条件。

例 2.17　电路如图 2-42（a）所示。试求：① R_L 为何值时获得最大功率，最大功率是多少；② 10 V 电压源的功率传输效率是多少？

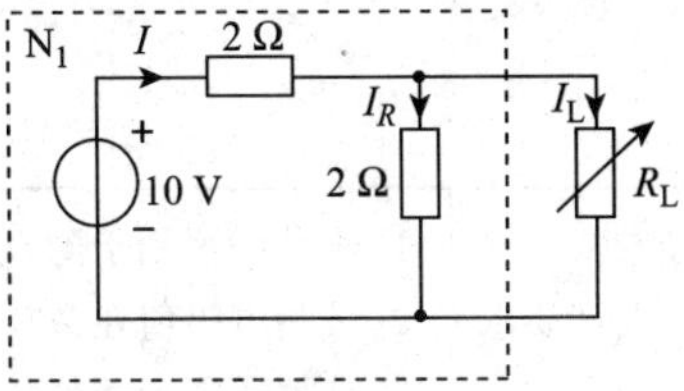

（a）

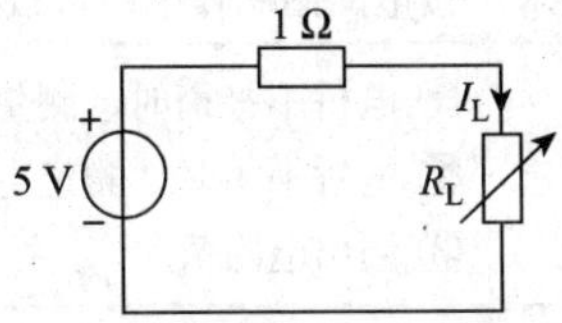

（b）

图 2-42　例 2.17 图

（a）电路一　（b）电路二

解： ① 断开负载 R_L，所得有源二端网络的戴维南等效电路参数分别为

$$U_{oc} = \frac{2}{2+2} \times 10 = 5\ \text{V} \qquad R_s = \frac{2 \times 2}{2+2} = 1\ \Omega$$

如图 2-42（b）所示，由此可知当 $R_L = R_s = 1\ \Omega$ 时可获得最大功率。

由式（2-8）可得 R_L 获得的最大功率

$$P_{max} = \frac{U_{oc}^2}{4R_s} = \frac{25}{4 \times 1} = 6.25\ \text{W}$$

② 先计算 10 V 电压源发出的功率。当 $R_L = 1\ \Omega$ 时

$$I_L = \frac{U_{oc}}{R_s + R_L} = \frac{5}{2} = 2.5\ \text{A}$$

$$U_L = R_L I_L = 2.5\ \text{V}$$

$$I = I_R + I_L = \frac{2.5}{2} + 2.5 = 3.75\ \text{A}$$

$$P = 10 \times 3.75 = 37.5\ \text{W}$$

得 10 V 电压源发出功率 37.5 W，电阻 R_L 吸收功率 6.25 W，则电压源的功率传输效率

$$\eta = \frac{6.25}{37.5} \times 100\% \approx 16.7\%$$

思考练习>>>

1. 有源二端网络向负载传输功率，负载获得最大功率的条件是什么？如何理解电源的功率传输效率？

2. 有一个 20 Ω 的负载，要想从一个内阻为 10 Ω 的电源获得最大功率，采用一个20 Ω 电阻与该负载并联的办法是否可以？为什么？

任务 2.7　电桥电路测量未知电阻电路的规划与实施

任务描述>>>

通过前面几个任务的学习，已经能对复杂电路进行分析、规划与装接；能对电路中的

相关物理量进行测量；能撰写设计报告。在此基础上，可以规划和装接一个单臂电桥电路用于测量未知电阻。

任务实施 >>>

表 2-6 自组电桥电路测量未知电阻

RW 2-6

设计要求	① 设计一个用于测试电阻的电桥电路，画出电路图； ② 被测电阻值在 200 ~ 800 Ω，电源电压为 10 V； ③ 计算所需元器件的参数，正确选择元器件
制作要求	按电路图制作电路，按布线规范要求进行布线
测试要求	① 电桥不平衡时，测量电路中各电阻上的电压、电流，并计算出每个电阻上的实际功率； ② 电桥平衡时，测量电路中各电阻上的电压、电流，并计算出每个电阻上的实际功率； ③ 测出电阻值
设计报告	① 设计电路图、电路工作原理及相关参数计算； ② 电路安装步骤； ③ 电路测量数据表并对数据进行分析； ④ 学习体会等

小　结

1. 等效变换

① 电阻的 Y-△等效变换：

$$R_Y = \frac{\triangle\text{形相邻两电阻的乘积}}{\triangle\text{形电阻之和}}$$

$$R_\triangle = \frac{\text{Y 形电阻两两乘积之和}}{\text{Y 形不相邻电阻}}$$

三个电阻相等时，$R_Y = \frac{1}{3}R_\triangle$ 或 $R_\triangle = 3R_Y$。

② 实际电压源可以看成是电压源 U_s 与电阻 R 的串联电路；实际电流源可以看成是电流源 I_s 与电阻 R 的并联电路。

两种电源模型的等效互换条件

$$I_s = \frac{U_s}{R} \quad 或 \quad U_s = RI_s$$

R 的大小不变，只是连接位置改变。

③ 电流源与任何线性元件串联都可以等效成电流源本身；电压源与任何线性元件并联都可以等效成电压源本身。

④ 实际受控源的等效变换方法与实际电源的等效变换方法一致。

2. 电阻电路的一般分析方法

① 支路电流法：以 b 条支路的电流为未知数，列 $n-1$ 个节点电流方程；用支路电流表示电阻电压，列 $b-(n-1)$ 个网孔回路电压方程，共列 b 个方程联立求解。

② 节点电压法：以 $n-1$ 个节点电压为未知数，用节点电压表示支路电压、支路电流，列 $n-1$ 个节点电流方程联立求解。

3. 网络定理

① 叠加定理：线性电路中，每一支路的响应等于各独立源单独作用下在此支路所产生的响应的代数和。

② 戴维南定理：含独立源的二端线性电阻网络，对其外部而言都可用电压源和电阻串联组合等效代替。电压源的电压等于网络的开路电压 U_{oc}，电阻 R_s 等于网络除源后的等效电阻。

③ 诺顿定理：任何一个线性有源二端网络，对外电路来说，可以用一个理想电流源和电阻并联的电源模型来代替，其中理想电流源的电流 I_s 等于二端网络的短路电流 I_{sc}（即将两端钮短接后其中的电流），电阻 R_s 等于有源二端网络中所有电源均除去（理想电压源短路，理想电流源开路）后所剩无源二端网络的等效电阻。

在应用叠加定理、戴维南定理和诺顿定理时，受控源要与电阻一样对待。

④ 最大功率传输定理：含源线性电阻单口网络（$R_s>0$）向可变电阻负载 R_L 传输最大功率的条件是负载电阻 R_L 与单口网络的输出电阻 R_s 相等。满足 $R_L=R_s$ 条件时，称为最大功率匹配，此时负载电阻 R_L 获得的最大功率

$$P_{max}=\frac{U_{oc}^2}{4R_s}$$

习题 2

1. 如题1图所示电路，$U_s=13\ \text{V}$，$R_1=R_4=R_5=5\ \Omega$，$R_2=15\ \Omega$，$R_3=10\ \Omega$。① 试求：电源两端的等效电阻 R；② 试求各电阻的电流。

2. 电路如题2图所示，$R_1=2\ \Omega$，$R_2=4\ \Omega$，$R_3=5\ \Omega$，$U_1=8\ \text{V}$，$U_2=6\ \text{V}$，$U_3=4\ \text{V}$，用支路电流法求出各支路的电流。

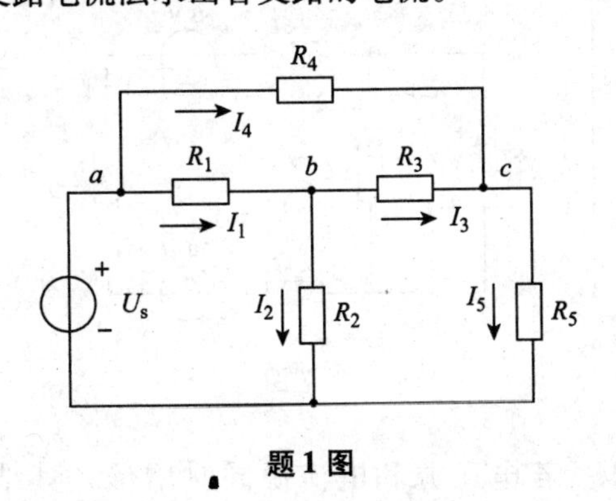

题1图

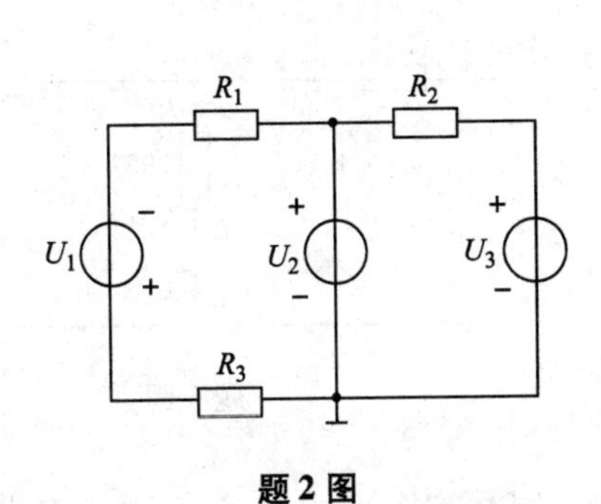

题2图

3. 电路如题 3 图所示，已知 $R_1=2\ \Omega$，$R_2=2\ \Omega$；$U_s=12\ V$，$I_s=2\ A$，求支路电流 I_1、I_2 和 a、b 两端的电压 U_{ab}。

4. 电路如题 4 图所示，用支路电流法求电压 U_0。

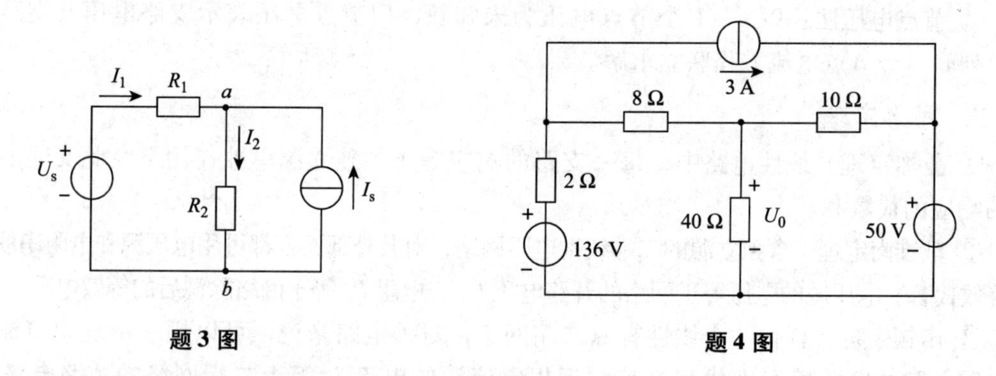

题 3 图　　　题 4 图

5. 列出题 5 图所示电路的节点电压方程。

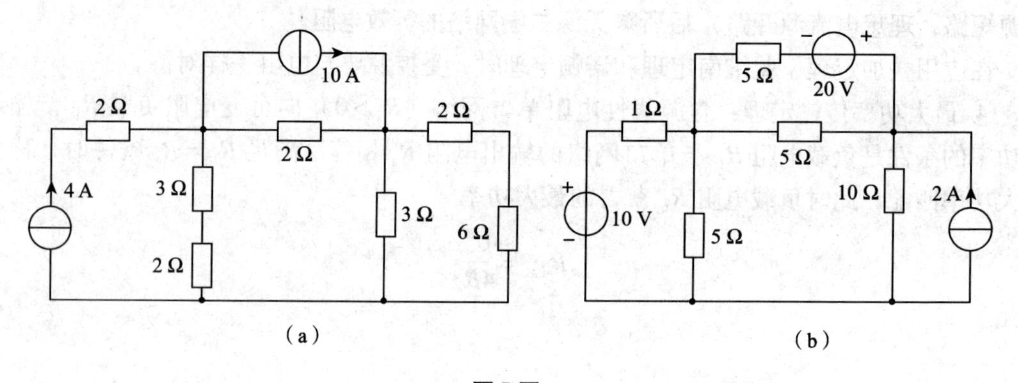

（a）　　　（b）

题 5 图

（a）电路一　（b）电路二

6. 用节点电压法求题 6 图所示电路中的电压 U。

7. 用叠加定理求题 7 图所示电路中的 I 和 U。

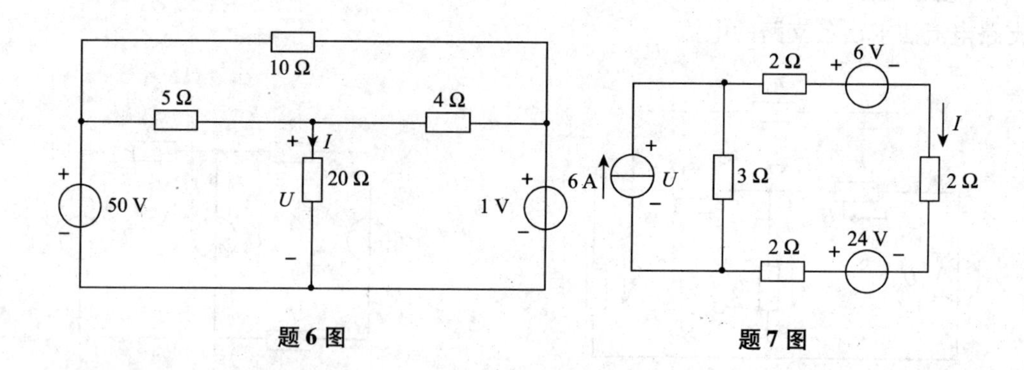

题 6 图　　　题 7 图

8. 用叠加定理求题 8 图所示电路中的 U。若电压源和电流源同时增倍，其结果如何？

9. 电路如题 9 图所示，用戴维南定理求图中支路电流 I 的值。

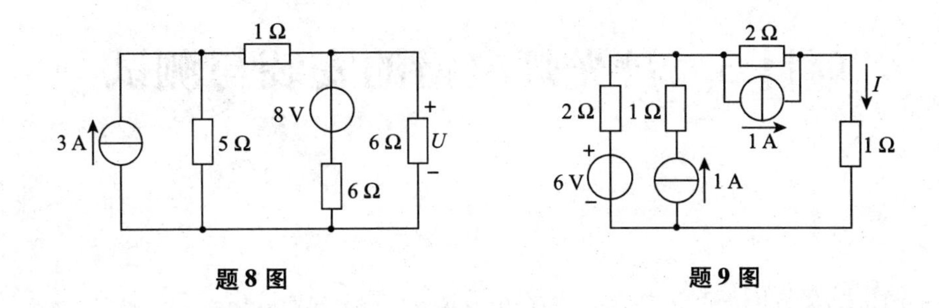

题 8 图　　　　题 9 图

10. 在题 10 图所示电路中，已知 $R_1=R_2=2\ \Omega$，$R_3=50\ \Omega$，$R_4=5\ \Omega$，$U_{s1}=6\ \text{V}$，$U_{s3}=10\ \text{V}$，$I_{s4}=1\ \text{A}$，求其戴维南等效电路。

11. 在题 11 图所示电路中，已知 $R_1=3\ \Omega$，$R_2=6\ \Omega$，$R_3=1\ \Omega$，$R_4=2\ \Omega$，$U_s=3\ \text{V}$，$I_s=3\ \text{A}$，试用戴维南定理求电压 U_1。

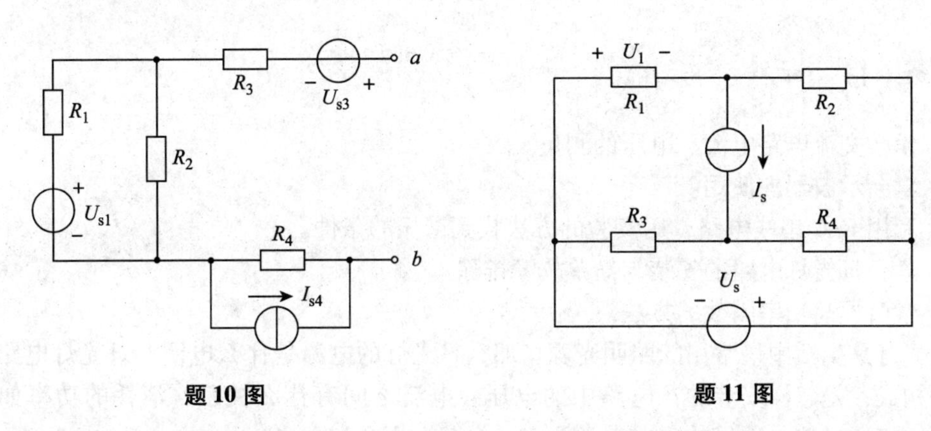

题 10 图　　　　题 11 图

12. 在题 12 图所示电路中，已知 $R_1=R_6=4\ \Omega$，$R_2=R_7=2\ \Omega$，$R_3=5\ \Omega$，$R_4=9\ \Omega$，$R_5=8\ \Omega$，$U_{s1}=40\ \text{V}$，$U_{s2}=20\ \text{V}$，$U_{s7}=10\ \text{V}$，试用诺顿定理求电流 I_4。

13. 试求题 13 图所示电路中负载电阻 R_L 获得最大功率时的阻值和最大功率的数值。

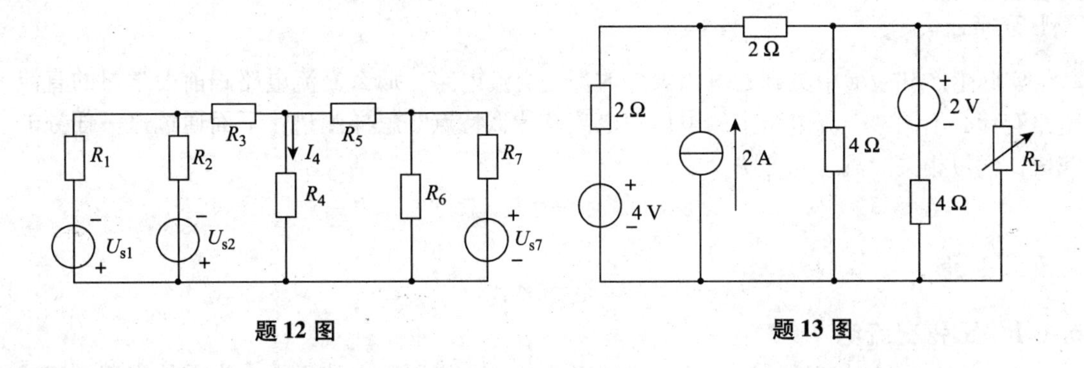

题 12 图　　　　题 13 图

项目3　日光灯电路的安装与测试

学习目标

- 掌握正弦交流电的相关概念及其表示方法。
- 掌握交流电路中元件的电压电流关系。
- 学会分析日光灯电路的电压电流关系，进一步理解其相量关系。
- 学会正弦交流路的基本分析方法。
- 学会提高功率因数的方法。
- 理解谐振的条件和特点。

任务目标

- 学会交流电路电流、电压的测量。
- 学会示波器的使用。
- 利用 *RLC* 串联电路，用实验的方法找到谐振的条件。
- 学会日光灯电路的安装与简单故障排除。
- 学会提高功率因数的方法。

日光灯是生活中最常用的照明光源。那么日光灯的电源是什么电源？日光灯电路由哪些部分构成，是怎样安装的？电路中的电压、电流之间有什么关系？消耗的功率如何计算？下面将通过这一项目的完成，学习有关的基本概念和方法。

任务3.1　正弦交流电的基本概念

任务描述>>>

实际生产和生活中见到的电路大多数都是交流电路。那么交流电路跟前面学习的直流电路有什么不同？交流电路中的电压、电流有什么特点？怎样测量？下面通过这一任务的完成，学习相关的概念和方法。

知识链接>>>

3.1.1　正弦交流电

大小和方向随时间按一定规律周期性变化且在一个周期内的平均值为零的周期电流或电压，叫做交变电流或电压，简称交流电。因此，交流电的变化形式是多种多样的。如果电路中的电流或电压随时间按正弦规律变化，就称为正弦交流电路。工程中所说的交流电通常都指正弦交流电。

由于正弦交流电有许多优点，如容易产生和进行电压变换、便于实现高压远距离传输等，因此交流电机在生产中应用非常广泛。

3.1.2　正弦量

随时间按正弦规律变化的电流（电压、电动势）称为正弦交流电（简称交流电）。其数学表达式为

$$i(t)=I_m\sin(\omega t+\varphi_1)$$

$$u(t)=U_m\sin(\omega t+\varphi_2)$$

上述按正弦规律变化的电流和电压表达式统称正弦量。以电流为例，其波形如图3－1所示。

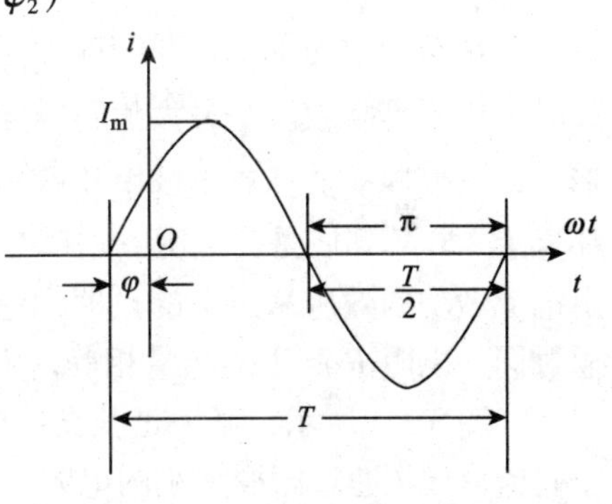

图3－1　正弦电流的波形图

正弦量的数学表达式和波形图是正弦量的两种最基本的表示形式。

任一时刻所对应正弦量 i（或 u）的数值称为该正弦交流电流（或电压）的瞬时值。由波形图3－1可见，$i>0$ 表示电流实际方向与参考方向相同；$i<0$表示电流实际方向与参考方向相反。正弦交流电流（或电压）的大小、方向都随时间按正弦规律周期性的变化。

3.1.3　正弦量的三要素

正弦量的特征表现在变化的快慢、变化的范围以及起始位置三个方面，即表示变化快慢的周期（或频率、角频率）、衡量变化范围的振幅、确定起始位置的初相角，这三个量只要确定，则正弦量就唯一确定，因此称为正弦量的三要素。

1. 周期与频率

① 周期 T：正弦交流电变化一次所需的时间，单位为秒（s）。

② 频率 f：正弦交流电在1秒内变化的次数，单位为赫兹（Hz）。

不同的技术领域使用着不同的频率，我国和大多数国家都采用50 Hz电力标准频率，工程上称为工频。通常交流电动机和照明负载都用这个频率，而工业上的一些电加热技术使用的频率在中、高频段范围，无线电领域则用到更高频率。

根据周期与频率的定义，周期与频率应互为倒数，即

$$f=\frac{1}{T}$$

而在正弦量的数学表达式中体现出来的是角频率 ω。

③ 角频率 ω：1秒内正弦交流电所变化的电角度，单位为弧度/秒（rad/s）。

频率、周期和角频率的关系为

$$\omega=\frac{2\pi}{T}=2\pi f$$

周期、频率、角频率都反映了正弦量变化的快慢程度，它们既有区别，又有联系，知道了一个另外两个也就知道了。

2. 最大值和有效值

最大值（振幅）：最大的瞬时值，有时也称为峰值、幅值，表示为 U_m、I_m。如图3－2所示，表示了两个振幅值不同的正弦交流电压。有时也将正的最大值到负的最大值，称为峰－峰值，它为最大值的两倍。

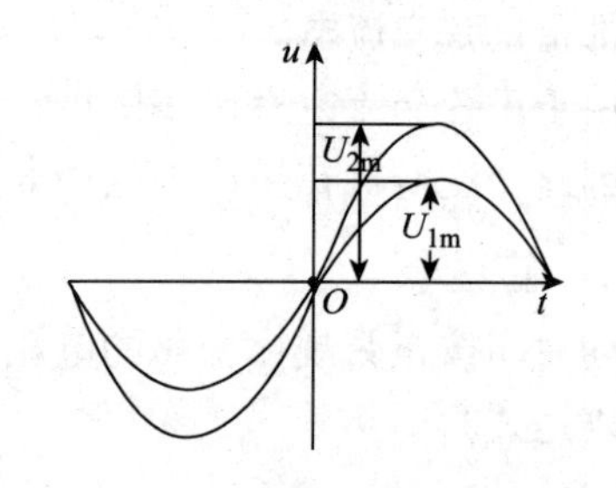

图 3－2　振幅值不同的正弦电压

正弦量在一个周期内变化的范围为 $-U_m \leqslant u \leqslant U_m$，因此最大值反映了正弦量的变化范围。正弦量的大小一般并不用最大值表示，而是用有效值来衡量。什么是有效值呢？

生活中市电大多为220 V/50 Hz，那么220 V是什么电压呢？很显然不是瞬时值，因为瞬时电压不是常数。是最大值吗？如果用示波器来测量一下直接从市电插座取得的信号波形，就会发现交流插座上的电压幅度为 $220\sqrt{2}$ V（大约为311 V），可见它也不是最大值。那这个220 V到底是什么呢？这就是交流电中经常用到的一个重要概念——有效值。它是由电流做功的效应来定义的，即无论是交流电流还是直流电流，只要它们在相等的时间内通过同一电阻 R 产生的热量相等，则直流电流值等于交流电流的有效值。

如图3－3所示，某一正弦交流电流 i 通过电阻 R 在一个周期 T 内产生的热量和另一个直流电流 I 通过同样大小的电阻在相等的时间内产生的热量相等，可得

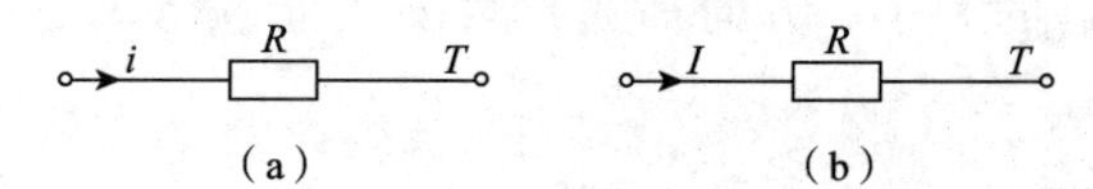

图 3－3　有效值定义

(a) 正弦交流电流　(b) 直流电流

$$\int_0^T Ri^2 \mathrm{d}t = RI^2 T$$

$$I = \sqrt{\frac{1}{T}\int_0^T i^2 \mathrm{d}t}$$

上式适用于周期变化的量，但不能用于非周期性变化量。

当周期电流为正弦量时，即 $i = I_m \sin \omega t$，则

$$I = \sqrt{\frac{1}{T}\int_0^T I_m^2 \sin^2 \omega t \, \mathrm{d}t}$$

$$\int_0^T \sin^2 \omega t \, \mathrm{d}t = \int_0^T \frac{1 - \cos 2\omega t}{2} \mathrm{d}t = \frac{1}{2}\int_0^T 1 \mathrm{d}t - \frac{1}{2}\int_0^T \cos 2\omega t \, \mathrm{d}t = \frac{T}{2} - 0 = \frac{T}{2}$$

所以
$$I = \sqrt{\frac{1}{T} I_m^2 \frac{T}{2}} = \frac{I_m}{\sqrt{2}}$$

对于正弦电压、电动势，亦有

$$U = \frac{U_m}{\sqrt{2}}$$

$$E = \frac{E_m}{\sqrt{2}}$$

通常所称正弦交流电压、正弦交流电流的大小，除特殊说明外，一般都是指有效值。例如供电电压为 220 V、380 V 都是指的有效值；各种电气设备的额定值，电磁式、电动式仪表测量的数值，也均是指有效值。有效值都用大写字母表示。如正弦量可表示为

$$i(t) = \sqrt{2}I\sin(\omega t + \varphi_1)$$

$$u(t) = \sqrt{2}U\sin(\omega t + \varphi_2)$$

例 3.1　已知某交流电压 $u = 220\sqrt{2}\sin \omega t$ V，这个交流电压的最大值和有效值分别为多少?

解： 最大值

$$U_{\mathrm{m}} = 200\sqrt{2} = 311.1\ \mathrm{V}$$

有效值

$$U = \frac{U_{\mathrm{m}}}{\sqrt{2}} = \frac{200\sqrt{2}}{\sqrt{2}} = 220\ \mathrm{V}$$

任务实施>>>

表 3-1　正弦交流电流、电压的测试

RW 3-1

任务内容	① 学会交流电压表、交流电流表的使用； ② 理解正弦交流电压、电流的有效值		
测试设备	设备名称	型号或规格	数量
	电源	三相可调压	1 套
	交流电压表、交流电流表		各 1 只
	负载（灯泡）		6 只
测试电路	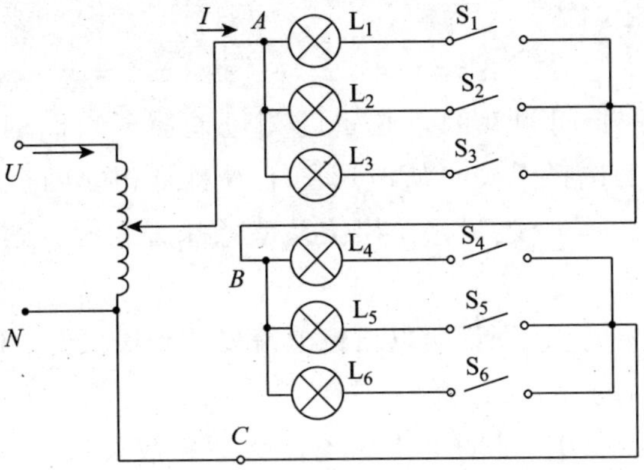 电路说明：交流电压为 220 V，频率为 50 Hz		
测试程序	① 选两组三相灯泡负载，按图接线，从调压器输出 220 V 交流电压，改变每组灯泡数，用交流电压表测量灯泡两端电压； ② 用交流电流表测量电流		

知识链接>>>

3. 相位角及初相角

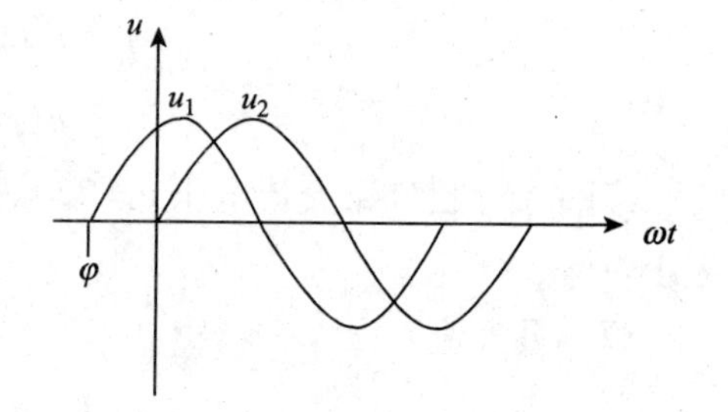

图3-4 初相角不同的正弦量

正弦量中的 $\omega t+\varphi$ 称为相位角，简称相位。对于每一给定时刻，都对应有一定的相位。它确定了正弦量变化状态的位置。而在频率一定的情况下，相位角又与 φ 有关，φ 是 $t=0$ 时的相位角，称为初相角。初相角是计时起点（$t=0$ 点）的相位角。如图3-4所示幅值、频率都相同的两个正弦交流电压，其瞬时值不同，是因为它们的计时起点不同，即初相角不同。由图可见计时起点不同并不影响正弦量的变化规律，所以计时起点可按需要去选择。这就是说初相角是一任意数。由于正弦量的周期性，通常取初相位 $|\varphi|\leqslant 180°$。如图3-5所示，电压、电流的初相角分别为 φ_2、φ_1。

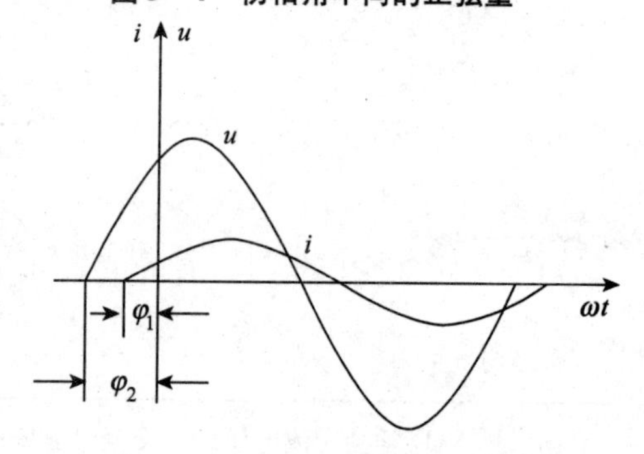

图3-5 初相位不相等的电压与电流波形图

3.1.4 相位差

交流电路中，相位差是一个关键参数。它是指两个同频率正弦量的相位角之差，用 $\Delta\varphi$ 表示。图3-5所示是正弦交流电路中的电压 u 和电流 i 的波形图，它们的频率相同，其瞬时值表达式如下：

$$u=U_{\mathrm{m}}\sin(\omega t+\varphi_2)$$
$$i=I_{\mathrm{m}}\sin(\omega t+\varphi_1)$$

则电压与电流的相位

$$\Delta\varphi=(\omega t+\varphi_2)-(\omega t+\varphi_1)=\varphi_2-\varphi_1$$

上式说明，两个同频率的正弦量的相位差等于它们的初相位之差。这是一个定值，与计时起点的选择无关。从波形图上看就是相邻两个零点（或状态相同点）之间所间隔的角度。u 与 i 之间存在相位差就意味着它们到达零点（或峰值点）的先后不同。

若 $\Delta\varphi=\varphi_2-\varphi_1>0$，则说明电压比电流先达到最大值，称在相位上电压超前于电流 $\Delta\varphi$ 角，或电流滞后于电压 $\Delta\varphi$ 角。

若 $\Delta\varphi=\varphi_2-\varphi_1<0$，说明电压比电流后达到最大值，称在相位上电压滞后于电流 $|\Delta\varphi|$ 角，或者说电流超前于电压 $|\Delta\varphi|$ 角。

若 $\Delta\varphi=\varphi_2-\varphi_1=0$，说明电压与电流同时到达最大值，二者的变化步调一致，称电压与电流同相位。

通常情况下，若 $\Delta\varphi=\varphi_2-\varphi_1=\pm 90°$，称电压与电流在相位上正交；若 $\Delta\varphi=\varphi_2-\varphi_1=\pm 180°$，称电压与电流反相位。

应当注意的是，对不同频率的正弦量而言，谈相位差是无意义的。由于正弦量的周期性，通常取 $|\Delta\varphi| \leqslant 180°$。

例 3.2　分别写出图 3-6 中各电流 i_1、i_2 的相位差，并说明 i_1 与 i_2 的相位关系。

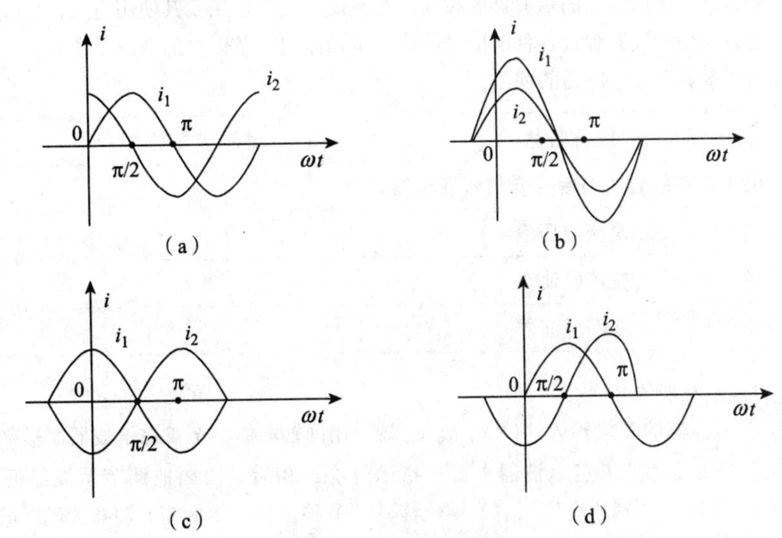

图 3-6　例 3.2 图

(a) 图1　(b) 图2　(c) 图3　(d) 图4

解： ① 由图（a）知 $\varphi_1=0$，$\varphi_2=90°$，$\varphi_{12}=\varphi_1-\varphi_2=-90°$，表明 i_1 滞后于 i_2 90°。

② 由图（b）知 $\varphi_1=\varphi_2$，$\varphi_{12}=\varphi_1-\varphi_2=0°$，表明二者同相。

③ 由图（c）知 $\varphi_1-\varphi_2=\pi$，表明二者反相。

④ 由图（d）知 $\varphi_1=0$，$\varphi_2=-\dfrac{3\pi}{4}$，$\varphi_{12}=\varphi_1-\varphi_2=\dfrac{3\pi}{4}$，表明 i_1 超前于 i_2 $\dfrac{3\pi}{4}$。

观察： 用双踪示波器观察两个信号的相位差，得到如图 3-7 所示波形。

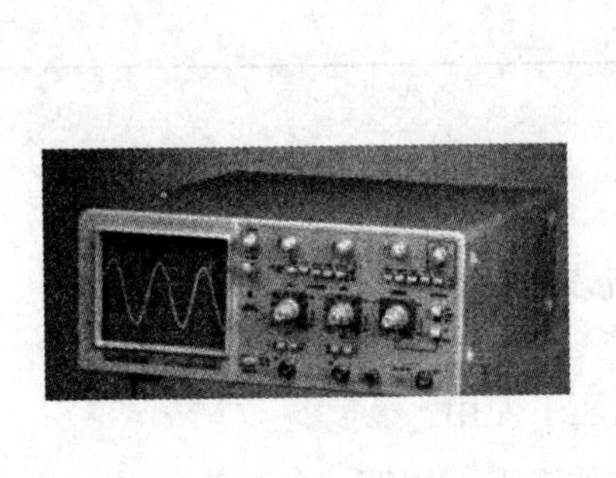

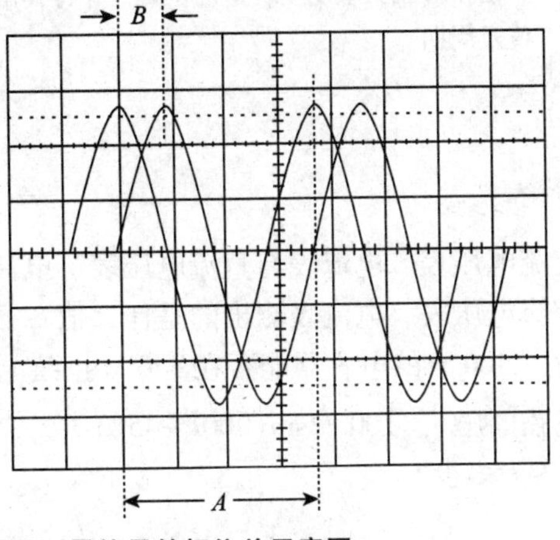

图 3-7　双踪示波器及测量信号的相位差示意图

任务实施>>>

表 3-2 示波器的使用

RW 3-2

<table>
<tr><td>任务内容</td><td colspan="3">① 熟悉任务中所使用的示波器的布局，各按键开关的作用及其使用方法；
② 学会使用示波器观察各种电信号波形，定量测出正弦信号的波形参数；
③ 初步掌握双踪示波器的使用</td></tr>
<tr><td rowspan="5">测试设备</td><td>设备名称</td><td>型号或规格</td><td>数量</td></tr>
<tr><td>电工电路综合实训台（含信号发生器）</td><td></td><td>1 套</td></tr>
<tr><td>交流电压表</td><td></td><td>1 只</td></tr>
<tr><td>交流电流表</td><td></td><td>1 只</td></tr>
<tr><td>双踪示波器</td><td></td><td>1 台</td></tr>
<tr><td>测试程序</td><td colspan="3">① 双踪示波器的自检：
将示波器的 Y 轴输入插口 Y_A 或 Y_B 端，用同轴电缆接至双踪示波器面板部分的“标准信号”输出，然后开启示波器电源，指示灯亮，稍后，协调地调节示波器面板上的“辉度”、“聚焦”、“辅助聚焦”、“X 轴位移”、“Y 轴位移”等旋钮，使在荧光屏的中心部分显示出线条细而清晰、亮度适中的方波波形；
通过选择幅度和扫描速度灵敏度，并将它们的微调旋钮旋至“校准”位置，从荧光屏上读出该“标准信号”的幅值与频率，并与标称值（0.5 V，1 kHz 的信号）作比较，若相差较大，请指导老师给予校准
② 正弦波信号的观测：
将示波器的幅度和扫描速度微调旋钮旋至“校准”位置；
通过电缆线，将信号发生器的正弦波输出口与示波器的 Y_A 或 Y_B 插座相连；
接通电源，调节信号源的频率旋钮，使输出频率分别为 50 Hz，1.5 kHz 和 20 kHz（由频率计读出），输出幅值分别为有效值 0.1 V，1 V，3 V（由交流毫伏表读得），调节示波器 Y 轴和 X 轴灵敏度至合适的位置，并将其微调旋钮旋至“校准”位置。从荧光屏上读得幅值及周期</td></tr>
</table>

思考讨论>>>

1. 交流电压表、电流表与直流电压表、电流表测量电路有什么异同？
2. 交流电压表、电流表测出的是什么值？
3. 耐压 400 V 的电容器能否在 380 V 正弦电压下使用？
4. 正弦电压 $u=100\sqrt{2}\sin(200t-45°)$ V，它的频率、周期、角频率、最大值、有效值及初相角各为多少？
5. 两电流 $i_1=5\sin\left(\omega t+\dfrac{\pi}{3}\right)$、$i_2=5\cos\left(\omega t+\dfrac{\pi}{6}\right)$的大小是否相等，相位是否相同？

任务3.2　认识相量

任务描述>>>

正弦交流电路中的电压和电流都是正弦量，如图3-8所示，若 $i_1=3\sqrt{2}\sin\omega t$（A），$i_2=4\sqrt{2}\sin(\omega t+90°)$（A），由KCL可知，$i=i_1+i_2$。然而，在对它们进行计算时非常烦琐，能不能找到一种简便的方法使正弦量的运算得以简化呢？

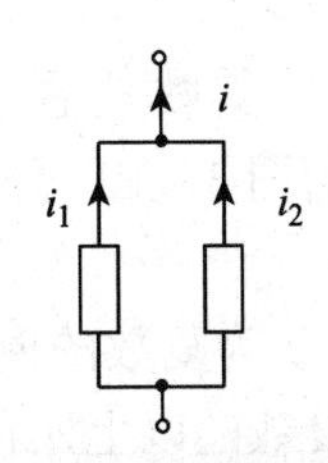

图3-8　正弦交流电路

知识链接>>>

3.2.1　复数的表示

若 A 为一复数，则可表示为以下多种形式

1. 复数的代数形式

$$A=a+\mathrm{j}b$$

其中，a 为复数的实部，b 为复数的虚部，$\mathrm{j}=\sqrt{-1}$ 为虚数单位。这个复数对应复平面上的一个有向线段 OA，由图3-9可知

$$r=\sqrt{a^2+b^2}$$

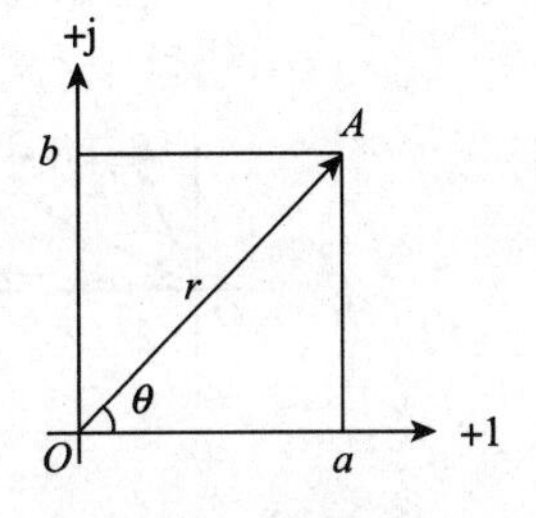

图3-9　复数的表示

r 表示复数的大小，称为复数的模。OA 与实轴正方向间的夹角，称为复数的幅角，用 θ 表示。由图可见其幅角

$$\theta=\arctan\frac{b}{a}$$

2. 复数的三角函数形式

由图3-9可知

$$a=r\cos\theta$$
$$b=r\sin\theta$$

所以复数 A 还可表示为

$$A=r\cos\theta+\mathrm{j}r\sin\theta$$

此即复数的三角函数表示形式。复数的代数形式和三角函数形式之间可以互相转化。知道了代数形式，则由

$$\begin{cases}r=\sqrt{a^2+b^2}\\ \theta=\arctan\dfrac{b}{a}\end{cases}$$

可知三角函数形式；知道了三角函数形式，由

$$\begin{cases}a=r\cos\theta\\ b=r\sin\theta\end{cases}$$

可知代数形式。复数除了这两种形式外，还有指数形式。

3. 复数的指数形式

由欧拉公式可知

$$e^{j\theta}=\cos\theta+j\sin\theta$$

所以复数 A 还可表示成

$$A=re^{j\theta}$$

4. 复数的极坐标形式

由图 3－10 可知复数 A 还可表示成极坐标形式，即

$$A=r\angle\theta$$

其中，r 为复数的模，θ 为复数的幅角。

复数的以上四种表示形式都是可以相互转化的。

3.2.2 复数的运算

1. 复数的加减运算

设 $A_1=a_1+jb_1=r_1\angle\theta_1$，$A_2=a_2+jb_2=r_2\angle\theta_2$，则 $A_1\pm A_2=(a_1\pm a_2)+j(b_1\pm b_2)$。由此可见，复数加减运算时，用代数形式比较简便，实部与实部相加减，虚部与虚部相加减。也可用矢量的平行四边形法则图解，如图 3－10 所示。

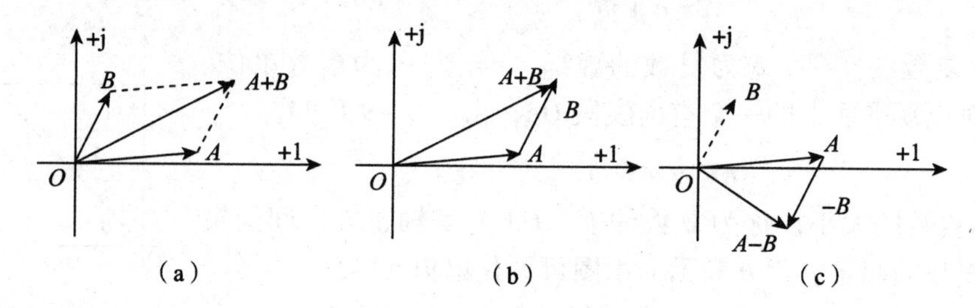

图 3－10 复数加减运算图解法

(a) 平行四边形法则 (b) 三角形法则（加法） (c) 三角形法则（减法）

例 3.3 已知复数 $A=8\angle-60°$，$B=10\angle150°$，求 $A-B$。

解： $A-B=8\angle-60°-10\angle150°=(4-j6.93)-(-8.66+j5)$

$=12.66-j11.93=17.4\angle-43.3°$

2. 复数的乘除运算

设 $A_1=r_1\angle\theta_1$，$A_2=r_2\angle\theta_2$，则转化成指数形式相乘为 $A_1\times A_2=r_1e^{j\theta_1}\times r_2e^{j\theta_2}=r_1r_2e^{j(\theta_1+\theta_2)}=r_1r_2\angle\theta_1+\theta_2$，直接用极坐标形式相乘为 $A_1\times A_2=r_1\times r_2\angle\theta_1+\theta_2$。

同理，$\dfrac{A_1}{A_2}=\dfrac{r_1}{r_2}\angle\theta_1-\theta_2$。

复数乘除运算时，以指数形式和极坐标形式较为方便。复数相乘除，将模相乘除，幅角相加减。其他表达形式一般要先转换成极坐标形式再进行运算。在电路分析计算时常用代数形式、极坐标形式。

例 3.4 已知 $z_1=8+j6$，$z_2=6-j8$，求 z_1z_2 和 z_1/z_2。

解： $z_1z_2=(8+j6)\times(6-j8)=10\angle36.9°\times10\angle-53.1°=100\angle-16.2°$

$$z_1/z_2 = \frac{10\angle 36.9^\circ}{10\angle -53.1^\circ} = 1\angle 90^\circ$$

学习了有关复数的概念和计算，那么怎样用复数来表示正弦量呢？

3.2.3　正弦量的相量表示法

在直角坐标系中画一个旋转的矢量，如图 3－11 所示，矢量的长度等于正弦交流电的最大值 U_m，该矢量与横轴正向的夹角等于正弦交流电的初相角 φ，矢量以角速度 ω 按逆时针方向旋转，旋转的角速度 ω 等于正弦交流电的角频率。则该旋转矢量在 y 轴上的投影 $y = U_m\sin(\omega t+\varphi)$ 正好是一个正弦量，即该矢量与正弦量是一一对应的。如果将纵轴改为虚轴，横轴作为实轴，则该矢量可以表示成一个复数，这个复数的模即为正弦量的最大值，复数的幅角即为正弦量的初相角，则该复数与正弦量是一一对应的，此复数即为与该正弦量对应的相量。

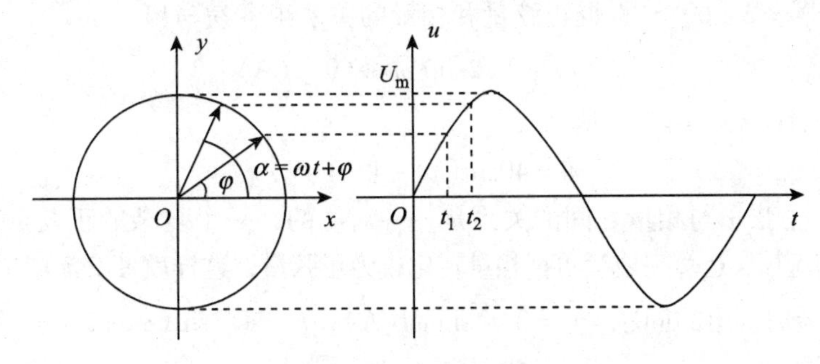

图 3－11　旋转矢量图

相量的模等于正弦量的最大值时，叫最大值相量，用 $\dot{I}_m$、$\dot{U}_m$ 表示。相量的模等于正弦量的有效值时，叫有效值相量，用 $\dot{I}$、$\dot{U}$ 表示。

正弦交流电流 i 和电压 u 的瞬时值表达式分别为

$$i = I_m\sin(\omega t+\varphi_i) = \sqrt{2}I\sin(\omega t+\varphi_1)$$

$$u = U_m\sin(\omega t+\varphi_u) = \sqrt{2}U\sin(\omega t+\varphi_2)$$

习惯上多用正弦量的有效值相量的极坐标形式表示，即与它们对应的相量分别为

$$\dot{I} = I\angle\varphi_1$$

$$\dot{U} = U\angle\varphi_2$$

应当注意的是正弦量和相量是一一对应关系，它们之间是不能用“＝”连接的。

$$i(t) = \sqrt{2}I\sin(\omega t+\varphi) \longleftrightarrow \dot{I} = Ie^{j\varphi} = I\angle\varphi$$

例 3.5　已知同频率的正弦电流和电压的解析式分别为 $i = 10\sin(\omega t+30^\circ)$，$u = 220\sqrt{2}\sin(\omega t-45^\circ)$，写出电流和电压相量 $\dot{I}$、$\dot{U}$，绘出相量图，并说明它们的相位关系。

解：由解析式可得

$$\dot{I} = \frac{10}{\sqrt{2}}\angle 30^\circ = 5\sqrt{2}\angle 30^\circ(\text{A})$$

$$\dot{U} = \frac{220\sqrt{2}}{\sqrt{2}}\angle -45^\circ = 220\angle -45^\circ(\text{V})$$

相量图就是把相量画在复平面上，如图 3－12 所示。

电流与电压的相位差

$$\Delta\varphi_{12}=\varphi_1-\varphi_2=30°-(-45°)=75°$$

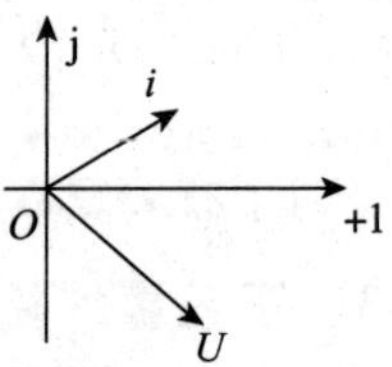

图 3－12 例 3.5 图

显然，电流超前电压 75°。由相量图 3－12 可以直观的看出相量$\dot{I}$和$\dot{U}$如逆时针旋转，则$\dot{I}$超前$\dot{U}$75°。相量图在分析交流电路中可以很方便的表示出正弦量之间的相位关系。同时，在正弦交流电的加减运算中，还可以方便地用矢量合成的方法（如平行四边形或三角形的方法），使运算变得直观和简单。

例 3.6 已知某正弦电流的相量$\dot{I}=2e^{j60°}$(A)，$\dot{U}=20-j20$(V)，试写出该电流、电压的瞬时表达式。

解：$\dot{I}=2e^{j60°}=2\angle 60°$，根据正弦量和相量的关系很容易写出

$$i(t)=2\sqrt{2}\sin(\omega t+60°)(\mathrm{A})$$

由$\dot{U}=20-j20=20\sqrt{2}\angle-45°$，得

$$u=40\sin(\omega t-45°)(\mathrm{V})$$

由此可见，正弦量与相量之间的关系是一一对应的，一个复杂的正弦量之间的运算可以转化为相量的运算，运算完成后再把相量转化成为正弦量，这样就使交流电电路的运算大为简化。如本节开始时提出的问题，$i_1=3\sqrt{2}\sin\omega t$(A)，$i_2=4\sqrt{2}\sin(\omega t+90°)$(A)，而$i=i_1+i_2$，只需求出对应的$\dot{I}=\dot{I}_1+\dot{I}_2=3\angle 0°+4\angle 90°=5\angle 53°$(A)，那么与之一一对应的正弦量就很容易的写出来，$i=5\sqrt{2}\sin(\omega t+53°)$(A)。

思考讨论 >>>

1. 写出下列正弦量对应的相量，并画出相量图，说明它们的相位差。

① $u_1=10\sqrt{2}\sin 100\pi t(\mathrm{V})$；

② $u_2=10\sqrt{2}\sin\left(100\pi t+\frac{\pi}{6}\right)(\mathrm{V})$；

③ $u_3=10\sqrt{2}\cos\left(100\pi t+\frac{\pi}{6}\right)(\mathrm{V})$；

④ $u_4=10\sqrt{2}\sin\left(100\pi t-\frac{\pi}{2}\right)(\mathrm{V})$；

⑤ $u_5=-10\sqrt{2}\sin\left(100\pi t-\frac{\pi}{2}\right)(\mathrm{V})$。

2. 写出下列相量对应的正弦量。

① $\dot{I}_1=2\angle 60°(\mathrm{A})$；

② $\dot{I}_2=8+j6(\mathrm{A})$；

③ $\dot{I}_3=-2\sqrt{3}+j2(\mathrm{A})$。

3. 指出下列各式是否正确。

① $\dot{I}=2\angle 45°=2\sqrt{2}\sin(\omega t+45°)(\mathrm{A})$；

② $u=220\sqrt{2}\sin(\omega t-30°)=220\angle-30°(\text{V})$；

③ $U=120\angle180°=-120(\text{V})$；

④ $\dot{I}_{m}=10\sqrt{2}\angle-30°$。

任务3.3　认识电阻电路

任务描述>>>

电阻是组成电路模型的基本元件之一。实际电路元件电阻器是电路中最常用的元件之一，常用来作为电路中电流或电压的控制和传输器件，或作为消耗电能的负载。在交流电路中电阻两端电压和流过电阻的电流之间的关系是怎样的？电阻消耗的功率如何计算呢？

任务实施>>>

表3-3　电阻元件中电压与电流之间关系的测试

RW 3-3

<table>
<tr><td>任务内容</td><td colspan="3">① 用交流电压表和电流表分别测量电源和电阻两端的电压以及通过电阻的电流；
② 用双踪示波器观察电阻两端电压的波形</td></tr>
<tr><td rowspan="5">测试设备</td><td>设备名称</td><td>型号或规格</td><td>数量</td></tr>
<tr><td>交流电压表、交流电流表</td><td></td><td>1只</td></tr>
<tr><td>电阻、变阻器</td><td></td><td>各1只</td></tr>
<tr><td>函数信号发生器（或交流电源）</td><td></td><td>1台</td></tr>
<tr><td>示波器</td><td></td><td>1台</td></tr>
<tr><td>测试电路</td><td colspan="3">i　+　u　R　−
电路说明：
① 被测电阻 $R=100\ \Omega$；
② 交流电源用函数信号发生器代替，$U_{pp}=10\ \text{V}$，频率 $f=1\ \text{kHz}$</td></tr>
<tr><td>测试程序</td><td colspan="3">① 用双踪示波器观察电阻和电源两端的电压波形；
② 改变变阻器阻值，用交流电压表和交流电流表测量电阻的电压和电流大小</td></tr>
</table>

结论：电阻元件上的电压与电流是同相位的；电阻上的电压有效值（最大值）与电流有效值（最大值）是成正比的。为什么？

知识链接>>>

3.3.1 电阻元件的伏安特性

正弦交流电路中，如图 3-13 所示，设电阻中电流 $i(t)=I_m\sin(\omega t+\varphi_1)$(A)，由欧姆定律知 $u(t)=U_m\sin(\omega t+\varphi_2)=Ri(t)=RI_m\sin(\omega t+\varphi_1)$ 得出结论：

① 电压与电流是同频率的正弦量；

② $\frac{U_m}{I_m}=\frac{U}{I}=R$；

③ $\varphi_2=\varphi_1$。

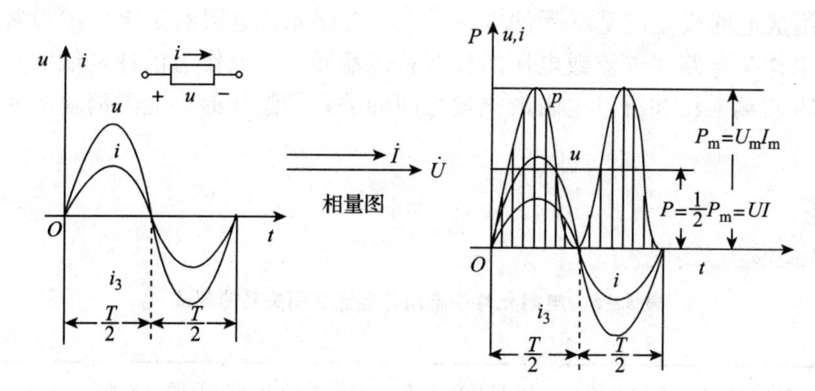

图 3-13 电阻元件的伏安关系及功率

用相量形式表示

$$\dot{U}=U\angle\varphi_2$$

$$\dot{I}=I\angle\varphi_1$$

由以上结论得

$$\frac{\dot{U}}{\dot{I}}=\frac{U}{I}\angle\varphi_2-\varphi_1=R\angle 0°=R$$

或

$$\dot{U}=R\dot{I} \tag{3-1}$$

式(3-1)即为电阻元件伏安特性的相量形式。

3.3.2 电阻元件的功率计算

1. 瞬时功率

如图 3-13 所示，在关联参考方向下，电压的瞬时值与电流的瞬时值的乘积即为瞬时功率，则

$$p=ui$$

设流过电阻元件中的电流瞬时值 $i=I_m\sin(\omega t+\varphi)$(A)，根据电阻元件的伏安特性，则电阻两端的电压瞬时值 $u=U_m\sin(\omega t+\varphi)$(V)，代入瞬时功率公式中，得

$$\begin{aligned}p&=ui=U_m\sin(\omega t+\varphi)I_m\sin(\omega t+\varphi)\\&=2UI\sin^2(\omega t+\varphi)\end{aligned}$$

即

$$p=UI-UI\cos(2\omega t+2\varphi) \tag{3-2}$$

由式（3－2）可以看出，在由电阻元件构成的电路中，电压 u 与电流 i 同相，即它们同时为正或同时为负，所以瞬时功率总是正值，即电阻元件总是吸收或消耗功率，是耗能元件。

2. 有功功率

由于瞬时功率是随时间做周期性变化的，在实际当中更常用的是其消耗的平均功率，即瞬时功率在一个周期内的平均值，称为有功功率。

$$P=\frac{1}{T}\int_0^T p\mathrm{d}t=\frac{1}{T}\int_0^T UI(1-\cos 2\omega t)\mathrm{d}t=UI$$

即

$$P=UI=I^2R=\frac{U^2}{R}$$

有功功率越大表明电路实际消耗的功率也越大。有功功率的单位为瓦特，用字母 W 表示。例如灯泡为 220 V/60 W，这里的 60 W 指的就是灯泡额定消耗的平均功率。

例 3.7　一只额定电压为 220 V，功率为 100 W 的灯泡，误接在 380 V 的交流电源上是否安全?

解：已知灯泡的额定电压及额定功率，则灯泡的电阻

$$R=\frac{U_N^2}{P_N}=\frac{220^2}{100}=484\ \Omega$$

当灯泡误接到 380 V 的电源上，灯泡的功率

$$P'=\frac{380^2}{484}=298\ \mathrm{W}$$

此时不安全，灯泡将被烧坏。

思考讨论>>>

1. 在交流电路中，电阻元件的电压与电流的________（瞬时值/有效值/最大值）满足欧姆定律。
2. 在交流电路中，电阻元件中电压与电流相位关系是什么?
3. 在交流电路中，电阻元件中电压与电流有效值的乘积是________。
4. 画出电阻元件上电压与电流的波形及相量图。
5. 对电阻电路来说；下列各式是否正确，如不正确，请改正。

① $i=\frac{U}{R}$；

② $I_m=\frac{U}{R}$；

③ $I=\frac{U}{R}$；

④ $p=I^2R$。

6. 标称值为“220 V，75 W”的电烙铁，用 220 V 市电，工作 20 小时所耗电能是多少?

任务3.4　认识电感电路

任务描述>>>

在工程技术中，电感线圈的应用很广泛，常见的有变压器线圈、日光灯镇流器的线圈、收音机的天线线圈等，如图3－14所示，它们的电路模型都是电感元件。那么在交流电路中电感元件的特性是什么？电感元件消耗的功率有什么特点？如何计算呢？

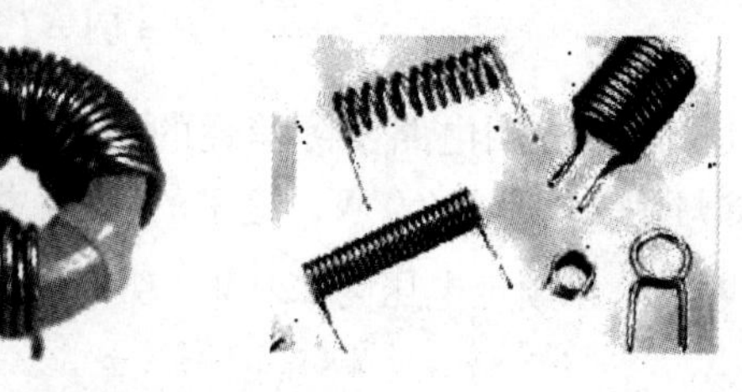

图3－14　几种常见的电感线圈

任务实施>>>

表3－4　电感元件中电压与电流关系的测试

RW 3－4

<table>
<tr><td>任务要求</td><td colspan="3">① 测量电源和电感两端的电压，测量电路中的电流；
② 用示波器观察电阻两端电压和流过电感的电流的波形；
③ 撰写测试报告</td></tr>
<tr><td rowspan="7">测试仪器</td><td>设备名称</td><td>型号或规格</td><td>数量</td></tr>
<tr><td>电感器</td><td></td><td>2只</td></tr>
<tr><td>交流电压表</td><td></td><td>1块</td></tr>
<tr><td>交流电流表</td><td></td><td>1块</td></tr>
<tr><td>数字万用表</td><td></td><td>1块</td></tr>
<tr><td>函数信号发生器</td><td></td><td>1台</td></tr>
<tr><td>双踪示波器</td><td></td><td>1台</td></tr>
<tr><td>测试电路</td><td colspan="3">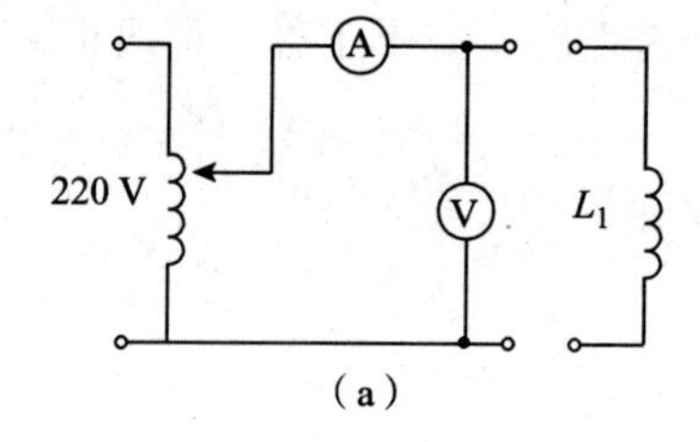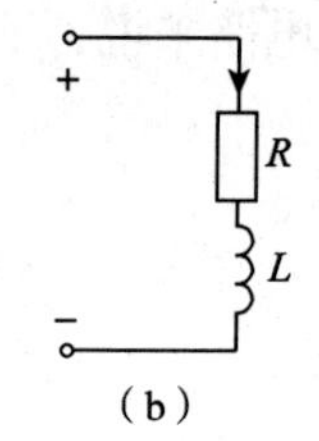
电路说明：
① 图（a）中 L_1 可用一空芯线圈，电源用单相调压器；
② 图（b）中电感 $L=100$ mH，电阻 $R=10\ \Omega$，交流电源用函数信号发生器代替，$U_{pp}=10$ V，频率 $f=1$ kHz</td></tr>
</table>

续表

测试程序	① 按测试电路（a）搭接电路，调节调压器的输出电压分别为 30 V、35 V、40 V、45 V、50 V，测出电感两端的电压和通过电感支路的电流； ② 由图（b）用双踪示波器的一路观察电阻上电压波形，另一路观察电感上波形，由示波器读出电压信号的峰值，并从中观察它们的相位差

分析测量结果：得出电感上的 U_m/I_m 及 U/I，观察电感上电压与电流的相位差。

知识链接>>>

3.4.1　电感元件的伏安特性（VCR）

电感元件的伏安特性为

$$u=\pm L\frac{\mathrm{d}i}{\mathrm{d}t} \tag{3-3}$$

如图 3－15 所示，设电感上的电流 $i=I_m\sin(\omega t+\varphi_1)$（A），由电感元件的伏安特性可得

$$u=L\frac{\mathrm{d}I_m\sin(\omega t+\varphi_1)}{\mathrm{d}t}=I_mL\omega\cos(\omega t+\varphi_1)=I_m\omega L\sin\left(\omega t+\varphi_1+\frac{\pi}{2}\right)$$

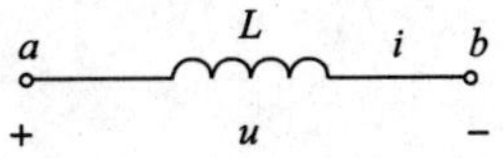

图 3－15　电感元件电路

由上述计算结果得出以下结论：

① 电感上的电压与电流是同频率的正弦量；

② 电压的最大值 $U_m=I_m\omega L$ 或 $\frac{U_m}{I_m}=\frac{U}{I}=\omega L$；

③ 电压的初相角 $\varphi_2=\varphi_1+\frac{\pi}{2}$。

可见，电感元件的电压和电流的最大值（或有效值）之间满足欧姆定律；电压相位超前电流相位 90°，其波形如图 3－16所示。

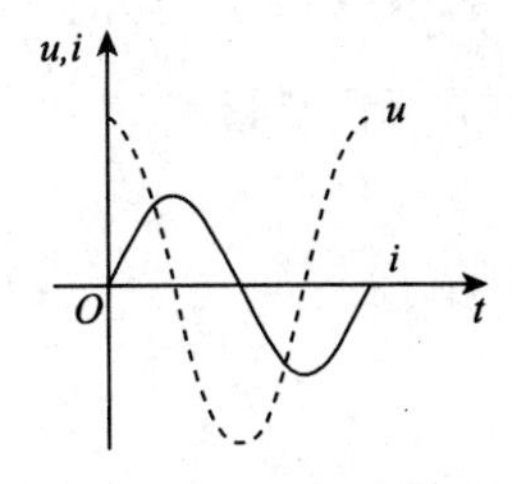

图 3－16　纯电感电路电压、电流波形图

3.4.2　感抗

仿照电阻，得

$$\frac{U_m}{I_m}=\frac{U}{I}=\omega L=X_L \tag{3-4}$$

X_L 称为电感的感抗。感抗是交流电路中的一个重要概念，它表示线圈对交流电流阻碍作用的大小。X_L 不仅与电感本身的 L 有关，而且还与电源频率成正比，即频率 f 越大，电感对电流的阻碍作用就越大。电感的单位是欧姆（Ω）。

例 3.8 在电压为 10 V，频率为 50 Hz 的电源上，接入电感 $L=0.1$ H 的线圈（电阻不计）。试求：① 线圈的感抗 X_L；② 线圈中的电流 I；③ 若保持电压不变，电源频率提高到5 000 Hz时，电流将是多少？

解： ① 线圈的感抗

$$X_L = 2\pi fL = 2\times 3.14\times 50\times 0.1 = 31.4\ \Omega$$

② 线圈中的电流

$$I = U/X_L = 10/31.4 = 318\ \text{mA}$$

③ 当电源频率提高到 5 000 Hz 时

$$X_L' = 2\pi f'L = 2\times 3.14\times 5\,000\times 0.1 = 3\,140\ \Omega$$

$$I' = U/X_L' = 10/3\,140 = 3.18\ \text{mA}$$

可见，同一电感元件，在电压有效值一定情况下，频率越高，电流有效值越小。当 $f\to\infty$ 时，$X_L\to\infty$，即电感相当于开路。因此电感常用作高频扼流线圈。在直流电路中，$f=0$，$X_L=0$，电感相当于短路。所以说电感有通低频阻高频的特点。

3.4.3 电感元件电压与电流关系的相量形式

正弦交流电路中，设电感上的电流 $i(t)=I_m\sin\omega t$ A，则其电压为 $u(t)=U_m\sin(\omega t+90°)$(V)，与之对应的相量为

$$\dot{U}_L = U_L\angle 90°$$

$$\dot{I}_L = I_L\angle 0°$$

则

$$\frac{\dot{U}_L}{\dot{I}_L} = \frac{U}{I}\angle\varphi_u-\varphi_i = \frac{U}{I}\angle 90° = \mathrm{j}X_L$$

或

$$\dot{U}_L = \mathrm{j}X_L\dot{I}_L = \mathrm{j}\omega L\dot{I}_L \tag{3-5}$$

式（3-5）反映了电感上电压、电流有效值以及相位之间的关系，称为电感元件伏安特性的相量式，其相量图如图 3-17 所示。

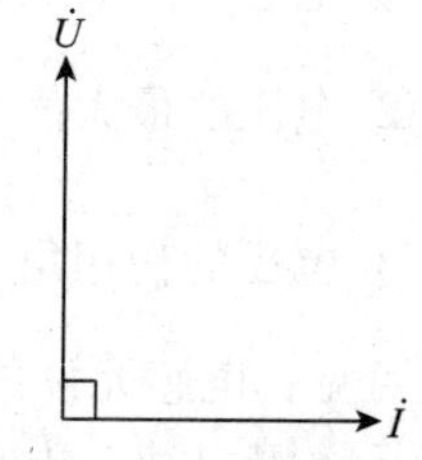

例 3.9 如图 3-18 所示，在一个电阻、电感串联的电路中，若电流 $i=2\sqrt{2}\sin 20t$(A)，$R=30\ \Omega$，$L=2$ H，试求电压 $\dot{U}_R$、$\dot{U}_L$，并画出相量图。

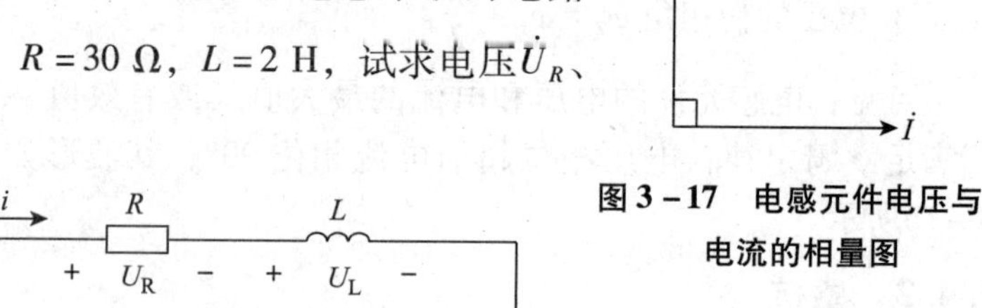

图 3-17 电感元件电压与电流的相量图

图 3-18 例 3.9 图

解： 电流的相量形式为

$$\dot{I} = 2\angle 0°\ \text{A}$$

电感元件的感抗

$$X_L = \omega L = 20\times 2 = 40\ \Omega$$

由式（3-1）得电阻电压的相量形式

$$\dot{U}_R = R\dot{I} = 30 \times 2\angle 0° = 60\angle 0°\ \text{V}$$

由式（3-5）得电感电压的相量形式

$$\dot{U}_L = \text{j}X_L\dot{I} = \text{j}40 \times 2\angle 0° = 80\angle 90°\ \text{V}$$

相量图如图 3-19 所示。

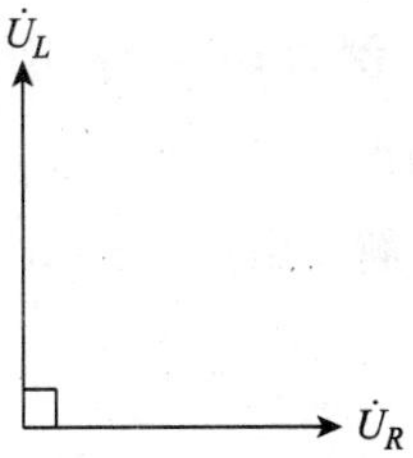

图 3-19　相量图

3.4.4 电感元件的功率计算

1. 瞬时功率

选定 $u(t)$，$i(t)$ 为关联参考方向，假设流经电感的电流 $i(t) = I_\text{m}\sin\omega t$，则电感两端的电压 $u(t) = U_\text{m}\sin\left(\omega t + \dfrac{\pi}{2}\right)$，所以电感消耗的瞬时功率

$$p = ui = U_\text{m}I_\text{m}\sin\omega t\sin\left(\omega t + \frac{\pi}{2}\right) = UI \cdot 2\sin\omega t\cos\omega t = UI\sin 2\omega t$$

电感消耗的平均功率

$$P = \frac{1}{T}\int_0^T p\,\text{d}t = \frac{1}{T}\int_0^T UI\sin 2\omega t\ \text{d}t = 0$$

显然这是一个周期函数，表明电感并不从电源取用功率，而只跟电源做能量交换，交换频率为电源工作频率的 2 倍。在一个周期内电感元件吸收的功率与释放的能量相等，电感元件本身不消耗电能，因此其平均值为 0。如图3-20所示，在第一和第三个 1/4 周期内，电感元件上的电压与电流方向一致（同为正或负），瞬时功率 p 为正，这时电流 i 是由零逐渐增大到最大值，是电感元件建立磁场的过程，电感吸收电源的电能并转化成磁场能储存在电感中；在第二和第四个 1/4 周期内，电感元件上的电压与电流方向相反，故瞬时功率 p 为负，此期间电流 i 是由最大值逐渐下降为零，电感又将磁场能转换成电能释放到电路中。在电源作用的一个周期内，这种储存、释放能量的过程要循环两次，即瞬时功率的周期是电源周期的一半。

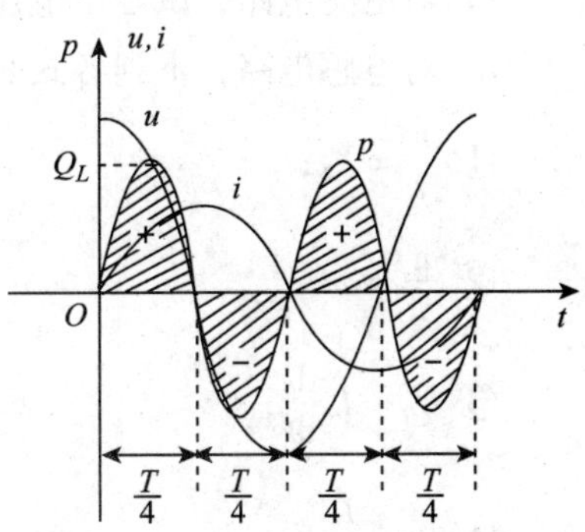

图 3-20　电感元件的瞬时功率

由此可见，电感元件吸收的功率全部用于交换，其本身并不消耗功率，因此称电感元件为储能元件。不同的电感元件与电源交换功率的规模不同，为了衡量这一特点，需引入新的物理量来描述。

2. 无功功率

电感元件交换功率的最大值称为电感电路的无功功率，用 Q_L 表示，它用来衡量电感元件与电源能量交换的最大速率。

$$Q_L = U_L I_L = I_L^2 X_L = \frac{U_L^2}{X_L} \tag{3-6}$$

无功功率的单位为乏（Var），更大数量级的单位有千乏（kVar）等。

例 3.10　已知纯电感电路中，电流 $i(t)=2\sqrt{2}\sin(100t+30°)$ (A)，电感元件的无功功率 $Q_L=100$ Var，试求电感 L。

解：由式（3－6）可得

$$X_L=\frac{Q_L}{I_L^2}=\frac{100}{2^2}=25\ \Omega$$

故电感

$$L=\frac{X_L}{\omega}=\frac{25}{100}=250\ \text{mH}$$

思考讨论>>>

1. 在交流电路中，电感两端电压有效值（或最大值）与电流有效值（或最大值）的比值是什么？
2. 在交流电路中，电感元件中电压与电流相位关系是什么？
3. 在交流电路中，电感元件中电压与电流有效值的乘积是什么？
4. 对电感电路，试画出电压与电流的波形及相量图。
5. 对电感电路，下列各式是否成立，并说明原因。

① $\frac{u}{i}=X_L$；

② $\frac{u}{i}=\omega L$；

③ $\dot{U}_L=L\frac{\mathrm{d}i}{\mathrm{d}t}$；

④ $I=\mathrm{j}\frac{\dot{U}}{\omega L}$。

任务 3.5　认识电容电路

任务描述>>>

电容器是组成电路的基本元件之一，如图 3－21 所示，常用在电子线路、电工设备及控制电路中。那么电容在交流电路中有哪些特性？电容上的功率有什么特点呢？

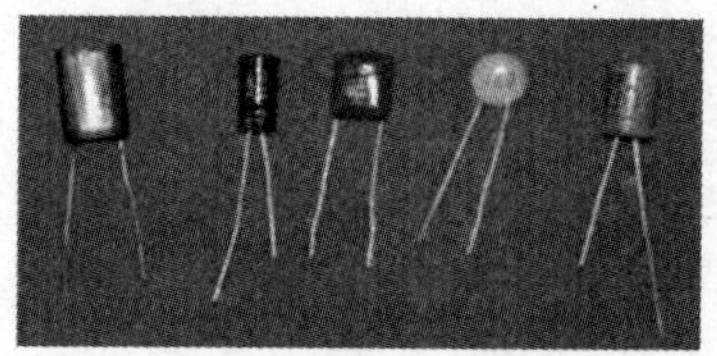

图 3－21　几种常见电容器

任务实施>>>

表 3－5　电容元件中电压与电流关系的测试

RW 3－5

任务内容	① 测试电容的伏安特性； ② 用示波器观察电压、电流波形及相位差		
测试设备	设备名称	型号或规格	数量
	交流电压表、交流电流表		各 1 块
	电容器	$C=10\ \mu F$、$C=0.1\ \mu F$	各 1 只
	数字万用表		1 块
	函数信号发生器		1 台
	双踪示波器		1 台
测试电路	220 V　A　V　C　(a) i　+　u　R　C　−　(b) 电路说明： ① 图（a）中 $C=10\ \mu F$，电源可用单相调压器； ② 图（b）中电容 $C=0.1\ \mu F$，电阻 $R=1\ k\Omega$，交流电源用函数信号发生器代替，$U_{pp}=30\ V$，频率 $f=50\ Hz$		
测试程序	① 按测试电路（a）图搭接电路，调节调压器的输出电压分别为 100 V、150 V、200 V、220 V、250 V，测出电容两端的电压和通过电容支路的电流； ② 由图（b）用双踪示波器其中一路观察电阻上电压波形，另一路观察电容上波形，由示波器读出电压信号的峰值，并从中观察它们的相位差		

知识链接>>>

3.5.1　电容元件的伏安特性（VCR）

前边已经学习了电容元件的伏安特性为

$$i=\pm C\frac{du}{dt}$$

设图 3－22（a）中电容两端的电压 $u(t)=U_m\sin(\omega t+\varphi_2)$，则由电容元件的伏安特性可得电容上的电流为

$$i=C\frac{dU_m\sin(\omega t+\varphi_2)}{dt}=\omega CU_m\cos(\omega t+\varphi_2)$$

$$=\omega CU_m\sin\left(\omega t+\varphi_2+\frac{\pi}{2}\right)$$

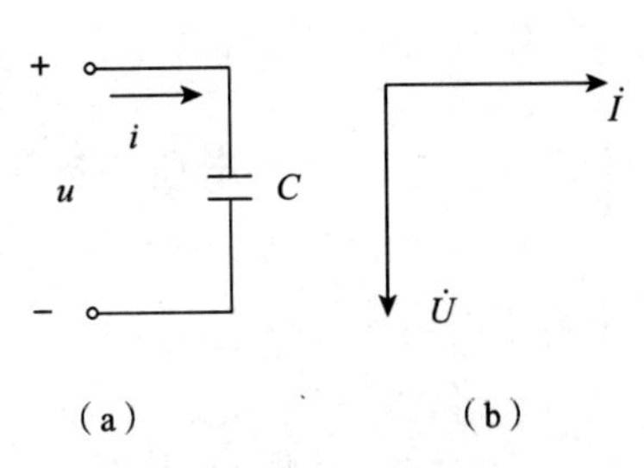

图 3－22　电容元件的伏安特性
（a）电路图　（b）相量图

由此得出以下结论：

① 电容上的电流和电压是同频率的正弦量；

② 电流的最大值 $I_m=\omega CU_m$或 $\frac{U_m}{I_m}=\frac{U}{I}=\frac{1}{\omega C}$；

③ 电流的初相角 $\varphi_1=\varphi_2+\frac{\pi}{2}$。

由此可见，电容元件的电压和电流的最大值（或有效值）之间满足欧姆定律，电压滞后电流相位 90°，其波形如图 3－23 所示。

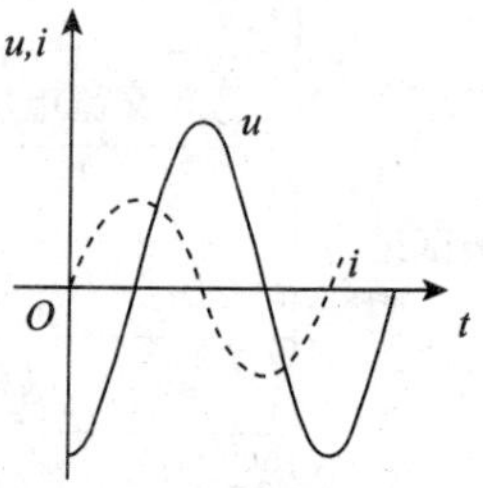

图 3－23　纯电容电路电压、电流波形图

3.5.2　容抗

仿照感抗的定义，电容的容抗

$$X_C=\frac{U_m}{I_m}=\frac{U}{I}=\frac{1}{\omega C} \tag{3-7}$$

由式（3－7）可知，当电压 U 一定时，X_C 越大，电流越小。可见，从物理性能上看，容抗也具有阻碍电流通过的性能。与感抗不同的是，容抗与电容、频率成反比。这是因为电压一定时，电容越大，电容能够储存的电荷越多，因此形成的电流就越大。当频率越高时，电容充、放电的速度就越快，因而电流就越大。所以，电容元件有通高频阻低频的特性，这在电子线路中获得了广泛应用。对直流，$f=0$，$X_C\to\infty$，可视为开路。容抗的单位也是欧姆（Ω）。

例 3.11　把一个 20 μF 的电容接到频率为 50 Hz，20 V 的正弦交流电源上，问电流有多大？如果保持电压大小不变，电源频率提高到 5 000 Hz 时，电流大小将为多少？

解： 当 $f=50$ Hz 时

$$X_C=\frac{1}{\omega C}=\frac{1}{2\pi fC}=\frac{1}{2\times 3.14\times 50\times 20\times 10^{-6}}=159\ \Omega$$

$$I=\frac{U}{X_C}=\frac{220}{159}=1.38\ \text{A}$$

当 $f=5\,000$ Hz 时

$$X_C=\frac{1}{\omega C}=\frac{1}{2\pi fC}=\frac{1}{2\times 3.14\times 5\,000\times 20\times 10^{-6}}=1.59\ \Omega$$

$$I=\frac{U}{X_C}=\frac{220}{1.59}=138\ \text{A}$$

可见，在电压大小不变的情况下，频率越高，电流越大。

3.5.3　电容元件电压与电流关系的相量形式

电容上的电压、电流若为正弦量，如图 3－22（a）所示，则可表示为相量形式。设电容上的电压 $u_C=U_m\sin\omega t$，则电流 $i_C=I_m\sin(\omega t+90°)$，那么与之对应的相量为

$$\dot{U}_C=U_C\angle 0°$$

$$\dot{I}_C=I_C\angle 90°$$

因此

$$\frac{\dot{U}_C}{\dot{I}_C}=\frac{U_C}{I_C}\angle\varphi_2-\varphi_1=\frac{U_C}{I_C}\angle-90°=-\mathrm{j}X_C$$

或

$$\dot{U}_C=-\mathrm{j}X_C\dot{I}_C=-\mathrm{j}\frac{1}{\omega C}\dot{I}_C \tag{3-8}$$

式（3－8）即为电容元件伏安特性的相量形式，其相量图如图3－22（b）所示。

例3.12　把电容量为40 μF的电容器接到交流电源上，通过电容器的电流 $i=2.75\times\sqrt{2}\sin(314t+30°)$(A)，试求电容器两端的电压瞬时值表达式。

解： 由通过电容器的电流解析式

$$i=2.75\times\sqrt{2}\sin(314t+30°)\text{(A)}$$

可以得到

$$I=2.75\text{ A},\ \omega=341\text{ rad/s},\ \varphi=30°$$

电流所对应的相量

$$\dot{I}=2.75\angle30°\text{ A}$$

电容器的容抗

$$X_C=\frac{1}{\omega C}=\frac{1}{314\times40\times10^{-6}}\approx80\ \Omega$$

因此

$$\dot{U}=-\mathrm{j}X_C\dot{I}=1\angle(-90°)\times80\times2.75\angle30°=220\angle(-60°)\text{ V}$$

电容器两端电压瞬时表达式为

$$u=220\sqrt{2}\sin(341t-60°)\text{(V)}$$

3.5.4　电容元件的功率计算

知道了电容元件电压和电流之间的关系，就能够计算电容的功率了。

1．瞬时功率

选定 u_C，i_C 为关联参考方向，若选电流为参考正弦量，即设流过电容的电流 $i=I_m\sin\omega t$，则电容两端的电压 $u=U_m\sin\left(\omega t-\frac{\pi}{2}\right)$，所以电容消耗的瞬时功率 $p=ui=U_mI_m\sin\omega t\sin\left(\omega t-\frac{\pi}{2}\right)=-UI\cdot2\sin\omega t\cos\omega t=-UI\sin2\omega t$。

如图3－24所示，电容的平均功率

$$P=\frac{1}{T}\int_0^T p\mathrm{d}t=\frac{1}{T}\int_0^T-UI\sin2\omega t\mathrm{d}t=0$$

可见，电容元件同电感元件一样，瞬时功率也是按正弦规律变化的函数，且频率为电源频率的2倍，平均值为0。如图3－24所示，在第一和第三个1/4周期内，电流 i 和电压 u 方向相反（一正一负），故瞬时功率为负值，在此期间电流从零逐渐增大到最大值、电压由最大值逐渐减小到零，是电容的放电过

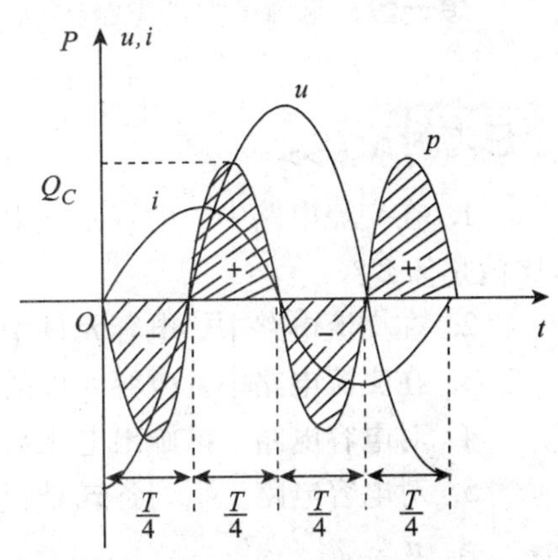

图3－24　电容元件的瞬时功率

程，即电容器把储存的电场能量释放出来的过程；在第二和第四个1/4周期内，电流 i 和电压 u 方向相同，故瞬时功率为正值，此时电流从最大值逐渐减小到零，电压由零逐渐增大到最大值，也就是电容的充电过程，电容元件从电源吸收电能转换为电场能量储存起来，其平均功率也为零。同电感元件一样，电容元件也只与电源交换能量而不消耗能量，因此电容元件也为储能元件。且在同一电流下，电容与电感的能量交换正好“+”、“-”互补。

2. 无功功率

电容的无功功率

$$Q_C = -UI = -I^2X_C = -\frac{U^2}{X_C} \tag{3-9}$$

电容无功功率为负值，表明它与电感转换能量的过程相反，电感吸收能量的同时，电容释放能量，反之亦然。

例 3.13 如图 3-25 所示电阻与电容并联电路，已知 $u=20\sqrt{2}\sin 2t(\mathrm{V})$，$R=50\ \Omega$，$C=0.01\ \mathrm{F}$，试求 i_R、i_C。

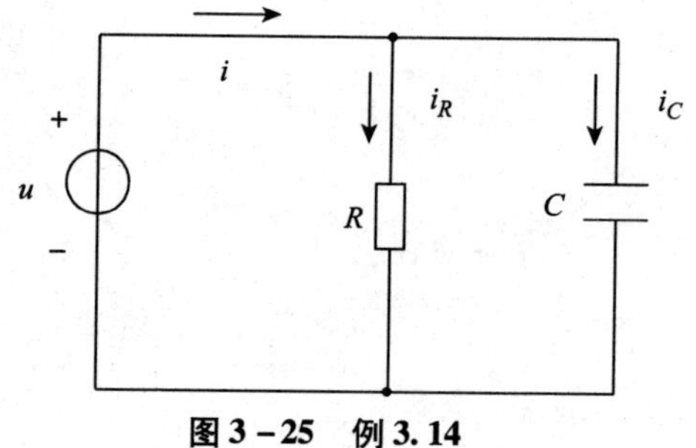

图 3-25 例 3.14

解： 电源电压的相量形式

$$\dot{U}=20\angle 0°$$

电阻与电容是并联，因此它们有共同的电压。用电阻和电容各自伏安特性的相量形式，可得

$$\dot{I}_R=\frac{\dot{U}}{R}=\frac{20\angle 0°}{50}=0.4\angle 0°\ \mathrm{A}$$

$$\dot{I}_C=\frac{\dot{U}}{-\mathrm{j}X_C}=\frac{\dot{U}}{-\mathrm{j}\dfrac{1}{\omega C}}=\frac{20\angle 0°}{-\mathrm{j}\dfrac{1}{2\times 0.01}}=0.4\angle 90°\ \mathrm{A}$$

对应的正弦量分别为

$$i_R=0.4\sqrt{2}\sin 2t\ \mathrm{A}$$

$$i_C=0.4\sqrt{2}\sin(2t+90°)\ \mathrm{A}$$

想一想： 电流 i 为多少?

思考讨论>>>

1. 在交流电路中，电容两端电压有效值（或最大值）与电流有效值（或最大值）的比值是什么?

2. 在交流电路中，电容元件中电压与电流相位关系是什么?

3. 在交流电路中，电容元件的无功功率怎样计算?

4. 对电容电路，试画出电压与电流的波形及相量图。

5. 对电容电路，下列各式是否成立，并说明原因。

① $\frac{u}{i}=X_C$；

② $\frac{I}{U}=\omega C$；

③ $\dot{U}_C=X_C\dot{I}$；

④ $\frac{\dot{U}}{\dot{I}}=X_C$。

任务3.6　日光灯电路的连接和测试

任务描述>>>

日光灯电路由哪些附件组成？它们是如何连接的？电路中电源、灯管、镇流器两端的电压遵从什么规律？

知识链接>>>

3.6.1　日光灯电路的构成

日光灯电路主要由日光灯管、镇流器、启辉器等元件组成，其安装电路如图3－26所示。

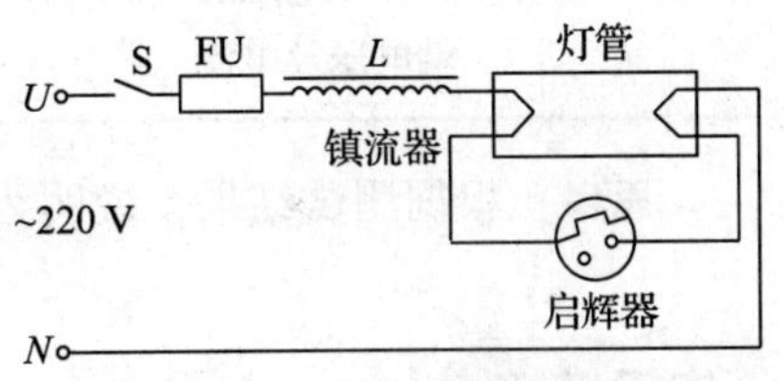

图3－26　日光灯安装电路

接通电源时，电源电压同时加到灯管和启辉器的两极上。对灯管来说，此电压太低，不足以使其放电；但对启辉器来说，此电压可以使它产生辉光放电。启辉器中双金属片因放电受热膨胀，动触片与静触片接触，于是有电流流过镇流器、灯丝和启辉器，结果：一方面灯丝受到预热；另一方面启辉器内辉光放电停止，双金属片冷却。经1～3 s后，启辉器两触片分开，使电路中电流突然中断，于是镇流器（一个带有铁芯的电感线圈）中产生一个瞬间的高电压，此电压与电源电压叠加后加在灯管两端，将管内气体击穿而产生弧光放电。放电产生热量又使灯管内水银气体电离而导电，从而发出大量紫外线，激发管壁上的荧光粉发出日光色的可见光。由于镇流器的存在，灯管两端的电压比电源电压低得多（具体数值与灯管功率有关，一般在50～100 V的范围内），不足以使启辉器放电，其触点不再闭合。由此可见，启辉器相当于一个自动开关的作用；而镇流器在启动时产生高电压的作用，在启动前灯丝预热瞬间及启动后灯管工作时起限流作用。

任务实施>>>

表3－6　日光灯照明电路的安装与测试

RW 3－6

任务内容	① 安装日光灯照明电路； ② 测量日光灯照明电路中电源、灯管、镇流器两端的电压并测量电路中的电流

续表

	设备名称	型号或规格	数量
测试设备	日光灯及附件		1 套
	交流电压表		1 块
	交流电流表		1 块
	数字万用表		1 块
安装与测试电路	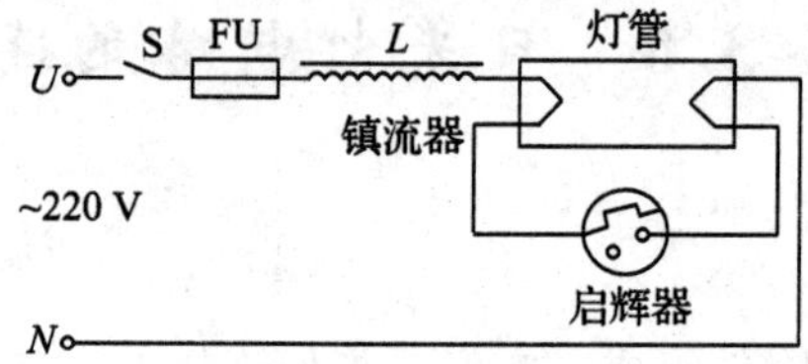 电路说明： ① 日光灯的功率为 40 W； ② 在电路两端接上正弦交流电压，$U=220$ V，$f=50$ Hz		
测试程序	① 按测试电路图连接电路，直接接在交流电源上，$U=220$ V，$f=50$ Hz； ② 用交流电压表（或万用表）、交流电流表（或万用表）测试日光灯管、镇流器及电源两端电压及电流		

思考：根据测试结果，说明为什么灯管电压加镇流器电压不等于电源电压呢？

知识链接>>>

3.6.2 基尔霍夫电流定律的相量形式

直流电路中讲过，基尔霍夫电流定律适用于任一瞬时，因此它也适用于交流电路，即任一瞬时流过电路任一个节点（闭合面）的各电流瞬时值的代数和等于零。即

$$\sum_{i=1}^{n} i_i = 0$$

用与正弦量一一对应的相量表示为

$$\sum_{i=1}^{n} \dot{I}_i = 0 \qquad (3-9)$$

“代数和”即有正有负，由电流的参考方向决定。若规定支路电流的参考方向流出节点取“+”号，则流入节点取“-”号，式（3-9）就是相量形式的基尔霍夫电流定律（KCL）。

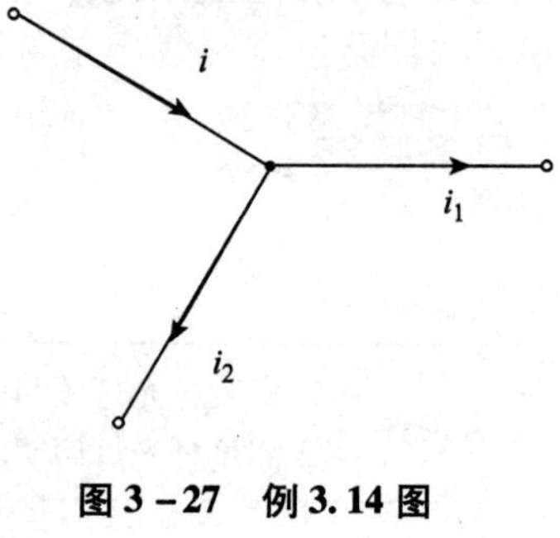

图 3-27 例 3.14 图

例 3.14 如图 3-27 所示，已知 $i_1 = 3\sqrt{2}\sin\omega t$（A），$i_2 = 4\sqrt{2}\sin(\omega t+90°)$（A），若 $i=i_1+i_2$，求$\dot{I}$和 i 的值。

解：用相量计算，有$\dot{I}_1 = 3\angle 0°$A，$\dot{I}_2 = 4\angle 90°$A，则

$$\begin{aligned}\dot{I} &= \dot{I}_1 + \dot{I}_2 \\ &= 3\angle 0° + 4\angle 90°\end{aligned}$$

$$= (3\cos 0° + j3\sin 0°) + (4\cos 90° + j4\sin 90°)$$
$$= 3 + j4$$
$$= 5\angle 53.1° \text{ A}$$

所以 $$i(t) = 5\sqrt{2}\sin(\omega t + 53.1°)(\text{A})$$

想一想：相量形式的基尔霍夫电流定律是成立的，那么有效值形式的基尔霍夫电流定律成立吗？由本例题可见，显然 $4+3\neq 5$，这是为什么呢？

例3.15　如图3－28所示电路中，已知电流表 A_1、A_2、A_3 读数分别是4 A、8 A、5 A，求电路中电流表A的读数。

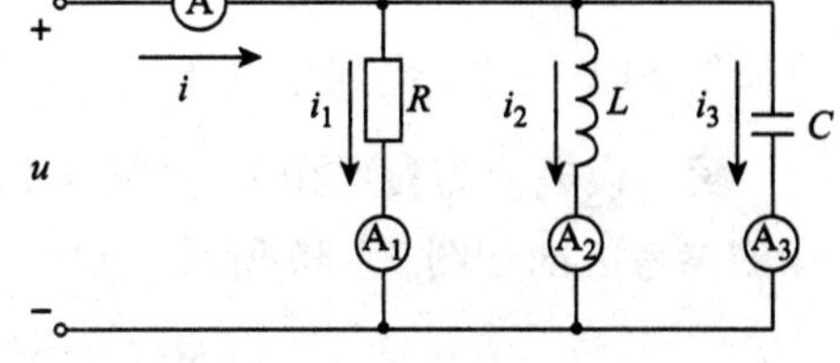

图3－28　例3.15图

解：设端电压为参考相量，且 $\dot{U} = U\angle 0°$ V，则

$$\dot{I}_1 = 4\angle 0° \text{ A}$$
$$\dot{I}_2 = 8\angle -90° \text{ A}$$
$$\dot{I}_3 = 5\angle 90° \text{ A}$$

由KCL得

$$\dot{I} = \dot{I}_1 + \dot{I}_2 + \dot{I}_3 = 4\angle 0° + 8\angle -90° + 5\angle 90°$$
$$= 4 - 8j + 5j$$
$$= 4 - 3j$$
$$= 5\angle -37° \text{ A}$$

则电流表A的读数为5 A。

3.6.3　基尔霍夫电压定律的相量形式

基尔霍夫电压定律也适用于任一时刻，所以对交流电路，基尔霍夫电压定律也适用，即对交流电路的任一个回路电压瞬时值的代数和等于零。即

$$\sum_{i=1}^{n} u_i = 0$$

在正弦交流电路中，各段电压都是同频率的正弦量，所以与正弦量一一对应的相量形式的基尔霍夫电压定律也是成立的，即

$$\sum_{i=1}^{n} \dot{U}_i = 0 \qquad (3-10)$$

也就是说交流电路中沿任一回路的各电压相量的代数和为零。在运用式（3－10）时，也要对回路选定一绕行方向，电压参考方向与绕行方向相同时电压取“＋”号，反之取“－”号。式（3－10）就是相量形式的基尔霍夫电压定律（KVL）。

例3.16　图3－29为交流电路中某一回路，已知 $u_1 = 10\sqrt{2}\sin\omega t$(V)，$u_2 = 16\sqrt{2}\sin(\omega t + 90°)$(V)，求 u_3。

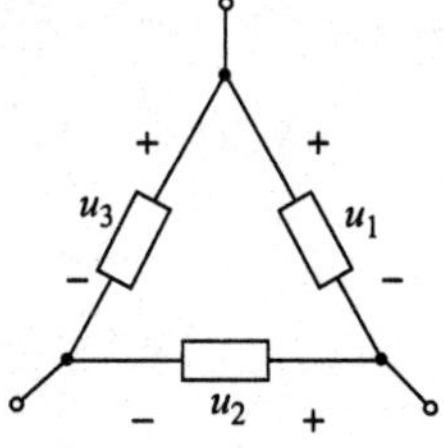

图3－29　例3.16图

解：与 u_1、u_2 对应的相量分别为

$$\dot{U}_1 = 10\angle 0° = 10 \text{ V}$$

$$\dot{U}_2 = 16\angle 90° = 16\text{j V}$$

而由相量形式的 KVL，则有

$$\dot{U}_3 = \dot{U}_1 + \dot{U}_2 = 10\angle 0° + 16\angle 90° = 18.87\angle 57.99° \text{ V}$$

所以
$$u_3 = 18.87\sqrt{2}\sin(\omega t + 57.99°)(\text{V})$$

想一想：有效值是否满足基尔霍夫电压定律？为什么？

例 3.17 在图 3－30 所示电路中，电压表 V_1、V_2 的读数都是 50 V，试求电路中电压表 V 的读数。

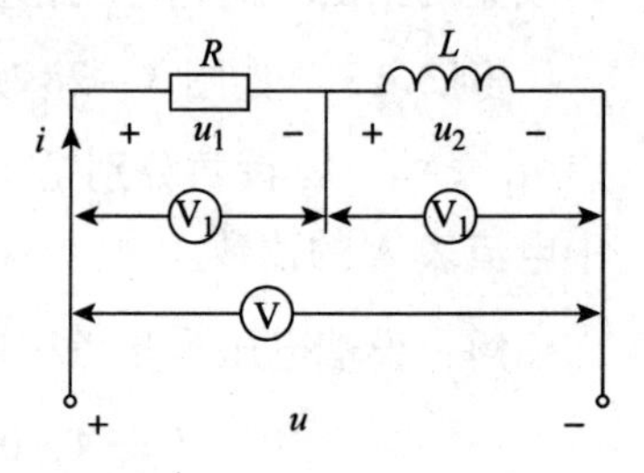

图 3－30 例 3.17 图

解：设电流为参考相量，即 $\dot{I} = I\angle 0°\text{A}$，选定 i、u_1、u_2、u_3 的参考方向如图 3－30 所示，则

$$\dot{U}_1 = 50\angle 0° \text{ V}$$

$$\dot{U}_2 = 50\angle 90° \text{ V}$$

由 KVL 得

$$\begin{aligned}\dot{U} = \dot{U}_1 + \dot{U}_2 &= 50\angle 0° + 50\angle 90° \\ &= 50 + 50\text{j} \\ &= 50\sqrt{2}\angle 45° \\ &= 70.7\angle 45° \text{ V}\end{aligned}$$

则电压表 V 的读数为 70.4 V。

思考讨论>>>

1. 如图 3－31 所示，若 $i_1 = 6\sqrt{2}\sin(\omega t + 60°)(\text{A})$，$i_2 = 8\sqrt{2}\sin(\omega t - 30°)(\text{A})$，试求 i 并画出相量图，说明 $I = I_1 + I_2$ 吗？为什么？

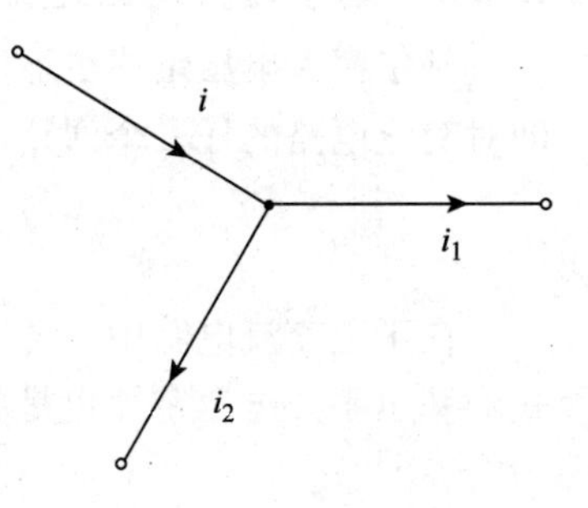

图 3－31 题 1 图

2. 在 *RLC* 串联的正弦交流电路中，总电压一定大于分电压吗？在 *RLC* 并联的正弦交流电路中，总电流一定大于分电流吗？

3. 在图 3－32 中，各电压表 V_1 读数为 15 V，V_2 读数为 80 V，V_3 读数为 100 V，求电路端电压的有效值 U。

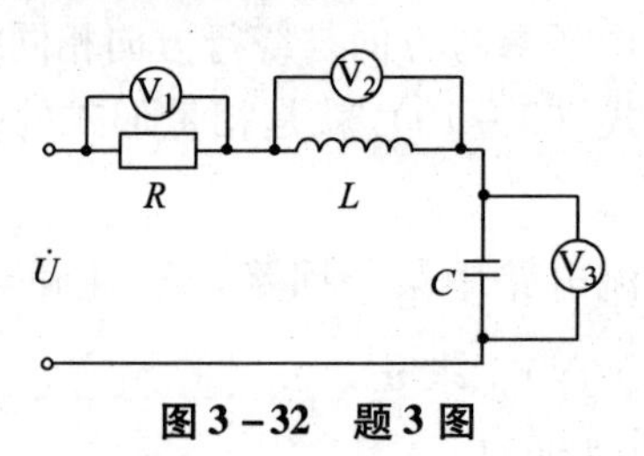

图 3－32 题 3 图

任务 3.7　认识 *RLC* 串联电路

任务描述 >>>

交流电路中的三种基本元件——电阻、电感和电容串联起来就组成一种具有实际意义的电路。对于这样一个电路，其电压、电流关系是怎样的呢？

任务实施 >>>

表 3－7　*RLC* 串联电路测试

RW 3－7

任务内容	① 测量电源、电阻、电感和电容两端的电压； ② 测量电路中的电流； ③ 用示波器观察电源、电阻、电感和电容两端电压的波形		
测试设备	设备名称	型号或规格	数量
	电阻、电容、电感元件		各 1 只
	交流电压表		1 块
	交流电流表		1 块
	数字万用表		1 块
	函数信号发生器		1 台
	双踪示波器		1 台
测试电路	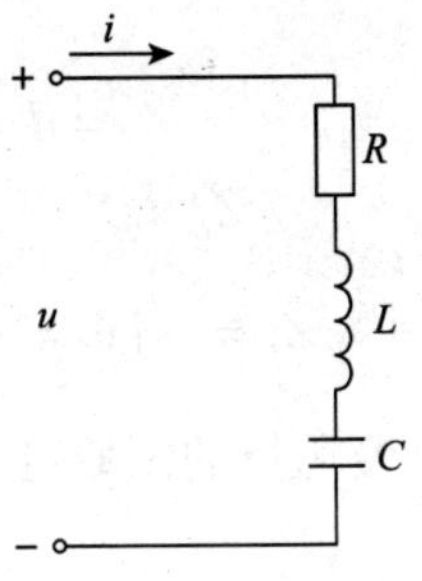 电路说明（电路参数参考值）： ① 电容 $C=20\ \mu F$，电感 $L=100\ mH$，电阻 $R=100\ \Omega$； ② 在电路两端接上正弦交流电压，$U=50\ V$，$f=50\ Hz$		
测试程序	① 用交流电压表测出电阻、电容、电感元件上的电压； ② 用交流电流表测出电路中电流		

知识链接>>>

3.7.1 复阻抗与相量形式的欧姆定律

讨论了单一电阻、电感、电容三种基本元件的伏安特性，在关联参考方向下，有

电阻 $$\frac{\dot{U}}{\dot{I}}=R$$

电感 $$\frac{\dot{U}}{\dot{I}}=\mathrm{j}X_L$$

电容 $$\frac{\dot{U}}{\dot{I}}=-\mathrm{j}X_C$$

不同元件电压相量与电流相量之比不同，但它们都是一个复数，称为该元件的复阻抗，并用 Z 表示，单位为欧姆（Ω），即

$$\frac{\dot{U}}{\dot{I}}=Z \tag{3-11}$$

或

$$\dot{U}=Z\dot{I} \tag{3-12}$$

$$\dot{U}=-Z\dot{I} \tag{3-13}$$

式（3－11）与直流电路中的欧姆定律相似，如图3－33所示，若电压与电流方向为非关联，则表示为式（3－13）故称其为相量形式的欧姆定律。

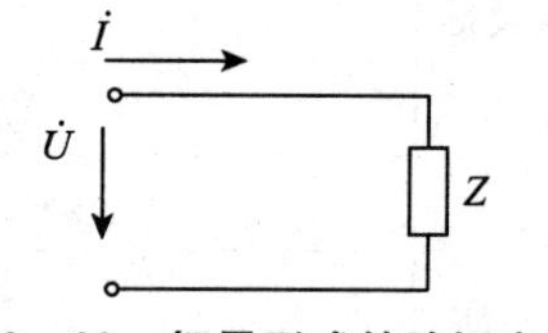

图 3－33 相量形式的欧姆定律

由式（3－11）可知，电阻、电感、电容三种基本元件的复阻抗分别为

$$Z_R=R$$

$$Z_L=\mathrm{j}X_L=\mathrm{j}\omega L$$

$$Z_C=-\mathrm{j}X_C=-\mathrm{j}\frac{1}{\omega C}$$

与直流电路中的电导类似，复阻抗的倒数定义为复导纳，并用 Y 来表示，其单位为西门子（S），即

$$Y=\frac{1}{Z}=\frac{\dot{I}}{\dot{U}} \tag{3-14}$$

由式（3－14）可知，电阻、电感、电容三种基本元件的复导纳分别为

$$Y_R=\frac{1}{R}=G$$

$$Y_L=\frac{1}{\mathrm{j}\omega L}=-\mathrm{j}\frac{1}{\omega L}=-\mathrm{j}B_L$$

$$Y_C=\mathrm{j}\omega C=\mathrm{j}B_C$$

式中，$G=\dfrac{1}{R}$叫做电导，$B_L=\dfrac{1}{\omega L}$叫做感纳，$B_C=\omega C$叫做容纳，它们的单位都是西门子(S)。感纳和容纳统称为电纳，因此相量形式的欧姆定律也可写成

$$\dot{I}=Y\dot{U} \tag{3-15}$$

由式（3-11）可知复阻抗的定义，那么复阻抗反映了什么问题呢？复阻抗既然是一个复数，就可以表示成极坐标形式，设复阻抗$Z=|Z|\angle\varphi_Z$,其中$|Z|$叫做阻抗的模，或阻抗的大小，φ_Z叫做阻抗角。

由式（3-11）可知，$Z=\dfrac{\dot{U}}{\dot{I}}=\dfrac{U\angle\varphi_2}{I\angle\varphi_1}=\dfrac{U}{I}\angle\varphi_2-\varphi_1=|Z|\angle\varphi_Z$，即

$$\begin{cases}|Z|=\dfrac{U}{I}\\ \varphi_Z=\varphi_2-\varphi_1\end{cases}$$

若$\varphi_Z=\varphi_2-\varphi_1>0$，电压超前电流，为感性负载；

若$\varphi_Z=\varphi_2-\varphi_1<0$，电压滞后电流，为容性负载；

若$\varphi_Z=\varphi_2-\varphi_1=0$，电压与电流同相，为电阻性负载。

由此可见，阻抗的大小表示了元件上电压、电流有效值之比，阻抗角表示了元件上电压、电流之间的相位差。因此复阻抗Z反应了元件的两个基本特征，即电压与电流大小关系和相位关系。知道了复阻抗，元件的特性就完全知道了。

复阻抗和复导纳不仅适用于基本元件，也适用于任一无源二端网络，二端网络端口电压与电流参考方向关联时，由式（3-11）可知，Z即为二端网络的等效复阻抗。

例3.18　如图3-34所示，无源二端网络端口电压$\dot{U}=100\angle45°$ V，电流$\dot{I}=10\angle-135°$A。计算该网络的复阻抗Z，并说明电路性质。

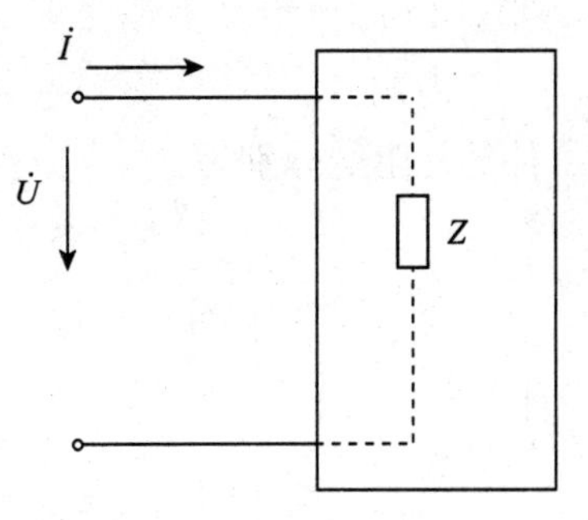

图3-34　例3.18图

解：由电路复阻抗定义，得

$$Z=\frac{\dot{U}}{\dot{I}}=\frac{100\angle45°}{10\angle-135°}=10\angle175°\ \Omega$$

因为$\varphi_Z=175°>0$，所以电路为感性负载。

思考讨论>>>

1. 计算下列各题，并说明电路的性质。

① $\dot{U}=100\angle45°$ V，$\dot{I}=-10\angle-135°$ A，求Z。

② $\dot{U}=-100\angle30°$ V，$\dot{I}=5\angle-60°$ A，求Z。

③ $\dot{U}=10\angle60°$ V，$Z=20+\mathrm{j}20\ \Omega$，求$I$。

任务3.8 RLC串联电路分析

知识链接>>>

3.8.1 *RLC*串联电路中电压与电流的关系

设正弦交流电路中，有一个电阻R、电感L和电容C组成的串联电路，如图3－35所示，端口电压为u、电流为i。

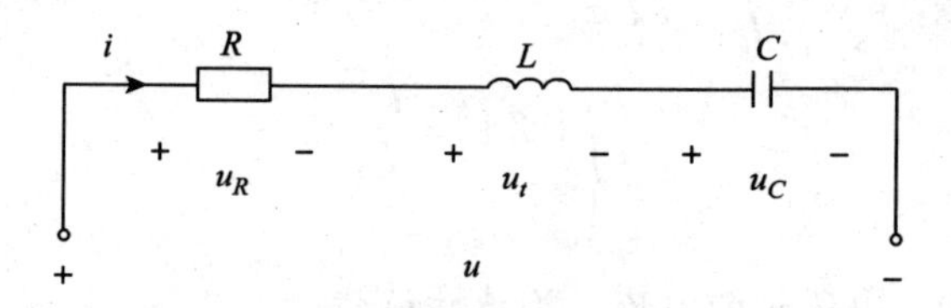

图3－35 *RLC*串联电路

根据基尔霍夫电压定律可得

$$\dot{U}=\dot{U}_R+\dot{U}_L+\dot{U}_C$$

电阻上的电压 $\dot{U}_R=R\dot{I}$

电感上的电压 $\dot{U}_L=\mathrm{j}X_L\dot{I}$

电容上的电压 $\dot{U}_C=-\mathrm{j}X_C\dot{I}=-\mathrm{j}\dfrac{1}{\omega C}\dot{I}$

则

$$\begin{aligned}\dot{U}&=\dot{U}_R+\dot{U}_L+\dot{U}_C\\&=R\dot{I}+\mathrm{j}X_L\dot{I}-\mathrm{j}X_C\dot{I}\\&=\dot{I}[R+\mathrm{j}(X_L-X_C)]\\&=\dot{I}(R+\mathrm{j}X)\end{aligned}$$

即

$$\frac{\dot{U}}{\dot{I}}=(R+\mathrm{j}X)=R+\mathrm{j}(X_L-X_C)$$

该电路的复阻抗

$$Z=R+\mathrm{j}(X_L-X_C) \tag{3-16}$$

可见*RLC*串联电路的复阻抗还可用式（3－16）计算。且

$$\begin{cases}|Z|=\sqrt{R^2+(X_L-X_C)^2}\\ \varphi_Z=\arctan\dfrac{X_L-X_C}{R}\end{cases}$$

例3.19 日光灯导通后，镇流器与灯管串联，其模型为电阻与电感串联，一个日光灯电路的电阻$R=300\ \Omega$，电感$L=1.66\ \mathrm{H}$，工频电源的电压为220 V。试求：灯管电路的

复阻抗、灯管电流及其与电源电压的相位差、灯管电压、镇流器电压。

解： 镇流器的感抗

$$X_L=\omega L=314\times 1.66\ \Omega=521.5\ \Omega$$

电路的复阻抗

$$Z=R+jX_L=300+j521.5=601.6\angle 60.1°\ \Omega$$

所以，灯管电压比灯管电流超前60.1°。灯管电流、电压及镇流器电压分别为

$$I=\frac{U}{|Z|}=\frac{220}{601.6}=0.3657\ \text{A}$$

$$U_R=RI=300\times 0.3657=109.7\ \text{V}$$

$$U_L=X_LI=521.5\times 0.3657=190.7\ \text{V}$$

由式（3－16）可知，Z的实部为该电路的电阻值，Z的虚部为该电路的电抗值，它们的关系可用图3－36（a）表示，称为阻抗三角形。其中，$X=X_L-X_C$的大小决定了电压与电流的相位差关系。当$X_L>X_C$，则$X>0$，$\varphi_Z>0$，电压超前于电流，电路呈感性；当$X_L<X_C$，则$X<0$，$\varphi_Z<0$，电压滞后于电流，电路呈容性；而当$X_L=X_C$，则$X=0$，$\varphi_Z=0$，电压与电流同相位，电路呈阻性。电路的性质不仅与电路本身参数R、L、C有关，而且还与电源的频率ω有关。阻抗三角形的每条边扩大I倍，则得到电压三角形，如图3－36（b）所示，电压三角形反映了电阻电压U_R、电抗电压$U_X=U_L-U_C$与端口总电压之间的关系。由此可见$U\neq U_R+U_X$。

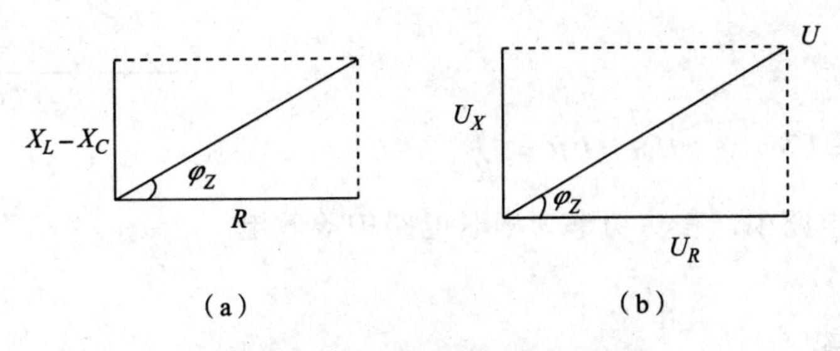

图3－36　阻抗三角形和电压三角形

（a）阻抗三角形　（b）电压三角形

例3.20　在RLC串联电路中，已知电阻$R=30\ \Omega$，电感$L=382$ mH，电容$C=40\ \mu$F，电源电压$u=100\sqrt{2}\sin(314t+30°)$(V)，试求$Z$、$\dot{I}$、$\dot{U}_R$、$\dot{U}_L$、$\dot{U}_C$，并画出相量图。

解： 选定电压与电流为关联参考方向。

$$Z=R+j(X_L-X_C)=30+j\left(314\times 0.382-\frac{10^6}{314\times 40}\right)$$

$$=30+j(120-80)=30+j40=50\angle 53.1°\ \Omega$$

$$\dot{U}=100\angle 30°\ \text{V}$$

$$\dot{I}=\frac{\dot{U}}{Z}=\frac{100\angle 30°}{50\angle 53.1°}=2\angle -23.1°\ \text{A}$$

$$\dot{U}_R=R\dot{I}=30\times 2\angle -23.1°=60\angle -23.1°\ \text{V}$$

$$\dot{U}_L=jX_L\dot{I}=120\angle 90°\times 2\angle -23.1°=240\angle 66.9°\ \text{V}$$

$$\dot{U}_C = -jX_C\dot{I} = 80\angle -90° \times 2\angle -23.1° = 160\angle -113.1° \text{ V}$$

相量图如图 3－37 所示。

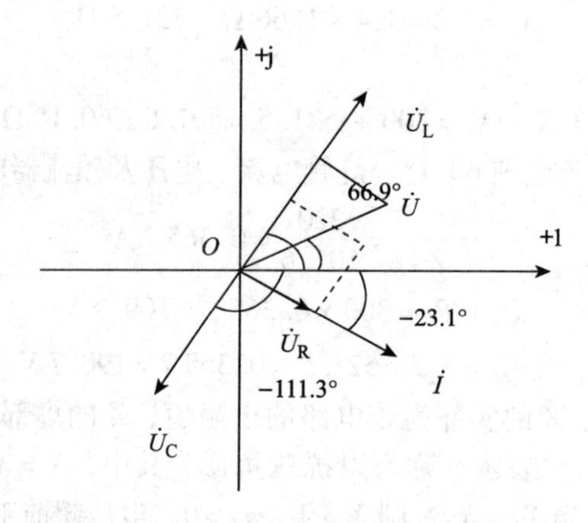

图 3－37　例 3.20 电压与电流的相量图

3.8.2　功率

将电压三角形三条边同乘以电流的有效值，可以得到一个与电压三角形相似的三角形，称为功率三角形，如图 3－38 所示。

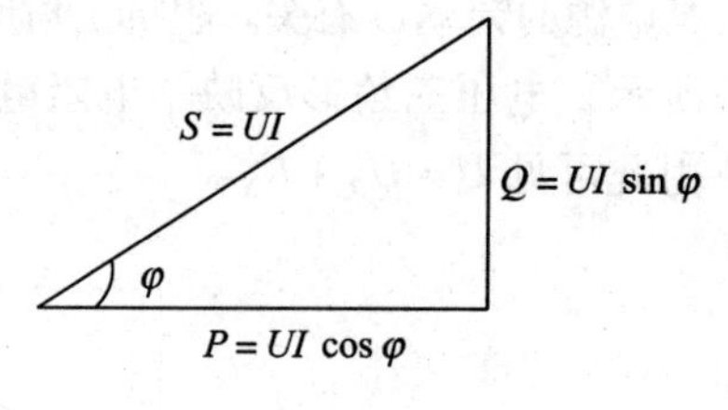

图 3－38　功率三角形

1. 有功功率

$$P = UI\cos\varphi = U_R I = I^2 R = \frac{U_R{}^2}{R}$$

在 RLC 串联电路中，有功功率为串联电路中等效电阻上所消耗的功率。

2. 无功功率

$$Q = UI\sin\varphi = U_X I = I^2 X = \frac{U_X{}^2}{X}$$

在 RLC 串联电路中，无功功率为电感和电容与电源交换的功率。

3. 视在功率

$$S = UI$$

视在功率又称表观功率，用来表示交流设备的容量，交流电气设备是按照规定的额定电压 U_N 和额定电流 I_N 来设计使用的。变压器的容量就是以额定电压和额定电流的乘积来表示，即 $S_N = U_N I_N$。为了避免混淆，视在功率的单位用伏安（VA）表示。视在功率并不局限于正弦激励函数和响应，只要简单的取电流和电压有效值的乘积就可得出任何电流和电压电路的视在功率。

由图 3－38 可以直观的看出有功功率、无功功率和视在功率三者之间的关系为

$$S = \sqrt{P^2 + Q^2}$$

$$\varphi = \arctan\frac{Q}{P}$$

功率的计算虽然是由 RLC 串联电路推导出来的，但确是计算正弦交流电路功率的一般公式。

思考讨论>>>

下列结论是否正确，为什么？

① RL 串联电路中，$Z=R+X_L$，$Z=R+\omega L$，$Z=R+\mathrm{j}\omega L$；

② RC 串联电路中，$Z=R+\mathrm{j}\omega C$，$Z=R-\mathrm{j}\dfrac{1}{\omega C}$，$Z=R+\mathrm{j}X_C$；

③ LC 串联电路中，$Z=X_L-X_C$，$Z=\mathrm{j}(\omega L-\omega C)$，$Z=\mathrm{j}\left(\omega L-\dfrac{1}{\omega C}\right)$。

任务 3.9　认识复阻抗的串并联电路

知识拓展>>>

在引入了相量、复阻抗以及复导纳的概念后，由于交流电路与直流电路分析问题的方法完全类似，可以参照直流电路分析问题的方法去理解交流电路的分析方法。

3.9.1　复阻抗的串联

有 n 个复阻抗串联，如图 3－39（a）所示。

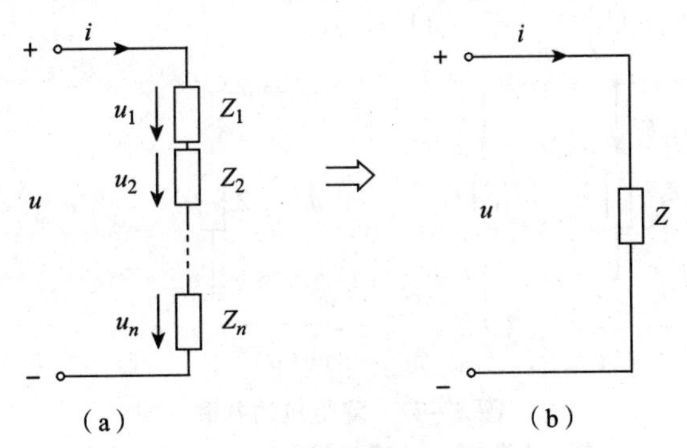

图 3－39　多个复阻抗的串联

（a）串联电路　（b）等效电路

它们的等效复阻抗

$$Z=\sum_{i}^{n} Z_i \tag{3-17}$$

注意： $|Z| \neq |Z_1| + |Z_2| + \cdots + |Z_n|$。

相应的分压公式也和直流电路类似，即

$$\dot{U}_i=\frac{Z_i}{Z}\dot{U} \tag{3-18}$$

式中，$\dot{U}_i$、$\dot{U}$分别为 Z_i 两端电压及总电压的相量。

例 3.21 设有两个负载 $Z_1=2+j2\ \Omega$ 和 $Z_2=6-j8\ \Omega$ 串联，接在 $u=220\sqrt{2}\sin(\omega t+30°)$ (V) 的电源上，如图 3-40 所示。试求：① 等效阻抗 Z；② 电路电流 i；③ 负载电压 u_1、u_2。

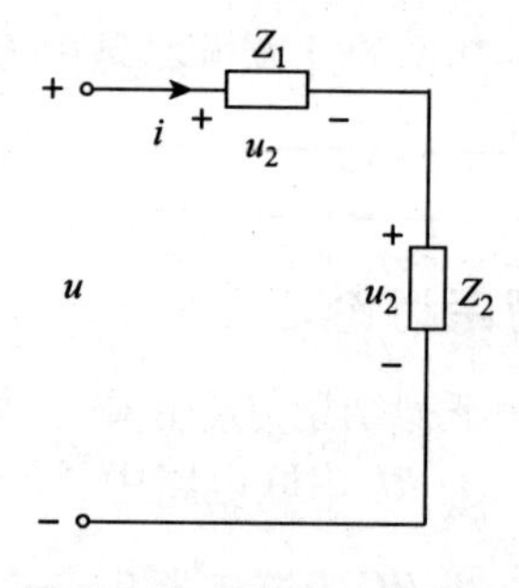

图 3-40 例 3.21 电路图

解： ① 等效阻抗

$$Z=Z_1+Z_2=2+j2+6-j8=8-j6=10\angle-37°\ \Omega$$

② 电源电压

$$\dot{U}=220\angle 30°\ \text{V}$$

所以
$$\dot{I}=\frac{\dot{U}}{Z}=\frac{220\angle 30°}{10\angle-37°}=22\angle 67°\text{A}$$

对应的电流瞬时值 $i=22\sqrt{2}\sin(\omega t+67°)$ (A)。

③ 负载电压

$$\dot{U}_1=Z_1\dot{I}=2\sqrt{2}\angle 45°\times 22\angle 67°=62.2\angle 112°\ \text{V}$$

$$\dot{U}_2=Z_2\dot{I}=10\angle-53°\times 22\angle 67°=220\angle 14°\ \text{V}$$

负载电压也可用分压公式求得。

对应的负载电压瞬时值

$$u_1=62.2\sqrt{2}\sin(\omega t+112°)\ (\text{V})$$

$$u_2=220\sqrt{2}\sin(\omega t+14°)\ (\text{V})$$

3.9.2 复阻抗的并联

有 n 个复阻抗并联，如图 3-41 (a) 所示。

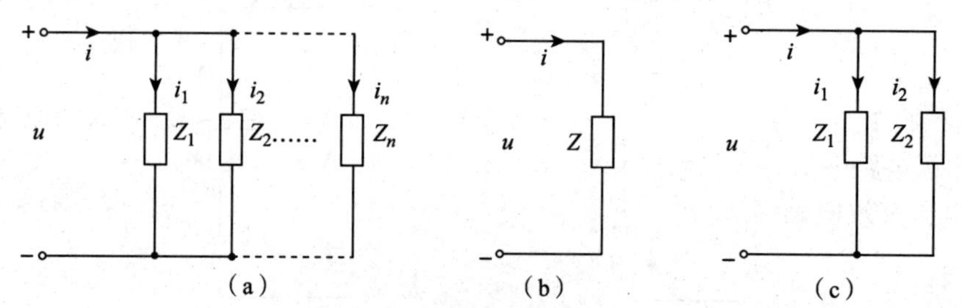

图 3-41 复阻抗的并联

(a) 多个复阻抗并联 (b) 等效复阻抗 (c) 两个复阻抗并联

与直流电路类似，图 3-41 (a) 多复阻抗并联与等效复阻抗图 3-41 (b) 的 Z 之间的关系为

$$\frac{1}{Z}=\frac{1}{Z_1}+\frac{1}{Z_2}+\cdots+\frac{1}{Z_n} \tag{3-19}$$

需要注意的是：$\frac{1}{|Z|}\neq\frac{1}{|Z_1|}+\frac{1}{|Z_2|}+\cdots+\frac{1}{|Z_n|}$。

对于两个复阻抗并联如图 3-41 (c) 所示，则有

$$Z=\frac{Z_1Z_2}{Z_1+Z_2}$$

同样，也有分流公式

$$\dot{I}_1=\frac{Z_2}{Z_1+Z_2}\dot{I}$$

$$\dot{I}_2=\frac{Z_1}{Z_1+Z_2}\dot{I}$$

例 3.22　已知 $Z_1=30+j40\ \Omega$，$Z_2=8-j6\ \Omega$ 并联后接于 $u=220\sqrt{2}\sin 4\omega t(\text{V})$ 的电源上。求电路的分支电流、电路的总电流并作相量图。

解：由题意得

$$\dot{U}=220\angle 0°\ \text{V}$$

$$Z_1=30+j40=50\angle 53°\ \Omega$$

$$Z_2=8-j6=10\angle -37°\ \Omega$$

$$\dot{I}_1=\frac{\dot{U}}{Z_1}=\frac{220\angle 0°}{50\angle 53°}=4.4\angle -53°=2.64-j3.52\ \text{A}$$

$$\dot{I}_2=\frac{\dot{U}}{Z_2}=\frac{220\angle 0°}{10\angle -37°}=22\angle 37°=17.6+j13.2\ \text{A}$$

$$\dot{I}=\dot{I}_1+\dot{I}_2=2.64-j3.52+17.6+j13.2=20.24+j9.68=22.5\angle 25.6°\ \text{A}$$

相量图如图 3-42 所示。

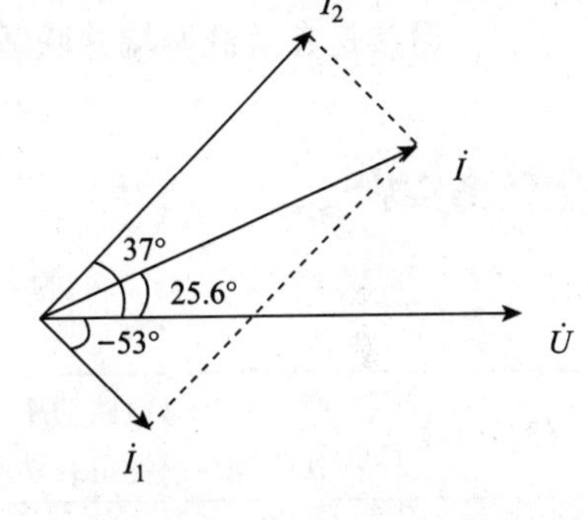

图 3-42　例 3.22 电流相量图

对于多个支路的并联电路来说，利用式（3-19）来计算等效复阻抗并不方便，用导纳法分析比较方便。将 n 个支路中的复阻抗转换为复导纳 Y_1、Y_2、…、Y_n，则有

$$Y=Y_1+Y_2+\cdots+Y_n$$

或

$$Y=\sum_{i}^{n}Y_i$$

思考讨论>>>

RLC 串联电路中，已知 $R=X_L=X_C=10\ \Omega$，$I=100\ \text{mA}$，电路两端电压有效值是多少？

任务 3.10　功率及功率因数的测量与提高

任务描述>>>

日光灯消耗的功率为多少？其功率因数是多少？怎样提高功率因数 $\cos\varphi$？

知识链接>>>

3.10.1　提高功率因数的意义

在现代用电企业中，提高功率因数能减少电路输电线路损耗。在数量众多、容量大小不等的感性设备连接的电力系统中，电网传输功率除有功功率外，还需无功功率。在负载电压与功率都一定时，线路电流与功率因数 $\cos\varphi$ 成反比，$\cos\varphi$ 越大，电流就越小，输电线上的损耗越少，输电效率越高。另外提高功率因数还能提高设备的利用率，例如一台交流发电机的额定电压是10 kV，额定电流是1 500 A，则它的额定容量$S=15\,000\ \text{kV}\cdot\text{A}$，但实际输出的功率并不一定是这么多，这要取决于负载的功率因数。若功率因数$\cos\varphi=0.5$，则实际输出$15\,000\times0.5=7\,500$ kW；如果把功率因数提高到$\cos\varphi=0.95$，它将提供$15\,000\times0.95=14\,250$ kW的功率。

3.10.2 提高功率因数的方法

电力系统中，绝大部分是感性负载。生产中最常见的异步电动机的功率因数在0.7～0.85，轻载时更低；日光灯的功率因数只有0.4～0.6。其他如电焊变压器、控制电路中的接触器等都是感性负载。感性负载之所以功率因数不高，是因为它在运行时需要一定的无功功率Q_L，而功率因数$\cos\varphi$在数值上为

$$\cos\varphi=\frac{P}{S}$$

其中，$S=\sqrt{P^2+Q^2}$，设备消耗的有功功率一定时，无功功率$Q=Q_L-Q_C$越小，功率因数越高。因此，可以利用Q_L与Q_C的相互补偿作用，给感性负载并联电容，使容性无功功率在电路内部就地补偿感性负载需要的感性无功功率，使电路与电源之间交换的无功功率接近于零，这样就可以使功率因数接近于1。因此，在工业上提高感性负载网络功率因数的方法，通常是在负载两端并联适当大小的电容。

任务实施>>>

表3-8　功率因数的测量及提高的方法

RW 3-8

任务内容	①测量日光灯电路功率因数； ②找出提高感性负载功率因数的方法		
测试设备	设备名称	型号或规格	数量
	日光灯套件		1套
	交流电压表、交流电流表		各1只
	电容器		5只
	功率表		1只
	自耦调压器（输出交流可调电压）		1台
测试电路	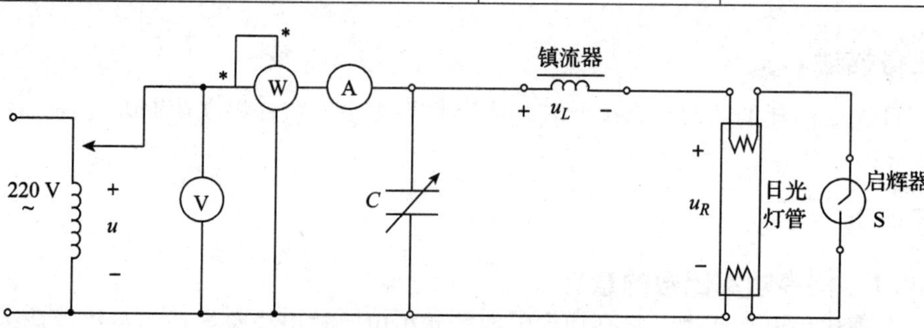 镇流器 $+\ u_L\ -$；220 V ~ $+\ u\ -$；V；W；A；C；$+\ u_R\ -$；日光灯管；启辉器 S 电路说明： 取电容$C=1\ \mu\text{F}$，$2.2\ \mu\text{F}$，$3.2\ \mu\text{F}$，$4.3\ \mu\text{F}$，$5.3\ \mu\text{F}$；日光灯为220 V，40 W		

续表

测试程序	① 按图搭接电路，首先将调压器手柄调到零位，断开电容器支路的开关，仔细检查电路； ② 接通电源，调节调压器输出电压为220 V（日光灯额定电压），点亮日光灯后测量并记下此时的电流 I、镇流器两端电压 U_L、灯管两端电压 U_R、日光灯的总功率 P； ③ 合上电源开关，观察电流表在启动瞬间和日光灯亮点后的变动情况，记下灯管启动时的启动电流 $I_{启}$； ④ 分别取 $C=1\ \mu F$，$2.2\ \mu F$，$3.2\ \mu F$，$4.3\ \mu F$，$5.3\ \mu F$ 合上电容支路的开关，接通电源并使电压 U 为额定值，重新测量 I、U_L、U_R、P、I_L、I，并测量电容支路的电流 I_C

如图3－43所示，RL 串联部分代表一个电感性负载，它的电流 $\dot{I}_1$ 滞后于电源电压 $\dot{U}$ 相位 φ_1，在电源电压不变的情况下，并入电容 C，并不会影响负载电流的大小和相位，但总电流由原来的 $\dot{I}_1$ 变为 $\dot{I}$，即 $\dot{I}=\dot{I}_1+\dot{I}_C$，且 $\dot{I}$ 与电源电压的相位差由原来的 φ_1 减小为 φ，显然 $\cos\varphi_1<\cos\varphi$，功率因数提高了。那么是否并联的电容越大越好呢？当然不是。那并联多大的电容合适呢？

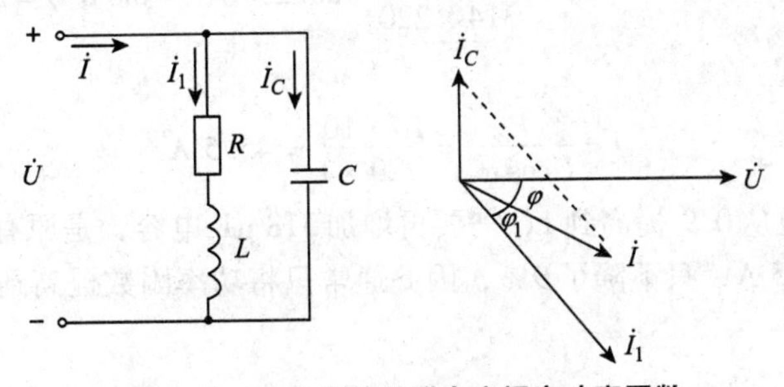

图3－43 感性负载并联电容提高功率因数

设图3－43用电设备的有功功率为 P，功率因数为 $\cos\varphi_1$，并联电容前需要的无功功率可表示为

$$Q_1=S\sin\varphi_1$$

由 $\cos\varphi_1=\dfrac{P}{S}$ 可得

$$Q_1=P\tan\varphi_1$$

并联电容后有功功率没变，而无功功率变为

$$Q_2=P\tan\varphi$$

所以功率因数由 $\cos\varphi_1$ 提高到 $\cos\varphi$ 时，需增加的无功补偿功率

$$Q_C=P(\tan\varphi_1-\tan\varphi)$$

式中，φ_1 和 φ 为补偿前后的功率因数角。

将 $Q_C=\omega CU^2$ 代入上式，可以很方便地推出所需要的电容的大小

$$C=\frac{P}{\omega U^2}(\tan\varphi_1-\tan\varphi)$$

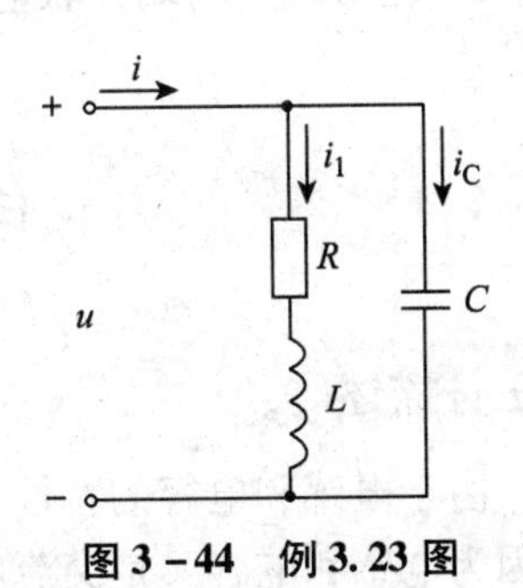

图3－44 例3.23图

例3.23 如图3－44所示，已知 $f=50$ Hz，$U=220$ V，$P=10$ kW，$\cos\varphi_1=0.6$。① 要使功率因数提高到0.9，需并

联电容 C，求并联电容前后电路的总电流各为多大？② 要将功率因数由 0.9 再提高到 1，并联电容的容量还须增加多少？

解：① 由 $\cos\varphi_1=0.6$，得 $\varphi_1=53.13°$；$\cos\varphi_2=0.9$，得 $\varphi_2=25.84°$，则

$$C=\frac{P}{\omega U^2}(\tan\varphi_1-\tan\varphi_2)$$
$$=\frac{10\times10^3}{314\times220^2}(\tan 53.13°-\tan 25.84°)=557\ \mu\text{F}$$

未并联电容时 $$I=I_1=\frac{P}{U\cos\varphi_1}=\frac{10\times10^3}{220\times0.6}=75.8\ \text{A}$$

并联电容后 $$I=\frac{P}{U\cos\varphi_2}=\frac{10\times10^3}{220\times0.9}=50.5\ \text{A}$$

② 要将功率因数由 0.9 再提高到 1，尚须增加电容

$$C=\frac{P}{\omega U^2}(\tan\varphi_2-\tan\varphi_3)$$
$$=\frac{10\times10^3}{314\times220^2}(\tan 25.84°-\tan 0°)=318\ \mu\text{F}$$

这时线路电流

$$I=\frac{P}{U\cos\varphi_3}=\frac{10\times10^3}{220\times1}=45.5\ \text{A}$$

如果将功率因数从 0.9 提高到 1，需要再增加 318 μF 电容，是原有电容值的 57%，但电路电流仅降至 45.5 A，只下降了 9%，因此通常只将功率因数提高到 0.9 ~ 0.95。

思考练习 >>>

1. 图 3-45 是日光灯的线路图，请正确连线。

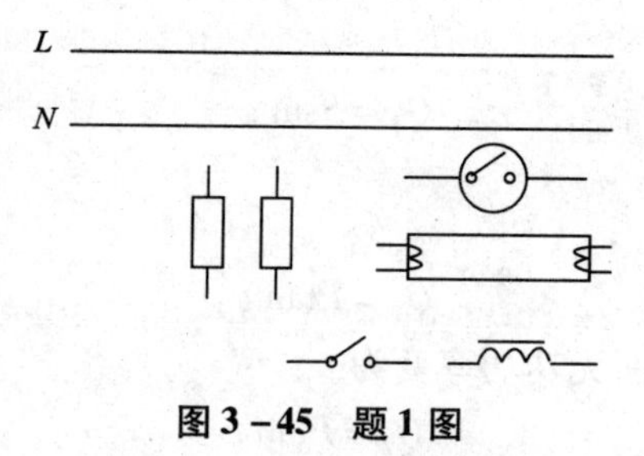

图 3-45 题 1 图

2. 在负载的两端并联电阻，是否能提高感性负载的功率因数？为什么？

任务 3.11 认识谐振电路

任务描述 >>>

由于电感和电容的特性，一般来讲含有 L 和 C 的电路端口电压与电流都会有相位差，但因为电感和电容又是交流电路中性质相反的两种电抗，感抗和容抗又都与频率有关，所

以当电源满足某一特定的频率时，就有可能出现电路端口电压与电流同相位的现象。那么通过什么方法能够出现这一现象？出现这一现象时电路会有什么特点？

知识链接 >>>

3.11.1　串联谐振

如图 3 – 46 所示，电路在正弦电压激励下，如果电路端口电压 u 与电流 i 同相，就称该电路发生了谐振现象。由于 L 和 C 是串联关系，所以叫做串联谐振。那么该电路在满足什么条件时发生串联谐振现象呢？

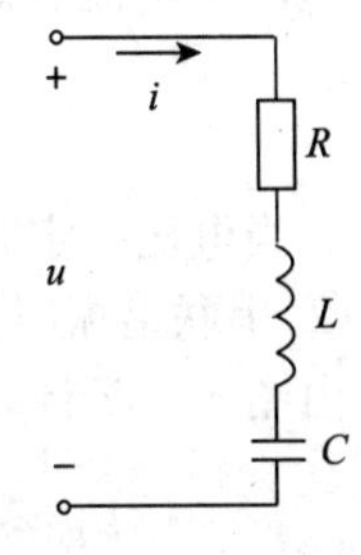

图 3 – 46　串联谐振

1. 谐振条件

因为谐振时电路的电压与电流同相，电路相当于"纯电阻"电路，如图 3 – 46 所示的 RLC 串联电路，其复阻抗

$$Z = R + \mathrm{j}(X_L - X_C) = R + \mathrm{j}\left(\omega L - \frac{1}{\omega C}\right) \tag{3-20}$$

若 $X_L = X_C$，即可发生谐振，由此得谐振的条件为

$$\omega_0 L = \frac{1}{\omega_0 C}$$

即

$$\omega_0 = \frac{1}{\sqrt{LC}} \tag{3-21}$$

或

$$f_0 = \frac{1}{2\pi\sqrt{LC}} \tag{3-22}$$

由式（3 – 22）可知，谐振频率是由电路本身的参数 L、C 决定的，所以又叫电路的固有频率。可见实现电路谐振可用以下两种方法：

① 当外加信号源频率 f 一定时，可通过调节电路参数 L 或 C 实现；

② 当电路参数 L、C 一定时，可通过改变信号源的频率 f 实现。

2. 特性阻抗和品质因数

串联谐振时电路中的感抗和容抗相等，且有

$$\omega_0 L = \frac{1}{\omega_0 C} = \frac{1}{\sqrt{LC}}L = \sqrt{\frac{L}{C}} = \rho \tag{3-23}$$

ρ 只与电路的 L、C 有关，叫做特性阻抗，单位为欧姆（Ω）。

谐振时，电路的特性阻抗与电阻之比

$$\frac{\rho}{R} = \frac{\omega_0 L}{R} = \frac{1}{R\omega_0 C} = \frac{1}{R}\sqrt{\frac{L}{C}} = Q \tag{3-24}$$

式中：Q 称为回路的品质因数，由电路参数 R、L、C 决定，是一个无量纲的量。品质因数是谐振回路的重要参数，它表征了电路的损耗，损耗越小，Q 值越高。为了提高 Q 值，有的电感线圈要用镀银线来绕制，Q 值对回路的品质特性影响很大，无线电工程中 Q 值一般在 50 ~ 200 之间。谐振时的各种特征都与 Q 值有关。

3.11.2 串联谐振的特点

① 串联谐振时，电路阻抗最小，端口电压一定时，电路中的电流有效值最大。如图3－46谐振时，电路的复阻抗为一实数，即

$$Z_0 = |Z_0| = \sqrt{R^2 + (X_L - X_C)^2} = R$$

电路中电流有效值

$$I_0 = \frac{U}{|Z_0|} = \frac{U}{\sqrt{R^2 + (X_L - X_C)^2}} = \frac{U}{R} \tag{3-25}$$

可见，当电压一定时，电路的电流最大。

② 串联谐振时，电感与电容的电压有效值相等，且为端口电压的 Q 倍。

由图3－47计算电感和电容上的电压大小

$$U_{L0} = I_0 X_L = \frac{U}{R}\omega_0 L = \frac{\omega_0 L}{R}U = QU$$

$$U_{C0} = I_0 X_C = \frac{U}{R} \times \frac{1}{\omega_0 C} = \frac{1}{\omega_0 CR}U = QU$$

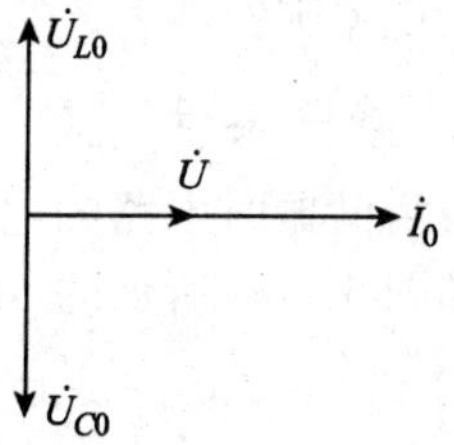

图3－47 串联谐振的相量图

这是因为端口电压$\dot{U} = \dot{U}_R + \dot{U}_L + \dot{U}_C$，其中$\dot{U}_{L0}$与$\dot{U}_{C0}$反相且大小相等而相互“抵消”，如图3－47所示，对整个电路$\dot{U}_{L0} + \dot{U}_{C0} = 0$，$\dot{U} = \dot{U}_R$。考虑到 Q 值一般在50～200，则串联谐振时 U_{L0}和 U_{C0}可能超过总电压的许多倍，所以串联谐振又叫电压谐振。在电路谐振时，即使外加电压不高，在电感 L 和电容 C 上的电压也会远高于外施电压，这是一种非常重要的物理现象，在无线电通信技术中，利用这一特性，可从接收到的具有各种频率分量的微弱信号中，将所需信号取出。但在电力系统中，应尽量避免电压谐振，以防止产生高压而造成事故。

③ 谐振电路的选频特性。

由图3－46可知回路电流

$$\dot{I} = \frac{\dot{U}}{R + \mathrm{j}\left(\omega L - \dfrac{1}{\omega C}\right)}$$

电流的大小

$$I = \frac{U}{\sqrt{R^2 + \left(\omega L - \dfrac{1}{\omega C}\right)^2}} \tag{3-26}$$

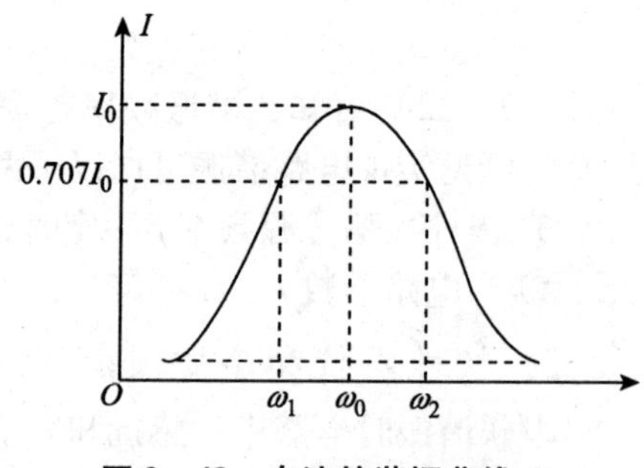

图3－48 电流的谐振曲线

若 L、C、R 及 U 都不改变时，电流 I 将随 ω 发生变化，由式（3－26）可作出电流随频率变化的曲线，如图3－48所示。当电源频率正好等于谐振频率 ω_0 时，电流有一最大值 $I_0 = U/R$，当电源频率向着 $\omega > \omega_0$ 或 $\omega < \omega_0$ 方向偏离谐振频率 ω_0 时，Z 都逐渐增大，电流也逐渐变小至零。这说明只有在谐振频率附近，电路中的电流才有较大值，偏离这一频率，电流值则很小，这一把谐振频率附近的电流选择出来的特性称为频率选择性。谐振回路频率选择性的好坏可用通频带宽度 Δf 来衡量。在谐振频率 f_0 两端，当电流 I 下降至谐振电流 I_0 的$\frac{1}{\sqrt{2}} = 0.707$时，所覆盖的频率范围称为通频带 $\Delta f = f_2 - f_1$（$\Delta\omega = \omega_2 - \omega_1$），$\Delta f$ 越小，谐振曲线越尖锐，表明电路的选择性就越好。且有

$$\Delta f=\frac{1}{Q}f_0 \qquad (3-27)$$

$$\Delta\omega=\frac{1}{Q}\omega_0 \qquad (3-28)$$

由式（3－27）和式（3－28）可知，通频带与回路的品质因数 Q 成反比，Q 越高通频带越窄，选择性越好，可见 Q 是衡量谐振回路选择性的参数。品质因数 Q 与谐振频率的关系曲线如图 3－49 所示。

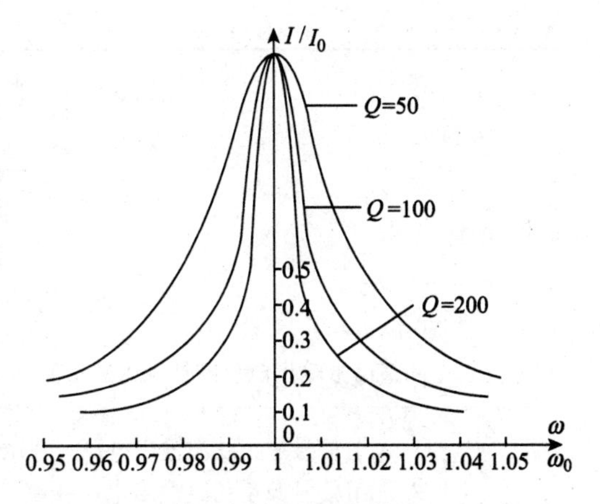

图 3－49　通用谐振曲线

例 3.24　一个 RLC 串联谐振电路，已知 $C=100$ pF，$R=10\ \Omega$，端口激励电压 $u=\sqrt{2}\cos(3\pi\times10^6t)$(mV)。求：① 电感元件参数 L；② 电路的品质因数 Q；③ 通频带 Δf。

解：由已知条件得谐振频率 $\omega_0=3\pi\times10^6$ rad/s，则

$$f_0=\frac{\omega_0}{2\pi}=1.5\ \text{MHz}$$

且激励电压有效值 $U=1$ mV。

① 由 $\omega_0=\dfrac{1}{\sqrt{LC}}$ 得

$$L=\frac{1}{\omega_0^2C}=\frac{1}{(3\pi\times10^6)^2\times100\times10^{-12}}=112.6\ \mu\text{H}$$

② 电路品质因数

$$Q=\frac{\omega_0L}{R}=\frac{3\pi\times10^6\times112.6\times10^{-6}}{10}\approx106$$

③ 由式（3－27）得

$$\Delta f=\frac{1}{Q}f_0=\frac{1.5\times10^6}{106}\approx14.2\ \text{kHz}$$

任务实施>>>

表 3－9　串联谐振电路的条件测试

RW 3－9

<table>
<tr><td>任务内容</td><td colspan="3">① 找出实现电路谐振的方法；
② 观察谐振时的电压、电流特性，测绘 RLC 串联谐振曲线</td></tr>
<tr><td rowspan="5">测试设备</td><td>设备名称</td><td>型号或规格</td><td>数量</td></tr>
<tr><td>信号发生器</td><td></td><td>1台</td></tr>
<tr><td>交流毫伏表</td><td></td><td>1块</td></tr>
<tr><td>电容器、电感器</td><td></td><td>各1只</td></tr>
<tr><td>电阻</td><td></td><td>2只</td></tr>
</table>

续表

测试电路	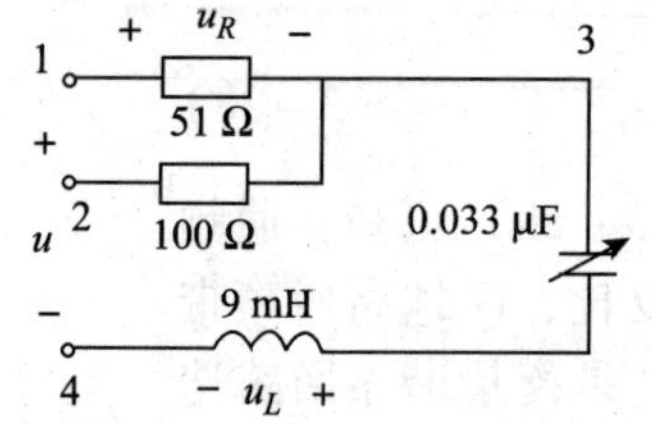 电路说明： 调整信号输出电压维持在 1 V 不变
测试程序	① 调节信号源正弦波输出电压，并用交流毫伏表测量，使输入电压 u 的有效值为 1 V； ② 调节信号源正弦波输出电压频率，由小逐渐变大并用交流毫伏表测量电阻 R 两端电压 U_R，当 U_R 的读数为最大时，读得频率计上的频率值即为电路的谐振频率 f_0； ③ 测量此时的 U_C 与 U_L 值（注意及时更换毫伏表的量程）

知识拓展>>>

3.11.3 并联谐振

1. 并联谐振的条件

并联谐振电路与串联谐振电路的定义类似，电路两端的电压和端口电流同相时称为谐振，不同的是电感和电容是并联关系。图 3－50 是一种典型的并联谐振电路，其总导纳

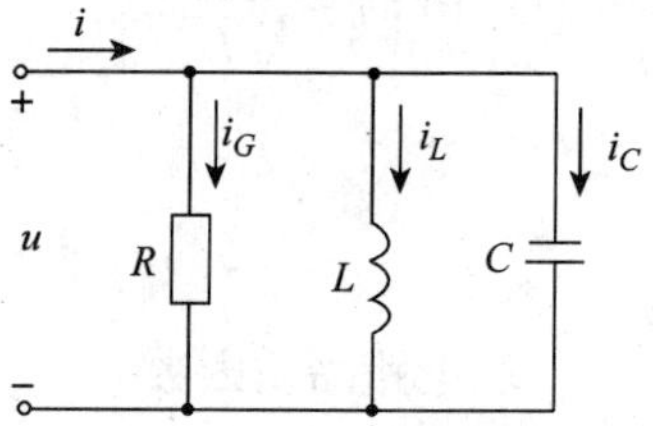

图 3－50　并联谐振电路

$$Y = Y_R + Y_L + Y_C = \frac{1}{R} + \frac{1}{\mathrm{j}X_L} + \frac{1}{-\mathrm{j}X_C} = \frac{1}{R} - \mathrm{j}\left(\frac{1}{X_L} - \frac{1}{X_C}\right) = G - \mathrm{j}B$$

其导纳模

$$|Y| = \sqrt{\frac{1}{R^2} + \left(\frac{1}{X_L} - \frac{1}{X_C}\right)^2}$$

当 $X_L = X_C$ 时，$|Y| = 1/R$，电路呈纯电阻性，电路产生谐振。

由电路谐振的定义得并联谐振的条件是其总导纳的虚部为零，也就是

$$\omega_0 L = \frac{1}{\omega_0 C}$$

此时发生并联谐振，由此得谐振频率

$$\omega_0 = \frac{1}{\sqrt{LC}} \tag{3-29}$$

或

$$f_0 = \frac{1}{2\pi\sqrt{LC}} \tag{3-30}$$

与串联谐振一样，当信号频率一定时，可调节 L、C 值实现谐振；当电路参数固定时，改变信号源频率也可实现电路谐振。

2. 并联谐振特点

① 并联谐振时，导纳最小，在电源电压一定时，总电流最小且与电源电压同相，其值为

$$I_0 = U|Y| = \frac{U}{R} = I_R$$

② 并联谐振时，电感和电容上的电流相等，且为总电流的 Q 倍，即

$$I_C = I_L = \frac{U}{\omega_0 L} = \frac{U}{R} \times \frac{R}{\omega_0 L} = QI_0$$

式中，Q 为并联谐振回路的品质因数，其值为

$$Q = \frac{R}{\omega_0 L} = \omega_0 CR$$

可见谐振时电感和电容支路上的电流可能远远大于端口电流，所以并联谐振又称电流谐振。由于电感和电容上的电流大小相等、相位相反，故两者可以完全抵消，如图3-51所示。

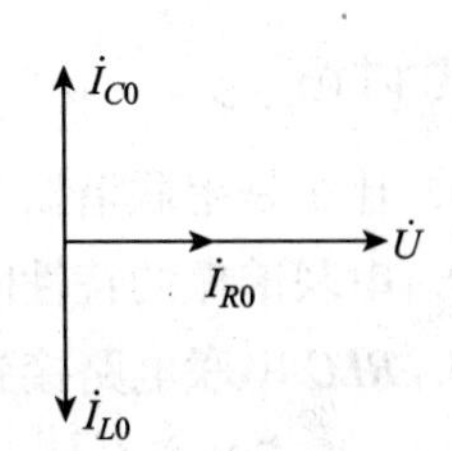

图3-51　并联谐振时电压和电流相量图

3.11.4　电感线圈与电容器并联的谐振电路

实际应用中，常以电感线圈和电容器并联作为谐振电路，其等效电路如图3-52（a）所示。

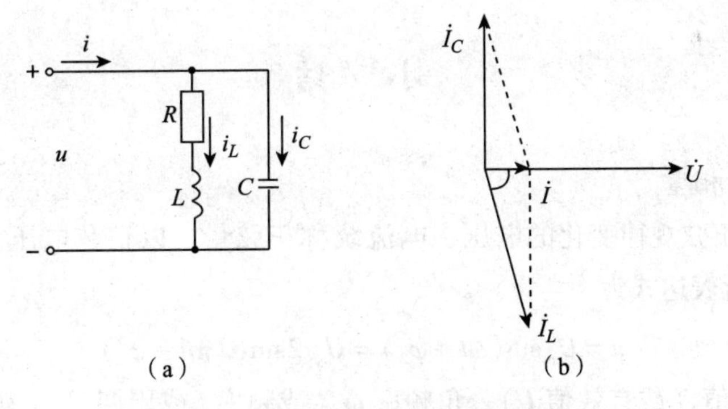

图3-52　电感线圈与电容器并联谐振

（a）电路图　（b）相量图

电路的导纳

$$Y = \frac{1}{R + j\omega L} + j\omega C = \frac{R}{R^2 + (\omega L)^2} + j\left[\omega C - \frac{\omega L}{R^2 + (\omega L)^2}\right]$$

当满足条件

$$\omega C - \frac{\omega L}{R^2 + (\omega L)^2} = 0$$

电路呈纯电导，电压和电流同相，电路发生谐振。谐振时的角频率

$$\omega_0 = \sqrt{\frac{1}{LC} - \frac{R^2}{L^2}} = \frac{1}{\sqrt{LC}}\sqrt{1 - \frac{R^2 C}{L}} \tag{3-31}$$

或

$$f_0 = \frac{1}{2\pi\sqrt{LC}}\sqrt{1 - \frac{CR^2}{L}} \tag{3-32}$$

由式（3-31）可见，电路的谐振频率完全由电路参数决定，实际电路中一般$\frac{R^2C}{L} \ll 1$，因此该并联谐振电路的近似条件为$\frac{1}{\omega_0 L} = \omega_0 C$，即$\omega_0 \approx \frac{1}{\sqrt{LC}}$。

思考讨论>>>

1. 什么是串联谐振？串联谐振有哪些特征？

2. 串联谐振的特性阻抗和品质因数是什么？品质因数对谐振曲线有什么影响？

3. RLC 串联电路接到电压 $U = 10$ V，$\omega = 10^4$ rad/s 的电源上，调节电容 C 使电路中电流达到最大值 100 mA，这时电容上的电压为 600 V，求 R、L、C 的值及电路的品质因数 Q。

4. 图 3-53 所示，电路在发生谐振时，电流表 A_1 的读数为 15 A，A_3 的读数为 9 A，求 A_2 的读数为多少？

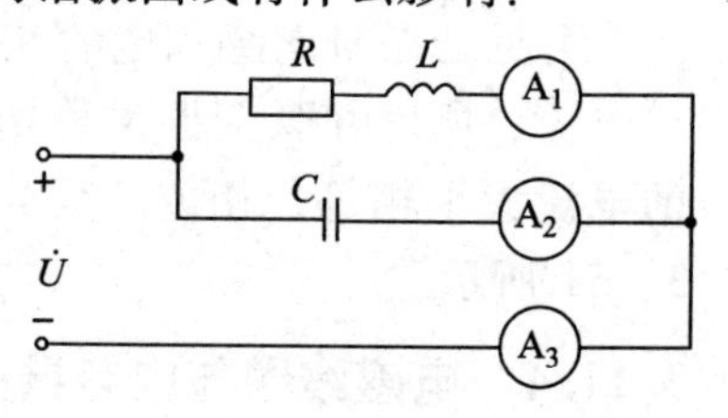

图 3-53　题 4 图

小　结

1. 正弦量和相量

① 随时间按正弦规律变化的电压、电流统称正弦量。以正弦电压为例，在确定的参考方向下它的解析表达式为

$$u = U_m \sin(\omega t + \varphi_2) = U\sqrt{2}\sin(2\pi f t + \varphi_2)$$

其中：振幅值 U_m 值（或有效值 U）、角频率 ω（或频率 f 或周期 T）、初相 φ_2 是正弦量的三要素。即正弦量的三要素确定了，正弦量就唯一确定。

② 以正弦量的有效值（最大值）为模，正弦量的初相角为幅角得到的与正弦量一一对应的复数为相量。

有效值相量　　$\dot{U} = U\angle\varphi_2$

最大值相量　　$\dot{U}_m = U_m\angle\varphi_2$

2. 单一参数交流电路特性

① 纯电阻电路。

$U = RI$　　电压与电流同相

有功功率　　$P = UI = I^2R = \frac{U^2}{R}$

无功功率　　$Q = 0$

② 纯电感电路。

$U = \mathrm{j}X_L I$　　电压超前电流 90°

有功功率　　$P = 0$

无功功率　　$Q = UI = I^2 X_L = \dfrac{U^2}{X_L}$

③ 纯电容电路。

$U = -\mathrm{j}X_C I$　　电压滞后电流 90°

有功功率　　$P = 0$

无功功率　　$Q = -UI = -I^2 X_C = -\dfrac{U^2}{X_C}$

3. 相量形式的基尔霍夫定律

① KCL：$\sum \dot{I} = 0$。

② KVL：$\sum \dot{U} = 0$。

4. 复阻抗与复导纳

① 对无源二端网络或元件。

电路的复阻抗　　$Z = \dfrac{\dot{U}}{\dot{I}} = |Z| \angle \varphi$

复导纳　　$Y = \dfrac{\dot{I}}{\dot{U}} = |Y| \angle \varphi'$

在同一个电路中，$\varphi' = -\varphi$。

② 对 RLC 串联电路。

复阻抗　　$Z = R + \mathrm{j}(X_L - X_C)$

5. 功率和功率因数

无源二端网络的功率：

有功功率　　$P = UI\cos\varphi$

无功功率　　$Q = UI\sin\varphi$

视在功率　　$S = \sqrt{P^2 + Q^2} = UI$

其中，U 为电路端口的电压有效值；I 为端口电流有效值；φ 为无源二端网络的阻抗角，也等于端口电压与电流相位差。$\lambda = \cos\varphi$ 为电路的功率因数。

6. 谐振

(1) RLC 串联谐振电路。

① 谐振频率

$$\omega_0 = \frac{1}{\sqrt{LC}} \quad 或 \quad f_0 = \frac{1}{2\pi\sqrt{LC}}$$

② 谐振特点

$$Z_0 = R\text{（最小）}$$

$$\dot{I}_0 = \frac{\dot{U}}{R}$$

$$\dot{U} = \dot{U}_R$$

$$U_{L0} = U_{C0} = QU$$

（2）*RLC* 并联谐振电路。

① 谐振频率

$$\omega_0 = \frac{1}{\sqrt{LC}}\ \text{rad/s} \quad 或 \quad f_0 = \frac{1}{2\pi\sqrt{LC}}$$

② 谐振特点

$$Y = \frac{1}{R} = G$$

$$I_0 = \frac{U}{|Z|} = \frac{U}{R} = I_R$$

$$I_C = I_L = QI_0$$

（3）电感线圈和电容器并联的谐振电路谐振频率

$$\omega_0 \approx \frac{1}{\sqrt{LC}}$$

习 题 3

1. 写出题1图电压曲线的解析式。

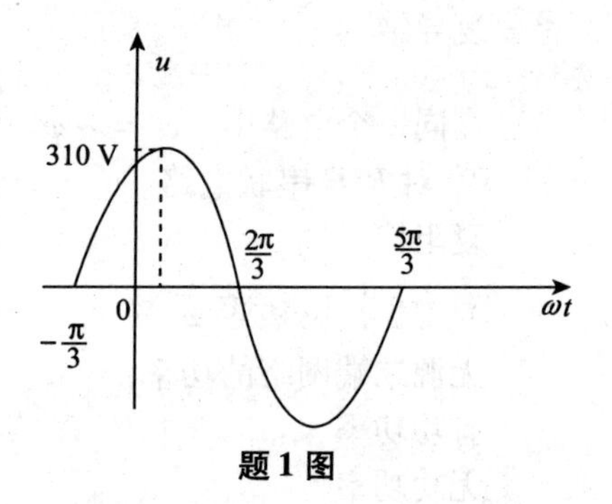

题1图

2. 三个正弦电流 i_1、i_2 和 i_3 的最大值分别为1 A、2 A、3 A，已知 i_2 的初相为 30°，i_1 较 i_2 超前 60°，较 i_3 滞后 150°，试分别写出三个电流的解析式。

3. 已知 $u_1 = 311\sin(314t + 120°)$ (V)，$u_2 = 311\cos(314t - 30°)$ (V)。

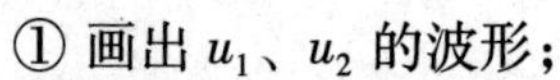

① 画出 u_1、u_2 的波形；

② 写出 u_1、u_2 的相量式并画出 u_1、u_2 的相量图；

③ 计算 u_1、u_2 的相位差并说明其相位关系；

④ 用相量求 u_1 和 u_2 的和。

4. 选择题：

① 与电流相量 $\dot{I} = 4 + \text{j}3$ 对应的正弦电流可写为 $i =$（　　）。

A. $5\sin(\omega t + 53.1°)$ (A)

B. $5\sqrt{2}\sin(\omega t + 36.9°)$ (A)

C. $5\sqrt{2}\sin(\omega t + 53.1°)$ (A)

② 用幅值（最大值）相量表示正弦电压 $u = 537\sin(\omega t - 90°)$ (V) 时，可写为（　　）。

A. $\dot{U}_m = 537\angle -90°$ (V)　B. $\dot{U}_m = 537\angle 90°$ (V)　C. $\dot{U}_m = 537\angle(\omega t - 90°)$ (V)

③ 已知两正弦交流电流 $i_1 = 5\sin(314t + 60°)$ (A)，$i_2 = 5\sin(314t - 60°)$ A，则二者的相位关系是（　　）。

A. 同相　　　　B. 反相　　　　C. 相差 120°

④ 已知正弦交流电压 $u=100\sin(2\pi t+60°)$(V)，其频率为（　　）。

A. 50 Hz　　　　B. 2π Hz　　　　C. 1 Hz

5. 已知正弦量 $\dot{I}=(-4+j3)$(A)，$\dot{U}=(4-j3)$(A)。

① 写出它们的瞬时表达式（角频率为 ω）；

② 在同一坐标内画出它们的波形图，并说明它们的相位关系。

6. 已知在 10 Ω 的电阻上通过的电流 $i_1=5\sin\left(314-\frac{\pi}{6}\right)$(A)，试求电阻上的电压及电阻消耗的功率，并作出电压与电流的相量图。

7. 在 $R=11\ \Omega$ 的电阻两端，加上电压 $u_R=220\sqrt{2}\sin(314t-60°)$(V)，写出流过电阻的电流瞬时值表达式并作电压与电流的相量图。

8. 电感 $L=0.2$ H，$u_L=311\sin(314t-60°)$(V)。求：① 电流 I 及 i；② 有功功率 P 及无功功率 Q；③ 作出电压与电流的相量图。

9. 一个 $C=50\ \mu$F 的电容接于 $u=220\sqrt{2}\sin(314t+60°)$(V) 的电源上，求其上的电流 i_C 及无功功率 O_C，并绘出电流和电压的相量图。

10. 一个继电器线圈的电阻为 2 kΩ，电感为 43.3 H，接于 380 V、50 Hz 的电源上。求：① 通过线圈的电流并作相量图；② 该继电器的 S、P 及 Q。

11. 有一 RL 串联电路，电阻 $R=40\ \Omega$，感抗 $X_L=j30\ \Omega$，外加电压 $u=141\sin(\omega t+60°)$(V)。求：① 电流的相量式及解析式；② 电阻上电压及电感上电压的相量式及解析式；③ 作出电压与电流的相量图。

12. 把一个电阻为 6 Ω、电容为 120 μF 的电容串接在 $u=220\sqrt{2}\sin(314t+\pi/2)$(V) 的电源上，求电路的阻抗、电流、有功功率、无功功率及视在功率。

13. 在题 13 图所示电路中，$u_i=311\sin 314t$(V)，$X_C=10\ \Omega$，输出电压 u_o 滞后输入电压 u_i 45°，计算电阻 R。

14. 在题 14 图所示电路中，电流表 A_1 和 A_2 的读数分别为 $I_1=3$ A，$I_2=4$ A。① 设 $Z_1=R$，$Z_2=-jX_C$，电流表 A_0 的读数应为多少？② 设 $Z_1=R$，Z_2 为何种参数才能使电流表 A_0 的读数为最大？此读数为多少？③ 设 $Z_1=-jX_C$，Z_2 为何种参数才能使电流表 A_0 的读数为最小？此读数为多少？

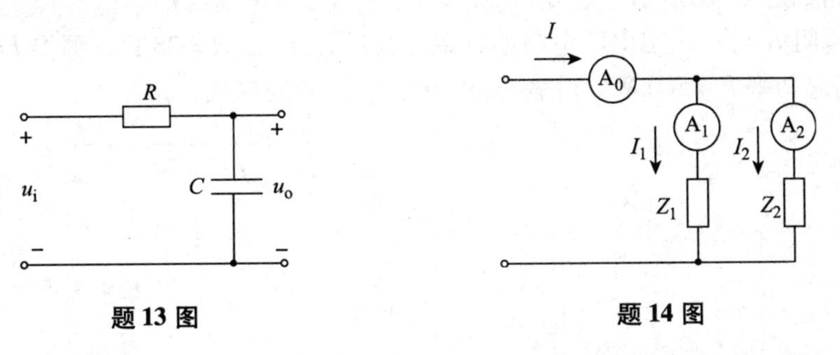

题 13 图　　　　题 14 图

15. 如题 15 图所示电路，已知电流表 A_1、A_2 的读数均为 20 A，求电路中电流表 A 的读数。

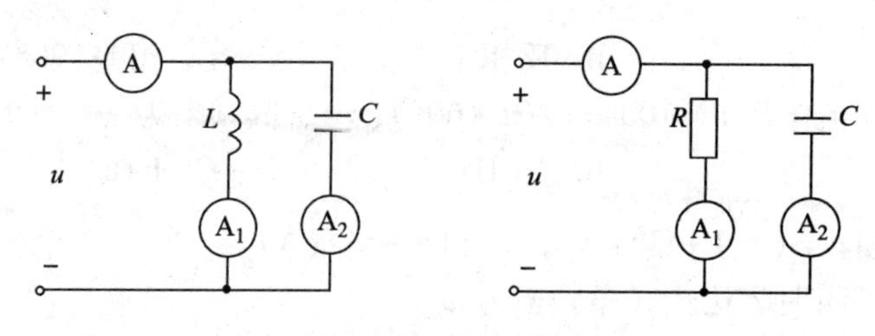

题 15 图

16. 题 16 图所示电路中，$U_1=4$ V，$U_2=6$ V，$U_3=3$ V，问 U 等于多少？

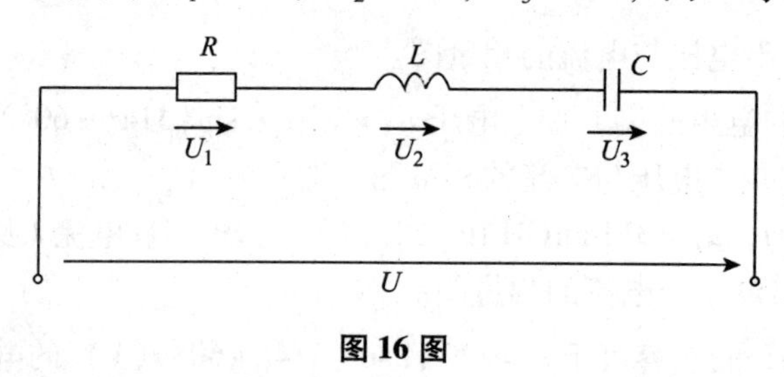

图 16 图

17. 题 17 图所示电路中，已知电压表 V_1、V_2 的读数为 50 V，求电路中电压表 V 的读数。

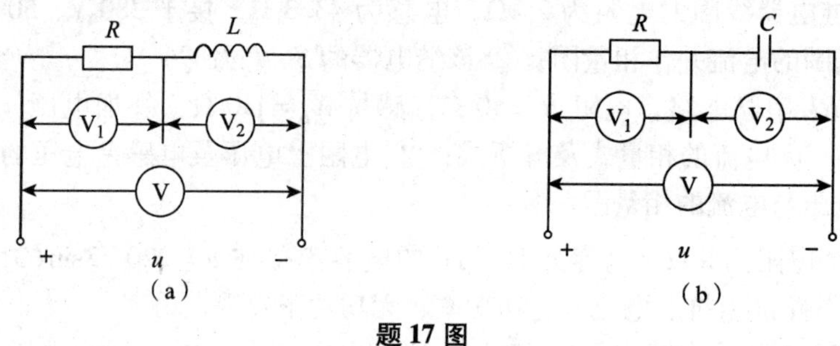

题 17 图

(a) 电路一 (b) 电路二

18. 在 *RLC* 串联电路中，已知 $R=30\ \Omega$、$L=40$ mH，$C=100\ \mu$F、$\omega=1\ 000$ rad/s，$\dot{U}_L=10\angle 0°$ V。试求：① 电路的阻抗 Z；② 电流 $\dot{I}$ 和电压 $\dot{U}_R$、$\dot{U}_C$ 及 $\dot{U}$；③ 电路的有功功率和无功功率。

19. 电路如题 19 图所示，已知电流 $\dot{I}_C=3\angle 0°$ A，求电压源 $\dot{U}_s$。

20. 一电阻 R 与一线圈串联电路如题 20 图所示，已知 $R=28\ \Omega$，测得 $I=4.4$ A，$U=220$ V，电路总功率 $P=580$ W，频率 $f=50$ Hz，求线圈的参数 r 和 L。

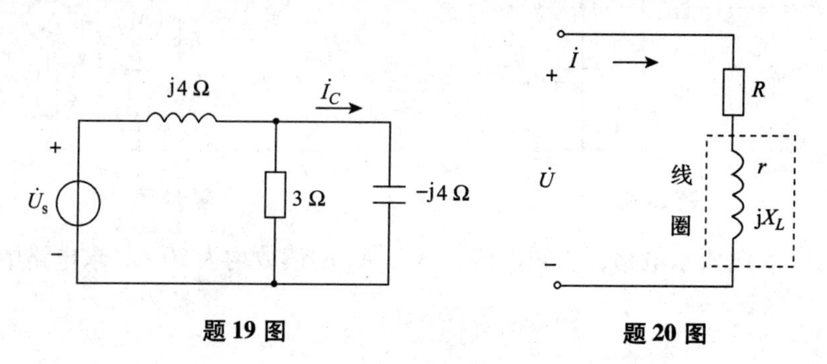

题 19 图 **题 20 图**

21. RLC 串联电路中，已知 $R=10\ \Omega$，$X_L=5\ \Omega$，$X_C=15\ \Omega$，电源电压 $u=200\sin(\omega t+30^\circ)$ (V)。求：① 此电路的复阻抗 Z，并说明电路的性质；② 电流$\dot{I}$和电压$\dot{U}_R$、$\dot{U}_L$及$\dot{U}_C$；③ 绘出电压、电流相量图。

22. RLC 串联电路中，已知 $R=10\ \Omega$，$X_L=15\ \Omega$，$X_C=5\ \Omega$，电流 $\dot{I}=2\angle30^\circ$ A。试求：① 总电压$\dot{U}$；② 功率因数 $\cos\varphi$；③ 该电路的功率 P、Q、S。

23. 电路如题23图所示，$\dot{U}=100\angle-30^\circ$(V)，$R=4\ \Omega$，$X_L=5\ \Omega$，$X_C=15\ \Omega$，试求电流$\dot{I}_1$、$\dot{I}_2$和$\dot{I}$，并绘出相量图。

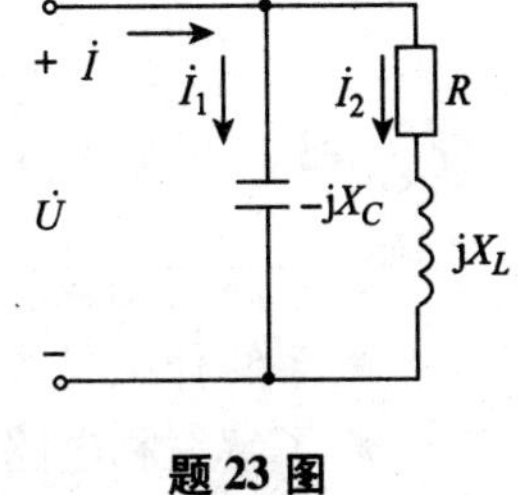

题 23 图

24. 一感性负载与 220 V、50 Hz 的电源相接，其功率因数为 0.6，消耗功率为 5 kW，若要把功率因数提高到 0.9，应加什么元件？其元件参数是多少？

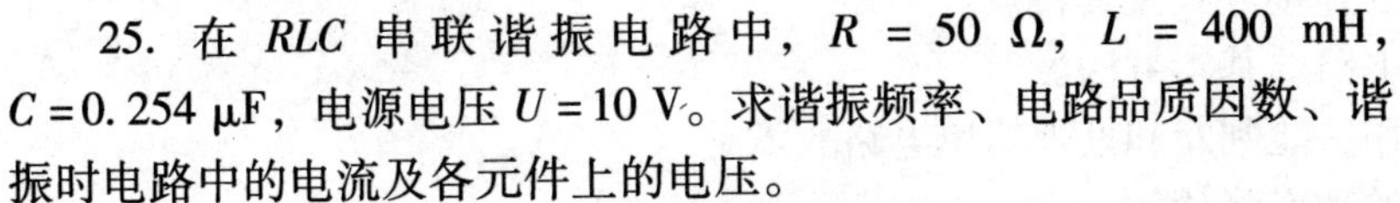

25. 在 RLC 串联谐振电路中，$R=50\ \Omega$，$L=400$ mH，$C=0.254\ \mu$F，电源电压 $U=10$ V。求谐振频率、电路品质因数、谐振时电路中的电流及各元件上的电压。

26. 一个 $R=12.5\ \Omega$、$L=25\ \mu$H 的线圈与 100 pF 的电容并联。① 求其谐振角频率和谐振阻抗。② 若端口电压为 100 mV，求谐振时的端口电流和支路电流。

27. 在 RLC 串联电路中，谐振频率为 ω_0，如果想加宽通频带 Δf，要改变哪个元件参数？如何改变？

28. 在 RLC 串联谐振电路中，若电感增至原来的 10 倍，要维持原来的谐振频率不变，电容值应如何变化？这时品质因数将如何变化？

29. 品质因数和通频带与选择性有什么关系？

30. 在 RLC 串联谐振电路中，$R=50\ \Omega$，$L=400$ mH，$C=0.254\ \mu$F，电源电压 $U=100$ V，求谐振频率、电路品质因数、谐振电路中的电流及各元件上的电压。

项目4　三相异步电动机电源及控制电路的规划与实施

学习目标

- 了解三相电源的特点及其连接形式。
- 了解什么是线电压、相电压、线电流、相电流。
- 了解三相电路的连接方式及其特点。
- 学会分析三相电路的基本方法。
- 理解中线的作用，能判断和处理简单电路故障。
- 学会三相负载的功率测量。
- 学会三相异步电动机的正、反转控制电路规划实施。

任务目标

- 三相电源的电压测量。
- 三相负载的Y形连接的测试。
- 理解中线的作用，能判断和处理简单三相电路故障。
- 三相负载的△形连接的测试。
- 三相负载功率的测量。
- 三相异步电动机的正、反转控制电路规划。

三相异步电动机有着结构简单、价格低廉、工作可靠、维修方便以及容易控制等优点，是目前工农业生产、科研及生活中应用最广的电动机。那么三相异步电动机的供电电源是什么样的？有什么特点？如何进行电路连接？怎样控制其正、反转运行？

任务4.1　三相电源及其相关概念

任务描述>>>

电能是现代化生产、管理及生活的主要能源，电能的生产、传输、分配和使用等许多环节构成一个完整的系统，称为电力系统。在现代电力系统中普遍采用三相交流电源供电，这是因为三相制输电比单相制输电可大大节省输电线有色金属的消耗量，即输电成本较低；三相交流电动机比单相交流电动机性能好、经济效益高。这些由三相电源供电的电路称为三相交流电路，简称三相电路。事实上三相电路是一种特殊的正弦电路，关于正弦电路的一整套分析方法完全适用于三相电路，其特殊性就在于三相电源。那么什么样的电源是三相交流电源呢？

知识链接 >>>

4.1.1　三相交流电源

三相电源通常是指三个频率相同、幅值相同、相位依次相差 120°的正弦电压源，也称三相对称电源。三相交流电动势是由三相交流发电机产生的，它是在单相交流发电机的基础上发展而来的，如图 4-1 所示，在发电机定子（固定不动的部分）上嵌放了三组结构完全相同的线圈 U_1U_2、V_1V_2、W_1W_2（通称绕组），这三相绕组在空间位置上各相差 120°，分别称为 U 相、V 相和 W 相（或 A 相、B 相和 C 相），U_1、V_1、W_1 三端称为首端，U_2、V_2、W_2 称为末端。工厂或企业配电站或厂房内的三相电源线（用裸铜排时）一般用黄、绿、红分别代表 U、V、W 三相。

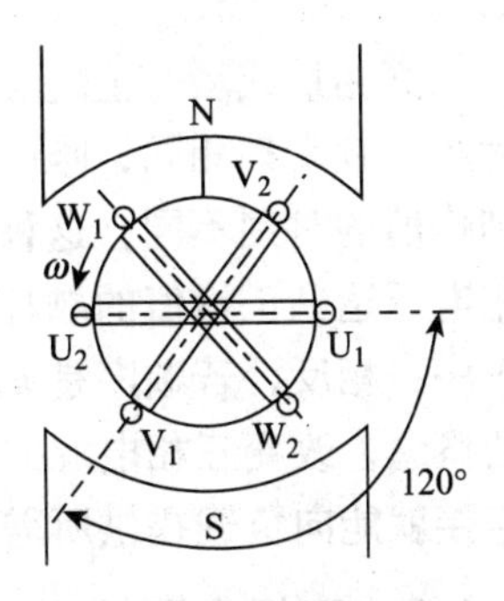

图 4-1　三相交流发电机原理图

当转子磁极由原动机拖动作匀速转动时，三相定子绕组即切割转子磁场而感应出三相交流电动势。由于三相绕组在空间各相差 120°，因此三相绕组中感应出的三个交流电动势在相位上也相差 120°。根据法拉第电磁感应定律，这三个电动势的瞬时表达式为

$$\begin{cases} e_{\mathrm{U}} = E_{\mathrm{m}}\sin \omega t \\ e_{\mathrm{V}} = E_{\mathrm{m}}\sin(\omega t - 120°) \\ e_{\mathrm{W}} = E_{\mathrm{m}}\sin(\omega t - 240°) \end{cases}$$

其特点是大小相等、频率相同、相位依次互差 120°，这样一组电源就称为对称三相正弦交流电源。

4.1.2　三相电源电压的表示方法

对称三相正弦电源的电压参考方向如图 4-2 所示，规定各项绕组的始端为电压的“正”极，末端为“负”极，三相的电压分别为 u_A、u_B、u_C，则 A 相、B 相、C 相的电压可表示为

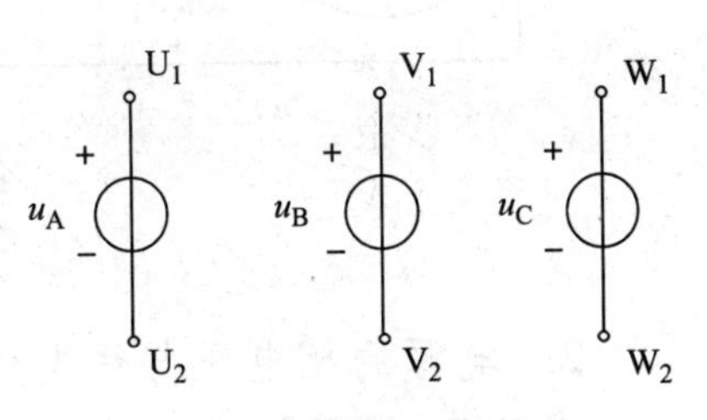

图 4-2　三相电源电压

$$u_A = \sqrt{2}U\sin \omega t$$

$$u_B = \sqrt{2}U\sin(\omega t - 120°)$$

$$u_C = \sqrt{2}U\sin(\omega t + 120°)$$

其三角函数波形如图 4-3 所示。

此外，也可表示为相量形式，即

$$\dot{U}_A = U\angle 0° = U$$

$$\dot{U}_B = U\angle -120° = U\left(-\frac{1}{2} - \mathrm{j}\frac{\sqrt{3}}{2}\right)$$

$$\dot{U}_C = U\angle 120° = U\left(-\frac{1}{2} + \mathrm{j}\frac{\sqrt{3}}{2}\right)$$

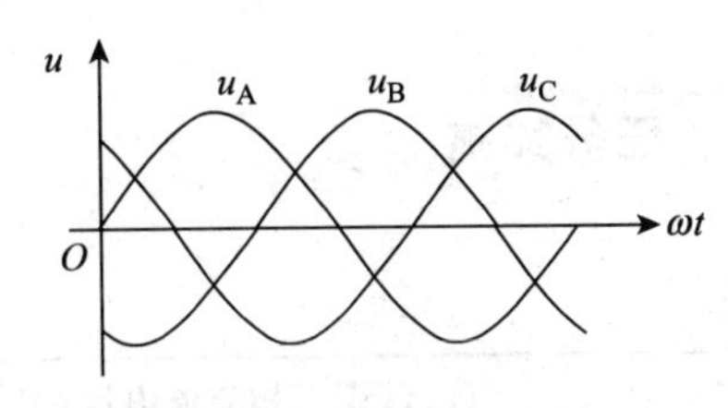

图 4-3　三相电压波形图

其相量图如图 4-4 所示。

由相量图很容易看出

$$\dot{U}_A+\dot{U}_B+\dot{U}_C=0$$

即

$$u_A+u_B+u_C=0$$

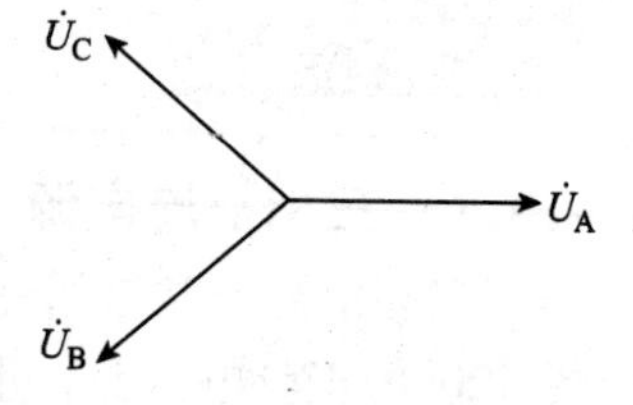

图 4-4　三相电压相量图

其相量或瞬时值之和恒为零，称为对称三相电压，即电压的大小、频率都相同，唯一不同的是相位。也就是说，三个电压达到峰值的时刻不同，这种先后顺序称为相序，如图4-3所示，三相电压达到正峰值的顺序是 $u_A\to u_B\to u_C\to u_A$，这样的顺序称为正序；相反，若顺序是 $u_A\to u_C\to u_B\to u_A$，则称为负序。在实际工作中，相序是个非常重要的概念，改变三相电源的相序时，会使三相电动机改变旋转方向。三相电源按照一定方式连接就能向负载提供所需电压了。

4.1.3　三相电源的 Y 形连接

1. 相线与中线

发电机三相绕组的接法如图 4-5（a）所示，将三个绕组的末端连在一起，这个连接点称为中性点或零点，用 N 表示，导线从三个绕组的始端引出，这种连接方式称为三相电源的 Y 形连接。其中，从三相绕组的始端 A、B、C 引出的三根导线称为相线（火线或端线），从中性点引出的导线称为中线（中性线或零线）。电源的这种供电方式称为三相四线制，能够向外提供两种电压，即相电压与线电压。

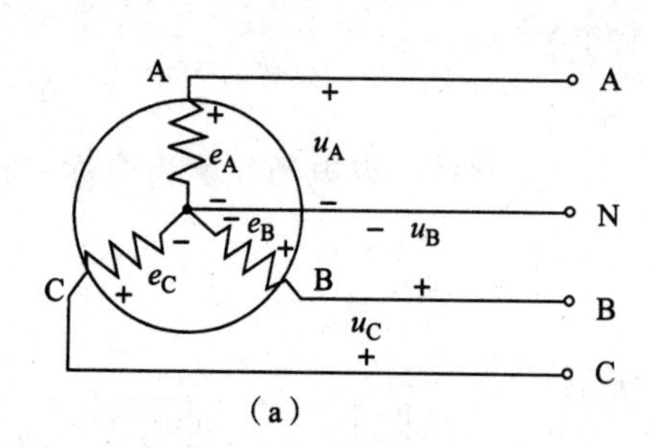

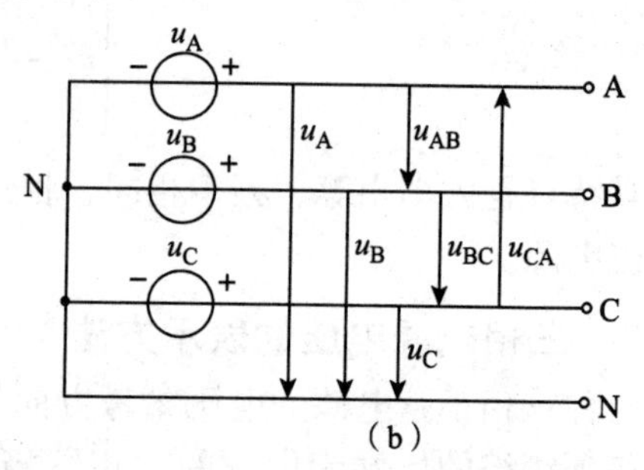

图 4-5　三相电源 Y 形连接

（a）三相绕组的接法　（b）三相四线制电路

2. 电源的相电压与线电压

对三相电源而言，各相绕组两端的电压叫做电源的相电压，如对图 4-5（b）所示的三相四线制电路来说，相电压就是相线与中线之间的电压 u_A、u_B、u_C；两根端线间的电压 u_{AB}、u_{BC}、u_{CD}称为线电压。相电压和线电压之间的关系通过下面的任务测试来看一下。

任务实施>>>

表 4-1　三相电源的测试

RW 4-1

任务内容	① 认识三相交流电源； ② 用交流电压表测量相电压和线电压； ③ 找出三相电源线电压与相电压的大小关系

续表

	设备名称	型号或规格	数量
测试设备	电工电路综合实训台（三相交流电源）		1套
	交流电压表		1块
	数字万用表		1块
测试电路			
测试程序	①用交流电压表测量三相交流电源的相电压和线电压； ②用自耦调压器改变电源线电压，再测相电压和线电压； ③分析线电压与相电压之间的数量关系		

由测试结果可见，$U_{线}=\sqrt{3}U_{相}$。为什么？

知识链接>>>

3. 相电压与线电压之间的关系

如图4-6（a）所示，由电压的定义可知

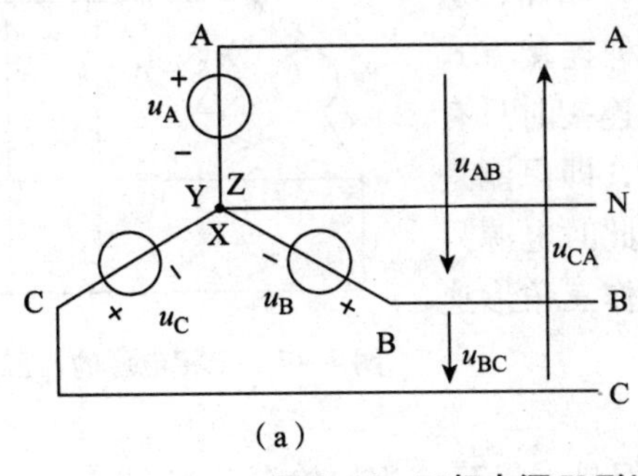

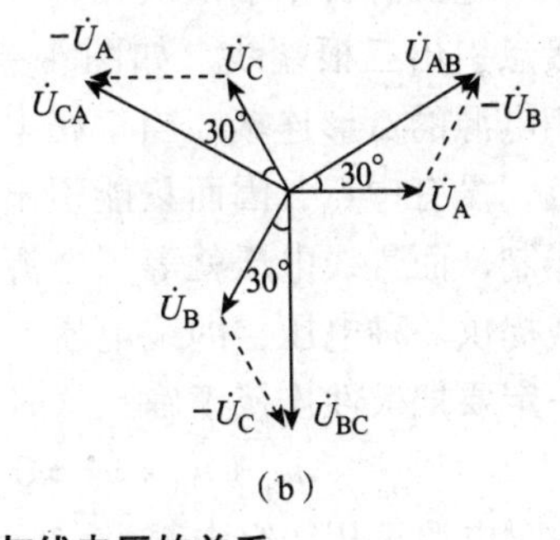

图4-6　三相电源Y形连接相电压与线电压的关系

（a）电路图　（b）相量图

$$\begin{cases} u_{AB}=u_A-u_B \\ u_{BC}=u_B-u_C \\ u_{CA}=u_C-u_A \end{cases}$$

对应的相量式

$$\begin{cases} \dot{U}_{AB}=\dot{U}_A-\dot{U}_B \\ \dot{U}_{BC}=\dot{U}_B-\dot{U}_C \\ \dot{U}_{CA}=\dot{U}_C-\dot{U}_A \end{cases}$$

由此可得，线电压与相电压的相量图如图 4 - 6（b）所示。

① 数量关系：$U_{线}=\sqrt{3}U_{相}$。

② 相位关系：线电压在相位上超前与之相对应的相电压 30°，即

$$\dot{U}_{AB}=\sqrt{3}\dot{U}_{A}\angle 30°$$

$$\dot{U}_{BC}=\sqrt{3}\dot{U}_{B}\angle 30°$$

$$\dot{U}_{CA}=\sqrt{3}\dot{U}_{C}\angle 30°$$

可见线电压也是一组对称三相正弦量。

例 4.1 一台同步发电机定子三相绕组星形连接，带负载运行时，三相电压对称，线电压 $u_{AB}=6\,300\sqrt{2}\sin 100\pi t(\mathrm{V})$，试写出三相电压的解析式。

解：因为电源为星形连接，所以相电压的有效值

$$U_{p}=\frac{U_{l}}{\sqrt{3}}=\frac{U_{AB}}{\sqrt{3}}=\frac{6\,300}{\sqrt{3}}=3\,637.3\ \mathrm{V}$$

又因为相电压在相位上滞后于相应的线电压 30°，所以 A 相电压的解析式为

$$u_{A}=\sqrt{2}U_{p}\sin(\omega t+\varphi_{A})=3\,637.3\sqrt{2}\sin(100\pi t-30°)(\mathrm{V})$$

根据电压的对称性，B 相电压滞后于 A 相电压 120°，C 相电压滞后于 B 相电压 120°，因此 B、C 相的相电压解析式分别为

$$u_{B}=3637.3\sqrt{2}\sin(100\pi t-30°-120°)=3637.3\sqrt{2}\sin(100\pi t-150°)(\mathrm{V})$$

$$u_{C}=3637.3\sqrt{2}\sin(100\pi t-150°-120°)=3637.3\sqrt{2}\sin(100\pi t+90°)(\mathrm{V})$$

4.1.4 三相电源的△形连接

将三个电压源首末端依次相连，形成一闭合回路，从三个连接点引出三根端线，如图 4 - 7 所示这种连接方式称为三相电源的△形连接。当三相电源作△形连接时只有三个端点，没有中点，因而只能引出三根端线，即只能是三相三线制，而且线电压就等于电源相电压。此时电源只能向负载提供一种电压，即线电压。三相电源作三角形连接时，一定要把极性连接正确，这时

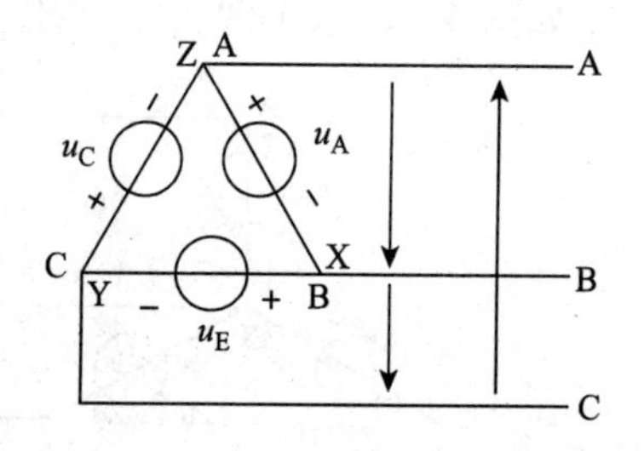

图 4 - 7 三相电源的△形连接

$$u_{A}+u_{B}+u_{C}=0$$

空载时电源每相绕组中都没有电流流过，但是如果某一相的始端与末端接反，则会在回路中引起很大的环流，造成事故。实际工作中，为了保证连接正确，先把三相绕组连成开口三角形，再用电压表检测一下开口电压，若电压表读数很小（接近零），说明连接正确；若电压表的读数接近电源电压的两倍，则说明有一相绕组接反了，应马上改正。

思考讨论 >>>

1. 三相电路中，对称三相电源一般连接成________或________两种特定的方式。
2. 三相四线制供电系统中可以获得两种电压，即________和________。
3. 三相电源端线间的电压叫________，电源每相绕组两端的电压称为电源的______

________。

4. 在三相电源中，流过端线的电流称为________，流过电源每相的电流称为________。

5. 若正序对称电源电压 $u_A = U_m\sin(\omega t + 30°)$(V)，则 u_B = ________V，u_C = ________V。

任务4.2　负载星形连接

任务描述>>>

三相负载指的是三相电源的负载，由互相连接的三个负载组成，其中每个负载称为一相负载。在三相电路中，负载的连接方式有两种：星形（Y）连接和三角形（△）连接。利用三组白炽灯作为负载，实施负载的星形连接，并测试电路的相电压、相电流。观察和分析中性线在其中的作用。

知识链接>>>

4.2.1　三相负载的星形连接

三个负载的一端接在一起，如图4-8所示，图中N′点称为负载中点，另一端分别接到电源端线上，称为负载的星形连接。使用交流电源的电气设备种类繁多，其中有些设备需要三相电源才能够运行，比如三相异步电动机等的三相负载，也有些用电设备只需要单相电源，比如照明电路属单相负载，多个单相负载适当连接后接于三相电源中，对电源而言，这些用电设备的总体还是三相负载。不过有对称三相负载和不对称三相负载之分。所谓对称三相负载，指的是复阻抗相等的三相负载，如三相电动机就属于对称负载；复阻抗不相等的三相负载就是不对称三相负载，照明负载一般就属于不对称三相负载。下面首先来认识以下几个概念。

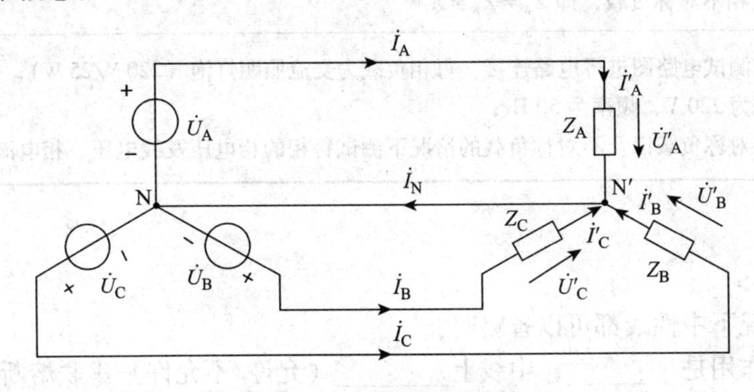

图4-8　负载的星形连接

① 负载的相电压：每相负载两端的电压，$\dot{U}'_A$、$\dot{U}'_B$、$\dot{U}'_C$。

② 负载的相电流：通过每相负载的电流，$\dot{I}'_A$、$\dot{I}'_B$、$\dot{I}'_C$。

③ 线电流：端线上的电流，$\dot{I}_A$、$\dot{I}_B$、$\dot{I}_C$。

任务实施>>>

表 4-2　三相负载 Y 形连接的测试

RW 4-2

<table>
<tr><td>任务内容</td><td colspan="3">① 三相负载 Y 形连接方式；
② 测量三相对称负载的相电压、线电压、相电流及线电流；
③ 测量三相不对称负载的相电压、线电压、相电流及线电流</td></tr>
<tr><td rowspan="5">测试设备</td><td>设备名称</td><td>型号或规格</td><td>数量</td></tr>
<tr><td>三相负载（三组白炽灯）</td><td></td><td>9 只</td></tr>
<tr><td>交流电压表</td><td></td><td>1 块</td></tr>
<tr><td>交流电流表</td><td></td><td>1 块</td></tr>
<tr><td>电工电路综合实训台（三相交流电源）</td><td></td><td>1 套</td></tr>
<tr><td>测试电路</td><td colspan="3">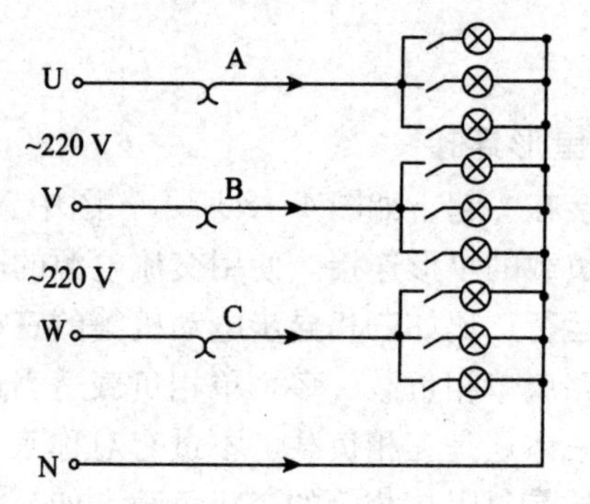

电路说明：
① 三相对称负载，即 $Z_A = Z_B = Z_C$ = 交流灯泡的复阻抗（220 V/25 W）；
② 三相不对称负载，即 $Z_A \neq Z_B \neq Z_C$</td></tr>
<tr><td>测试程序</td><td colspan="3">① 按测试电路图进行电路连接，每相负载为交流照明灯泡（220 V/25 W），交流电源的线电压为 220 V，频率为 50 Hz；
② 在对称负载以及不对称负载的情况下测试每相的相电压及线电压、相电流及线电流</td></tr>
</table>

思考讨论>>>

1. 任何情况下中性线都可以省略吗？

2. 中线的作用是________；中线上________（允许/不允许）串联熔断器。

3. RW 4-2 中，为什么要通过三相调压器将 380 V 的市电线电压降为 220 V 的线电压使用。

4. 试分析三相星形连接不对称负载在无中线情况下，当某相负载开路或短路时会出现什么情况。如果接上中线，情况又如何？

知识链接>>>

4.2.2　三相负载星形连接的特点

1. 相电压与线电压的关系

① 数量关系：$U_{线}=\sqrt{3}U_{相}$。

② 相位关系：线电压在相位上超前与之相对应的相电压30°。

2. 相电流与线电流的关系

三相负载作Y形连接时，线电流$\dot{I}_1$与相电流$\dot{I}_P$相等，即

$$\dot{I}_1=\dot{I}_P$$

3. 中线电流的计算

设电源相电压$\dot{U}_A$为参考正弦量，则

$$\dot{U}_A=U_A\angle 0°,\ \dot{U}_B=U_B\angle -120°,\ \dot{U}_C=U_C\angle 120°$$

由于线电流等于相应负载的相电流，则

$$\dot{I}_A=\frac{\dot{U}_A}{Z_A}=\frac{U_A\angle 0°}{|Z_A|\angle\varphi_A}=I_A\angle -\varphi_A$$

$$\dot{I}_B=\frac{\dot{U}_B}{Z_B}=\frac{U_B\angle -120°}{|Z_B|\angle\varphi_B}=I_B\angle -120°-\varphi_B$$

$$\dot{I}_C=\frac{\dot{U}_C}{Z_C}=\frac{U_C\angle 120°}{|Z_C|\angle\varphi_C}=I_B\angle 120°-\varphi_C$$

每相负载中电流的有效值分别为

$$I_A=\frac{U_A}{|Z_A|},\ I_B=\frac{U_B}{|Z_B|},\ I_C=\frac{U_C}{|Z_C|}$$

每相负载中电压与电流之间的相位差分别为

$$\varphi_A=\arctan\frac{X_A}{R_A},\ \varphi_B=\arctan\frac{X_B}{R_B},\ \varphi_C=\arctan\frac{X_C}{R_C}$$

根据基尔霍夫电流定律，可以得到中线电流

$$\dot{I}_N=\dot{I}_A+\dot{I}_B+\dot{I}_C$$

(1) 对称（平衡）负载

因为在三相对称负载中，$|Z_A|=|Z_B|=|Z_C|$，$\varphi_A=\varphi_B=\varphi_C$，所以

$$I_A=I_B=I_C=I_{相}=\frac{U_{相}}{|Z|}$$

$$\varphi_A=\varphi_B=\varphi_C=\varphi=\arctan\frac{X}{R}$$

中线电流

$$\dot{I}_N=\dot{I}_A+\dot{I}_B+\dot{I}_C=0$$

因此，中线可以省略，此时$\dot{U}_{N'N}=0$，每相的电流、电压仅由该相的电源和阻抗决定，各相之间彼此独立。

例 4.2 一组复阻抗 $Z=72+\mathrm{j}54\ \Omega$ 的星形负载接于线电压 $U_l=380$ V 的对称三相电源上，已知各条端线复阻抗均为 $Z_l=8+\mathrm{j}6\ \Omega$，试求负载的相电流。

解：假设电源是星形接法。本题考虑了输电线上的复阻抗 Z_l 也是对称负载，画出电路如图 4-9 所示，若以电源相电压为参考相量。则有

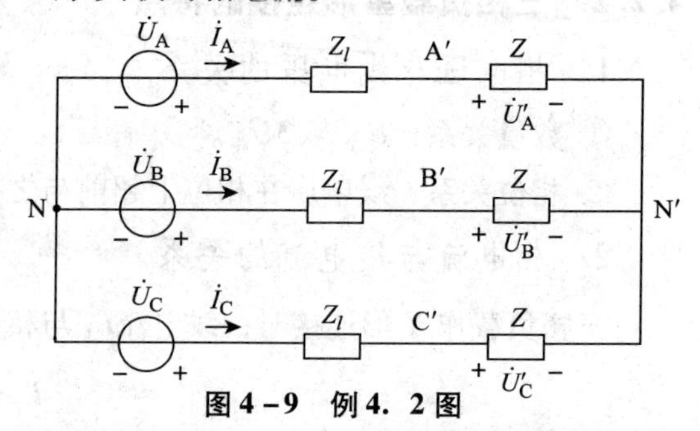

图 4-9 例 4.2 图

$$\dot{U}_A=220\angle 0°\ \mathrm{V}$$

$$\dot{U}_B=220\angle -120°\ \mathrm{V}$$

$$\dot{U}_C=220\angle 120°\ \mathrm{V}$$

由于是对称负载，负载各相电压和电流亦对称，因此只需算出一相电流，其余两相根据对称性可分别写出。

由于 $U_{N'N}=0$，则

所以 $$I_A=\frac{U_A}{Z_l+Z}=\frac{220\angle 0°}{(8+\mathrm{j}6)+(72+\mathrm{j}54)}=2.2\angle -37°\ \mathrm{A}$$

$$I_B=2.2\angle -157°\ \mathrm{A}$$

$$I_C=2.2\angle 83°\ \mathrm{A}$$

负载各相电压分别为

$$\dot{U}_A=Z\dot{I}_A=90\angle 37°\times 2.2\angle -37°=198\angle 0°\ \mathrm{V}$$

$$\dot{U}_B=198\angle -120°\ \mathrm{V}$$

$$\dot{U}_C=198\angle 120°\ \mathrm{V}$$

由计算结果可知负载的相电压低于电源的相电压，这是由于输电线上电压损失造成的。故输电线阻抗越小，线路上的电压损失就越小，负载相电压就越接近电源相电压。

(2) 不对称（平衡）负载

因为在三相不对称负载中，$Z_A\neq Z_B\neq Z_C$，所以

$$\dot{I}_N=\dot{I}_A+\dot{I}_B+\dot{I}_C\neq 0$$

这时中性线就一定不能省略。由图 4-8 可知，若去掉中线，则由弥尔曼定理求得中点电压

$$\dot{U}_{N'N}=\frac{\dfrac{\dot{U}_A}{Z_A}+\dfrac{\dot{U}_B}{Z_B}+\dfrac{\dot{U}_C}{Z_C}}{\dfrac{1}{Z_A}+\dfrac{1}{Z_B}+\dfrac{1}{Z_C}}$$

由于负载不对称，中点电压 $\dot{U}_{N'N}$ 一般不为零。由图 4-10 可知各相负载电压分别为

$$\dot{U}'_A=\dot{U}_A-\dot{U}_{N'N}$$

$$\dot{U}'_B=\dot{U}_B-\dot{U}_{N'N}$$

$$\dot{U}'_C=\dot{U}_C-\dot{U}_{N'N}$$

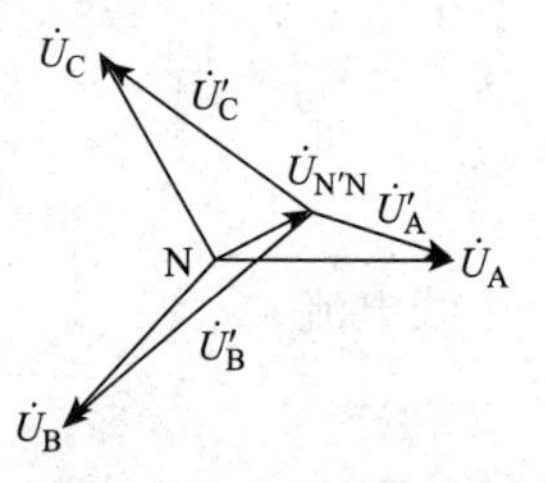

图 4-10 三相不对称负载无中线时相电压相量图

从图4－10可以看出，N′点和N点不重合，这一现象叫做中点位移。中点位移越大会造成负载的相电压越不对称，导致某相负载电压过高，而某些负载电压过低，影响负载的正常工作。实际电路中，若是不对称Y形连接负载，一定要装设中线，且中线的阻抗一定要小，迫使中点电压 $\dot{U}_{N'N}$ 很小（$\dot{U}_{N'N}\approx 0$），以使负载相电压接近对称，确保各相负载正常工作。

一般三相电源对称，输电线阻抗也对称，而负载有时会不对称。例如一般的照明电路，虽然配电时力求使负载平衡的接在电源上，但使用时仍然是不对称的，尤其是发生短路等故障时，更加重了负载的不平衡。这时中线的作用尤为重要，如果没有中线就会造成负载上三相电压不对称，甚至损坏设备。

例4.3　如图4－11所示的三相四线制照明线路中，已知电源线电压是380 V，U_A、U_B、U_C 分别为220 V，$P_A=200$ W、$P_B=P_C=1\,000$ W的白炽灯。试求：① 相电流及中线电流；② 若A相负载断开，其他负载电流将有何变化？③ 若A相负载断开（或短路）且中线也断开，负载各相电压的大小有什么变化？

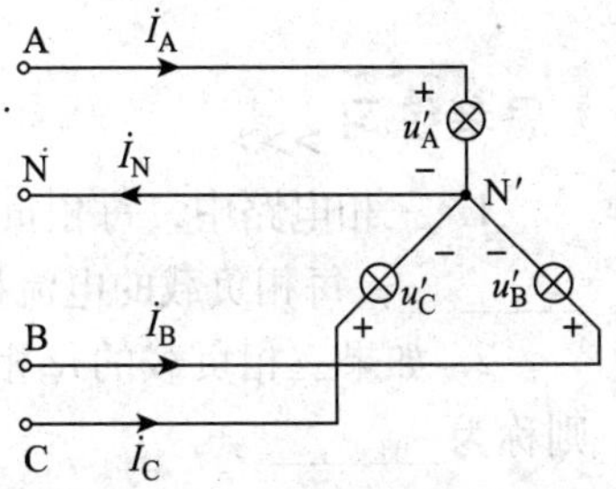

图4－11　例4.3图

解：① 三相白炽灯的电阻分别为

$$R_A=\frac{U_N^2}{P_A}=\frac{220^2}{200}=242\ \Omega$$

$$R_B=R_C=\frac{U_N^2}{P_B}=\frac{220^2}{1\,000}=48.4\ \Omega$$

由题知三相负载是不对称的，在不计端线和中线阻抗时，各相灯泡的电压等于对应各相电源电压。设 $\dot{U}_A=220\angle 0°$ V，则

$$\dot{I}_A=\frac{\dot{U}_A}{R_A}=\frac{220\angle 0°}{242}=0.91\angle 0°\ \text{A}$$

$$\dot{I}_B=\frac{\dot{U}_B}{R_B}=\frac{220\angle -120°}{48.4}=4.55\angle -120°\ \text{A}$$

$$\dot{I}_C=\frac{\dot{U}_C}{R_C}=\frac{220\angle 120°}{48.4}=4.55\angle 120°\ \text{A}$$

由KCL得中线电流

$$\dot{I}_N=\dot{I}_A+\dot{I}_B+\dot{I}_C=0.91\angle 0°+4.55\angle -120°+4.55\angle 120°=-3.64\ \text{A}$$

② A相负载断开后，$\dot{I}_A=0$。但由于中线的存在，B、C两相的电压不变，因此其相电流 $\dot{I}_B$、$\dot{I}_C$ 不变，变了的是中线电流。

③ 若A相负载断开且中线也断开，这时电路和A相电源断开，B相和C相的灯泡串联后接于线电压 $U_{BC}=380$ V的电源上，两相电压根据串联电路电压的分配原则分配，由于 $R_B=R_C$，故 $U_B=U_C=\frac{1}{2}U_{BC}=190$ V。

若A相负载短路且中线也断开，此时负载中点N′即为A点，各相负载电压分别为

$$\dot{U}_A=0$$

$$\dot{U}_B=\dot{U}_{BA}=-\dot{U}_{AB}$$

$$\dot{U}_C=\dot{U}_{CA}$$

即负载上电压的大小分别为

$$U_A = 0$$

$$U_B = U_C = U_l = 380\ \text{V}$$

可见，这时B相和C相的电压已达线电压，超过灯泡的额定电压。

由此可以看出，负载对称且没有中线时，负载的相电压都是对称的；而负载不对称又没有中线时，负载的相电压就不对称了，这样也就不能保证负载正常工作。可见中线的作用就在于使星形连接的不对称负载的相电压对称，因此在负载不对称时就不应让中线断开。所以，中线上是不允许接入熔断器和刀开关的。

思考练习>>>

1. 三相电路中，每相负载两端的电压为负载的________，每相负载的电流称为________。

2. 如果三相负载的每相负载的复阻抗都相同，则称为________。

3. 图4-12为对称星形连接三相电路，线电压$U_l = 220$ V。在此图中若中性线断开，则电压表的读数为________V；若C相负载发生断路，则此时电压表读数为________V；若中性线及C相负载发生断路，则此时电压表读数为________V。

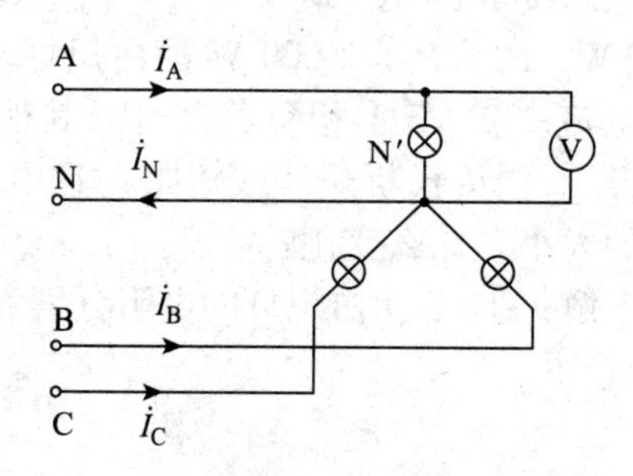

图4-12 题3图

4. 负载星形连接的三相四线制供电系统中，电源线电压$\dot{U}_{AB} = 380\angle 30°$V，负载阻抗分别为$Z_A = 11\ \Omega$，$Z_B = \text{j}22\ \Omega$，$Z_C = (20 - \text{j}20)\ \Omega$，则相电流$\dot{I}_A =$______，$\dot{I}_B =$______，$\dot{I}_C =$________，中性线电流$\dot{I}_N =$________。

任务4.3 负载三角形连接

任务描述>>>

三相负载的另一种连接方式就是三角形连接。以三组白炽灯泡为负载作三角形连接，测量负载的相电压、线电压、相电流、线电流，并对对称和不对称负载加以比较。试试看，由此能找到负载三角形连接电路的什么特点。

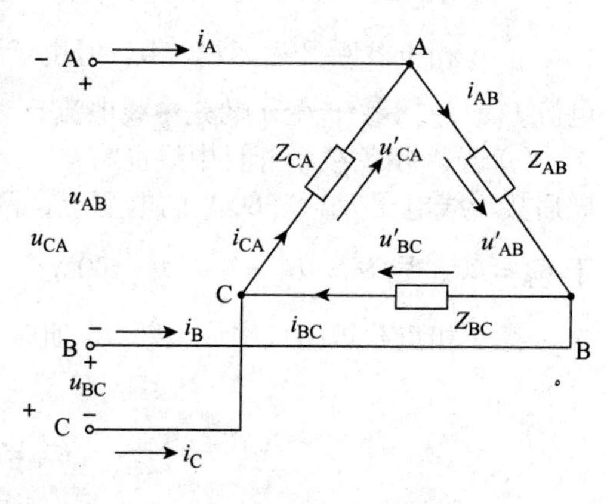

图4-13 负载的△形连接

知识链接>>>

4.3.1 三相负载的三角形连接

三相负载作△形连接时如图4-13所示，同样把负载两端的电压称为负载的相电压，即

u_{AB}'、u_{BC}'、u_{CA}'；通过负载的电流称为负载的相电流，即 i_{AB}、i_{BC}、i_{CA}。

1. 线电压与负载相电压的关系

由图4－13可以看出，三相负载作△形连接时，无论负载对称与否，负载相电压都等于电源线电压，即

$$u_{AB}' = u_{AB}$$
$$u_{BC}' = u_{BC}$$
$$u_{CA}' = u_{CA}$$

2. 线电流与负载相电流的关系

由图4－13可知，负载各相电流分别为

$$\left.\begin{aligned}\dot{I}_{AB} &= \frac{\dot{U}_{AB}}{Z_{AB}}\\ \dot{I}_{BC} &= \frac{\dot{U}_{BC}}{Z_{BC}}\\ \dot{I}_{CA} &= \frac{\dot{U}_{CA}}{Z_{CA}}\end{aligned}\right\} \tag{4-1}$$

由图可知，负载的相电流 i_{AB}、i_{BC}、i_{CA} 显然并不等于对应的线电流，两者之间的关系为

$$\left.\begin{aligned}\dot{I}_{A} &= \dot{I}_{AB} - \dot{I}_{CA}\\ \dot{I}_{B} &= \dot{I}_{BC} - \dot{I}_{AB}\\ \dot{I}_{C} &= \dot{I}_{CA} - \dot{I}_{BC}\end{aligned}\right\} \tag{4-2}$$

（1）对称（平衡）负载

在电源对称的情况下，负载相电压也对称，由式（4－1）可得负载相电流也是对称的。它们与三个线电流的关系相量如图4－14所示。由相量图可见

$$\dot{I}_{A} = \dot{I}_{AB} - \dot{I}_{CA} = \sqrt{3}\dot{I}_{AB}\angle -30°$$
$$\dot{I}_{B} = \dot{I}_{BC} - \dot{I}_{AB} = \sqrt{3}\dot{I}_{BC}\angle -30°$$
$$\dot{I}_{C} = \dot{I}_{CA} - \dot{I}_{BC} = \sqrt{3}\dot{I}_{CA}\angle -30°$$

这时的三个线电流也是对称的，且线电流与相电流的数量关系为 $I_{线} = \sqrt{3}I_{相}$；相位关系为线电流在相位上滞后与之相对应的相电流30°。

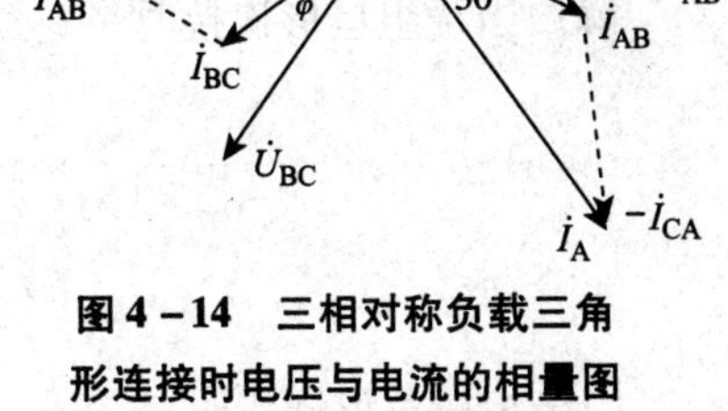

图4－14　三相对称负载三角形连接时电压与电流的相量图

（2）不对称负载

三相不对称负载做三角形连接时，若不计端线阻抗，负载相电压总是等于电源线电压。由式（4－1）可知负载相电流是不对称的，因而线电流也是不对称的，其值可由式（4－2）计算。若某一相负载断开，并不影响其他两相的工作。

例 4.4 有三个 100 Ω 的电阻，将它们连接成三角形接到线电压为 380 Ω 的对称三相电源上。若端线上阻抗忽略不计，试求线电压、相电压、线电流和相电流各是多少。

解：负载作三角形连接，电源的线电压为

$$U_{l}=380\ \text{V}$$

负载的相电压等于线电压，即

$$U_{p}=U_{l}=380\ \text{V}$$

由于是负载对称，负载的各相电流大小相等，即

$$I_{p}=\frac{U_{p}}{R}=\frac{380}{100}=3.8\ \text{A}$$

对称负载的线电流为相电流的$\sqrt{3}$倍，即

$$I_{l}=\sqrt{3}I_{p}=\sqrt{3}\times 3.8=6.58\ \text{A}$$

实际电路中负载接成星形还是三角形取决于负载的额定电压，图 4－15 是实际负载接线图。

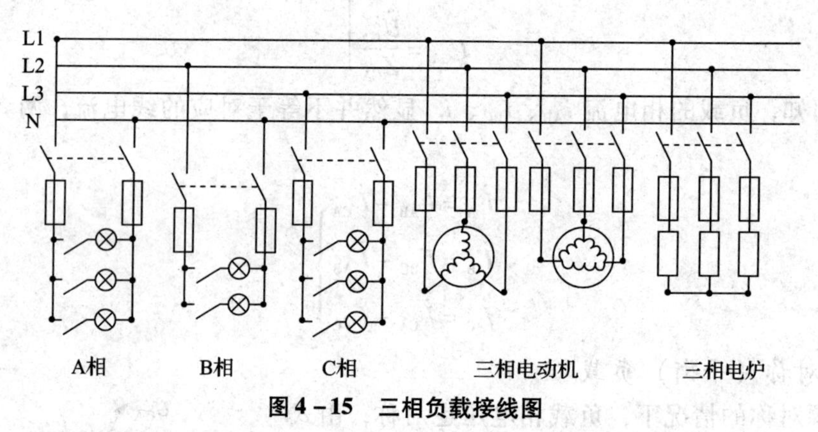

图 4－15 三相负载接线图

例 4.5 大功率三相电动机启动时，由于启动电流较大而采用降压启动，其方法之一是先把电动机三相绕组接成星形，正常运行后改接为三角形，称为 Y—△启动。试比较当绕组星形连接和三角形连接时相电流的比值及线电流的比值。

解：当绕组星形连接时

$$U_{\text{Yp}}=\frac{U_{l}}{\sqrt{3}}$$

$$I_{\text{Y}l}=I_{\text{Yp}}=\frac{U_{\text{Yp}}}{|Z|}=\frac{U_{l}}{\sqrt{3}|Z|}$$

当绕组三角形连接时

$$U_{\triangle\text{p}}=U_{l}$$

$$I_{\triangle\text{p}}=\frac{U_{\triangle\text{p}}}{|Z|}=\frac{U_{l}}{|Z|}$$

$$I_{\triangle l}=\sqrt{3}I_{\triangle\text{p}}=\frac{\sqrt{3}U_{l}}{|Z|}$$

所以，两种接法相电流的比值

$$\frac{I_{Yp}}{I_{\triangle p}}=\frac{\dfrac{U_1}{\sqrt{3}\,|Z|}}{\dfrac{U_1}{|Z|}}=\frac{1}{\sqrt{3}}$$

线电流的比值

$$\frac{I_{Yl}}{I_{\triangle l}}=\frac{\dfrac{U_1}{\sqrt{3}\,|Z|}}{\dfrac{\sqrt{3}U_1}{|Z|}}=\frac{1}{3}$$

由此可见采用Y—△启动时，启动电流只有直接启动时的1/3，有效限制了启动电流。

任务实施>>>

表4-3　三相负载三角形连接的测试

RW 4-3

任务内容	① 三相负载△连接方式； ② 测量三相负载时的相电压、线电压、相电流及线电流		
测试设备	设备名称	型号或规格	数量
	三相负载（三组白炽灯）		9只
	交流电压表		1只
	交流电流表		1只
	电工电路综合实训台（三相交流电源）		1套
测试电路	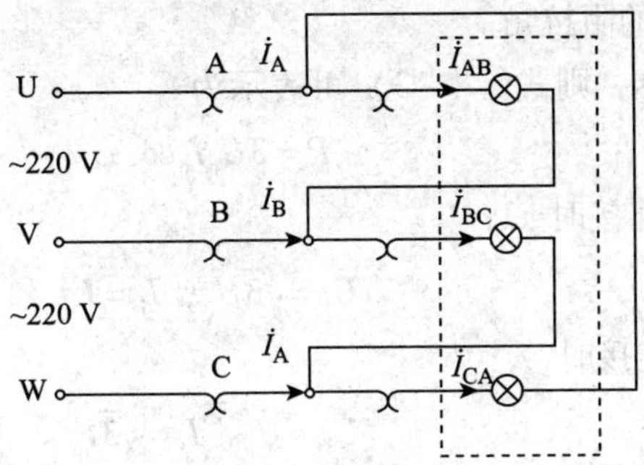 U　A　$\dot{I}_A$　$\dot{I}_{AB}$ ~220 V V　B　$\dot{I}_B$　$\dot{I}_{BC}$ ~220 V W　C　$\dot{I}_A$　$\dot{I}_{CA}$ 电路说明： ① 三相对称负载，即 $Z_A=Z_B=Z_C=$ 交流灯泡的复阻抗（220 V/25 W）； ② 三相负载接到三相电源上		
测试程序	① 按图接线，三相负载为电阻性负载，每相负载为交流照明灯泡（220 V/25 W），交流电源的线电压为220 V，频率为50 Hz； ② 分对称和不对称负载两种情况，测试每相的相电压及线电压、相电流及线电流		

思考讨论>>>

1. 三相对称负载作△连接时，在数值上，线电压与相电压有什么关系？如果负载不对称，上述结论成立吗？

2. 三相对称负载作△连接时，线电流与相电流有什么关系？如果负载不对称，上述结论成立吗？

3. 图 4-16 所示的三相对称电路中，电流表读数都是 5 A，此时若图中 P 点处发生断路，则各电流表读数：A_1 表为______A，A_2 表为______A。

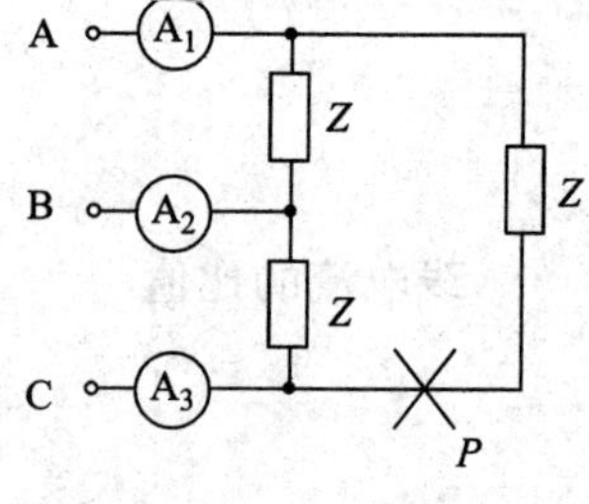

图 4-16 题图

任务 4.4 三相电路的功率

任务描述>>>

学习了三相负载的电流和电压的测量以及分析计算，那么三相负载的功率如何计算呢？能用仪表测出三相负载的功率吗？如何测量？

知识链接>>>

4.4.1 三相电路总的功率

三相电路总的有功功率等于各相有功功率之和，即

$$P=P_A+P_B+P_C=U_AI_A\cos\varphi_A+U_BI_B\cos\varphi_B+U_CI_C\cos\varphi_C \tag{4-3}$$

其中：U_A、U_B、U_C 分别为负载各相电压有效值；I_A、I_B、I_C 分别为各相电流有效值；φ_A、φ_B、φ_C 为各相负载的阻抗角。

若三相负载对称，则式（4-3）可表示为

$$P=3U_pI_p\cos\varphi \tag{4-4}$$

当对称负载 Y 连接时

$$U_l=\sqrt{3}U_p,\ I_l=I_p$$

当对称负载△连接时

$$U_l=U_p,\ I_l=\sqrt{3}I_p$$

即无论负载是星形连接还是三角形连接都有 $3U_pI_p=\sqrt{3}U_lI_l$，因此式（4-4）又可写成

$$P=3U_pI_p\cos\varphi=\sqrt{3}U_lI_l\cos\varphi$$

故在对称三相电路中，无论负载接成星形还是三角形，总有功功率均为

$$P=\sqrt{3}U_lI_l\cos\varphi \tag{4-5}$$

式中：U_l、I_l 分别为线电压和线电流，而 φ 则是相电压与相电流的相位差，由负载的阻抗参数决定；$\cos\varphi$ 称为三相电路的功率因数。

三相电路总的无功功率也等于三相无功功率之和，在对称三相电路中，三相无功功率

$$Q = 3U_{\mathrm{p}}I_{\mathrm{p}}\sin\varphi = \sqrt{3}U_{\mathrm{l}}I_{\mathrm{l}}\sin\varphi \tag{4-6}$$

而三相视在功率

$$S = \sqrt{P^2 + Q^2} \tag{4-7}$$

一般情况下，三相负载的视在功率不等于各相视在功率之和。只有在负载对称时，对称三相负载的视在功率

$$S = 3U_{\mathrm{p}}I_{\mathrm{p}} = \sqrt{3}U_{\mathrm{l}}I_{\mathrm{l}} \tag{4-8}$$

例 4.6　一对称三相负载作星形连接，每相负载 $Z = R + \mathrm{j}X = 6 + \mathrm{j}8\ \Omega$。已知 $U_{\mathrm{l}} = 380\ \mathrm{V}$，求三相电路功率因数和总的有功功率 P、无功功率 Q、视在功率 S。

解：每相负载的功率因数

$$\cos\varphi = \frac{R}{|Z|} = \frac{6}{\sqrt{6^2 + 8^2}} = 0.6$$

相电压

$$U_{\mathrm{p}} = \frac{U_{\mathrm{l}}}{\sqrt{3}} = \frac{380}{\sqrt{3}} = 220\ \mathrm{V}$$

负载相电流

$$I_{\mathrm{p}} = \frac{U_{\mathrm{p}}}{|Z|} = \frac{220}{10} = 22\ \mathrm{A}$$

有功功率

$$P = 3U_{\mathrm{p}}I_{\mathrm{p}}\cos\varphi = 3 \times 220 \times 22 \times 0.6 = 8.7\ \mathrm{kW}$$

或

$$P = \sqrt{3}U_{\mathrm{l}}I_{\mathrm{l}}\cos\varphi = \sqrt{3} \times 380 \times 22 \times 0.6 = 8.7\ \mathrm{kW}$$

$$P = 3 \times I_{\mathrm{p}}^2 \times R = 3 \times 22^2 \times 6 = 8.7\ \mathrm{kW}$$

无功功率

$$Q = 3U_{\mathrm{p}}I_{\mathrm{p}}\sin\varphi = 3 \times 220 \times 22 \times 0.8 = 11.6\ \mathrm{kW}$$

视在功率

$$S = 3U_{\mathrm{p}}I_{\mathrm{p}} = 3 \times 220 \times 22 = 14.5\ \mathrm{kW}$$

4.4.2　三相功率的测量

1. 用一瓦特表法测对称负载功率

在三相四线制电路中，当电源和负载都对称时，由于各相功率相等，只要用一只功率表测量出任一相负载的功率即可，接法如图 4-17 所示，$P = 3P_{\mathrm{A}}$。若是不对称负载，则 $P = P_{\mathrm{A}} + P_{\mathrm{B}} + P_{\mathrm{C}}$。

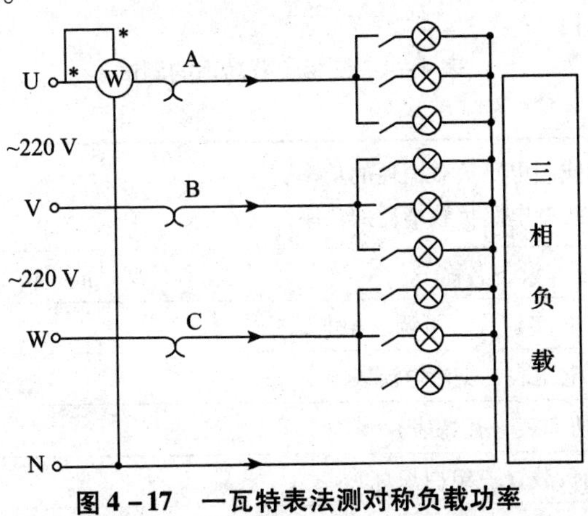

图 4-17　一瓦特表法测对称负载功率

2. 用二瓦特表法测定三相负载的总功率

对于三相三线制电路，不论负载对称与否，两表读数之和都等于三相总有功功率，即

$$P = P_1 + P_2$$

如图 4-18 所示，将负载接成三角形，通过下面的例题来了解为什么有这一结论。

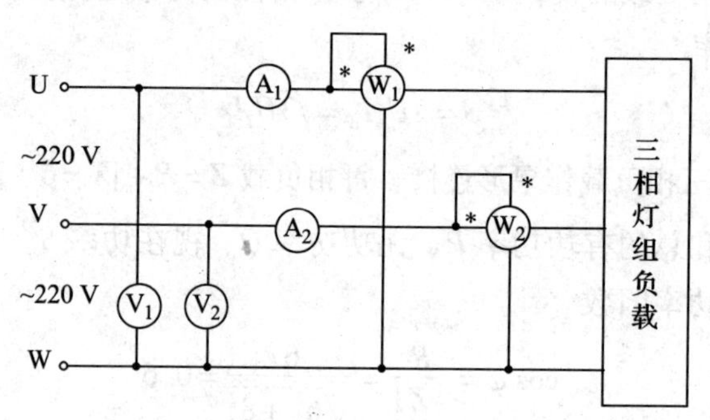

图 4-18 二瓦特表法测定三相负载的总功率

例 4.7 三相电动机电路如图 4-19 所示，证明两功率表读数之和即为三相电动机总功率。

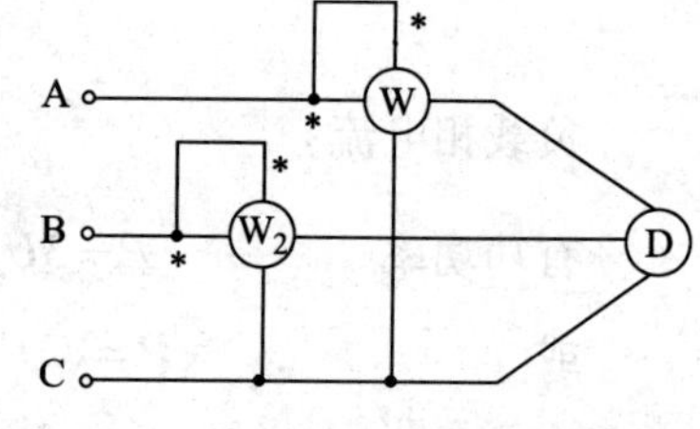

图 4-19 例 4.7 图

证明： 功率表 1 的读数

$$P_1 = I_A U_{AC} \cos(30° - \varphi)$$

式中：φ 为阻抗角。

功率表 2 的读数

$$P_2 = I_B U_{BC} \cos(30° + \varphi)$$

则

$$\begin{aligned} P_1 + P_2 &= U_{AC} I_A \cos(30° - \varphi) + U_{BC} I_B \cos(30° + \varphi) \\ &= U_l I_l [\cos(30° - \varphi) + \cos(30° + \varphi)] \\ &= U_l I_l [\cos 30° \cos \varphi + \sin 30° \sin \varphi + \cos 30° \cos \varphi - \sin 30° \sin \varphi] \\ &= \sqrt{3} U_l I_l \cos \varphi \end{aligned}$$

即两功率表读数之和为三相电动机总功率。

任务实施>>>

表 4-4 三相负载功率的测试

RW 4-4

任务内容	① 测量三相四线制电路负载消耗的功率； ② 测量三相三线制电路负载消耗的功率		
测试设备	设备名称	型号或规格	数量
	电工电路综合实训台（可调三相电源）		1 套
	交流电压表、交流电流表		1 只
	功率表（瓦特表）		2 只
	三相负载（三组白炽灯）		9 只

续表

测试电路	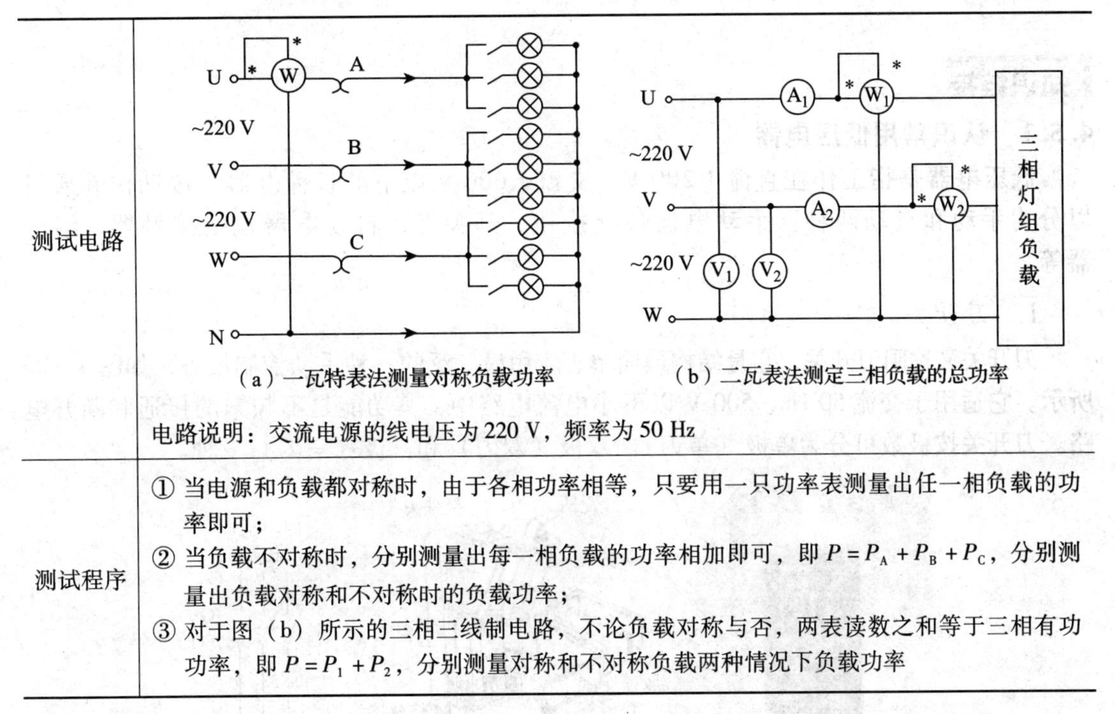 （a）一瓦特表法测量对称负载功率 （b）二瓦表法测定三相负载的总功率 电路说明：交流电源的线电压为 220 V，频率为 50 Hz
测试程序	① 当电源和负载都对称时，由于各相功率相等，只要用一只功率表测量出任一相负载的功率即可； ② 当负载不对称时，分别测量出每一相负载的功率相加即可，即 $P=P_A+P_B+P_C$，分别测量出负载对称和不对称时的负载功率； ③ 对于图（b）所示的三相三线制电路，不论负载对称与否，两表读数之和等于三相有功功率，即 $P=P_1+P_2$，分别测量对称和不对称负载两种情况下负载功率

思考讨论>>>

1. 在对称三相电路中，电源线电压 $\dot{U}_{AB}=380\angle 0°$ V，负载为三角形连接时，负载相电流 $\dot{I}_{AB}=38\angle 30°$ A，则每相复阻抗 $Z_p=$ ________，功率因数 $\cos\varphi=$ ________，负载的相电压 $U_p=$ ________，相电流 I_p ________，总功率 $P_\triangle=$ ________；电源不变，该负载作星形连接时，负载线电压 $U_l=$ ________，线电流 $I_l=$ ________，总功率 $P_Y=$ ________。

2. 三相负载平衡（对称）时，三相负载功率是多少？三相负载不平衡（对称）时，三相负载功率又是多少？

3. 二瓦特表法为什么能测量三相负载的功率，其中的 W_1 是 A 相负载的功率吗？

任务4.5 三相异步电动机的正反转控制电路实施

任务描述>>>

电动机的种类很多，就其电源不同来分，有直流电动机和交流电动机两种。交流电动机中的三相异步电动机以其结构简单、制造方便、价格低廉、运行可靠而在工农业生产及交通运输中得到了广泛应用。在电力拖动装置中，各种生产机械经常要求具有上下、左右、前后等正反两个方向的运动，这就要求拖动电动机正、反向转动。要实现三相异步电动机的正反转，只要把连接到三相电源的三根相线中任意两根对调，即改变三相电源的相序，也就改变了电动机的转向。那么如何去实现三相异步电动机的正反转控制呢?

知识链接>>>

4.5.1 认识常用低压电器

低压电器是指工作在直流 1 200 V、交流 1 000 V 以下的各种电器。按动作性质可以分为手动和自动两种：手动电器包括按钮、开关等；自动电器包括接触器、继电器等。

1. 刀开关

刀开关又称闸刀开关，它是结构最简单、应用最广泛的一种手动控制设备，如图 4 - 20 所示。它适用于交流 50 Hz、500 V 以下小电流电路中，其功能是不频繁的接通和断开电路。刀开关按极数可分为单极（单刀）、双极（双刀）和三极（三刀）三种。

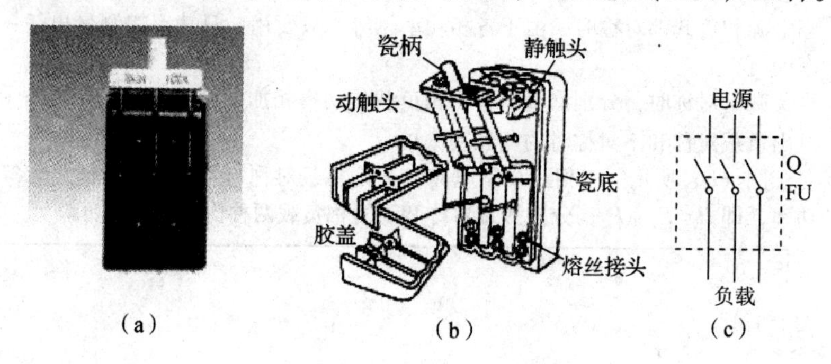

图 4 - 20 闸刀开关

(a) 外形 (b) 结构 (c) 符号

2. 自动空气开关

自动空气开关也叫自动空气断路器，是一种既可接通分断电路，又能对负荷电路进行自动保护的低压电器，能实现短路、过载和失压保护，如图 4 - 21 所示。它的特点是动作后不必更换元件、工作可靠、运行安全、操作方便、断流能力大。

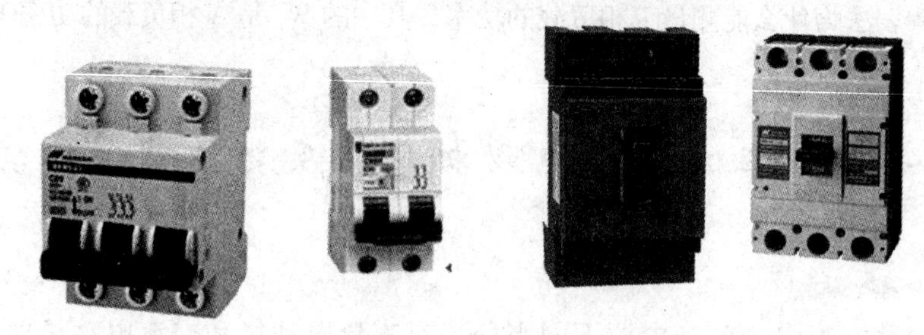

图 4 - 21 自动空气开关外形图

常用的 DZ 系列自动空气开关外形和结构原理如图 4 - 22 所示。自动空气开关的主触点是靠手动操作或电动合闸的。主触点闭合后，自由脱扣器将主触点锁在合闸位置上，过电流脱扣器的线圈和热脱扣器的热元件与主电路串联，欠电压脱扣器的线圈和电源并联。当电路发生短路或严重过载时，与主电路串联的电磁脱扣器线圈就会产生较强的电磁吸力，把衔铁向上吸引而顶开搭钩，主触点断开主电路。当电路过载时，热脱扣器的热元件发热使双金属片上弯曲，推动自由脱扣器动作。当电路欠电压时，欠电压脱扣器的衔铁释放，也使自由脱扣器动作，切断电源。分励脱扣器则作为远距离控制用，在正常工作时，其线圈是断电的，在需要距离控制时，按下启动按钮，使线圈通电，衔铁带动自由脱扣机构动作，使主触点断开。

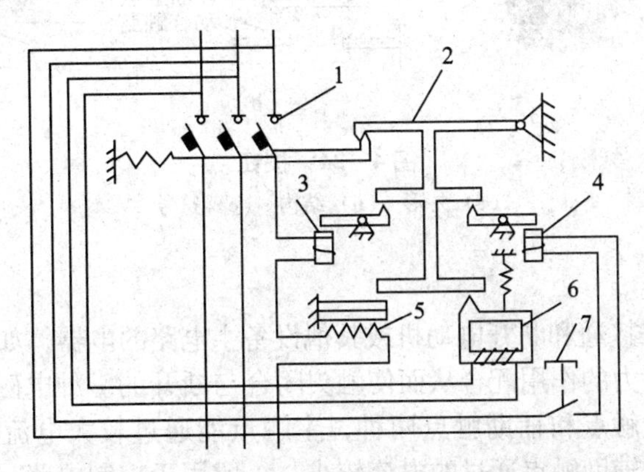

图4－22　*DZ*系列自动空气开关结构原理图

1—主触头；2—自由脱扣器；3—过电流脱扣器；4—分励脱扣器；
5—热脱扣器；6—欠电压脱扣器；7—按钮

3. 熔断器

熔断器是电路中最常用的短路保护器，串联在被保护电路中，正常情况下相当于一根导线，一旦发生短路或严重过载时，由于电路中电流增大，熔断器中的熔丝或熔片就会因过热而熔断，自动将电路切断。常用的熔断器有瓷插式、螺旋式、无填料封闭管式、有填料封闭管式等几种。熔断器的外形及符号如图4－23所示。

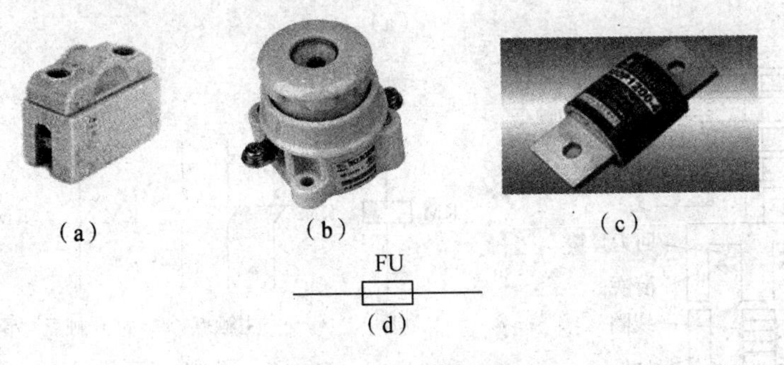

图4－23　熔断器

(a) 瓷插式熔断器　(b) 螺旋式熔断器　(c) 填料封闭管式熔断器　(d) 符号

4. 按钮

按钮通常用于接通和断开小电流的控制回路，如接触器、继电器的吸引线圈电路。将按钮按下时动合触点被接通，以接通某个控制回路；而动断触点则被断开，以断开另一个控制回路；当松手时，靠弹簧的作用立刻恢复到原来的状态。按钮的外形、结构及符号如图4－24所示。

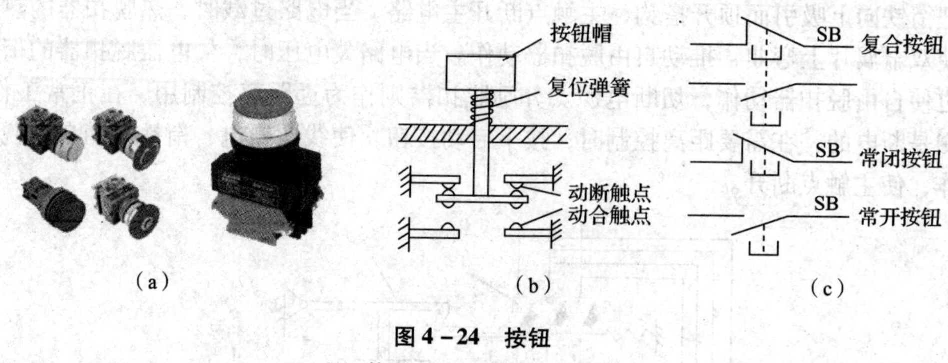

图 4-24 按钮
(a) 外形 (b) 结构 (c) 符号

5. 交流接触器

交流接触器是用来接通和断开电动机或其他设备主电路的电器，如图 4-25 所示，它是利用电磁吸力及弹簧反力的作用配合从而使触头闭合与断开的一种电磁式自动切换电器。交流接触器的触点分为主触点和辅助触点两种，主触点能通过较大电流，通常为三对常开触头，用于通断主电路；辅助触点通过的电流较小，一般用于控制电路，起电气联锁作用，一般有常开、常闭触点各两对。当吸引线圈通电后，线圈电流产生磁场，使静铁芯产生吸力吸引动铁芯，并带动触头动作使常闭触头断开、常开触头闭合，两者联动。当线圈断电时，电磁力消失，衔铁在弹簧作用下使触头复原，即常开触头恢复断开、常闭触头恢复闭合。交流接触器在电力拖动和自动控制系统中应用非常广泛，每小时可开闭几百次。

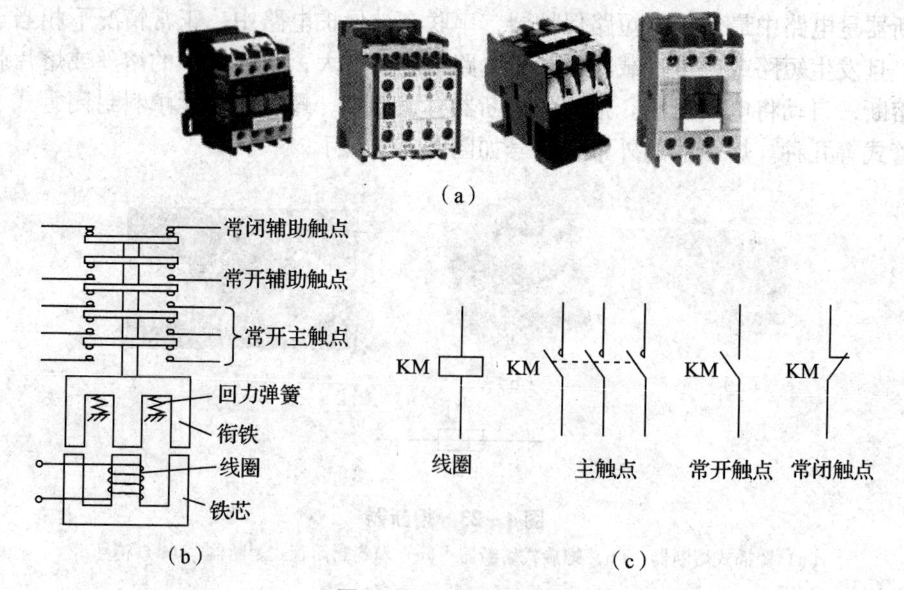

图 4-25 交流接触器
(a) 交流接触器外形 (b) 交流接触器结构示意图 (c) 符号

6. 热继电器

热继电器是利用电流发热元件所产生的热量使双金属片受热弯曲而推动触点动作的一种保护电器，如图 4-26 所示。它主要用于电动机的过载保护、断相保护、电流不平衡状态的控制，也可用于其他电器设备发热状态的控制。

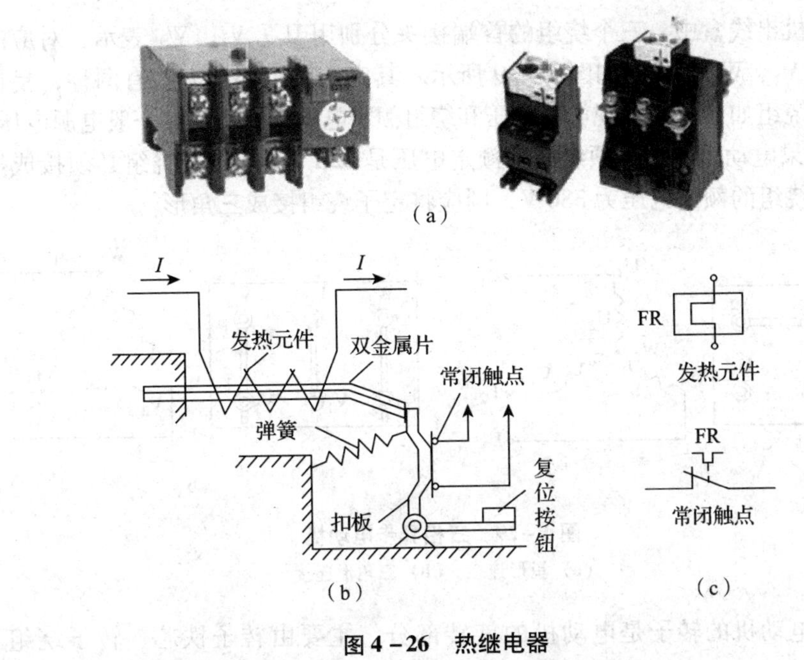

图4－26　热继电器

(a) 热继电器外形　(b) 热继电器动作原理图　(c) 符号

图4－26 (b) 中双金属片的下层金属膨胀系数大，上层的膨胀系数小。当主电路中电流 I 超过容许值而使双金属片受热时，双金属片的自由端便向上弯曲超出扣板，扣板在弹簧的拉力下将常闭触点断开。常闭触点接在电动机的控制电路中，控制电路断开便使接触器的线圈断电，从而断开电动机的主电路。

4.5.2　认识三相异步电动机

三相异步电动机如图4－27所示，它是所有电动机中应用最广泛的一种。例如一般机床、起重机、传送带、鼓风机、水泵等都普遍使用三相异步电动机。

图4－27　三相异步电动机外形

1. 结构

三相异步电动机主要由定子部分和转子部分组成。定子部分是电动机的固定部分，一般由定子铁芯、定子绕组和机座、端盖等组成，定子铁芯是由相互绝缘的硅钢片叠制而成的圆筒，如图4－28所示。圆筒内部表面均匀分布一些槽，槽内嵌放三组绕组，即定子绕组，绕组与铁芯间有良好绝缘。三组绕组有六个出线端，

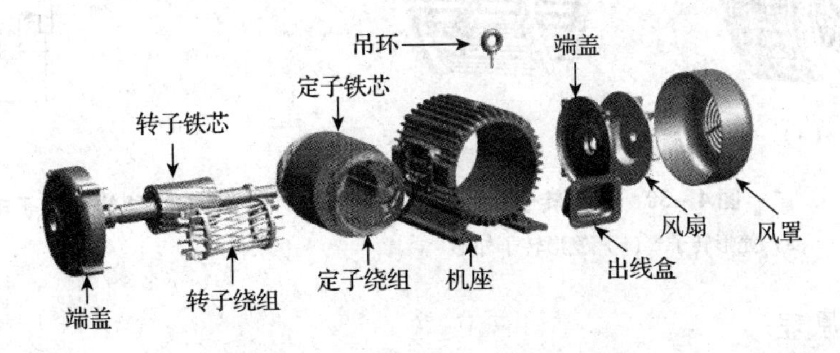

图4－28　三相鼠笼式异步电动机结构

通常接在电动机出线盒中，三个绕组的首端接头分别用 U_1、V_1、W_1 表示，对应的末端接头分别用 U_2、V_2、W_2 表示，如图 4－29 所示。其定子绕组接线方式有两种，星形和三角形连接。定子绕组如何接线须视电源电压和绕组额定电压情况而定。一般电源电压为 380 V（线电压），如果电动机定子各项绕组的额定电压是 220 V，则定子绕组必须接成星形；如果电动机各项绕组的额定电压为 380 V，则应将定子绕组接成三角形。

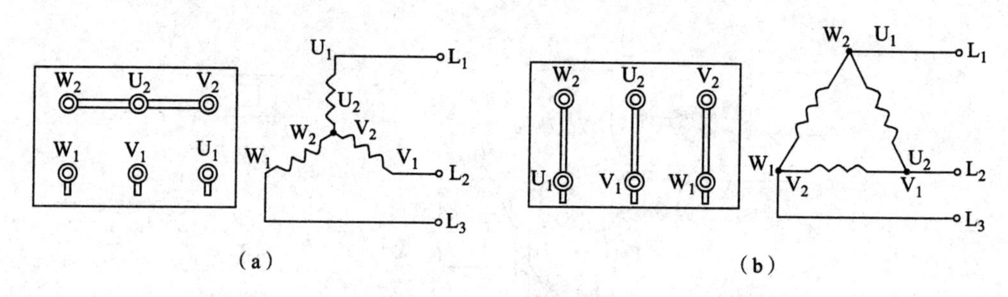

图 4－29　三相异步电动机

（a）星形连接　（b）三角形连接

三相异步电动机的转子是电动机的旋转部分，主要由转子铁芯、转子绕组、转轴、风扇等组成。转轴固定在转子铁芯中央；转子铁芯是由硅钢片叠成的圆柱体，铁芯外表面均匀分布一些槽，用来放置转子绕组；转子绕组有鼠笼形和绕线形两种结构。笼形转子绕组是由嵌在转子铁芯槽内的若干铜条或铝条组成的，两端分别焊接在两个短接的端环上。如果去掉铁芯，整个转子绕组的外形就像一个笼子，如图 4－30 所示，故称笼形转子。

绕线转子的绕组与定子绕组相似，在转子铁芯槽内嵌放对称三组绕组并作星形连接。三组绕组的三个尾端连接在一起，三个首端分别接到装在转轴上的三个铜制集电环上，通过电刷与外电路的可变电阻器相连接，如图 4－31 所示，以便改善电动机的启动和调速性能。绕线转子异步电动机由于结构复杂、价格较高，一般只用于对启动和调速有较高要求的场合，如立式车床、起重机等。实际生产中大多还是采用笼形异步电动机。

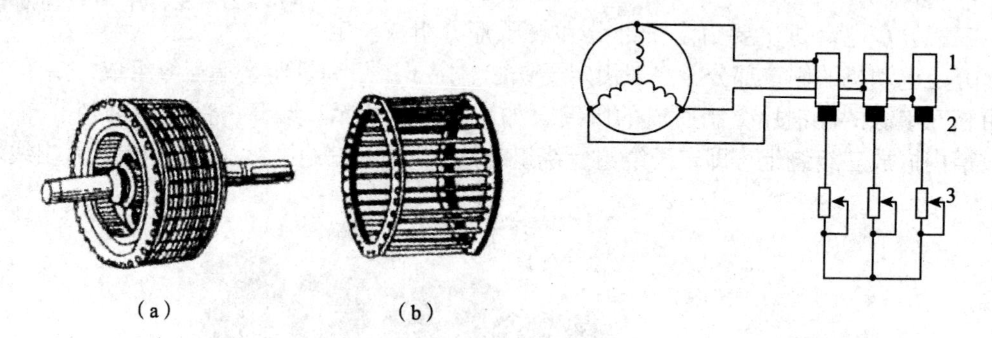

图 4－30　笼形转子

（a）笼形转子　（b）笼形转子外形

图 4－31　绕线形转子电路

2. 转动原理

图 4－32（a）是一个最简单的定子绕组原理图，三相绕组为 U_1U_2，V_1V_2 和 W_1W_2。

设将三相绕组连接成星形接在三相电源上，绕组中通入如图4－32（b）所示的三相对称电流，则有

$$i_U = I_m \sin \omega t$$
$$i_V = I_m \sin(\omega t - 120°)$$
$$i_W = I_m \sin(\omega t + 120°)$$

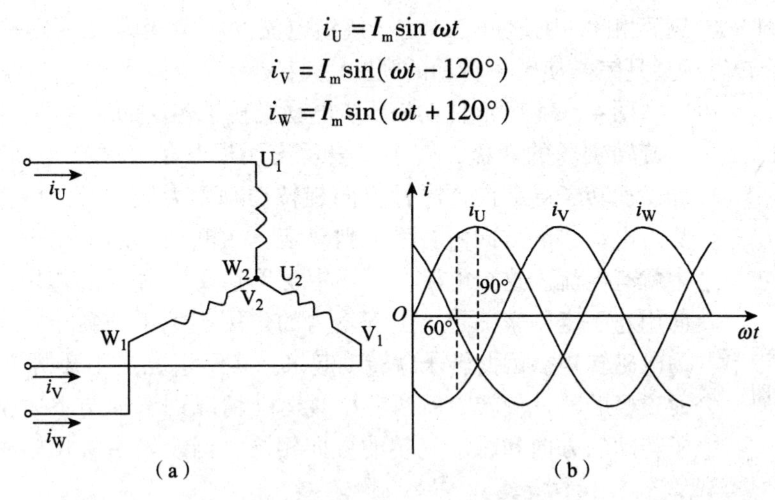

图4－32　转动原理

（a）连接方式　（b）三相对称电流

取绕组始端到末端的方向作为电流的参考方向。在电流的正半周时，其值为正，实际方向与参考方向一致；在负半周时，其值为负，实际方向与参考方向相反。

在 $\omega t = 0$ 的瞬时，定子绕组中的电流方向由4－33（a）可知：$i_U = 0$；$i_V < 0$，其方向与参考方向相反，即自 V_2 到 V_1；$i_W > 0$，其方向与参考方向相同，即自 W_1 到 W_2。将每相电流所产生的磁场叠加，得出三相电流的合成磁场方向如图4－33（b）所示，合成磁场轴线的方向是自上而下。

用同样方法可画出 ωt 为120°、240°、360°时，各相电流及合成磁场的方向如图4－33（c）、（d）、（e）所示，当 $\omega t = 360°$时与 $\omega t = 0$ 时的情况完全相同。

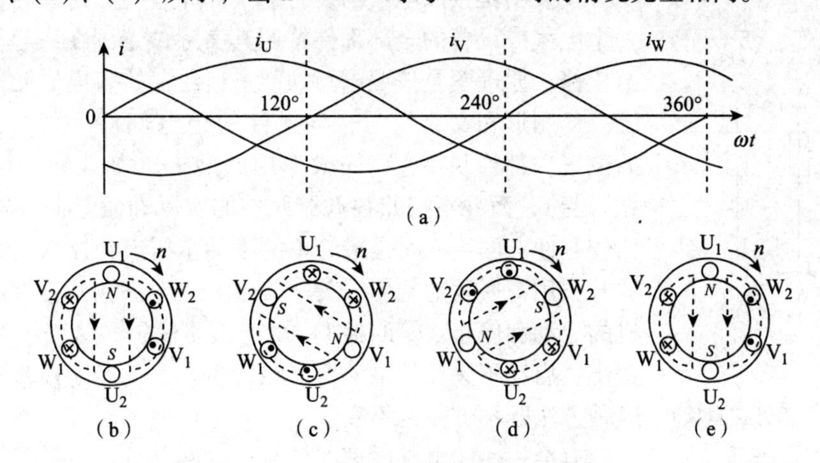

图4－33　三相电流及产生的旋转磁场

（a）电流　（b）$\omega t = 0$　（c）$\omega t = 120°$　（d）$\omega t = 240°$　（e）$\omega t = 360°$

由上可知，当正弦交流电变化一周时，合成磁场在空间也正好旋转了一周，这就是旋转磁场。

上述三相电流出现正负值的顺序为 U→V→W，产生的磁场旋转方向是顺时针；如果三相电流的相序改变，即将定子绕组同三相电源连接的三根导线中的任意两根的一端对调位置（如对调 V 与 W 两相），则通过三相定子绕组电流的相序变为 U→W→V，旋转磁场因此反转。旋转磁场又是怎样使转子转动的呢？

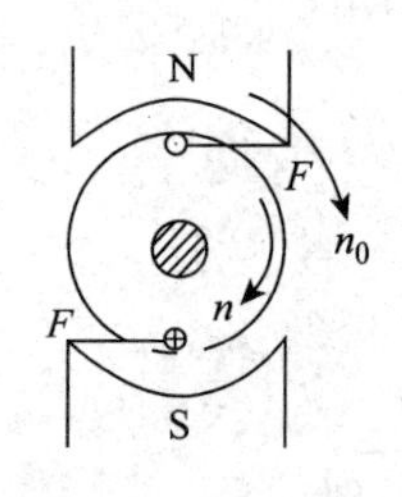

图 4－34　转子转动的原理图

图 4－34 所示是三相异步电动机转子转动的原理图，图中 N、S 表示旋转磁场的两极，转子只表示出两根导条（铜或铝）。假设磁极不动，而转子导条向逆时针方向旋转切割磁力线，导条中就有感应电动势。电动势的方向由右手定则确定。在电动势的作用下，闭合的导条中就有电流。这个电流在磁场中要受到安培力 F 的作用，安培力的方向用左手定则来确定。由安培力的作用产生了使转子转动的转矩，称为电磁转矩。因此转子就转动起来。实际情况是刚开始转子导条不动，而磁极顺时针旋转，就两者相对运动情况而言，与上述情况一样。转子转动的方向和磁极旋转的方向相同，当旋转磁场反转时，电动机也跟着反转。

但转子转动的速度不可能达到磁场旋转的速度，因为如果转子的转速与旋转磁场转速相等，两者之间就没有相对运动，转子电动势、转子电流及电磁转矩就都不存在，转子也就不可能继续转动。所以，转子的转速与旋转磁场转速之间必须有差别，这就是异步电动机的由来。

4.5.3　启动控制电路

前面已经认识了三相异步电动机，那么如何实现电动机的控制呢？

三相异步电动机的基本运行控制包括启动、调速、反转和制动。其详细内容将在后续课程中学习，这里初步认识一下三相异步电动机的直接启动电路。

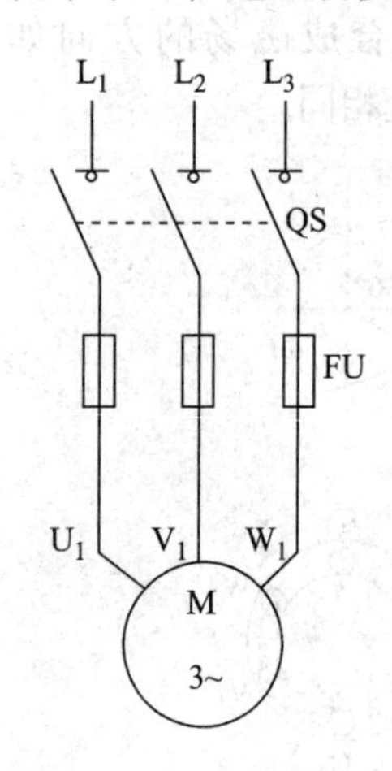

图 4－35　刀开关直接手动控制电路

电气控制线路可以绘制成两种不同的形式：安装图和原理图。安装图是按照电气与设备的实际布置位置绘制的，将属于同一个电气或设备的全部部件按照其实际位置画在一起，便于安装与检修。原理图是按照电路功能进行绘制，各电器元件采用国家统一的图形和文字符号，各元件的导电部件（如线圈和触点）的位置，都绘制在它们完成作用的地方（如线圈和触点可不画在一起），而并不按照各电器元件的实际布置绘制，对电路分析比较方便。图 4－35 是最简单的手动全压启动控制线路，线路中的开关用瓷底胶盖闸刀开关、转换开关或铁壳开关直接控制电动机的启动和停止。熔断器 FU 用于短路保护。这种线路适合于容量小、启动不频繁的电动机；在容量较大、启动频繁的场合使用这种方法既不方便也不安全。

复杂一些的电气原理图一般分为两部分：一部分是由主熔断器、接触器的主触点及电动机等组成的电动机的工作电路，称为主电路；另一部分由按钮和接触器线圈及辅助触点等组成，控制主电路接通或断开，称为控制电路。控制电路的电流较小，它通常与主电路共用一个电源。图 4－36 是三相鼠笼式异步电动机的点动控制电路。

启动时，按下按钮 SB，交流接触器 KM 的线圈得电，主触点 KM 闭合，电动机通电启动。松开按钮 SB，线圈 KM 失电，KM 主触点断开，电动机断电停转。这种控制即为点动控制。要想使电动机较长时间的连续运转，用上述电路就不方便了。

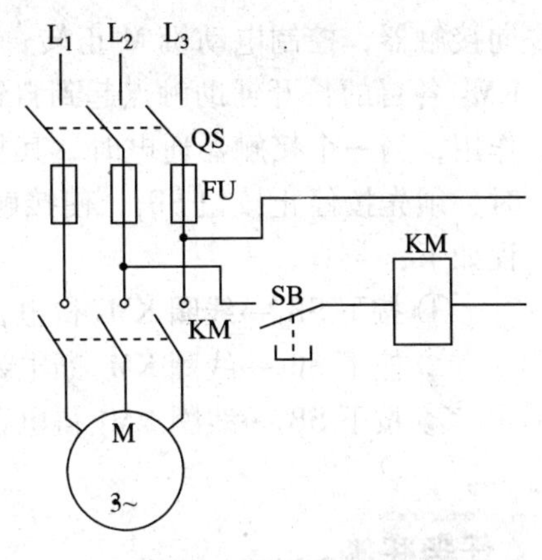

图 4-36　三相鼠笼式异步电动机点动控制电路

实现长动控制可利用接触器 KM 的辅助长开触点与启动按钮 SB_2 并联，如图 4-37 所示。按下启动按钮 SB_2，接触器 KM 线圈通电，其主触点闭合，电动机启动运行，同时与 SB_2 并联的 KM 长开触点闭合，将 SB_2 短接，松开启动按钮 SB_2 后，仍可保持 KM 线圈通电，电动机继续运行。这种依靠接触器自身的辅助触点来使线圈保持通电的电路称为自锁。其工作过程如下。

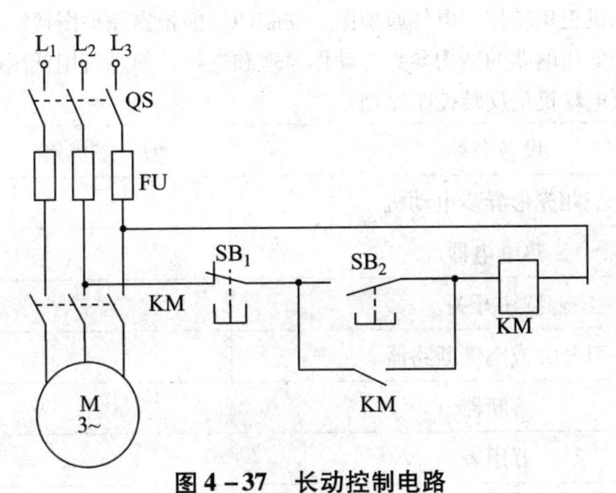

图 4-37　长动控制电路

启动：合上开关 QS→按下 SB_2→线圈 KM 得电→主触点 KM 闭合（辅助触点 KM 同时闭合，形成自锁）→电动机运行。

停止：按下 SB_1→线圈 KM 失电→KM 的主触点和自锁触点同时断开→电动机停转。

在实际应用中，往往要求生产机械改变运动方向，如机床主轴的顺逆旋转、工作台的左右移动等，这就要求电动机能实现正反两个方向运转，那么如何改变电动机运转方向呢？由三相异步电动机的转动原理可以知道，只要将电动机接在三相电源中的任意两根电线对调，即可改变电源的相序，就可以实现电动机的反转。如图 4-38 所示，电动机的正反转是通过两个接触器 KM_1、KM_2 的主触点改变电动机的绕组的电源相序而实现的。图中 KM_1 为正

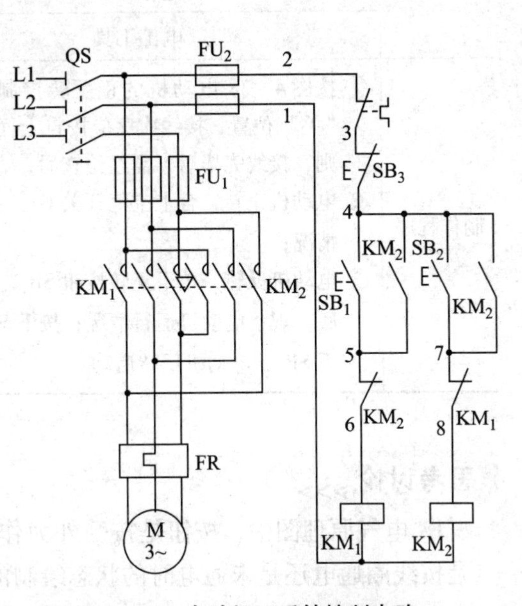

图 4-38　电动机正反转控制电路

向接触器，控制电动机 M 正转；KM_2 为反向接触器，控制电动机 M 反转。其中 KM_1、KM_2 各自的长开辅助触点起到自锁作用；同时 KM_1、KM_2 两个接触器的长闭触点起互锁作用，当一个接触器通电时，其长闭触点断开，使另一个接触器不能通电。电动机换向时，须先按停止按钮 SB_1，使接触器线圈断开，即断开互锁点，才能反向启动。工作过程如下：

① 按下 SB_1→线圈 KM_1 得电自锁→电动机 M 正转运行；

② 按下 SB_3→线圈 KM_1 断电→电动机 M 停转；

③ 按下 SB_2→线圈 KM_2 得电自锁→电动机 M 反转运行。

任务实施>>>

表 4-5　三相异步电动机正反转控制电路的制作

RW 4-5

任务内容	① 识读电动机正反转控制电气原理图、安装图，能根据原理图接线； ② 了解常用低压电器的结构参数、动作原理和选择，熟悉所用低压电器的使用和接线； ③ 理解交流电动机正反转控制原理		
测试设备	设备名称	型号或规格	数量
	三相笼形异步电动机		1 台
	热继电器		2 个
	按钮开关		3 个
	刀开关或空气断路器		1 个
	熔断器		2 个
	万用表		1 块
	绝缘导线		若干
	电工工具		一套
制作程序	① 按图 4-38 电动机的正反转控制电路图连接线路，将空气开关（QS）手柄位置置于“关”位置，接线次序应按自上而下、从左向右来接，即先主后辅、先串后并的基本原则，接线完毕后，需经检查后，方能接通电源； ② 电动机正转，合上空气开关 QS，按下正转按钮 SB_2，观察电动机运行情况，并记录动作情况； ③ 电动机反转，按下正转按钮 SB_2，等电动机运行平稳后，按下反转按钮 SB_3，一直按到底，观察电动机运行情况；按下 SB_2，电动机正转启动，再按下 SB_1，电动机停止，再按下 SB_3，电动机反转启动		

思考讨论>>>

1. 电气原理图中，按钮是按受外力作用还是不受外力作用时状态绘制的？接触器触点是按线圈通电还是未通电时的状态绘制的？

2. 三相异步电动机的正反转是通过什么方法实现的？

3. 在操作如图4－38所示的接触器联锁正反转控制电路时，要使电动机由正转变为反转，正确的操作方法是怎样的？

小　结

1. 电源

三相电路主要由三相电源、三相负载及连接导线组成。

三相电源对称通常是指最大值相同、角频率相同、相位互差120°的三个电源。

三相电源有Y形和△形两种连接形式。

(1) Y形连接

有中线，三相四线制，提供两种电压，即线电压和相电压，且 $U_{线}=\sqrt{3}U_{相}$，相位上线电压超前相应相电压30°；无中线，三相三线制，提供一种线电压。

(2) △形连接

只能是三相三线制，提供一种电压就是线电压，线电压为电源的相电压。

2. 负载

三相负载分为对称和不对称两种，连接方式也有Y形和△形两种形式。

(1) Y形连接

对称三相负载Y形连接，中线可以省去，供电电路只需三相三线制；不对称三相电路供电电路必须是三相四线制。

(2) △形连接

无论负载是否对称，每相负载的相电压都等于电源提供的线电压。对于对称三相负载，$I_{线}=\sqrt{3}I_{相}$，且线电流滞后于相应线电流30°。

3. 电路的功率

① 三相电路的有功功率是各相有功功率的和。

负载对称时　　$P=3U_{p}I_{p}\cos\varphi=\sqrt{3}U_{l}I_{l}\cos\varphi$

② 三相电路的无功功率是各相无功功率的和。

负载对称时　　$Q=3U_{p}I_{p}\sin\varphi=\sqrt{3}U_{l}I_{l}\sin\varphi$

③ 三相电路的视在功率　　$S=\sqrt{P^2+Q^2}$

负载对称时　　$S=\sqrt{3}U_{l}I_{l}$

4. 异步电动机的正反转控制

电动机是通过电磁感应的原理把电能转换成为机械能的装置。而为三相异步电动机提供电能的电源就是三相电源。控制电路中可通过改变相序来实现电动机的正反转控制。

习 题 4

1. 对称三相电源星形连接，若线电压 $u_{AB}=380\sqrt{2}\sin(\omega t+30°)$(V)，求各相电压和线电压。

2. 有一台三相发动机，其绕组接成星形，每相额定电压为220 V，在一次试验时，用电压表测得相电压 $U_1=U_2=U_3=220$ V，而线电压 $U_{12}=U_{31}=220$ V，$U_{23}=380$ V，试问这种现象是如何造成的?

3. 将题3图中各相负载分别接成星形或三角形，电源线电压为380 V，相电压为220 V。每只灯泡的额定电压为220 V，每台电动机的额定电压为380 V。

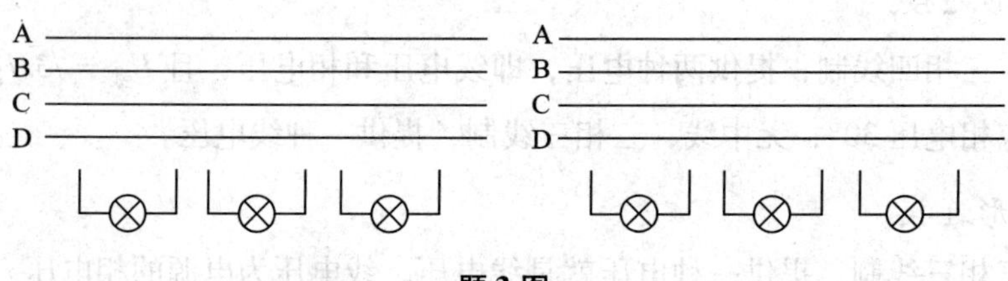

题3图

4. 三相四线制电路中有一组电阻性三相负载，三相负载的电阻值分别为 $R_A=R_B=5\ \Omega$，$R_C=10\ \Omega$，三相电源对称，电源线电压 $U_l=380$ V。设电源的内阻抗、线路阻抗、中性线阻抗均为零，试求：① 负载相电流及中性线电流；② 中性线完好，C相断线时的负载相电压、相电流及中线电流；③ C相断线，中性线也断开时的负载相电流、相电压；④ 根据②和③的结果说明中性线的作用。

5. 在Y连接的三相三线制电路中，每相负载的电阻 $R=80\ \Omega$，感抗 $X=60\ \Omega$，接在线电压有效值为380 V的三相对称电源上，试求在下列情况下，负载的相电压、线电流和相电流。① A相负载短路；② A相负载断路。

6. 在题6图所示电路中，正常工作时电流表的读数是26 A，电压表的读数是380 V，三相对称电源供电，试求下列各情况下各相的电流。① 正常工作；② A、B相负载断开；③ 相线B断开。

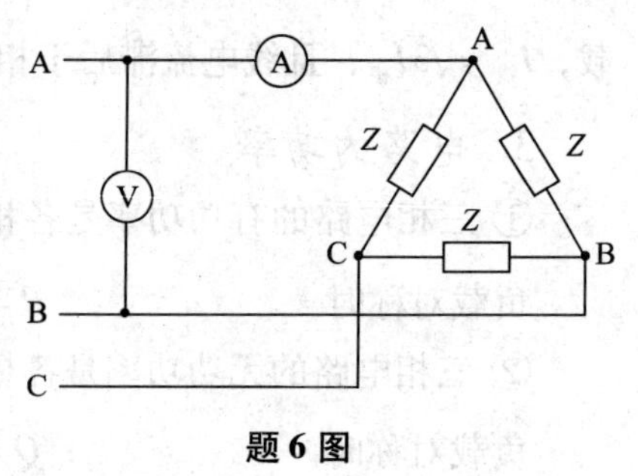

题6图

7. 为了减小三相笼形异步电动机的启动电流，通常把电动机先连接成星形，转起来后再改成三角形连接（称Y－△启动)，试求：① Y－△启动时的相电流之比；② Y－△启动时的线电流之比。

8. 三相对称负载每相阻抗 $Z=(6+j8)\ \Omega$，每相负载额定电压为380 V。已知三相电源线电压为380 V，问此三相负载应如何连接？试计算相电流和线电流。

9. 有一台三相电动机，其功率为3.2 kW，功率因数 $\cos\varphi=0.8$，若该电动机接在 $U_l=380$ V的电源上，求电动机的线电流。

10. 线电压为380 V，$f=50$ Hz的三相电源的负载为一台三相电动机，其每相绕组的额定电压为380 V，连成三角形运行时，额定线电流为19 A，额定输入功率为

10 kW。求电动机在额定状态下运行时的功率因数及电动机每相绕组的复阻抗。

11. 在题11图所示对称三相电路中，已知电源线电压 $U_1=380$ V，负载功率因数 $\lambda=\cos\varphi=0.8$（滞后，感性），三相负载功率 $P=6\,930$ W，求负载阻抗 Z。

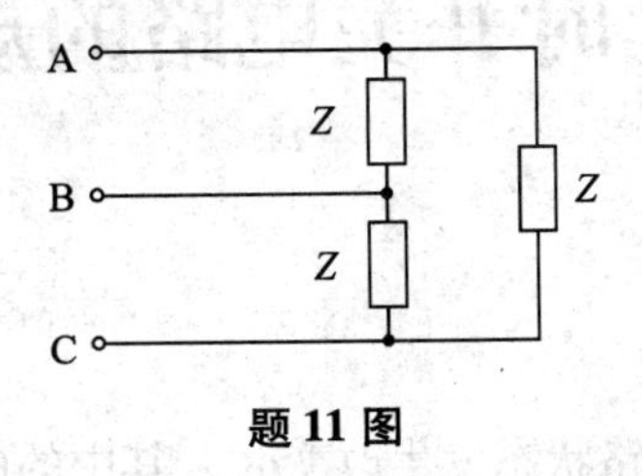

题11图

12. 什么是点动控制？试分析判断题12图所示各控制电路能否实现点动控制？若不能，试分析其原因，并加以纠正。

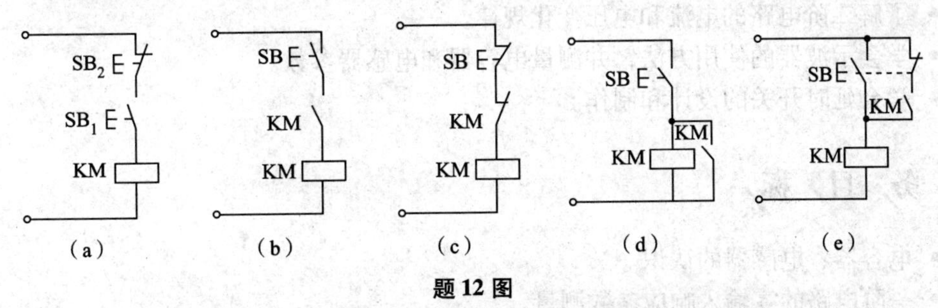

题12图

(a) 电路一　(b) 电路二　(c) 电路三　(d) 电路四　(e) 电路五

13. 题13图为电动机正反转控制电路图，请检查图中哪些地方画错了？试加以改正，并说明改正的原因。

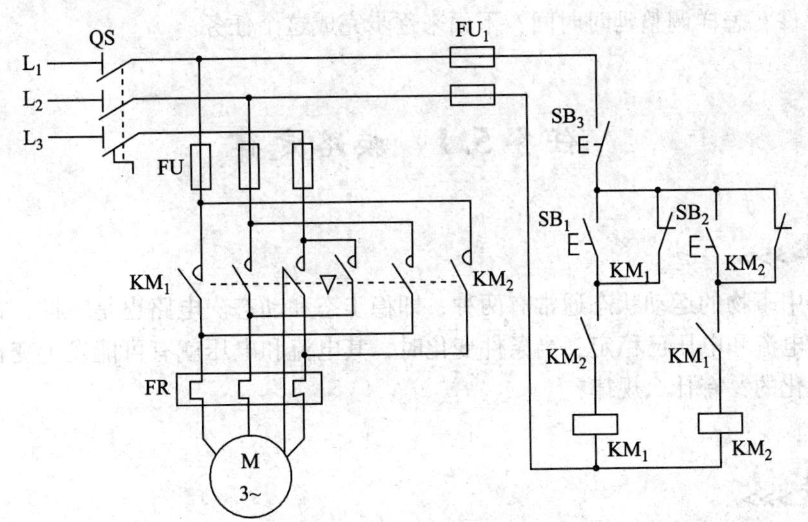

题13图

项目 5　延时开关电路的规划和制作

学习目标

- 掌握包含储能元件的电路状态发生改变时，其中的电流和电压发生改变的规律。
- 掌握动态电路的基本概念。
- 掌握一阶电路的分析方法。
- 了解二阶电路的电流和电压变化规律。
- 学会示波器的使用方法，并测量电容器和电感器参数。
- 学会延时开关的设计和制作。

任务目标

- 电容器、电感器的认识。
- 一阶电路的零输入响应参数测量。
- 一阶电路的零状态响应参数测量。
- 延时开关的设计和制作。

在实际开关电路中常常要用到能调节时间的延时开关电路，这种电路是怎样实现的？用到什么元件？怎样调整延时时间？下面来逐步完成这个任务。

任务 5.1　换路定律

任务描述>>>

自然界中事物的运动状态通常有两种，即稳步态和动态。电路也是一样，在一定条件下电路中的电流和电压已稳定；当条件变化时，其电流和电压就有可能发生变化。那么它们是怎样变化的？有什么规律？

知识链接>>>

5.1.1　线性电路动态分析

含有动态元件的电路称为动态电路。动态元件是指描述其端口上电压、电流关系的方程是微分方程或积分方程的元件，如电容元件和电感元件及耦合电感元件等都是动态元件。

动态元件的一个特征就是当电路的结构或元件的参数发生变化时（例如电路中电源或无源元件的断开或接入，信号的突然加入等），可能使电路改变原来的工作状态，转变到另一个工作状态，这种转变往往需要经历一个过程，在工程上称为过渡过程。上述电路结构或参数变化引起的电路变化统称为换路。

动态电路与电阻电路重要的区别在于：电阻电路不存在过渡过程，而动态电路存在过渡过程。如图 5－1 所示，当开关没有闭合时，电阻、电感、电容上的电压、电流均为零，电路处于稳定状态；当闭合开关 S 时，电感上的电流、电容上的电压都将发生变化，经过一段时间后（过渡过程），电路的电流和电压不再变化，电路进入到第二个稳定状态。开关 S 闭合时会发现电阻支路的灯泡 L_1 立即发光，且亮度不再变化，说明这一支路没有经历过渡过程，立即进入了新的稳态；电感支路的灯泡 L_2 由暗渐渐变亮，最后达到稳定，说明电感支路经历了过渡过程；电容支路的灯泡 L_3 由亮变暗直到熄灭，说明电容支路也经历了过渡过程。

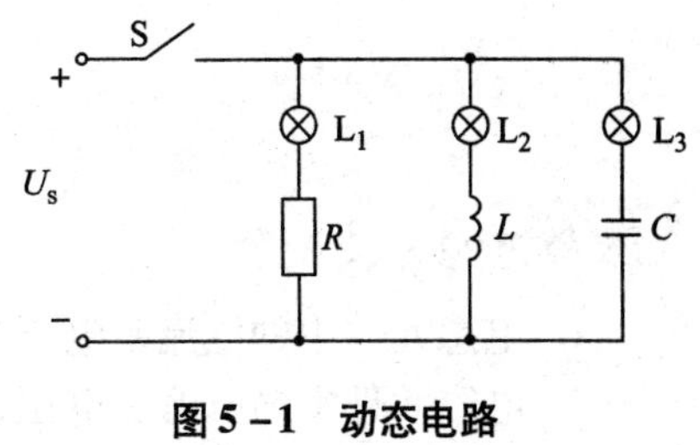

图 5－1　动态电路

这是因为动态（储能）元件换路时能量的储存和释放需要一定时间来完成，表现在：

① 要满足电荷守恒，即换路瞬间，若电容电流保持为有限值，则电容电压（电荷）在换路前后保持不变；

② 要满足磁链守恒，即换路瞬间，若电感电压保持有限制值，则电感电流（磁链）在换路前后保持不变。

5.1.2　换路定律

通常认为换路是在 $t=0$ 时刻进行的。为了叙述方便，把换路前的最终时刻记为 $t=0_-$，把换路后的最初时刻记为 $t=0_+$，换路瞬时可以用时间 t 从 0_- 到 0_+ 来描述。

1. 包含电感的电路

从能量的角度出发，由于电感电路换路的瞬间能量不能发生跃变，即 $t=0_+$ 时刻电感元件所储存的能量为 $\frac{1}{2}Li_L^2(0_+)$ 与 $t=0_-$ 时刻电感元件所储存的能量 $\frac{1}{2}Li_L^2(0_-)$ 相等。则有

$$i_L(0_+)=i_L(0_-) \tag{5-1}$$

结论： 在换路的一瞬间，电感中的电流应保持换路前一瞬间的原有值而不能跃变。

等效原则： 在换路的一瞬间，流过电感的电流 $i_L(0_+)=i_L(0_-)=0$，电感相当于开路；$i_L(0_+)=i_L(0_-)\neq 0$，电感相当于直流电流源，其电流大小和方向与电感换路瞬间的电流一致。

2. 包含电容的电路

从能量的角度出发，由于电容电路换路的瞬间能量不能发生跃变，即 $t=0_+$ 时刻电容元件所储存的能量为 $\frac{1}{2}Cu_C^2(0_+)$ 与 $t=0_-$ 时刻电容元件所储存的能量 $\frac{1}{2}Cu_C^2(0_-)$ 相等。则有：

$$u_C(0_+)=u_C(0_-) \tag{5-2}$$

结论： 在换路的一瞬间，电容两端的电压应保持换路前一瞬间的原有值而不能跃变。

等效原则： 在换路的一瞬间，电容两端电压 $u_C(0_+)=u_C(0_-)=0$，电容相当于断路；$u_C(0_+)=u_C(0_-)\neq 0$，电容相当于直流电压源，其电压大小和方向与电容换路瞬间的电压一致。

3. 换路定律

$$i_L(0_+)=i_L(0_-)$$
$$u_C(0_+)=u_C(0_-)$$

思考讨论>>>

1. 电感元件中的电流、电压在换路前后能否突变?
2. 电容元件中的电流、电压在换路前后能否突变?

任务 5.2 初始值的计算

任务描述>>>

由于储能元件的存在，动态电路的状态发生改变时，即由换路前的稳态变为换路后的稳态时，电路中电容上的电压不能突变，电感上的电流不能突变。那么电路中的电流或电压将发生渐变，而电流和电压是按照什么规律变化的?下面来寻找一下这个规律。

知识链接>>>

5.2.1 电路初始值及其计算

换路后最初一瞬间（即 $t=0_+$ 时刻）的电流、电压值统称为初始值。研究线性电路的过渡过程时，电容电压的初始值 $u_C(0_+)$ 及电感电流的初始值 $i_L(0_+)$ 可按换路定律即换路前的稳态值来确定。其他量的初始值要根据 $u_C(0_+)$、$i_L(0_+)$ 和应用 KVL、KCL 及欧姆定律来确定。确定初始值的步骤为:

① 根据换路前的稳态电路，确定 $u_C(0_-)$、$i_L(0_-)$;

② 依据换路定理确定 $u_C(0_+)$、$i_L(0_+)$;

③ 根据已求得的 $u_C(0_+)$ 和 $i_L(0_+)$，把电容用电压为 $u_C(0_+)$ 的电压源代替，把电感用电流为 $i_L(0_+)$ 的电流源代替，电路为换路后的状态，画出 $t=0_+$ 时刻的等效电路;

④ 再根据等效电路，运用 KVL、KCL 及欧姆定律来确定其他量的初始值。

例 5.1 如图 5-2（a）所示电路在开关闭合前（$t=0_-$ 时刻）处于稳态，$t=0$ 时刻开关闭合。求初始值 $i_L(0_+)$、$u_C(0_+)$、$u_1(0_+)$、$u_L(0_+)$、$i_C(0_+)$。

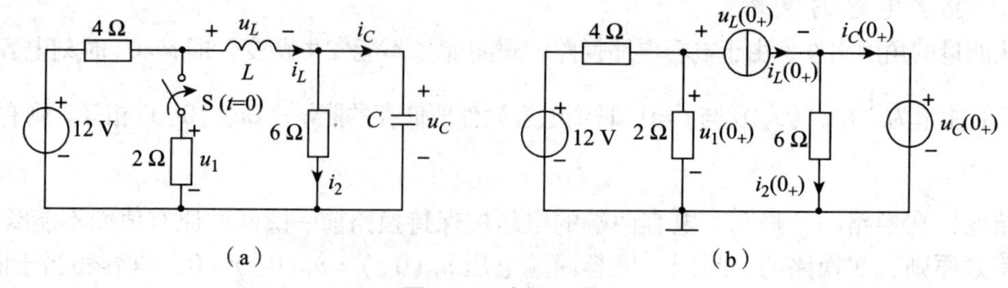

图 5-2 例 5.1 图

（a）原电路 （b）$t=0_+$ 时的等效电路

解：① 开关闭合前，电路是直流稳态，电感等效于短路，电容等效于开路，可得

$$i_L(0_-)=\frac{12}{4+6}=1.2\ \text{A},\quad u_C(0_-)=6\times i_L(0_-)=7.2\ \text{V}$$

② 开关在 $t=0$ 时刻闭合，由换路定则得

$$i_L(0_+)=i_L(0_-)=1.2\ \text{A},\quad u_C(0_+)=u_C(0_-)=7.2\ \text{V}$$

③ 根据上述结果，画出 $t=0_+$时的等效电路如图 5－3（b）所示，对其列节点电压方程得

$$\left(\frac{1}{4}+\frac{1}{2}\right)u_1(0_+)=\frac{12}{4}-i_L(0_+)$$

将 $i_L(0_+)=1.2$ A 带入上式，求得 $u_1(0_+)=2.4$ V；

根据 KVL、KCL 得

$$u_L(0_+)=u_1(0_+)-u_C(0_+)=2.4-7.2=-4.8\ \text{V}$$

$$i_C(0_+)=i_L(0_+)-i_2(0_+)=i_L(0_+)-\frac{u_C(0_+)}{6}=1.2-\frac{7.2}{6}=1.2-1.2=0$$

5.2.2　电路稳态值及其计算

换路后经过足够长时间（即 $t\to\infty$ 时刻），电路到达第二个稳定状态，这时的电流、电压值统称为稳态值。如果外施激励是直流量，则稳态值也是直流量。稳态值的计算，可画出稳态时的等效电路，即将电容代之以开路，将电感代之以短路，按电阻性电路计算。确定稳态值的步骤为：

① 做出换路后电路达稳态时的等效电路（将电容代之以开路，将电感代之以短路）；

② 按电阻性电路的计算方法计算各稳态值。

例 5.2　图 5－3（a）所示电路中，直流电压源的电压 $U_s=6$ V，直流电流源的电流 $I_s=2$ A，$R_1=2\ \Omega$，$R_2=R_3=1\ \Omega$，$L=0.1$ H。求换路后的 $i(\infty)$ 和 $u(\infty)$。

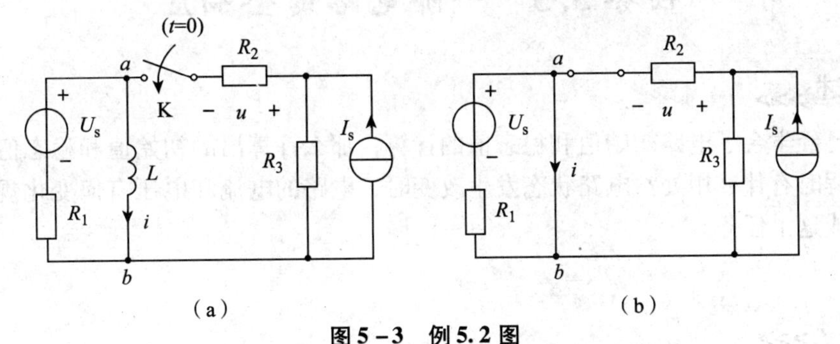

图 5－3　例 5.2 图

（a）原电路　（b）电路达稳态时的等效电路

解：首先做出换路后电路达稳态时的等效电路，如图 5－3（b）所示。根据电路可得

$$\begin{aligned}i_{(\infty)}&=\frac{U_s}{R_1}+I_s\frac{R_3}{R_2+R_3}\\&=\frac{6}{2}+2\times\frac{1}{1+1}\\&=4\ \text{A}\end{aligned}$$

$$u_{(\infty)}=I_s\frac{R_2R_3}{R_2+R_3}=2\times\frac{1\times1}{1+1}=1\ \text{V}$$

例 5.3 图 5-4（a）所示电路中，$U_s=9\ \text{V}$，$R_1=2\ \text{k}\Omega$，$R_2=3\ \text{k}\Omega$，$R_3=4\ \text{k}\Omega$，开关闭合时，电路处于稳定状态，在 $t=0$ 时将开关断开，求换路后的 $u_C(\infty)$。

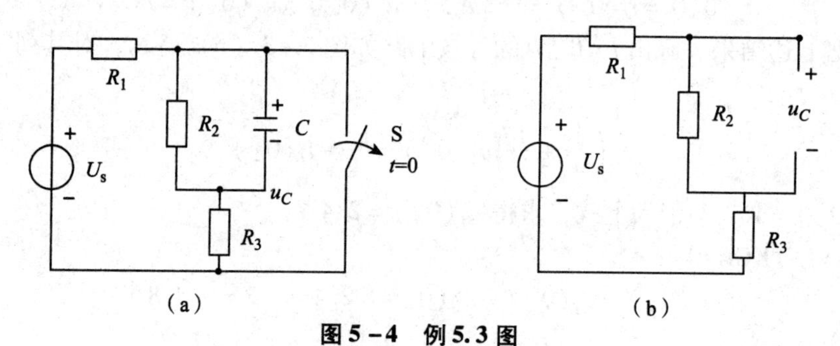

图 5-4 例 5.3 图

（a）原电路 （b）电路达稳态时的等效电路

解：首先做出换路后电路达稳态时的等效电路，如图 5-5（b）所示。根据电路可得

$$u_C(\infty)=\frac{U_s}{R_1+R_2+R_3}\times R_2=\frac{9}{2+3+4}\times3=3\ \text{V}$$

思考讨论>>>

1. 动态电路换路瞬间，电感元件、电容元件中的电流、电压初始值如何计算？
2. 动态电路换路结束达稳态，电感元件、电容元件如何处理？

任务 5.3 一阶电路的全响应

任务描述>>>

前面已经学会了电路初始值和稳态值的计算，那么计算出的初始值和稳态值在分析电路过渡过程时有什么用处？电路状态发生改变时，电路的电流和电压有何变化规律？下面来逐步完成这个任务。

知识链接>>>

5.3.1 一阶电路的零输入响应

只含有一个动态（储能）元件的电路称为一阶动态电路。动态电路中无外施激励电源，仅由动态（储能）元件初始储能的释放所产生的响应，故称为动态电路的零输入响应。

1. *RC* 电路的零输入响应

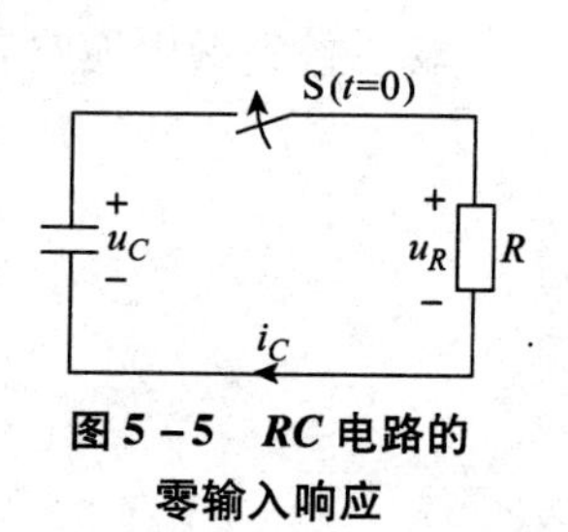

图 5-5 *RC* 电路的零输入响应

在图 5-5 所示电路中，开关 S 闭合前，电容 C 已充电，其电压 $u_C=u_C(0_-)$。开关闭合后，电容储存的能量将通过电阻以热能

形式释放出来。现把开关动作时刻取为计时起点（$t=0$）。开关闭合后，即 $t\geqslant 0_+$ 时，根据KVL可得

$$u_R - u_C = 0 \tag{5-3}$$

由于电流 i_C 与 u_C 参考方向为非关联参考方向，因此 $i_C = -C\dfrac{\mathrm{d}u_C(t)}{\mathrm{d}t}$，又 $u_R = Ri_C$，代入上述方程得

$$RC\frac{\mathrm{d}u_C(t)}{\mathrm{d}t} + u_C = 0 \tag{5-4}$$

式（5-4）是一阶齐次微分方程，根据数学知识要求出该微分方程的解，就必须知道 u_C 的初始值，即 $t=0_+$ 时的值，且 $u_C = u_C(0_+) = u_C(0_-)$，求得满足初始值的微分方程的解为

$$u_C(t) = u_C(0_+)\mathrm{e}^{-\frac{t}{RC}} \tag{5-5}$$

这就是放电过程中电容电压 u_C 的表达式。

由图5-5可知电容电流

$$\begin{aligned} i_C &= -C\frac{\mathrm{d}u_C(t)}{\mathrm{d}t} = -C\frac{\mathrm{d}}{\mathrm{d}t}\left[u_C(0_+)\mathrm{e}^{-\frac{t}{RC}}\right] \\ &= -C\left(-\frac{1}{RC}\right)u_C(0_+)\mathrm{e}^{-\frac{t}{RC}} \\ &= \frac{u_C(0_+)}{R}\mathrm{e}^{-\frac{t}{RC}} \end{aligned} \tag{5-6}$$

放电过程中电容上的电压、电流随时间的变化曲线如图5-6所示。

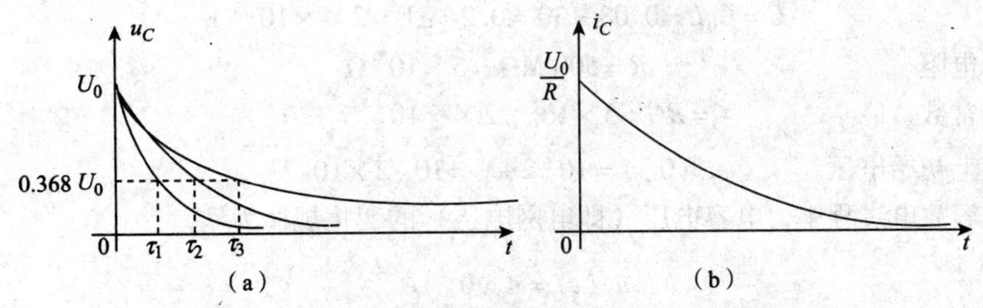

图5-6　放电过程中电容电压、电流的变化曲线

（a）电压放电曲线　（b）电流放电曲线

从以上表示可以看出，电容电压 u_C、电流 i_C 都是按照同样的指数规律衰减的。它们的衰减的快慢取决于指数中$\dfrac{1}{RC}$的大小。令

$$\tau = RC \tag{5-7}$$

其中，τ称为 RC 电路的时间常数，当电阻的单位为欧姆（Ω），电容的单位为法（F）时，τ的单位为秒（s）。

引入时间常数τ后，电容电压 u_C 和电流 i_C 可以分别表示为

$$u_C(t) = u_C(0_+)\mathrm{e}^{-\frac{t}{\tau}} \tag{5-8}$$

$$i_C(t) = \frac{u_C(0_+)}{R}\mathrm{e}^{-\frac{t}{\tau}} \tag{5-9}$$

时间常数τ的大小反映了一阶电路过渡过程的进展速度，它是反映过渡过程特征的一个重要的量。通过计算可得表 5-1。

表 5-1　过渡过程

t	0	τ	3τ	5τ	…	∞
$u_C(t)$	$u_C(0_+)$	$0.368u_C(0_+)$	$0.05u_C(0_+)$	$0.0067u_C(0_+)$	…	0

从表 5-1 可见，经过一个时间常数τ后，电容电压 u_C 衰减了 63.2%，或为原值的 36.8%。在理论上要经历无限长的时间 u_C 才能衰减到零值。但工程上一般认为换路后，经过 $3\tau \sim 5\tau$时间过渡过程基本结束。图 5-6（a）是几个不同时间常数下的电压放电曲线。

时间常数$\tau=RC$仅由电路的参数决定。在一定的 $u_C(0_+)$ 下，当 R 越大时，电路放电电流就越小，放电时间就越长；当 C 越大时，储存的电荷就越多，放大时间就越长。实际中常合理选择 R、C 的值来控制放电时间的长短。

例 5.4　供电局向某一企业的供电电压为 10 kV，在切断电源瞬间，电网上遗留电压有 $10\sqrt{2}$ kV。已知送电线路长 $L=30$ km，电网对地绝缘电阻为 500 MΩ，电网的分布电容 $C_0=0.08$ μF/km。问：① 拉闸后 1 min，电网对地的残余电压为多少？② 拉闸后 10 min，电网对地的残余电压为多少？

解：电网拉闸后，储存在电网电容上的电能逐渐通过对地绝缘电阻放电，这是一个 RC 串联电路的零输入响应问题。

有题意知，长 30 km 的电网总电容量

$$C=C_0L=0.08\times30=0.24\ \mu\text{F}=2.4\times10^{-7}\ \text{F}$$

放电电阻

$$R=500\ \text{M}\Omega=5\times10^{8}\ \Omega$$

时间常数

$$\tau=RC=5\times10^{8}\times2.4\times10^{-7}=120\ \text{s}$$

电容上初始电压

$$u_C(0_+)=10\sqrt{2}\ \text{kV}=10\sqrt{2}\times10^{3}\ \text{V}$$

在电容放电过程中，电容电压（即电网电压）的变化规律为

$$u_C(t)=u_C(0_+)\text{e}^{-\frac{t}{\tau}}$$

故

$$u_C(60\ \text{s})=10\sqrt{2}\times10^{3}\times\text{e}^{-\frac{60}{120}}\approx8\ 576\ \text{V}\approx8.6\ \text{kV}$$

$$u_C(600\ \text{s})=10\sqrt{2}\times10^{3}\times\text{e}^{-\frac{600}{120}}\approx95.3\ \text{V}$$

由此可见，电网断电，电压并不是立即消失。此电网断电经历了 1 min，仍有 8.6 kV 的高压，当 $t=5\tau=5\times120=600$ s 时，即在断电 10 min 时电网上仍有 95.3 V 的电压。

2. *RL* 电路的零输入响应

在图 5-7 所示电路中，开关 S 闭合前，电感中的电流已经恒定不变，其电流 $i_L=i_L(0_-)$。开关 S 闭合后，电感储存的能量将通过电阻以热能形式释放出来。现把开关动作时刻取为计时起点（$t=0$）。开关闭合后，即 $t\geqslant0_+$ 时，根据 KVL 可得

$$u_R+u_L=0 \tag{5-10}$$

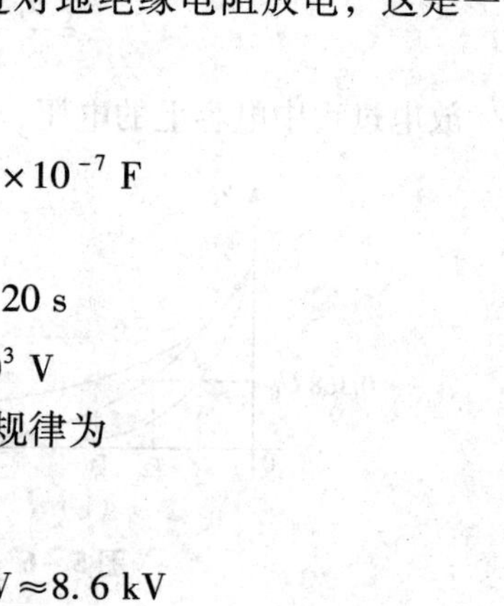

S(t=0)
+
u_L
−
−
u_R
+
i_L

图 5-7　RL 电路的零输入响应

由于电流 i_L 与 u_L 参考方向为关联参考方向，则 $u_L = L\dfrac{\mathrm{d}i_L(t)}{\mathrm{d}t}$，又 $u_R = Ri_L$，代入上述方程得

$$L\frac{\mathrm{d}i_L(t)}{\mathrm{d}t} + Ri_L = 0 \tag{5-11}$$

同式（5－4）类似，这是一阶齐次微分方程，$t = 0_+$ 时，$i_L = i_L(0_+) = i_L(0_-)$，求得满足初始值的微分方程的解为

$$i_L(t) = i_L(0_+)\mathrm{e}^{-\frac{R}{L}t} \tag{5-12}$$

这就是放电过程中电感电流 i_L 的表达式。

电感电压

$$\begin{aligned} u_L &= L\frac{\mathrm{d}i_L(t)}{\mathrm{d}t} = L\frac{\mathrm{d}}{\mathrm{d}t}[i_L(0_+)\mathrm{e}^{-\frac{R}{L}t}] \\ &= L(-\frac{R}{L})i_L(0_+)\mathrm{e}^{-\frac{R}{L}t} \\ &= -Ri_L(0_+)\mathrm{e}^{-\frac{R}{L}t} \end{aligned} \tag{5-13}$$

从以上表达式可以看出，电感电压 u_L、电流 i_L 都是按照同样的指数规律衰减的。它们衰减的快慢取决于指数中$\dfrac{R}{L}$的大小。令

$$\tau = \frac{L}{R} \tag{5-14}$$

式（5－14）称为 RL 电路的时间常数，则上述各式可以写为

$$i_L(t) = i_L(0_+)\mathrm{e}^{-\frac{t}{\tau}} \tag{5-15}$$

$$u_L(t) = -Ri_L(0_+)\mathrm{e}^{-\frac{t}{\tau}} \tag{5-16}$$

例 5.5　图 5－8 所示是一台 300 kW 汽轮发电机的励磁回路。已知励磁绕组的电阻 $R = 0.189\ \Omega$，电感 $L = 0.398$ H，直流电压 $U = 35$ V。电压表的量程为 50 V，内阻 $R_V = 5\ \mathrm{k\Omega}$。开关未断开时，电路中电流已经恒定不变。在 $t = 0$ 时，断开开关。求：① 电阻、电感回路的时间常数；② 电流 i 的初始值和开关断开后电流 i 的最终值；③ 电流 i 和电压表处的电压 U_V；④ 开关断开时，电压表处的电压。

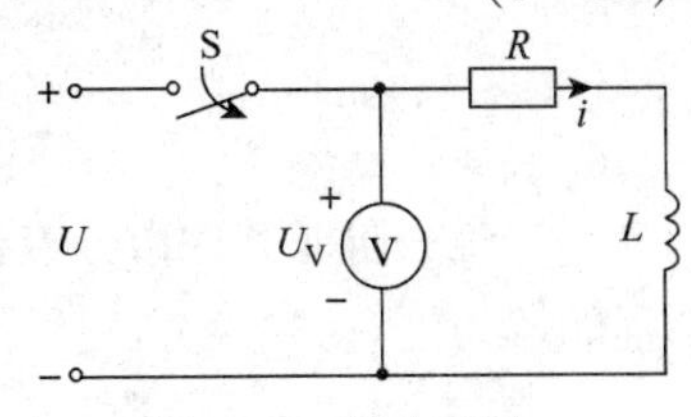

图 5－8　例 5.5 图

解： ① 时间常数

$$\tau = \frac{L}{R + R_V} = \frac{0.398}{0.189 + 5\times10^3} = 79.6\ \mu\mathrm{s}$$

② 开关断开前，由于电流已恒定不变，电感 L 两端电压为零，故

$$i = \frac{U}{R} = \frac{35}{0.189} = 185.2\ \mathrm{A}$$

由于电感中电流不能跃变，所以电感电流的初始值 $i_L(0_+) = i_L(0_-) = 185.2$ A。

③ 按 $i_L(t)=i_L(0_+)\mathrm{e}^{-\frac{t}{\tau}}$ 可得

$$i=185.2\mathrm{e}^{-12\,560t}\ \mathrm{A}$$

电压表处的电压

$$U_V=-R_Vi=-5\times10^3\times185.2\mathrm{e}^{-12\,560t}=-926\mathrm{e}^{-12\,560t}\ \mathrm{kV}$$

④ 开关断开时，电压表处的电压

$$U_V(0_+)=-926\ \mathrm{kV}$$

在这个时刻电压表要承受很高的电压，其绝对值将远大于直流电源的电压 U，而且初始瞬间的电流也很大，可能损坏电压表。由此可见，切断电感电流时必须考虑磁场能量的释放。如果磁场能量较大，而又必须在短时间内完成电流的切断，则必须考虑如何熄灭因此而出现的电弧（一般出现在开关处）的问题。

5.3.2 一阶电路的零状态响应

零状态响应就是电路在零初始状态下（动态元件初始储能为零）由外施激励引起的响应。

1. RC 电路的零状态响应

在图 5－9 所示电路中，开关 S 闭合前，电路处于零初始状态，电容电压 $u_C=u_C(0_-)=0$。开关 S 闭合后，电路接入直流电压源 U_s。现把开关动作时刻取为计时起点（$t=0$）。开关闭合后，即 $t\geqslant0_+$ 时，根据 KVL 可得

$$u_R+u_C=U_s \tag{5-17}$$

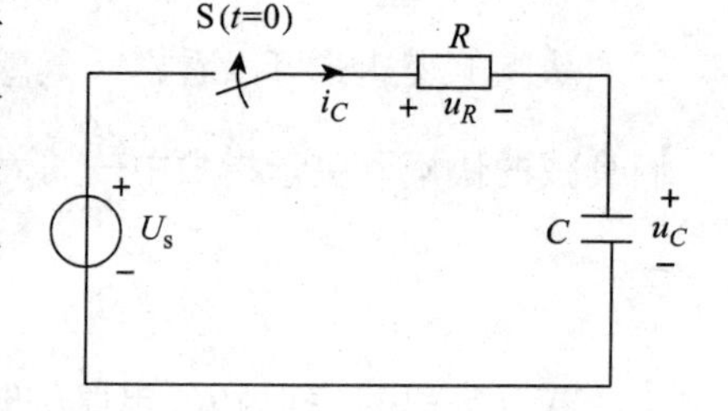

图 5－9　RC 电路的零状态响应

由于电流 i_C 与 u_C 参考方向为关联参考方向，则 $i_C=C\dfrac{\mathrm{d}u_C(t)}{\mathrm{d}t}$，又 $u_R=Ri_C$，代入上述方程得

$$RC\frac{\mathrm{d}u_C(t)}{\mathrm{d}t}+u_C=U_s \tag{5-18}$$

这是一阶非齐次微分方程，U_s 也是电容充满电后的稳态电压 $u_C(\infty)$，求得的微分方程的解为

$$u_C(t)=U_s(1-\mathrm{e}^{-\frac{t}{\tau}})=u_C(\infty)(1-\mathrm{e}^{-\frac{t}{\tau}}) \tag{5-19}$$

这就是充电过程中电容电压 u_C 的表达式其中，$\tau=RC$。

电容电流

$$\begin{aligned}i_C&=C\frac{\mathrm{d}u_C(t)}{\mathrm{d}t}=C\frac{\mathrm{d}}{\mathrm{d}t}[u_C(\infty)(1-\mathrm{e}^{-\frac{t}{\tau}})]\\&=C\left(\frac{1}{RC}\right)u_C(\infty)\mathrm{e}^{-\frac{t}{\tau}}=\frac{u_C(\infty)}{R}\mathrm{e}^{-\frac{t}{\tau}}\end{aligned} \tag{5-20}$$

电阻电压

$$u_R=U_s-u_C=U_s\mathrm{e}^{-\frac{t}{RC}}$$

电容电压和电阻电压以及充电电流均以指数规律变化，如图 5－10 所示。

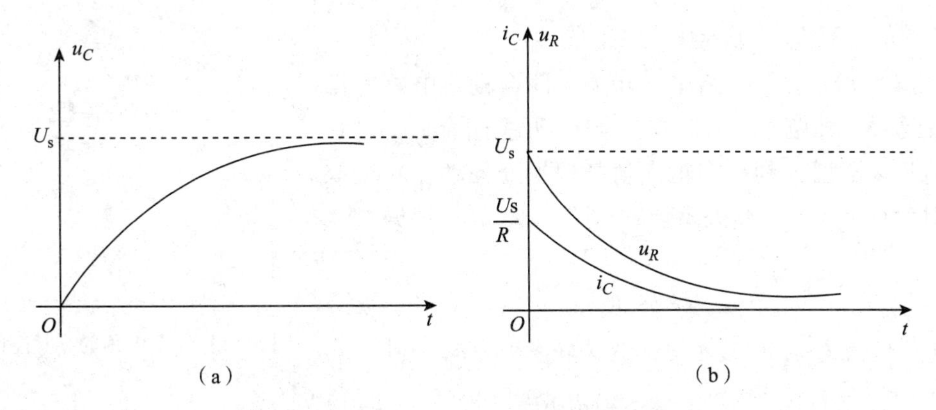

图 5－10　*RC* 电路的零状态响应曲线

(a) 电容电压曲线　(b) 电阻电压及充电电流曲线

在充电过程中，电源供给的能量一部分转换成电场能量储存于电容中，一部分被电阻转变为热能消耗，电阻消耗的电能

$$W_R = \int_0^\infty i^2 R\mathrm{d}t = \int_0^\infty \left(\frac{u_C(\infty)}{R}\mathrm{e}^{-\frac{t}{\tau}}\right)^2 R\mathrm{d}t$$

$$= \left(\frac{u_C(\infty)}{R}\right)^2 \left(-\frac{RC}{2}\right)\mathrm{e}^{-\frac{2}{RC}t}\Big|_0^\infty = \frac{1}{2}Cu_C^2(\infty)$$

从上式可见，不论电路中电容 C 和电阻 R 的数值为多少，在充电过程中，电源提供的能量只有一半转变成电场能量储存于电容中，另一半则为电阻所消耗，也就是说，充电效率只有 50%。

例 5.6　图 5－9 所示电路中，已知 $U_s = 220$ V，$R = 200\ \Omega$，$C = 1\ \mu$F，电容事先未充电，在 $t = 0$ 时合上开关 S。

① 求时间常数、最大充电电流；

② 求 u_C、u_R、i 的表达式及各自在 1 ms 时的值。

解： ① 时间常数　　$\tau = RC = 200 \times 1 \times 10^{-6} = 200\ \mu\mathrm{s}$；

最大充电电流　　$i_{\max} = \frac{U_s}{R} = \frac{220}{200} = 1.1$ A，$u_C(\infty) = U_s = 220$ V

② u_C、u_R、i 的表达式：

$$u_C(t) = u_C(\infty)(1 - \mathrm{e}^{-\frac{t}{\tau}}) = 220(1 - \mathrm{e}^{-\frac{t}{2\times10^{-4}}}) = 220(1 - \mathrm{e}^{-5\times10^3 t})\ \mathrm{V}$$

$$u_C(10^{-3}\ \mathrm{s}) = 220(1 - \mathrm{e}^{-5\times10^3\times10^{-3}}) = 218.5\ \mathrm{V}$$

$$i(t) = \frac{u_C(\infty)}{R}\mathrm{e}^{-\frac{t}{\tau}} = \frac{220}{200}\mathrm{e}^{-\frac{t}{2\times10^{-4}}} = 1.1\mathrm{e}^{-5\times10^3 t}\ \mathrm{A}$$

$$i(10^{-3}\ \mathrm{s}) = 1.1\mathrm{e}^{-5\times10^3\times10^{-3}} = 0.007\ 4\ \mathrm{A}$$

$$u_R(t) = iR = \frac{u_C(\infty)}{R}\mathrm{e}^{-\frac{t}{\tau}} \cdot R = u_C(\infty)\mathrm{e}^{-\frac{t}{\tau}} = 220\mathrm{e}^{-\frac{t}{2\times10^{-4}}} = 220\mathrm{e}^{-5\times10^3 t}\ \mathrm{V}$$

$$u_R(10^{-3}\ \mathrm{s}) = 220\mathrm{e}^{-5\times10^3\times10^{-3}} \approx 1.5\ \mathrm{V}$$

2. RL 电路的零状态响应

在图 5－11 所示电路中，开关 S 闭合前，电感中没有电流通过，即电流 $i_L = i_L(0_-) = 0$。开关闭合后，电感中的电流逐渐增大到一个恒定值。现把开关动作时刻取为计时起点（$t=0$）。开关闭合后，即 $t \geqslant 0_+$ 时，根据 KVL 可得

$$u_R + u_L = U_s \tag{5-21}$$

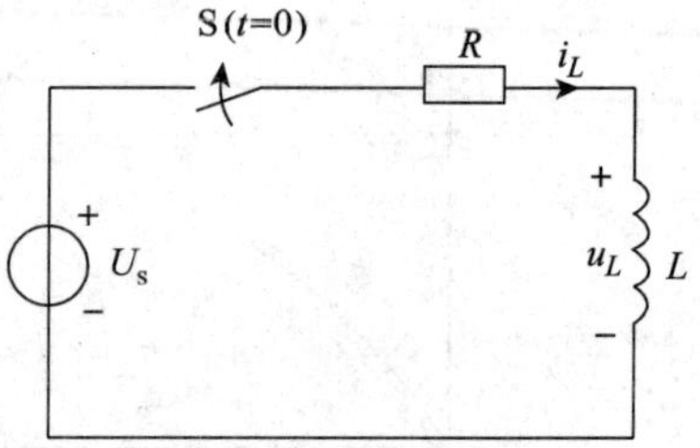

图 5－11　RL 电路的零状态响应

由于电流 i_L 与 u_L 参考方向为关联参考方向，则 $u_L = L\dfrac{\mathrm{d}i_L(t)}{\mathrm{d}t}$，又 $u_R = Ri_L$，代入上述方程得

$$L\frac{\mathrm{d}i_L(t)}{\mathrm{d}t} + Ri_L = U_s \tag{5-22}$$

这是一阶非齐次微分方程，$\dfrac{U_s}{R}$其实也是电感充满电后的稳态电流的 $i_L(\infty)$，由数学知识该微分方程的解为

$$i_L(t) = \frac{U_s}{R}\left(1 - e^{-\frac{t}{\tau}}\right) = i_L(\infty)\left(1 - e^{-\frac{t}{\tau}}\right) \tag{5-23}$$

这就是充电过程中电感电流 i_L 的表达式，其中 $i_L(\infty)$ 是 $i_L(t)$ 稳态值，时间常数 $\tau = \dfrac{L}{R}$。

电感电压

$$\begin{aligned} u_L &= L\frac{\mathrm{d}i_L(t)}{\mathrm{d}t} = L\frac{\mathrm{d}}{\mathrm{d}t}\left[i_L(\infty)\left(1 - e^{-\frac{t}{\tau}}\right)\right] \\ &= L\left(\frac{R}{L}\right)i_L(\infty)e^{-\frac{t}{\tau}} \\ &= Ri_L(\infty)e^{-\frac{t}{\tau}} \end{aligned} \tag{5-24}$$

例 5.7　图 5－12 所示电路为一直流发电机电路简图，已知励磁绕组 $R = 20\ \Omega$，励磁电感 $L = 20$ H，外加电压为 $U_s = 200$ V。

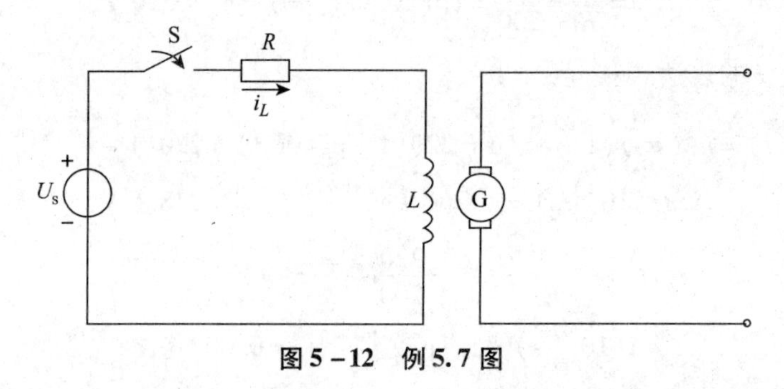

图 5－12　例 5.7 图

① 试求当 S 闭合后，励磁电流的变化规律和达到稳态值所需要的时间；

② 如果将电源电压提高到 250 V，求励磁电流达到额定值所需要的时间。

解： ① 这是一个 RL 串联零状态响应的问题，可求得 $\tau=\frac{L}{R}=\frac{20}{20}=1\ \mathrm{s}$，则

$$i_L(t)=\frac{U_s}{R}(1-\mathrm{e}^{-\frac{t}{\tau}})=\frac{200}{20}(1-\mathrm{e}^{-\frac{t}{1}})=10(1-\mathrm{e}^{-t})\ \mathrm{A}$$

一般认为当 $t=(3\sim5)\tau$ 时过渡过程基本结束，取 $t=5\tau=5\ \mathrm{s}$。则合上开关S后，电流达到稳态所需要的时间为5 s，励磁绕组的额定电流就认为等于其稳态值10 A。

② 由上述计算知是励磁电流达到稳态需要5 s。为缩短励磁时间常采用“强迫励磁法”，就是在励磁开始时提高电源电压，当电流达到额定值后，再将电压调回到额定值。这种强迫励磁所需要的时间 t 计算如下

$$i_L(t)=\frac{250}{20}(1-\mathrm{e}^{-\frac{t}{\tau}})=12.5(1-\mathrm{e}^{-t})\ \mathrm{A}$$

由额定电流值相等，得

$$10=12.5(1-\mathrm{e}^{-t})$$

解上式得　　$t=1.6\ \mathrm{s}$。

由此可见，采用电压250 V对励磁绕组进行励磁要比电压200 V时所需的时间短，这样就缩短了起励时间，有利于发电机尽快进入到正常工作状态。

任务实施>>>

表5-2　一阶 *RC* 电路的矩形脉冲响应

RW 5-1

任务内容	① 掌握用示波器等仪器测试一阶电路动态过程的方法； ② 电容电压和放电电流波形观察； ③ 学习测定一阶电路时间常数的方法		
测试设备	设备名称	型号或规格	数量
	电工电路综合实训台		1套
	交流电压表		1只
	交流电流表		1只
	示波器		1台
	方波发生器		1台
测试电路	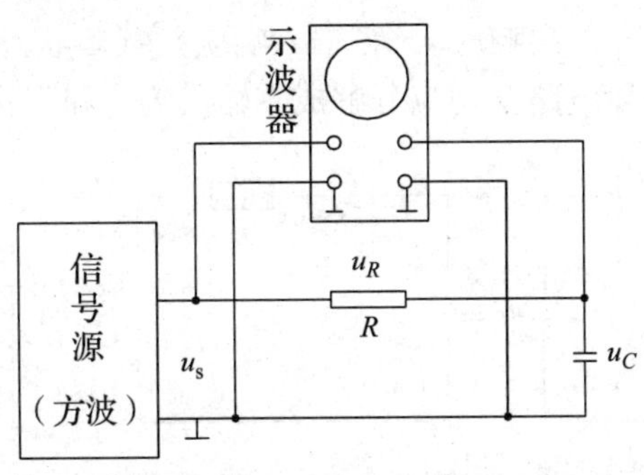		

续表

测试程序	① 按照测试电路，选择方波的频率为 1 kHz，峰峰值为 2 V，电路参数 $R = 10\ \text{k}\Omega$、$C = 0.01\ \mu\text{F}$。使方波的半周期 $T/2$ 与时间常数 RC 保持约 5:1 的关系； ② 调解示波器的有关旋钮，观察激励与响应的变化规律，测量并记录时间常数； ③ 改变电路的参数，使 R 分别等于 500 Ω 和 50 kΩ，观察 u_C、i 的波形和时间常数

知识链接 >>>

5.3.3 一阶电路的全响应分析

1. 一阶电路的全响应分析

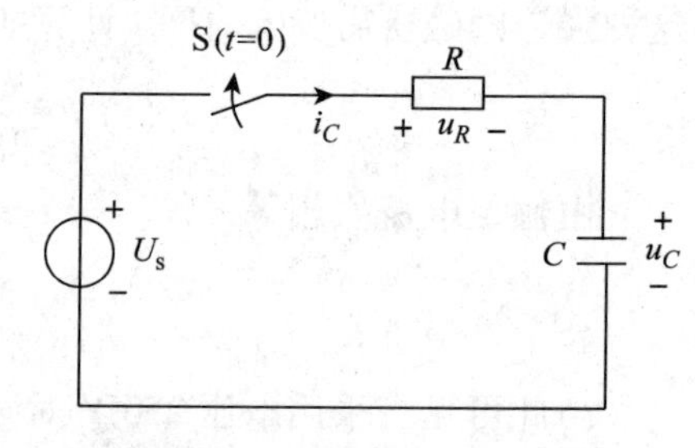

图 5-13 一阶电路的全响应

当一个非零初始状态的一阶电路受到激励时，电路的响应称为一阶电路的全响应。在图 5-13 所示电路中，开关 S 闭合前，电容已充电，其电压 $u_C = u_C(0_-) \neq 0$。开关 S 闭合后，电路接入直流电压源 U_s。现把开关动作时刻取为计时起点($t=0$)。开关闭合后，即 $t \geq 0_+$ 时，根据 KVL 可得

$$u_R + u_C = U_s \tag{5-25}$$

由于电流 i_C 与 u_C 参考方向为关联参考方向，则 $i_C = C\dfrac{\mathrm{d}u_C(t)}{\mathrm{d}t}$，又 $u_R = Ri_C$，代入上述方程得

$$RC\frac{\mathrm{d}u_C(t)}{\mathrm{d}t} + u_C = U_s \tag{5-26}$$

这是一阶非齐次微分方程，U_s 其实也是电容达到稳态后的电压 $u_C(\infty)$，求得的微分方程的解为

$$\begin{aligned} u_C(t) &= u_C(0_+)\mathrm{e}^{-\frac{t}{\tau}} + u_s(1-\mathrm{e}^{-\frac{t}{\tau}}) \\ &= u_C(0_+)\mathrm{e}^{-\frac{t}{\tau}} + u_C(\infty)(1-\mathrm{e}^{-\frac{t}{\tau}}) \end{aligned} \tag{5-27}$$

这就是电容电压在 $t \geq 0_+$ 时的全响应，其中 $\tau = RC$。

可以看出，式 (5-27) 右边的第一项是电路的零输入响应，右边的第二项则是电路的零状态响应，这说明全响应是零输入响应和零状态响应的叠加，即

全响应 = (零输入响应) + (零状态响应)

将图 5-13 中一阶电路全响应分解成零输入响应和零状态响应，如图 5-14 所示。

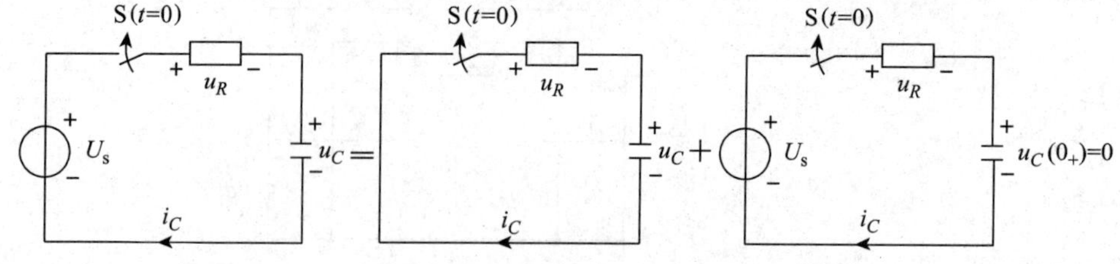

图 5-14 一阶电路全响应分解

对式（5－27）稍作变形，还可进一步化为

$$u_C(t)=U_s+[u_C(0_+)-U_s]e^{-\frac{t}{\tau}} \tag{5-28}$$

可以看出，式（5－28）右边的第一项是恒定值，大小等于直流电压源电压，是换路后电容电压达到稳态后的量，右边的第二项则是仅取决于电路参数τ，会随着时间的增长按指数规律逐渐衰减到零，是电容电压瞬态的量，所以又常将全响应看作是稳态分量和瞬态分量的叠加，即

全响应＝（稳态分量）＋（瞬态分量）

2. 一阶电路的三要素法

无论是把全响应分解为零状态响应和零输入响应，还是分解为稳态分量和瞬态分量，都不过是从不同的角度去分析全响应。而全响应总是有初始值$f(0_+)$、稳态分量$f(\infty)$和时间常数τ三个要素决定的。在直流电源激励下，仿式（5－28），则全响应$f(t)$可写为

$$f(t)=f(\infty)+[f(0_+)-f(\infty)]e^{-\frac{t}{\tau}} \tag{5-29}$$

由式（5－29）可以看出，若已知初始值$f(0_+)$、稳态分量$f(\infty)$、时间常数τ三个要素，就可以直接写出直流激励下一阶电路的全响应，这种方法称为三要素法。前面讲述的通过微分方程求解的方式求得储能元件响应函数的方法称为经典法。表5－3给出了经典法与三要素法求解一阶电路的比较。

表5－3　经典法与三要素法求解一阶电路比较表

名称	微分方程求解	三要素表示法
RC 电路的零输入响应	$u_C=u_C(0_+)e^{-\frac{t}{\tau}}$ $i_C=\frac{i_C(0_+)}{R}e^{-\frac{t}{\tau}}$	$f(t)=f(0_+)e^{-\frac{t}{\tau}}$
RC 电路的零状态响应	$u_C=u_C(\infty)(1-e^{-\frac{t}{\tau}})$ $i_C=i_C(0_+)e^{-\frac{t}{\tau}}$	$f(t)=f(\infty)(1-e^{-\frac{t}{\tau}})$
RL 电路的零输入响应	$i_L=i_L(0_+)e^{-\frac{t}{\tau}}$ $u_L=-u_L(0_+)e^{-\frac{t}{\tau}}$	$f(t)=f(0_+)e^{-\frac{t}{\tau}}$
RL 电路的零状态响应	$i_L=i_L(\infty)(1-e^{-\frac{t}{\tau}})$ $u_L=u_L(0_+)e^{-\frac{t}{\tau}}$	$f(t)=f(\infty)(1-e^{-\frac{t}{\tau}})$
一阶 *RC* 电路的全响应	$u_C(t)=U_s+[U_C(0_+)-U_s]e^{-\frac{t}{\tau}}$ $i_C(t)=\frac{U_s-U_C(0_+)}{R}e^{-\frac{t}{\tau}}$	$f(t)=f(\infty)+[f(0_+)-f(\infty)]e^{-\frac{t}{\tau}}$

三要素法简单易算，特别是求解复杂的一阶电路尤为方便。下面归纳出用三要素法解题的一般步骤：

① 画出换路前（$t=0_-$）的等效电路，求出电容电压$u_C(0_-)$或电感电流$i_L(0_-)$；

② 根据换路定律$u_C(0_+)=u_C(0_-)$，$i_L(0_+)=i_L(0_-)$，求出响应电压$u(0_+)$或电流$i(0_+)$的初始值，即$f(0_+)$；

③ 画出 $t\to\infty$ 时的稳态电路（稳态时电容相当于开路，电感相当于短路），求出稳态下响应电压 $u(\infty)$ 或电流 $i(\infty)$，即 $f(\infty)$；

④ 求出电路的时间常数τ，$\tau=RC$ 或$\dfrac{L}{R}$，其中 R 值是换路后断开储能元件 C 或 L，直流电压源相当于短路，直流电流源相当于断路，由储能元件两端看进去，用戴维南等效电路求得的等效内阻。

例 5.8 图 5-15 所示电路中，开关 S 断开前电路处于稳态。已知 $U_s=20$ V，$R_1=R_2=1$ kΩ，$C=1$ μF。求开关打开后，u_C 和 i_C 的解析式，并画出其曲线。

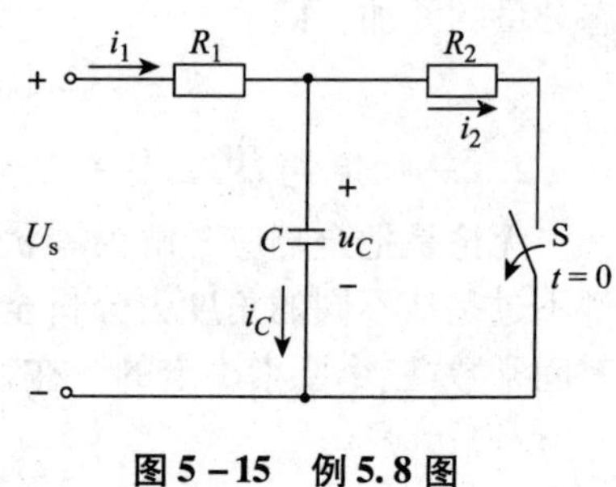

图 5-15 例 5.8 图

解： 选定各电流、电压的参考方向如图 5-15 所示。

因为换路前电容上电流 $i_C(0_-)=0$，故有

$$i_1(0_-)=i_2(0_-)=\frac{U_s}{R_1+R_2}$$

$$=\frac{20}{10^3+10^3}$$

$$=10\times10^{-3}\text{ A}=10\text{ mA}$$

换路前电容上电压

$$u_C(0_-)=i_2(0_-)R_2=10\times10^{-3}\times1\times10^3=10\text{ V}$$

由于 $u_C(0_-)<U_s$，因此换路后电容将继续充电，其充电时间常数

$$\tau=R_1C=1\times10^3\times1\times10^{-6}=10^{-3}\text{ s}=1\text{ ms}$$

电容充满电后的稳态电压 $u_C(\infty)=U_s=20$ V，将上述数据代入式（5-28）得

$$u_C=u(\infty)+[(u_C(0_+)-u_C(\infty))]\mathrm{e}^{-\frac{t}{\tau}}=20+(10-20)\mathrm{e}^{-\frac{t}{10^{-3}}}=20-10\mathrm{e}^{-1\,000t}\text{ V}$$

$$i_C=C\frac{\mathrm{d}u_C}{\mathrm{d}t}=\frac{u_C(\infty)-u_C(0_+)}{R}\mathrm{e}^{-\frac{t}{\tau}}=\frac{20-10}{1\,000}\mathrm{e}^{-\frac{t}{10^{-3}}}=0.01\mathrm{e}^{-1\,000t}\text{ A}=10\mathrm{e}^{-1\,000t}\text{ mA}$$

u_C、i_C 随时间变化的曲线如图 5-16 所示。

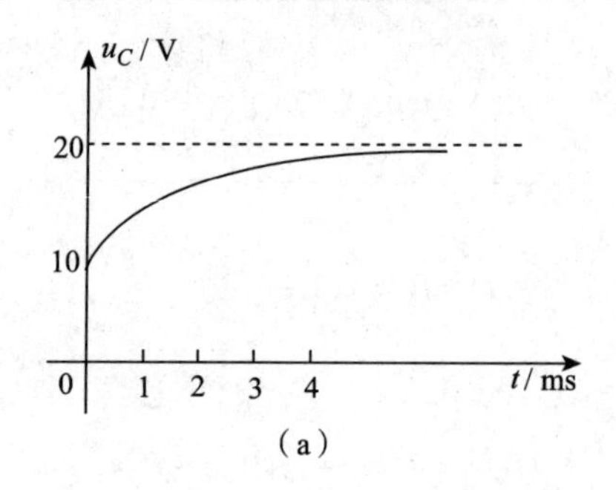

（a）

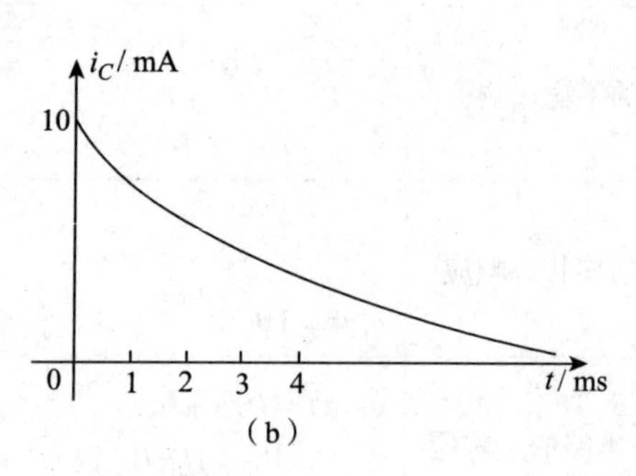

（b）

图 5-16 u_C、i_C 随时间变化曲线

（a）u_C 变化曲线 （b）i_C 变化曲线

例 5.9 图 5-17（a）所示电路在 $t=0_-$ 时处于稳态，设 $U_{s1}=38$ V，$U_{s2}=20$ V，$R_1=20$ Ω，$R_2=5$ Ω，$R_3=6$ Ω，$L=0.2$ H。求 $t\geqslant0$ 时，电流 i_L。

解： 由图 5-17（a）计算换路前的电感电流

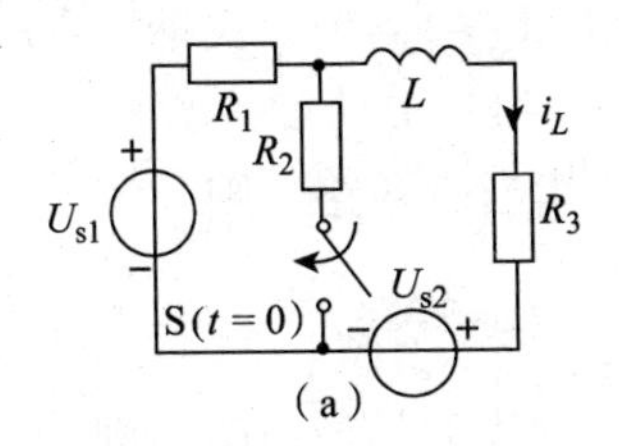

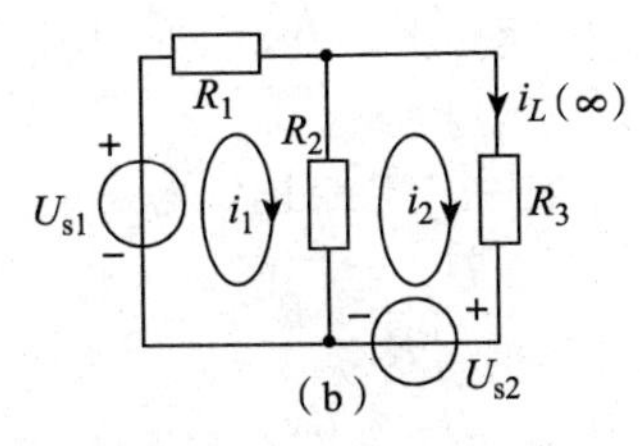

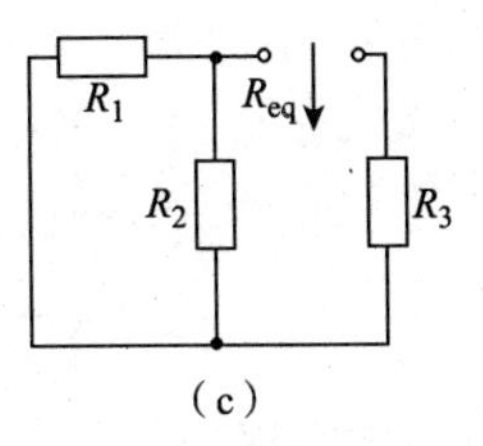

图5-17　例5.9图

(a) 电路一　(b) 电路二　(c) 电路三

$$i_L(0_-)=\frac{U_{s1}-U_{s2}}{R_1+R_3}=0.69\ \text{A}$$

由换路定律得 $i_L(0_+)=i_L(0_-)=0.69\ \text{A}$。

计算直流稳态电流的电路如图5-17（b）所示。列网孔电流方程

$$\begin{cases}(R_1+R_2)\ i_1-R_2i_2=U_{s1}\\-R_2i_1+(R_2+R_3)\ i_2=-U_{s2}\end{cases}$$

解得 $i_2=i_L(\infty)=-1.24\ \text{A}$。

令 $U_{s1}=U_{s2}=0$，即直流电压源等效为短路，而电感元件相当于短路，根据戴维南等效电路的原则画出等效电阻 R_{eq} 的电路如图5-17（c）所示。则

$$R_{eq}=\frac{R_1R_2}{R_1+R_2}+R_3=10\ \Omega$$

则 $\tau=\dfrac{L}{R_{eq}}=0.02\ \text{s}$，由三要素法公式得

$$i_L(t)=i_L(\infty)+[i_L(0_+)-i_L(\infty)]e^{-\frac{t}{\tau}}=-1.24+1.93e^{-50t}\ \text{A}$$

例5.10　电路如图5-18所示，$U_{s1}=12\ \text{V}$，$U_{s2}=10\ \text{V}$，$R_1=2\ \text{k}\Omega$，$R_2=2\ \text{k}\Omega$，$C=10\ \mu\text{F}$，开关S合在1端，电路处于稳态，在 $t=0$ 时刻，开关S由1端合到2端，求换路后电路中各量的初始值及电容电压的响应 $u_C(t)$。

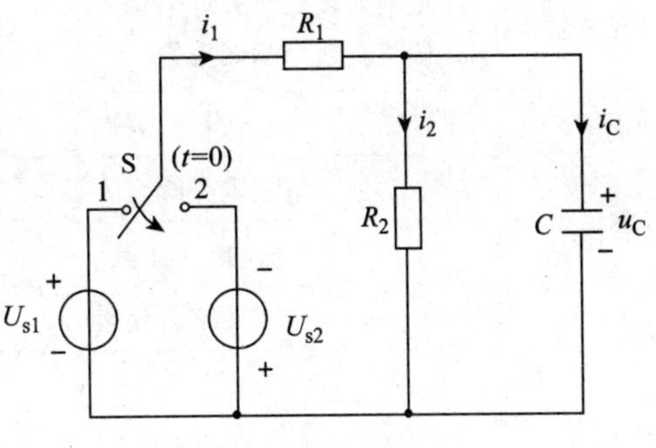

图5-18　例5.10图

解：① 求初始值。当开关S合在1端时

$$u_C(0_-)=\frac{U_{s1}}{R_1+R_2}\times R_2=6\ \text{V}$$

根据换路定律，当S合到2端瞬间

$$u_C(0_+)=u_C(0_-)=6\ \text{V}$$

$$u_{R2}\ (0_+)=u_C(0_+)=6\ \text{V}$$

则

$$i_2(0_+)=\frac{u_C(0_+)}{R_2}=\frac{6}{2\times10^3}=3\ \text{mA}$$

由基尔霍夫电压定律可得

$$i_1(0_+)R_1+u_C(0_+)+U_{s2}=0$$

则

$$i_1(0_+)=-\frac{U_{s2}+u_C(0_+)}{R_1}=-\frac{10+6}{2\times10^3}=-8\ \text{mA}$$

$$u_{R1}(0_+) = i_1(0_+)R_1 = -8\times 2 = -16\ \text{V}$$

$$i_C(0_+) = i_1(0_+) - i_2(0_+) = -8-3 = -11\ \text{mA}$$

② 求稳态值。当开关合到 2 端后，电路达到稳态时 C 相当于开路，则

$$u_C(\infty) = -\frac{U_{s2}}{R_1+R_2}\times R_2 = -\frac{10}{2+2}\times 2 = -5\ \text{V}$$

③ 求时间常数。电阻 R 为从 C 两端看进去的无源二端网络的等效电阻，则

$$R = R_1 /\!/ R_2 = \frac{2\times 2}{2+2} = 1\ \text{k}\Omega$$

则时间常数 $\tau = RC = 1\times 10^3\times 10\times 10^{-6} = 0.01\ \text{s}$

由一阶电路的三要素法可得

$$u_C(t) = -5 + [6-(-5)]\ \text{e}^{-\frac{t}{\tau}} = -5 + 11\text{e}^{-100t}\ \text{V}$$

思考讨论>>>

1. 何谓一阶动态电路？
2. 何谓动态电路的零输入响应？零状态响应？全响应？
3. 一阶动态电路三要素指哪些？

任务实施>>>

表 5－4　延时关灯器电路的制作

RW 5－2

<table>
<tr><td>任务要求</td><td colspan="3">① 正确安装延时关灯电路；
② 撰写安装与测试报告</td></tr>
<tr><td rowspan="4">测试设备</td><td>设备名称</td><td>型号或规格</td><td>数量</td></tr>
<tr><td>电工电路综合实训台</td><td></td><td>1 套</td></tr>
<tr><td>电工工具</td><td></td><td>1 套</td></tr>
<tr><td>数字万用表</td><td></td><td>1 块</td></tr>
<tr><td>测试电路</td><td colspan="3">
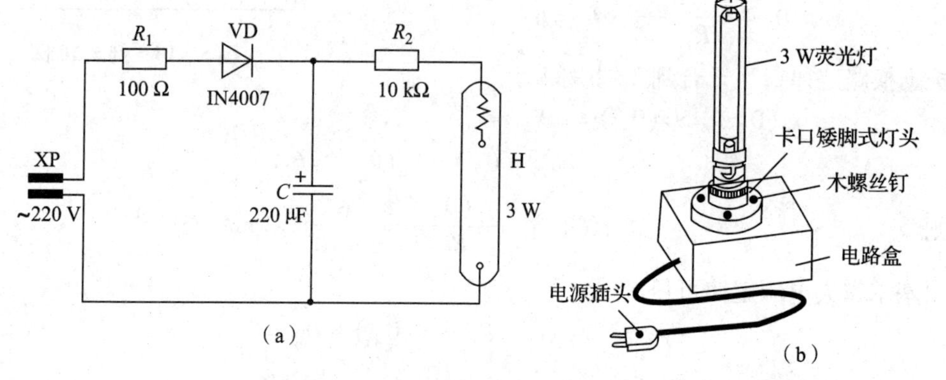

</td></tr>
</table>

续表

制作程序	（1）元件选取 ①H选用3 W冷阴低压荧光灯，特点是点燃电压低、易起辉、耗电省、不需要镇流器，为便于安装，须为灯管配上照明电路常用的卡口矮脚式灯头； ②VD选用IN4007型硅整流二极管； ③C用彩色电视机电源电路常用的220 μF、400 V电解电容器； ④R_1用RTX－1/2 W型碳膜电阻器，R_2用RTX－1/4 W型碳膜电阻器； ⑤XP用市售普通交流电两极插头。 （2）制作电路

小　结

1. 过渡过程产生的原因

电路从一种稳定状态变化到另一种稳定状态所经历的中间过程称为过渡过程。产生过渡过程的内因是电路含有储能元件，外因是换路，其实质是能量不能跃变而只能做连续的变化。因此，凡是含有储能元件的电路，在涉及与电场能量和磁场能量有关的物理量发生变化时都要产生过渡过程。

2. 换路定律

若向储能元件提供的能量为有限值，则各储能元件的能量不能跃变。具体表现在电容两端的电压不能跃变，电感中的电流也不能跃变，这个规律称为换路定律。即

$$\begin{cases} u_C(0_+) = u_C(0_-) \\ i_L(0_+) = i_L(0_-) \end{cases}$$

3. 一阶电路的零输入响应

RC电路　　$u_C = u_C(0_+)\mathrm{e}^{-\frac{t}{\tau}}$

RL电路　　$i_L = i_\mathrm{L}(0_+)\mathrm{e}^{-\frac{t}{\tau}}$

4. 一阶电路的零状态响应

RC电路　　$u_C = u_C(\infty)(1-\mathrm{e}^{-\frac{t}{\tau}})$

RL电路　　$i_L = i_\mathrm{L}(\infty)(1-\mathrm{e}^{-\frac{t}{\tau}})$

5. 一阶电路的全响应

全响应＝稳态分量＋暂态分量

或　　全响应＝零输入响应＋零状态响应

以上两个表达式反映了线性电路的叠加定理。

6. 三要素法

三要素法是基于经典法的一种求解过渡过程的简便方法。对于直流电源激励的一阶电

路，可用三要素法求解。三要素的一般公式可以表示为

$$f(t)=f(\infty)+[f(0_+)-f(\infty)]\mathrm{e}^{-\frac{t}{\tau}}$$

式中，$f(0_+)$ 为待求量的初始值，$f(\infty)$ 为待求量的稳态值，τ为电路的时间常数。

习 题 5

1. 题1图所示电路中，已知 $U_s=12$ V，$R_1=4$ kΩ，$R_2=8$ kΩ，$C=1$ μF，$t=0$ 时，闭合开关S。试求：初始值 $i_C(0_+)$、$i_1(0_+)$、$i_2(0_+)$ 和 $u_C(0_+)$。

2. 题2图所示电路中，已知 $U_s=60$ V，$R_1=20$ Ω，$R_2=30$ Ω，电路原先已达稳态。$t=0$ 时，闭合开关S。试求：初始值 $i_C(0_+)$、$i_1(0_+)$、$i(0_+)$。

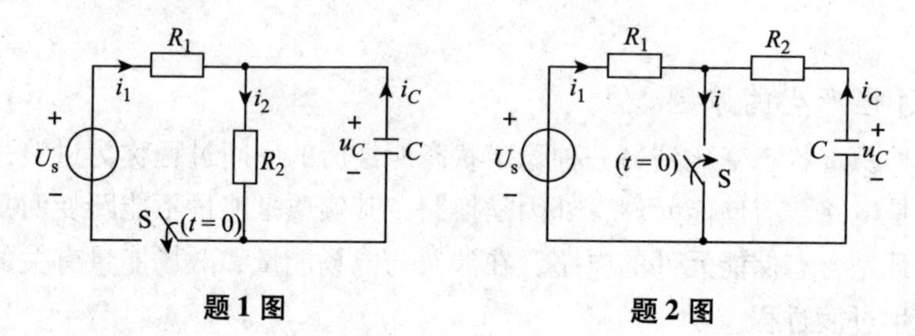

题1图　　　题2图

3. 题3图所示电路中，已知 $U_s=10$ V，$R_1=2$ Ω，$R_2=R_3=4$ kΩ，$L=200$ mH。开关S打开前电路已达稳态，求开关断开后的 i_1、i_2、i_3 和 u_L。

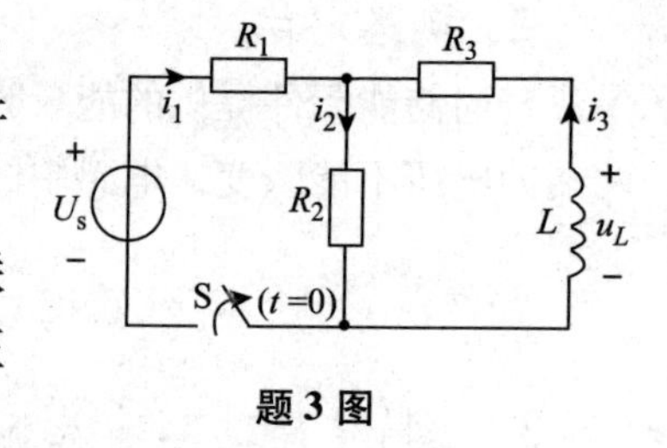

题3图

4. 一个 $C=2$ μF 的电容元件和 $R=5$ Ω 的电阻元件串联组成无分支电路，在 $t=0$ 时与一个 $U_s=100$ V 的直流电压源接通，求 $t\geqslant 0$ 时 i 的表达式。

5. 题5图所示电路中，电路原先已达稳态，$t=0$ 时闭合开关S。试求：初始值 $i_L(0_+)$、$u_L(0_+)$ 及稳态值 $u_L(\infty)$、$i_L(\infty)$。

6. 题6图所示电路中，已知 $U_s=10$ V，$R_1=R_2=10$ Ω，电路原先已达稳态，$t=0$ 时闭合开关S。试求：初始值 $i_L(0_+)$、$u_L(0_+)$ 及稳态值 $u_L(\infty)$、$i_L(\infty)$。

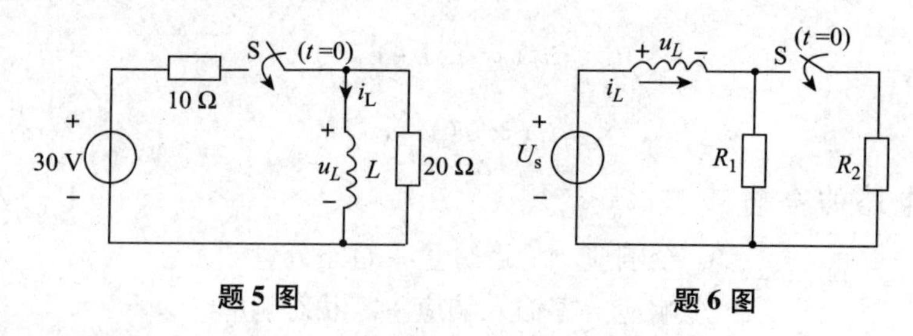

题5图　　　题6图

7. 题7图所示电路中，电路原先已达稳态，$t=0$ 时打开开关S。试求：初始值 $i_C(0_+)$、$u_C(0_+)$，稳态值 $u_C(\infty)$、$i_C(\infty)$ 及时间常数τ。

8. 题8图所示电路中，开关S闭合前，电路原先已达稳态，$t=0$时闭合开关S。求$t\geqslant 0$时电感电流i_L、电感电压u_L的表达式。

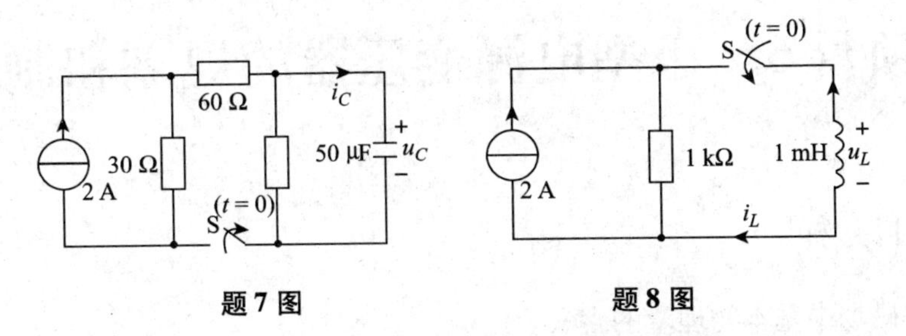

题7图　　题8图

9. 题9图所示电路中，开关S闭合前，电路原先已达稳态，$t=0$时闭合开关S。求$t\geqslant 0$时i的表达式。

10. 题10图所示电路中，已知$U_s=6$ V，$R_1=10\ \Omega$，$R_2=20\ \Omega$，$C=1\,000$ pF，且原先未储能，试用三要素法求开关闭合后R_2两端的电压u_{R2}。

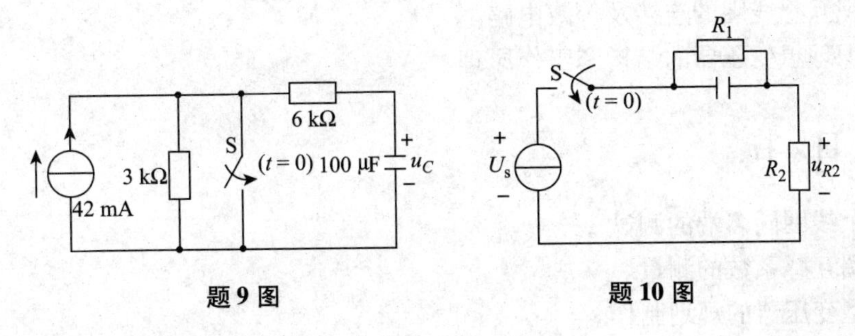

题9图　　题10图

11. 题11图所示电路中，已知$U_s=100$ V，$R_1=6\ \Omega$，$R_2=4\ \Omega$，$L=20$ mH，$t=0$时闭合开关S。试用三要素法求换路后的i和u_L的表达式。

12. 题12图所示电路原已稳定，$t=0$时开关S由位置1扳向位置2，求经过多长时间u_C等于零？

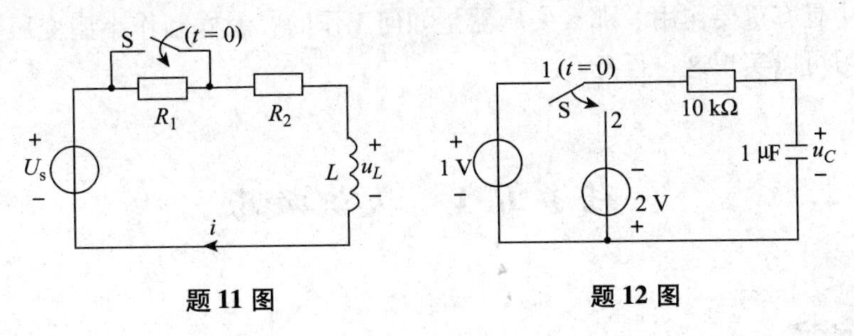

题11图　　题12图

13. 题13图所示电路原已稳定，$t=0$时开关S闭合，应用三要素法求电路的全响应i_L和u_L。

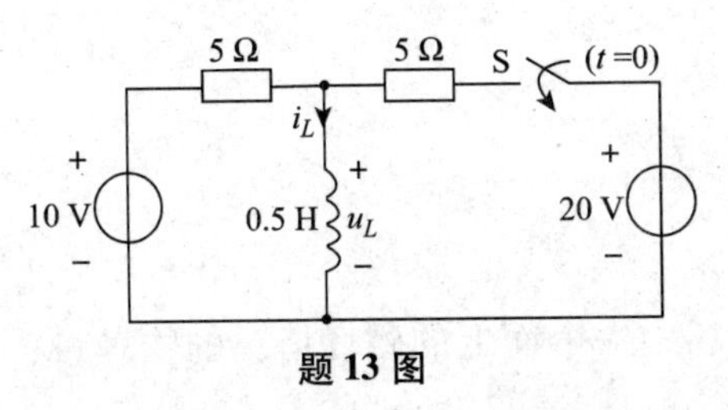

题13图

项目 6　小型电源变压器的规划和制作

学习目标

- 理解磁场中基本物理量的含义。
- 认识磁路组成，掌握磁路的基本定律。
- 认识交流电磁铁的结构，掌握其工作原理。
- 掌握互感分析方法与互感电压计算。
- 掌握互感线圈同名端的含义和判断方法。
- 认识互感线圈的连接及等效电路。
- 认识理想变压器的结构和工作原理。

任务目标

- 多个线圈同名端的测试。
- 线圈互感系数的测量。
- 小型变压器的规划制作。

在生产和日常生活中，常常需要各种高低不同的交流电压，如最常用的三相异步电动机额定电压一般为 380 V 或 220 V；照明电路电压一般为 220 V；而局部照明和某些电动工具的额定电压为 36 V、24 V、12 V 等，一些电子电路中也需要不同的供电电压。那么这样高低不同的电压，不可能由发电机直接发出，而是通过变压器实现所需电压。因此变压器在各种电路中具有重要作用。那么变压器是如何工作的？怎样制作小型变压器？通过这部分内容的学习可以实现这一任务。

任务 6.1　认识磁场

任务描述>>>

磁场是我们熟悉的一种物理现象，如何定量的描述磁场？

知识链接>>>

6.1.1　磁通

磁通量是用来反映磁场中一个面上的磁场情况的物理量，简称磁通，以 Φ 表示。其定义为：在磁场中，磁感应强度与垂直磁场方向的面积的乘积叫做沿法线正方向穿过该面积的磁感应强度向量的通量。

$$\Phi = \int_S B_n \mathrm{d}S = \int_S B\cos\beta \mathrm{d}S \qquad (6-1)$$

式中，β 为面元 $\mathrm{d}S$ 上磁感应强度 B 与该面元的法线 n 之间的夹角，如图6-1所示。Φ 的正负说明磁感应线穿过 $\mathrm{d}S$ 的方向。$\mathrm{d}S$ 为闭合面的一部分，Φ 为正值，说明磁感应线从内侧穿向外侧，$\beta<90°$；Φ 为负值，说明磁感应线由外侧进入内侧，$\beta>90°$。当面元 $\mathrm{d}S$ 垂直于该点的磁感应强度，$\beta=0$，$\cos\beta=1$，穿过面元 $\mathrm{d}S$ 的磁通

$$\mathrm{d}\Phi = B\mathrm{d}S$$

因此

$$B = \frac{\mathrm{d}\Phi}{\mathrm{d}S}$$

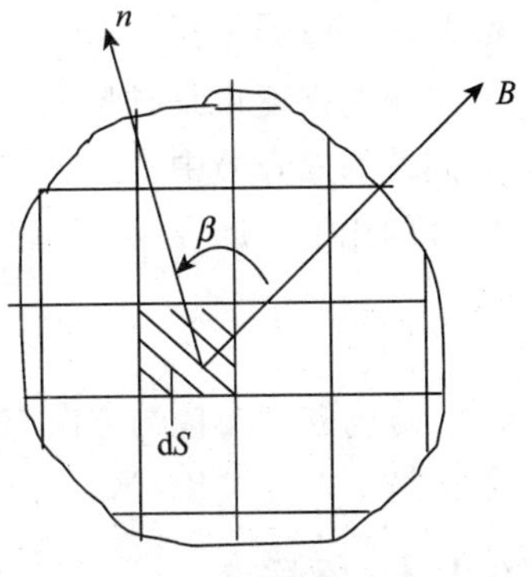

图6-1　磁通关系图

$\frac{\mathrm{d}\Phi}{\mathrm{d}S}$为穿过单位面积的磁通，即磁通密度。由此可见，某一点的磁感应强度就是该点的磁通密度。若磁场为均匀磁场，面积为 S 的平面垂直磁场方向，则有

$$\Phi = BS \qquad (6-2)$$

国际单位制中，磁通的单位是“韦伯”，简称“韦”，以符号 Wb 表示。工程上也用麦克斯韦（简称麦，符号 Mx）作为磁通的单位，且

$$1\ \mathrm{Mx} = 10^{-8}\ \mathrm{Wb}$$

如果在磁场中任取一个封闭的曲面，进入封闭曲面的磁通一定等于穿出封闭曲面的磁通。一般规定闭合面的正法线方向为朝外指的方向，这样从闭合面内穿出的磁通为正，进入的磁通为负，所以穿出任一闭合面的净磁通等于零，即

$$\oint_S B_n \mathrm{d}S = 0 \qquad (6-3)$$

这就是磁通连续性原理的数学表达式。它可以用磁感应线的特点来解释。磁感应线（又叫磁力线）是连续的、无头无尾的闭合曲线。对于磁场中任一封闭曲面来说，磁感应线进入封闭面必定还要穿出该曲面而形成闭合曲线。这样进入封闭面的磁感应线总数必定等于穿出该曲面的磁感应线总数，总磁通必定等于零。

6.1.2　磁感应强度

对于磁场的力效应，用一个物理量表示，这个物理量叫磁感应强度向量，用矢量 $\boldsymbol{B}$ 表示。其定义如下：在磁场中某点放一小段长为 Δl（线元），通有电流 I 并与磁场方向垂直的直导体，它所受的电磁力为 ΔF，则磁场在该点的磁感应强度向量的大小

$$B = \frac{\Delta F}{I\Delta l} \qquad (6-4)$$

磁感应强度的方向就是该点的磁场方向，也就是小磁针在磁场该点处 N 极的指向。

在国际单位制中，磁感应强度的单位为“特斯拉”，简称“特”，以符号 T 表示。工程上也常用高斯（简称高，符号 Gs）作为 B 的单位，且

$$1\ \mathrm{Gs} = 10^{-4}\ \mathrm{T}$$

一般的永久磁铁附近的磁场，B 为0.2～0.7 T；磁电系仪表中磁铁和圆柱体铁芯间的空

气隙中的 B 为 0.2 ~ 0.3 T；电机和变压器铁芯中磁感应强度可达 0.9 ~ 1.7 T；科学研究用的强磁场可达几十特；地球的磁场的磁感应强度仅为 0.5×10^{-4} T，约 0.5 Gs。

6.1.3 磁场强度

磁场强度也是磁场的一个基本物理量，用符号 H 表示。磁场强度向量的定义是：在各向同性的磁介质中，磁场中某点的磁场强度的大小等于该点的磁感应强度的大小与该点磁导率的比值。即

$$H=\frac{B}{\mu} \tag{6-5}$$

磁场强度向量的方向与该点磁感应强度向量的方向相同。国际单位制中，磁场强度的单位是“A/m（安/米）”。

6.1.4 磁导率

磁导率是一个表示磁介质磁性能的物理量，用符号 μ 表示，不同的物质有不同的磁导率。国际单位制中，磁导率的单位为 H/m（亨利/米）。由实验确定，真空中的磁导率

$$\mu_0=4\pi\times10^{-7}\ \text{H/m}$$

为了对不同磁介质的性能有比较明确的认识，可以把均匀磁介质内磁感应强度与真空中磁感应强度进行比较。结果表明，在某些磁介质内的磁感应强度比真空中大些，而在另一些磁介质内就比较小些，这是由于不同的磁介质具有不同的磁性能的缘故。

任意一种磁介质的磁导率（μ）与真空磁导率（μ_0）的比值称为该磁介质的相对磁导率，用 μ_r 表示，即

$$\mu_r=\frac{\mu}{\mu_0}$$

物质根据其磁性能的不同，可分为三类：一类叫顺磁性物质，如空气、铝、铬、铂等，其 μ_r 略大于 1，在 1.000 003 ~ 1.000 01；另一类叫逆磁性物质，如氢、铜等，其 μ_r 略小于 1，在 0.999 995 ~ 0.999 83，顺磁性物质与逆磁性物质的 μ_r 在 1 左右，上下相差一般不超过 10^{-5}，所以在工程计算中，都可视为 1，还有一类叫铁磁性物质，如铁、钴、镍、钇、镝、硅、钢、坡莫合金、铁氧体等，其相对磁导率 μ_r 很大，可达几百甚至几千以上，而且不再是一个常数，且随磁感应强度和温度而变化。

6.1.5 铁磁性物质的磁化

1. 磁化

实验表明：将铁磁性物质（如铁、镍、钴等）置于某磁场中，会大大加强原磁场。这是由于铁磁物质会在外加磁场的作用下，产生一个与外磁场同方向的附加磁场，正是由于这个附加磁场促使了总磁场的加强，这种现象叫做磁化。

铁磁性物质具有这种性质，是由其内部结构决定的。研究表明：铁磁性物质内部是由许多叫做磁畴的天然磁化区域组成的。虽然每个磁畴的体积很小，但其中却包含有数亿个分子。每个磁畴中分子电流排列整齐，因此每个磁畴就构成一个永磁体，具有很强的磁性。但未被磁化的铁磁性物质，磁畴排列是紊乱的，各个磁畴的磁场相互抵消，对外不显示磁性，如图 6－2（a）所示。

若把铁磁性物质放入外磁场中，大多数磁畴趋向于沿外磁场方向规则地排列，因而在铁磁性物质内部形成了很强的与外磁场同方向的“附加磁场”，从而大大加强了磁感应强度，即铁磁性物质被磁化了，如图6－2（b）所示。当外加磁场进一步增强时，所有磁畴的方向几乎全部与外加磁场方向相同，这时附加磁场不再增加，这种现象叫做磁饱和，如图6－2（c）所示。非铁磁性物质（如铝、铜、木材等）由于没有磁畴结构，磁化程度很微弱。

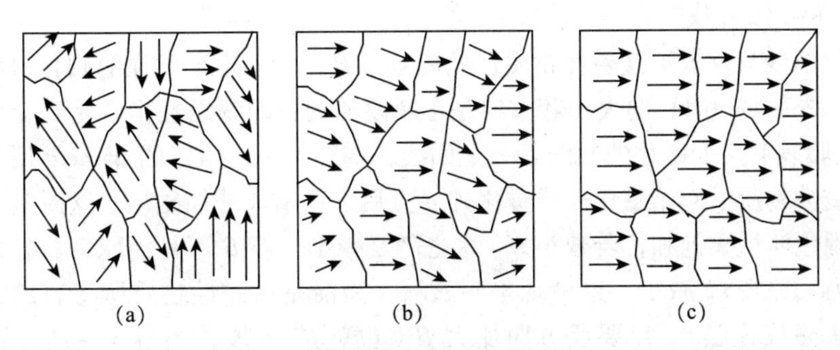

图6－2　铁磁性物质的磁化

（a）未被磁化时　（b）被磁化时　（c）磁饱和时

铁磁性物质具有很强的磁化作用，因而具有良好的导磁性能，在电气设备和电气元件中具有广泛的用途，如电机、变压器、电磁铁、电工仪表等，利用铁磁性物质的磁化特性，可以使这些设备体积小、重量轻、结构简单、成本降低。因此，铁磁性物质对电气设备的工作影响很大。

2. 磁化曲线

不同种类的铁磁性物质，其磁化性能是不同的。工程上常用磁化曲线（或表格）表示各种铁磁性物质的磁化特性。磁化曲线是铁磁性物质的磁感应强度 B 与外磁场的磁场强度 H 之间的关系曲线，所以又叫 $B-H$ 曲线。这种曲线一般由实验得到，如图6－3（a）所示。

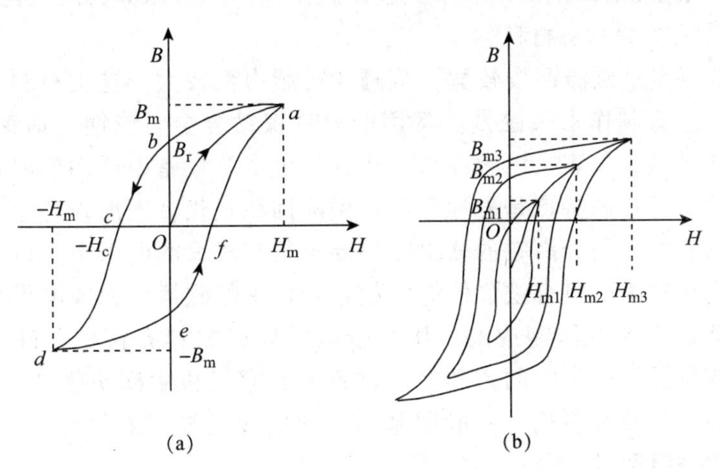

图6－3　磁滞回线

（a）磁化曲线　（b）磁滞回线族

(1) 起始磁化曲线

图6-3 (a) 所示 $O-a$ 段的 $B-H$ 曲线是在铁芯原来没有被磁化，即 B 和 H 均从零开始增加时所测得的。这种情况下作出的 $B-H$ 曲线叫起始磁化曲线。

铁磁性物质的 $B-H$ 曲线是非线性的，μ 不是常数；而非铁磁性物质的 $B-H$ 曲线为直线，μ 是常数。

(2) 实际磁化曲线

起始磁化曲线只反映了铁磁性物质在外磁场（H）由零逐渐增加的磁化过程。在很多实际应用中，外磁场（H）的大小和方向是不断改变的，即铁磁性物质受到交变磁化（反复磁化）。实验表明交变磁化的曲线是一个回线，如图6-3（a）的 *abcdefa* 所示。此回线表示，当铁磁性物质沿起始磁化曲线磁化到 a 点后，再增大外加磁场，这时附加磁场不再增加，这种现象叫做磁饱和；若减小 H，B 也随之减小，但 B 不是沿原来起始磁化曲线减小，而是沿另一路径 *ab* 减小，这种现象叫磁滞，磁滞是铁磁性物质所特有的；要消除剩磁（常称为去磁或退磁），需要反方向加大 H，也就是 *bc* 段，当 $H=-H_c$（*Oc* 段）时，$B=0$，剩磁才被消除，此时的 $|-H_c|$ 叫做材料的矫顽力，$|-H_c|$ 的大小反映了材料保持剩磁的能力。如果继续反向加大 H（*cd* 段），即反向磁化，使 $H=-H_m$，$B=-B_m$；再让 H 减小到零（*de* 段）；再加大 H，使 $H=H_m$，$B=B_m$（*efa* 段），这样反复，便可得到对称于坐标原点的闭合曲线，即铁磁性物质的磁滞回线（*abcdefa*）。

如果改变磁场强度的最大值（即改变实验所取电流的最大值），重复上述实验，就可以得到另外一条磁滞回线。图6-3（b）给出了不同 H_m 时的磁滞回线族。这些曲线的顶点 B_m 连线称为铁磁性物质的基本磁化曲线。对于某一种铁磁性物质来说，基本磁化曲线是完全确定的，它与起始磁化曲线差别很小，基本磁化曲线所表示的磁感应强度 B 和磁场强度 H 的关系具有平均的意义，因此工程上常用到它。

3. 铁磁性物质的分类

铁磁性物质根据磁滞回线的形状及其在工程上的用途可以分为两大类：一类是硬磁（永磁）材料，另一类是软磁材料。

硬磁材料的特点是磁滞回线较宽，剩磁和矫顽力都较大。这类材料在磁化后能保持很强的剩磁，适宜制作永久磁铁。常用的有铁镍钴合金、镍钢、钴钢、镍铁氧体、锶铁氧体等。在磁电式仪表、电声器材、永磁发电机等设备中所用的磁铁就是用硬磁材料制作的。软磁材料的特点是磁导率高，磁滞回线狭长，磁滞损耗小。软磁材料又分为低频和高频两种。用于高频的软磁材料要求具有较大的电阻率，以减小高频涡流损失。常用的高频软磁材料有铁氧体等，如收音机中的磁棒、无线电设备中的中周变压器的磁芯，都是用铁氧体制成的。用于低频的软磁材料有铸钢、硅钢、坡莫合金等，如电机、变压器等设备中的铁芯多为硅钢片，录音机中磁头铁芯多用坡莫合金。由于软磁材料的磁滞回线狭长，一般用基本磁化曲线代表其磁化特性，图6-4是软磁和硬磁材料的磁滞回线。

图6-5是几种常用铁磁性材料的基本磁化曲线，电气工程中常用它来进行磁路计算。

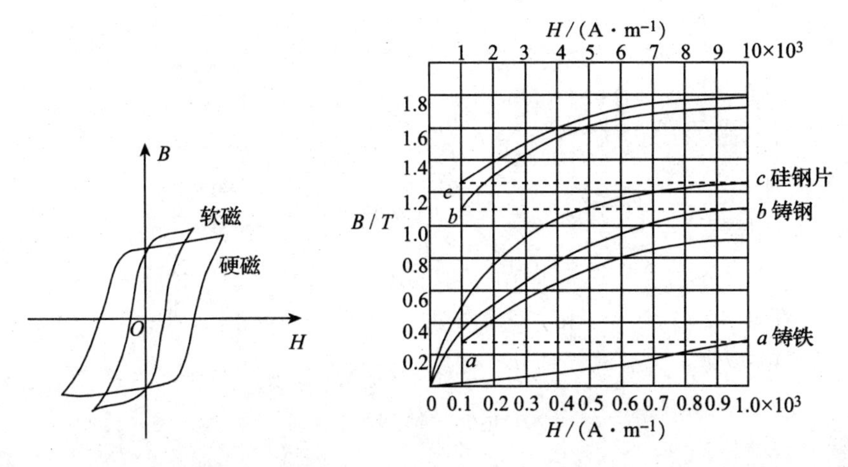

图6-4 软磁和硬磁材料的磁滞回线　　**图6-5 几种常用铁磁性材料的基本磁化曲线**

思考讨论>>>

1. 描述磁场的物理量有哪些?
2. 如何理解磁化曲线? 矫顽力和剩磁对磁化曲线有何影响?

任务6.2 磁路及其基本定律

任务描述>>>

电路中的电压和电流有一定规律，那么磁路中的磁通、磁势遵从哪些规律? 与哪些量有关? 如何计算?

知识链接>>>

6.2.1 磁路

线圈中通过电流就会产生磁场，磁感应线会分布在线圈周围的整个空间。如果把线圈绕在铁芯上，由于铁磁性物质的优良导磁性能，电流所产生的磁感应线基本上都局限在铁芯内。如前所述，有铁芯的线圈在同样大小电流的作用下，所产生的磁通将大大增加。这就是电磁器件中经常采用铁芯线圈的原因。由于铁磁性材料的导磁率很高，磁通几乎全部集中在铁芯中，这个磁通称为主磁通。但还会有少量磁力线不经过铁芯而经过空气形成磁回路，这种磁通称为漏磁通。漏磁通相对于主磁通来说，所占的比例很小，所以一般可忽略不计。主磁通通过铁芯所形成的闭合路径叫磁路。图6-6给出了直流电机和单相变压器的结构简图，虚线表示磁通通路。

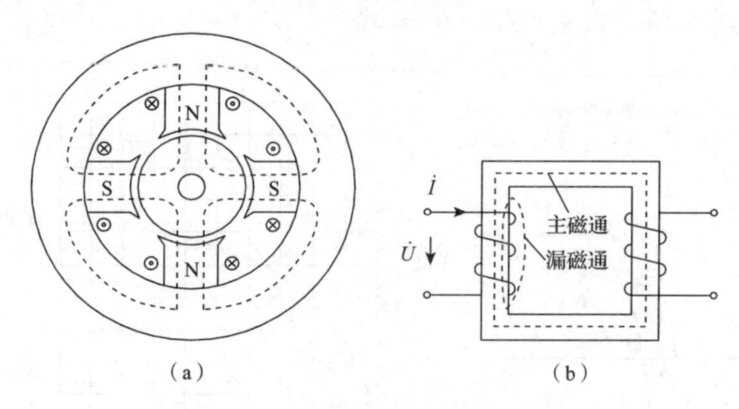

图 6－6　直流电机和单相变压器磁路

(a) 直流电机　(b) 单相变压器

另外，与电路相类似，磁路也可分为无分支磁路和有分支磁路两种。图 6－6（a）为有分支磁路，图 6－6（b）为无分支磁路。

6.2.2　安培环路定律

安培环路定律指介质为真空时，在稳恒电流产生的磁场中，不管载流回路形状如何，对任意闭合路径，磁感应强度的线积分（即环流）仅决定于被闭合路径所包围的电流的代数和，即

$$\oint B_1 \mathrm{d}l = \mu_0 \sum I \tag{6-6}$$

式中，电流 I 的正负是这样规定的，当穿过回路的电流的参考方向与环路的绕行方向符合右手螺旋关系时，I 前面取正号，反之取负号。

如果磁场的介质不是真空，所取闭合环路上各处的介质相同，且其磁导率为 μ，则有

$$\sum B_1 \Delta l = \mu \sum I \tag{6-7}$$

如果 I 不穿过回路 l，则对磁感应强度矢量环流无贡献，但是决不能误认为沿回路 l 上各点的磁感应强度仅由 l 内所包围的那部分电流所产生，它是由空间中所有电流产生的。

根据安培环路定律，可以求某些电流所产生的规则分布的磁场的磁感应强度。

根据 B 和 H 的关系，在均匀磁介质的磁场中，由式（6－7）所表示的安培环路定律 $\sum B_1 \Delta l = \mu \sum I$ 可得 $\sum \frac{B_1}{\mu} \Delta l = \sum I$，因为 $H = \frac{B}{\mu}$，所以

$$\sum H_1 \Delta l = \sum I \tag{6-8}$$

式（6－8）就是磁介质中的安培环路定律（全电流定律）。它适用于均匀磁介质中的磁场，也适用于非均匀磁介质的情况，所以此式具有普遍性。它表明在有磁介质存在的磁场中，任一闭合环路上各段线元的磁场强度向量的切线分量与该线元的乘积的总和等于闭合环路所包围电流（导体中的传导电流）的代数和，而与磁场中磁介质的分布无关。电流正负的规定与前述相同。

式（6－8）说明在均匀磁介质的磁场中，磁场强度的大小与载流导体的形状、尺寸、匝数、电流的大小以及所求点在磁场中的位置有关，而与磁介质的磁性无关。也就是说，在均匀磁介质中，同样的导线，同样的电流，对同一位置的某一点来说，如果磁介质不

同，就有不同的磁感应强度，但具有相同的磁场强度。

根据全电流定律，在某些情况下，能简便地求出电流所产生的磁场的磁场强度，因为磁场强度与磁介质无关。再利用已知的磁介质的磁导率与磁场强度、磁感应强度的关系，便可求出磁感应强度。这就比较方便地解决了不同磁介质的磁场的分析计算问题。

6.2.3　磁路定律

与电路类似，磁路也存在着固定的规律，推广电路的基尔霍夫定律可以得到有关磁路的定律。

1. 磁路的基尔霍夫第一定律

根据磁通的连续性，在忽略了漏磁通以后，在磁路的一条支路中，处处都有相同的磁通，进入包围磁路分支点闭合曲面的磁通与穿出该曲面的磁通是相等的。因此，磁路分支点（节点）所连各支路磁通的代数和为零，即

$$\sum \Phi = 0 \tag{6-9}$$

这就是磁路基尔霍夫第一定律的表达式。如图6－7所示，对于节点A，若把进入节点的磁通取正号，离开节点的磁通取负号，则

$$\Phi_1 + \Phi_2 - \Phi_3 = 0$$

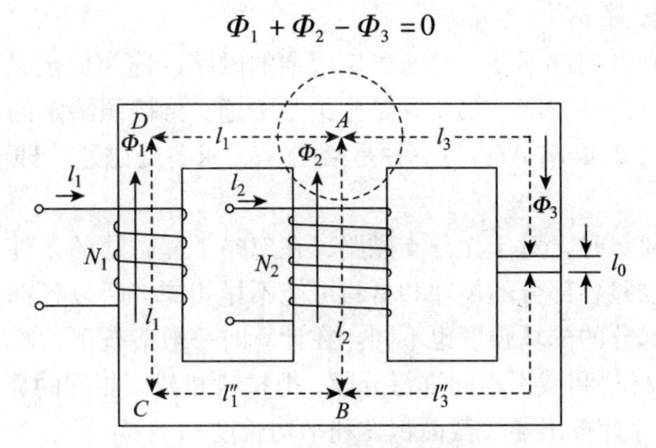

图6－7　磁路示意图

2. 磁路的基尔霍夫第二定律

在磁路计算中，为了找出磁通和励磁电流之间的关系，必须应用安培环路定律。为此把磁路中的每一支路，按各处材料和截面不同分成若干段。在每一段中因其材料和截面积是相同的，所以B和H处处相等。应用安培环路定律表达式的积分$\oint H\mathrm{d}i$，对任一闭合回路可得到

$$\sum (Hl) = \sum (IN) \tag{6-10}$$

式（6－10）是磁路的基尔霍夫第二定律。对于图6－7所示的$ABCDA$回路，有

$$H_1 l_1 + H'_1 l'_1 + H''_1 l''_1 - H_2 l_2 = I_1 N_1 - I_2 N_2$$

上式中的符号规定如下：当某段磁通的参考方向（即H的方向）与回路的参考方向一致时，该段的Hl取正号，否则取负号；励磁电流的参考方向与回路的绕行方向符合右手螺旋法则时，对应的IN取正号，否则取负号。

为了和电路相对应，把公式（6－10）右边的IN称为磁通势，简称磁势。它是磁路产

生磁通的原因，用 F_m 表示，单位是安（匝）；等式左边的 Hl 可看成是磁路在每一段上的磁位差（磁压降），表 U_m 表示。所以磁路的基尔霍夫第二定律可以叙述为：磁路沿着闭合回路的磁位差 U_m 的代数和等于磁通势 F_m 的代数和，记作

$$\sum U_m = \sum F_m$$

3. 磁路欧姆定律

在上述的每一分段中均有 $B=\mu H$，即 $\Phi/S=\mu H$，所以

$$\Phi=\mu HS=\frac{Hl}{l/\mu S}=\frac{U_m}{l/\mu S}=\frac{U_m}{R_m} \tag{6-11}$$

式（6-11）叫做磁路的欧姆定律。式中，$U_m=Hl$ 是磁压降，在国际单位制中，U_m 的单位为 A；$R_m=l/\mu S$ 的单位为 $1/H$；Φ 的单位为 Wb。

由上述分析可知，磁路与电路有许多相似之处，磁路定律是电路定律的推广。但应注意，磁路和电路具有本质的区别，绝不能混为一谈。主要表现在，磁通并不像电流那样代表某种质点的运动；磁通通过磁阻时，并不像电流通过电阻那样要消耗能量，因此维持恒定磁通也并不需要消耗任何能量，即不存在与电路中的焦尔定律类似的磁路定律。

4. 恒定磁通磁路的计算

励磁电流大小和方向都不变、具有恒定磁通的磁路，称为恒定磁通磁路，也称直流磁路。在计算磁路时有两种情况：第一种是先给定磁通，再按照给定的磁通及磁路尺寸、材料求出磁通势，即已知 Φ 求 NI；另一种是给定 NI，求各处磁通，即已知 NI 求 Φ。本节只讨论第一种情况。

已知磁通求磁通势时，对于无分支磁路，在忽略了漏磁通的条件下穿过磁路各截面的磁通是相同的，而磁路各部分的尺寸和材料可能不尽相同，所以各部分截面积和磁感应强度就不同，于是各部分的磁场强度也不同。在计算时一般应按下列步骤进行。

① 按照磁路的材料和截面不同进行分段，把材料和截面相同的算作一段。

② 根据磁路尺寸计算出各段截面积 S 和平均长度 l。

注意： 在磁路存在空气隙时，磁路经过空气隙会产生边缘效应，截面积会加大。一般情况下，空气隙的长度 δ 很小，空气隙截面积可由经验公式近似计算，如图 6-8 所示。

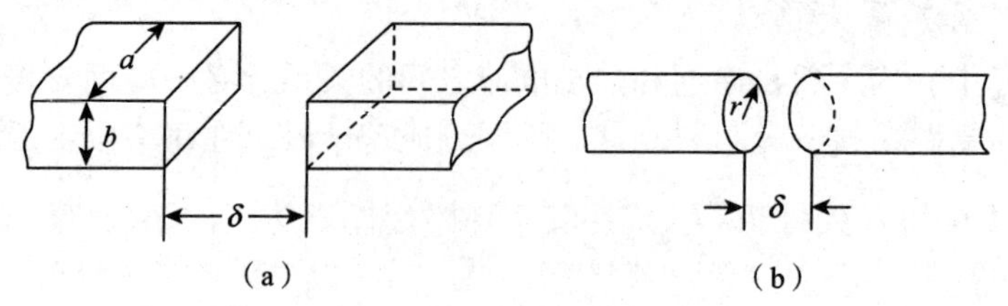

图 6-8　空气隙有效面积计算

（a）矩形截面　（b）圆形截面

对于矩形截面，有

$$S=(a+\delta)(b+\delta)\approx ab+(a+b)\delta$$

对于圆形截面，有

$$S=\pi\left(r+\frac{\delta}{2}\right)^2\approx\pi r^2+\pi r\delta$$

③ 由已知磁通 Φ 算出各段磁路的磁感应强度 $B=\Phi/S$。

④ 根据每一段的磁感应强度求磁场强度，对于铁磁性材料可查基本磁化曲线（见图6－5）。

对于空气隙可用以下公式计算：

$$H_0=\frac{B_0}{\mu_0}=\frac{B_0}{4\pi\times10^{-7}}\approx0.8\times10^6B_0(\mathrm{A/m})=8\times10^3B_0(\mathrm{A/cm})$$

⑤ 根据每一段的磁场强度和平均长度求出 H_1l_1，H_2l_2……。

⑥ 根据基尔霍夫磁路第二定律，求出所需的磁通势，即

$$NI=H_1l_1+H_2l_2+\cdots$$

例6.1　已知磁路如图6－9所示，上段材料为硅钢片，下段材料是铸钢，求在该磁路中获得磁通 $\Phi=2.0\times10^{-3}$ Wb时，所需要的磁通势。若线圈的匝数为1 000匝，求激磁电流应为多大?

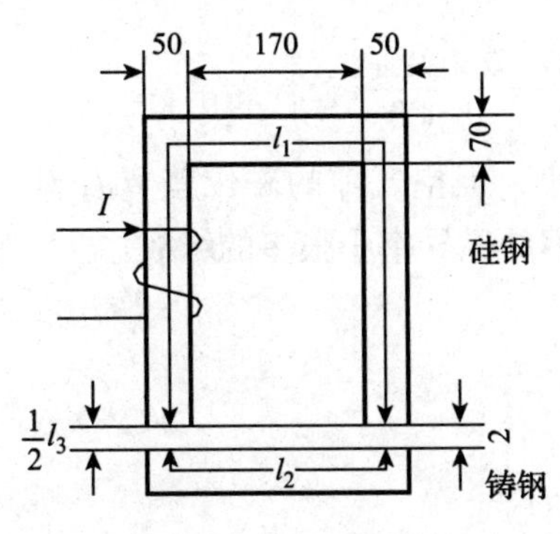

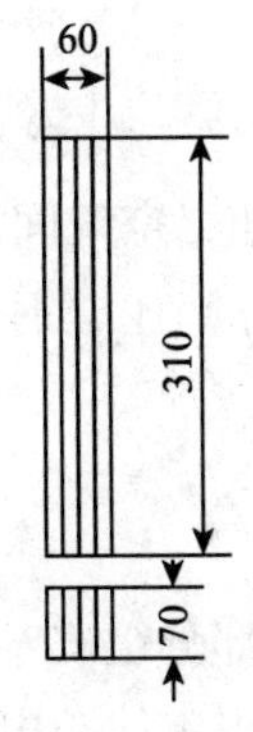

图6－9　例6.1图

解：① 按照截面和材料不同，将磁路分为三段 l_1，l_2，l_3。

② 按已知磁路尺寸求出：

$$l_1=275+220+275=770\ \mathrm{mm}=77\ \mathrm{cm}$$

$$S_1=50\times60=3\,000\ \mathrm{mm^2}=30\ \mathrm{cm^2}$$

$$l_2=35+220+35=290\ \mathrm{mm}=29\ \mathrm{cm}$$

$$S_2=60\times70=4\,200\ \mathrm{mm^2}=42\ \mathrm{cm^2}$$

$$l_3=2\times2=4\ \mathrm{mm}=0.4\ \mathrm{cm}$$

$$S_3\approx60\times50+(60+50)\times2=3\,220\ \mathrm{mm^2}=32.2\ \mathrm{cm^2}$$

③ 各段磁感应强度为

$$B_1=\frac{\Phi}{S_1}=\frac{2.0\times10^{-3}}{30}=0.667\times10^{-4}\ \mathrm{Wb/cm^2}=0.667\ \mathrm{T}$$

$$B_2=\frac{\Phi}{S_2}=\frac{2.0\times10^{-3}}{42}=0.476\times10^{-4}\ \mathrm{Wb/cm^2}=0.476\ \mathrm{T}$$

$$B_3=\frac{\Phi}{S_3}=\frac{2.0\times10^{-3}}{32.2}=0.621\times10^{-4}\ \mathrm{Wb/cm^2}=0.621\ \mathrm{T}$$

④ 由图6－5所示硅钢片和铸钢的基本磁化曲线得

$$H_1 = 1.4\ \text{A/cm}$$

$$H_2 = 1.5\ \text{A/cm}$$

空气中的磁场强度

$$H_3 = \frac{B_3}{\mu_0} = \frac{0.621}{4\pi \times 10^{-7}} = 4\ 942\ \text{A/cm}$$

⑤ 每段的磁位差

$$H_1 l_1 = 1.4 \times 77 = 107.8\ \text{A}$$

$$H_2 l_2 = 1.5 \times 29 = 43.5\ \text{A}$$

$$H_3 l_3 = 4\ 942 \times 0.4 = 1\ 976.8\ \text{A}$$

⑥ 所需的磁通势

$$NI = H_1 l_1 + H_2 l_2 + H_3 l_3 = 107.8 + 43.5 + 1\ 976.8 = 2\ 128.1\ \text{A}$$

激磁电流

$$I = \frac{NI}{N} = \frac{2\ 128.1}{1\ 000} \approx 2.1\ \text{A}$$

从以上计算可知，空气间隙虽很小，但空气隙的磁位差 $H_3 l_3$ 却占总磁势差 93%，这是由于空气隙的磁导率比硅钢片和铸钢的磁导率小很多的缘故。

思考讨论>>>

1. 磁路由哪些部分组成？
2. 磁路基尔霍夫定律与电路基尔霍夫定律有何对应关系？

任务 6.3 认识电磁铁

任务描述>>>

线圈中通入电流产生磁场，磁场对铁磁物质有作用力，人们利用电磁关系设计制作了多个电磁元件为生产和生活服务，如电机、电磁铁等。本节主要研究交流电磁铁的相关参数及其计算，下面来逐步完成这个任务。

知识链接>>>

6.3.1 铁芯线圈的电压、电流和磁通

所谓铁芯线圈，是指线圈中加入铁芯。交流铁芯线圈是用交流电来励磁的，其电磁关系与直流铁芯线圈有很大不同。在直流铁芯线圈中，因为励磁电流是直流，其磁通是恒定的，在铁芯和线圈中不会产生感应电动势；而交流铁芯线圈的电流是变化的，变化的电流会产生变化的磁通，于是会产生感应电动势，电路中电压电流关系也与磁路情况有关。影

响交流铁芯线圈工作的因素有铁芯的磁饱和、磁滞和涡流、漏磁通、线圈电阻等，其中磁饱和、磁滞和涡流的影响最大。

1. 电压为正弦量

在忽略线圈电阻及漏磁通时，选择线圈电压 u、电流 i、磁通 Φ 及感应电动势 e 的参考方向如图 6－10 所示，则有

$$u(t)=-e(t)=\frac{\mathrm{d}\psi(t)}{\mathrm{d}t}=N\frac{\mathrm{d}\Phi(t)}{\mathrm{d}t}$$

式中，N 为线圈匝数。上式中，若电压为正弦量时，磁通也为正弦量。设 $\Phi(t)=\Phi_{\mathrm{m}}\sin\omega t$，则有

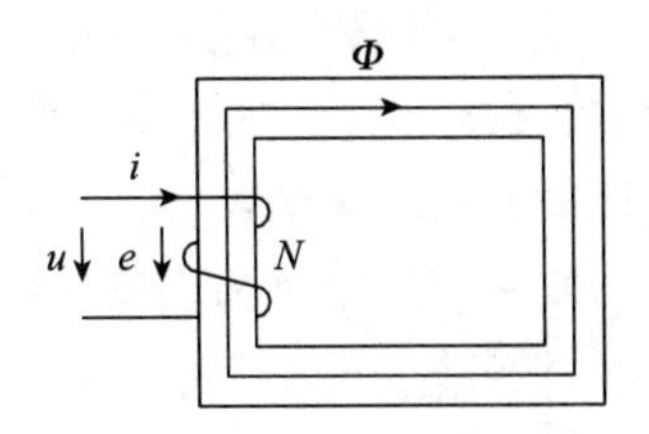

图 6－10 交流铁芯线圈各电磁量参考方向

$$u(t)=-e(t)=N\frac{\mathrm{d}\Phi(t)}{\mathrm{d}t}=N\frac{\mathrm{d}}{\mathrm{d}t}(\Phi_{\mathrm{m}}\sin\omega t)$$

$$=\omega N\Phi_{\mathrm{m}}\sin(\omega t+\frac{\pi}{2})$$

可见，电压的相位比磁通的相位超前 90°，并且电压及感应电动势的有效值与主磁通的最大值关系为

$$U=E=\frac{\omega N\Phi_{\mathrm{m}}}{\sqrt{2}}=\frac{2\pi fN\Phi_{\mathrm{m}}}{\sqrt{2}}=4.44fN\Phi_{\mathrm{m}} \tag{6-12}$$

式（6－12）是一个重要的公式。它表明：当电源的频率及线圈匝数一定时，若线圈电压的有效值不变，则主磁通的最大值 Φ_{m}（或磁感应强度的最大值 B_{m}）不变；线圈电压的有效值改变时，Φ_{m} 与 U 成正比变化，而与磁路情况（如铁芯材料的导磁率、气隙的大小等）无关。这与直流铁芯线圈不同，因为直流铁芯线圈若电压不变，电流就不变，因而磁势不变，磁路情况变化时，磁通随之改变。

2. 电流为正弦量

设线圈电流 $i(t)=I_{\mathrm{m}}\sin\omega t$，线圈的磁通 $\Phi(t)$ 的波形也可用逐点描绘的方法作出，如图 6－11 所示。铁芯线圈的电流为正弦量时，由于磁饱和的影响，磁通和电压都是非正弦量，$\Phi(t)$ 为平顶波，$u(t)$ 为尖顶波，都含有明显的三次谐波分量。像电流互感器这样的电气设备，会有电流为正弦波的情况，但大多数情况下铁芯线圈电压为正弦量。所以这里只讨论电压为正弦量的情况。

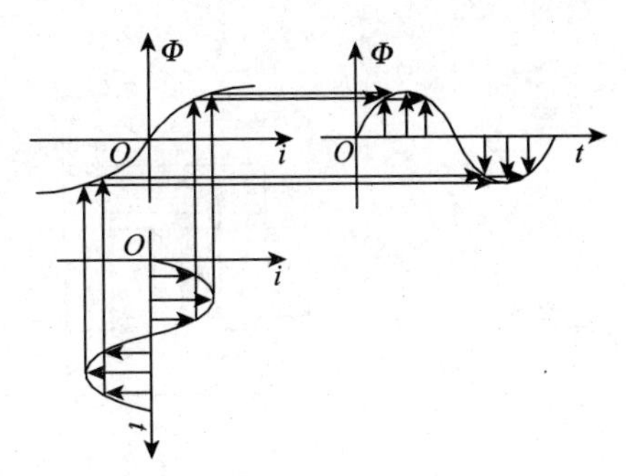

图 6－11 线圈磁通的波形

6.3.2 磁滞和涡流

交流铁芯线圈在考虑了磁滞和涡流时，除了电流的波形畸变严重外，还要引起能量的损耗，分别叫做磁滞损耗和涡流损耗。产生磁滞损耗的原因是由于磁畴在交流磁场的作用下反复转向，引起铁磁性物质内部的摩擦，这种摩擦会使铁芯发热。产生涡流损耗是由于交变磁通穿过块状导体时，在导体内部会产生感应电动势，并形成旋涡状的感应电流（涡流），这个电流通过导体自身电阻时会消耗能量，结果也使铁芯发热。

理论和实践证明，铁芯的磁滞损耗 P_{Z} 和涡流损耗 P_{W}（单位为 W）可分别用下式计算：

$$P_Z = K_Z f B_m^n V\,(\mathrm{W}) \tag{6-13}$$

$$P_W = K_W f^2 B_m^2 V\,(\mathrm{W}) \tag{6-14}$$

式中：f 为磁场每秒交变的次数（即频率），单位为 Hz；B_m 为磁感应强度的最大值，单位为 T；n 为指数，由 B_m 的范围决定，当 $0.1\ \mathrm{T} < B_m < 1.0\ \mathrm{T}$ 时，$n \approx 1.6$，当 $0 < B_m < 0.1\ \mathrm{T}$ 和 $1\ \mathrm{T} < B_m < 1.6\ \mathrm{T}$ 时，$n \approx 2$；V 为铁磁性物质的体积，单位为 m^3；K_Z、K_W 为与铁磁性物质性质结构有关的系数，由实验确定。

实际应用中，为降低磁滞损耗，常先用磁滞回线较狭长的铁磁性材料制造铁芯，如硅钢就是制造变压器、电机的常用铁芯材料，其磁滞损耗较小。为了降低涡流损耗，常用的方法有两种：一种是选用电阻率大的铁磁性材料，如无线电设备就选择电阻率很大的铁氧体，而电机、变压器则选用导磁性好、电阻率较大的硅钢；另一种方法是设法提高涡流路径上的电阻值，如电机、变压器使用片状硅钢片且两面涂绝缘漆。

交流铁芯线圈的铁芯既存在磁滞损耗，又存在涡流损耗，在电机、变压器的设计中，常将这两种损耗合称为铁损（铁耗）P_{Fe}，单位为 W，即

$$P_{Fe} = P_Z + P_W$$

在工程手册上，一般给出“比铁损”（P_{Fe0}，单位为 W/kg），它表示每千克铁芯的铁损瓦值。例如，设计一个交流铁芯线圈的铁芯，使用了 G 千克的某种铁磁性材料，如从手册上查出某种铁磁性材料的比铁损 P_{Fe0} 值，则该铁芯的总铁耗为 $P_{Fe0} \cdot G$。

6.3.3 电磁铁

电磁铁是利用通有电流的铁芯线圈对铁磁性物质产生电磁吸力的装置。它的应用很广泛，如继电器、接触器、电磁阀等。

图 6－12 是电磁铁的几种常见结构形式，都是由线圈、铁芯和衔铁三个基本部分组成的。工作时线圈通入励磁电流，在铁芯气隙中产生磁场，吸引衔铁，断电时磁场消失，衔铁即被释放。

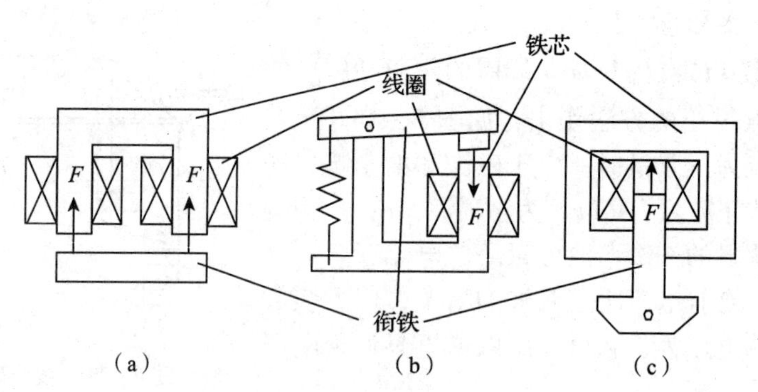

图 6－12 电磁铁的几种结构形式

(a) 马蹄式 (b) 拍合式 (c) 螺管式

从图 6－12 中的几种结构可知，电磁铁工作时，磁路气隙是变化的。电磁铁按励磁电流不同，可分为直流和交流两种。

1. 直流电磁铁

直流电磁铁的励磁电流为直流。可以证明，直流电磁铁的衔铁所受到的吸力（起重力）由下式决定：

$$F=\frac{B_0^2}{2\mu_0}S=\frac{B_0^2}{2\times4\pi\times10^{-7}}S\approx4B_0^2S\times10^5 \tag{6-15}$$

式中：B_0 为气隙的磁感应强度，单位为T；S 为气隙磁场的截面积，单位为 m^2；F 的单位为N。

由于是直流励磁，在线圈的电阻和电源电压一定时，励磁电流一定，磁通势也一定。在衔铁吸引过程中，气隙逐渐减小（磁阻减小），磁通加大，吸力随之加大，衔铁吸合后的吸引力要比吸引前大得多。

例6.2　如图6-13所示的直流电磁铁，已知线圈匝数为4 000匝，铁芯和衔铁的材料均为铸钢，由于存在漏磁，衔铁中的磁通只有铁芯中磁通的90%，如果衔铁处在图示位置时铁芯中的磁感应强度为1.6 T，试求线圈中电流和电磁吸力。

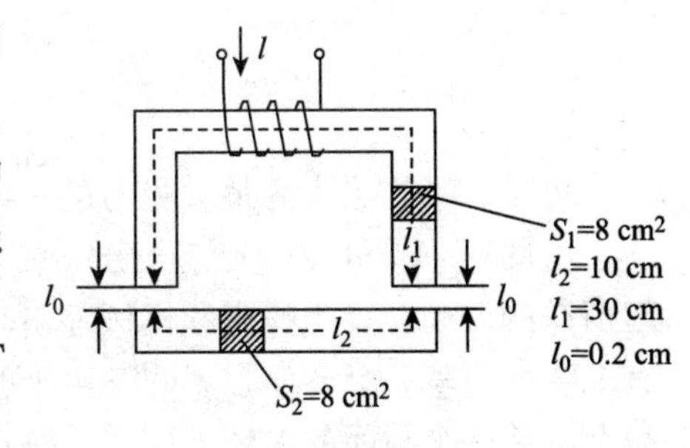

图6-13　例6.2图

解：查图6-5，铁芯中磁感应强度 $B=1.6$ T 时，磁场强度 $H_1=5\ 300$ A/m。

铁芯中的磁通

$$\Phi_1=B_1S_1=1.6\times8\times10^{-4}=1.28\times10^{-3}\ \text{Wb}$$

气隙和衔铁中的磁通

$$\Phi_2=0.9\Phi_1=0.9\times1.28\times10^{-3}=1.152\times10^{-3}\ \text{Wb}$$

不考虑气隙的边缘效应时，气隙和衔铁中的磁感应强度

$$B_0=B_2=\frac{1.152\times10^{-3}}{8\times10^{-4}}=1.44\ \text{T}$$

查图6-5，衔铁中的磁场强度 $H_1=H_2=3\ 500$ A/m。

气隙中的磁场强度

$$H_0=\frac{B_0}{\mu_0}=\frac{1.44}{4\pi\times10^{-7}}=1.146\times10^6\ \text{A/m}$$

线圈的磁势

$$\begin{aligned}NI&=H_1l_1+H_2l_2+2H_0l_0\\&=5\ 300\times30\times10^{-2}+3\ 500\times10\times10^{-2}+2\times1.146\times10^6\times0.2\times10^{-2}\\&=6\ 524\ \text{A}\end{aligned}$$

线圈电流

$$I=\frac{NI}{N}=\frac{6\ 524}{4\ 000}=1.631\ \text{A}$$

电磁铁的吸力

$$F=4B_0^2S\times10^5=4\times1.44^2\times2\times8\times10^{-4}\times10^5=1\ 327\ \text{N}$$

2. 交流电磁铁

交流电磁铁由交流电励磁，设气隙中的磁感应强度

$$B_0(t)=B_m\sin\omega t$$

电磁铁吸力

$$f(t)=\frac{B_0^2(t)}{2\mu_0}S=\frac{B_m^2S}{2\mu_0}\sin^2\omega t=\frac{B_m^2S}{2\mu_0}(1-\cos2\omega t)$$

作出 $f(t)$ 的曲线，如图 6－14 所示，$f(t)$ 的变化频率为 $B_0(t)$ 变化频率的 2 倍，在一个 $B_0(t)$ 周期中，$f(t)$ 两次为零。为衡量吸力的平均大小，计算其平均吸力 F_{av}，即

$$F_{av} = \frac{1}{T}\int_0^T f(t)\,dt = \frac{1}{T}\int_0^T \frac{B_m^2 S}{2\mu_0}(1 - \cos 2\omega t)\,dt$$

$$= \frac{B_m^2 S}{4\mu_0} \approx 2B_m^2 S \times 10^5 \tag{6-16}$$

最大吸力

$$F_{max} = \frac{B_m^2 S}{2\mu_0} \tag{6-17}$$

可见，平均吸力为最大吸力的一半。

由图 6－14 可知，交流电磁铁吸力的大小是随时间不断变化的。这种吸力的变化会引起衔铁的振动，产生噪声和机械冲击。例如电源为 50 Hz 时，交流电磁铁的吸力在一秒内有 100 次为零，会产生强烈的噪声干扰和冲击。为了消除这种现象，在铁芯端面的部分面积上嵌装一个封闭的铜环，称做短路环，如图 6－15 所示。装了短路环后，磁通分为穿过短路环的 Φ' 和不穿过短路环的 Φ'' 两个部分。由于磁通变化时，短路环内感应电流产生的磁通阻碍原磁通的变化，结果使 Φ' 的相位比 Φ'' 的相位滞后 90°，这两个磁通不是同时到达零值，因而电磁吸力也不会同时为零，从而减弱了衔铁的振动，降低了噪声。

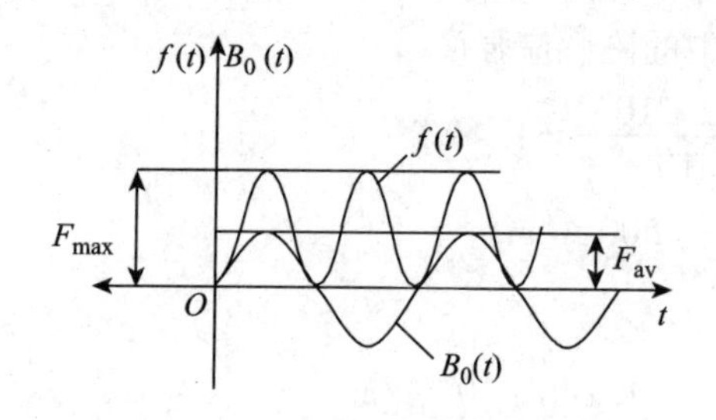

图 6－14　交流电磁铁吸力变化曲线

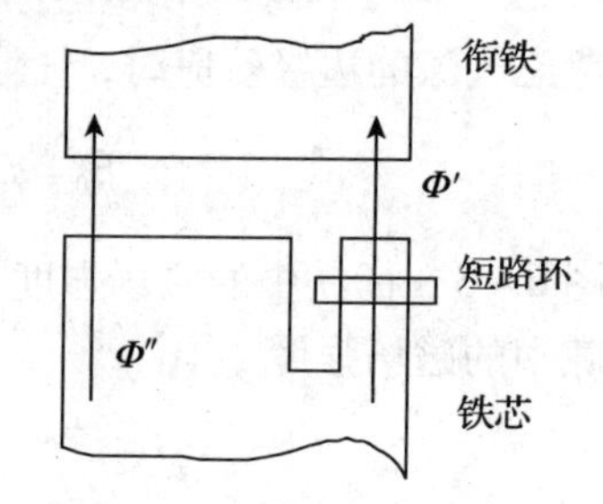

图 6－15　有短路环时的磁通

交流电磁铁安装短路环后，把交变磁通分解成两个相位不同的部分，这种方法叫做磁通裂相。短路环裂相是一种常用的方法，如电度表、继电器、单相电动机等电气设备中都有应用。交流电磁铁不安装短路环，会引起衔铁振动，产生冲击，如电铃、电推剪、电振动器就是利用这种振动制成的。

如前所述，交流铁芯线圈与直流铁芯线圈有很大不同。主要是直流铁芯线圈的励磁电流由供电电压和线圈本身的电阻决定，与磁路的结构、材料、空气隙 δ 大小无关，磁通势 NI 不变，磁通 Φ 与磁阻大小成反比。而交流铁芯线圈在外加的交流电压有效值一定时，就迫使主磁通的最大值 Φ_m 不变，励磁电流与磁路的结构、材料、空气隙 δ 大小有关，磁路的空气隙 δ 加大，磁阻 R_m 加大，势必会引起磁通势 NI 加大，也就是励磁电流 I 加大。所以交流电磁场铁在衔铁未吸合时，磁路空气隙很大，励磁电流很大；衔铁吸合后，气隙减小到接近于零，电流很快减小到额定值。如果衔铁因为机械原因卡滞而不能吸合，线圈中就会长期通过很大的电流，会使线圈过热烧坏，在使用中尤其注意。

直流电磁铁与交流电磁铁在各方面的异同如表 6－1 所示。

表6-1　直流电磁铁与交流电磁铁比较

内　容	直流电磁铁	交流电磁铁
铁芯结构	由整块软钢制成，无短路环	由硅钢片制成，有短路环
吸合过程	电流不变，吸力逐渐加大	吸力基本不变，电流减小
吸合后	无振动	有轻微振动
吸合不好时	线圈不会过热	线圈会过热，可能烧坏

思考讨论>>>

1. 磁滞损耗和涡流损耗的含义是什么？
2. 电磁铁有哪些基本组成部分？

任务6.4　认识互感

任务描述>>>

在交流电路中，一个线圈的电流变化，不仅在本线圈中产生感应电动势，而且还会使邻近的线圈也产生感应电动势，这种现象包含哪些基本概念？如何分析理解？下面来逐步完成这些任务。

知识链接>>>

6.4.1　互感电压

由前面训练观察可见一个线圈的电流变化，不仅在自身线圈中产生感应电动势，而且还会使邻近的线圈也产生感应电动势，这是因为线圈中因电流的变化而引起的变化磁通不仅穿过自身线圈，而且这个变化的磁通还穿过相邻的另一线圈，在另一个线圈中也会产生感应电压。这种由于一个线圈的电流变化在另一个线圈中产生感应电压的物理现象称为互感现象，产生的感应电压叫互感电压，有互感现象的线圈叫做互感线圈。

图6-16是两个相邻放置的线圈1和2，它们的匝数分别为N_1和N_2。如图6-16（a）所示，当线圈1中流入交流电流i_1，在线圈1中就会产生自感磁通Φ_{11}，同时另一部分磁

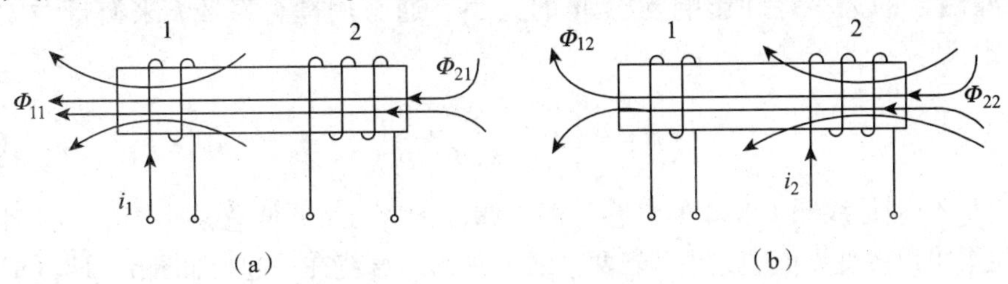

图6-16　两个具有互感的线圈

（a）线圈1流入交流电流　（b）线圈2流入交流电流

通 Φ_{21}不仅穿过线圈1，同时也穿过线圈2，把 Φ_{21}叫做互感磁通。定义磁通与线圈匝数的乘积叫做磁链，则自感磁通与自身线圈匝数的乘积叫做自感磁链，互感磁通与互感线圈匝数的乘积叫做互感磁链。同样，在图6－16（b）中，当线圈2中流入电流 i_2 时，不仅在线圈2中产生自感磁通 Φ_{22}，而且还在线圈1中产生互感磁通 Φ_{21}，在线圈1中产生互感磁链 ψ_{21}。以上的自感磁链与自感磁通、互感磁链与互感磁通之间的关系如下：

$$\left.\begin{aligned}\psi_{11}=N_1\Phi_{11},\ \psi_{22}=N_2\Phi_{22}\\ \psi_{12}=N_1\Phi_{12},\ \psi_{21}=N_2\Phi_{21}\end{aligned}\right\}\tag{6-18}$$

根据电磁感应定律，因互感磁链的变化而产生的互感电压

$$\left.\begin{aligned}u_{12}=\left|\frac{\mathrm{d}\psi_{12}}{\mathrm{d}t}\right|\\ u_{21}=\left|\frac{\mathrm{d}\psi_{21}}{\mathrm{d}t}\right|\end{aligned}\right\}\tag{6-19}$$

即两线圈中互感电压的大小分别与互感磁链的变化率成正比。

6.4.2 互感

图6－16所示彼此间具有互感应的线圈称为互感耦合线圈，简称耦合线圈。耦合线圈中，选择互感磁链与彼此产生的电流方向符合右手螺旋定则，它们的比值称为耦合线圈的互感系数，简称互感，用 M 表示，则有

$$\left.\begin{aligned}M_{21}=\frac{\psi_{21}}{i_1}\\ M_{12}=\frac{\psi_{12}}{i_2}\end{aligned}\right\}\tag{6-20}$$

式中，M_{21}是线圈1对线圈2的互感，M_{12}是线圈2对线圈1的互感，而且可以证明

$$M_{21}=M_{12}=M\tag{6-21}$$

即有

$$M=\frac{\psi_{12}}{i_2}=\frac{\psi_{12}}{i_1}\tag{6-22}$$

互感 M 是个正实数，它和自感 L 有相同的单位，常用单位为亨（H）、毫亨（mH）或微亨（μH）。互感的大小反映一个线圈的电流在另一个线圈中产生磁链的能力，它不仅与两线圈的几何形状、匝数有关，而且还与它们之间的相对位置有关。一般情况下，两个耦合线圈中的电流所产生的磁通只有一部分与另一线圈有相交链；而有一部分与另一线圈没有交链的磁通，称为漏磁通，简称漏磁。线圈间的相对位置直接影响漏磁通的大小，即影响互感 M 的大小。通常用耦合系数 k 来衡量线圈的耦合程度，并定义

$$k=\frac{M}{\sqrt{L_1L_2}}=\sqrt{\frac{\Phi_{21}\Phi_{12}}{\Phi_{11}\Phi_{22}}}\tag{6-23}$$

式中，L_1、L_2 分别是线圈1和2的自感。由于漏磁的存在，k 值总是小于1的。改变两线圈的相对位置可以改变 k 值的大小。若两个线圈紧密地缠绕在一起，如图6－17（a）所示，k 接近于1，此时互感最大，称为两个线圈全耦合，这时无漏磁通。若两线圈相距较远且线圈沿轴线相互垂直放置，磁通不发生交链，如图6－17（b）所示，则 k 值就很小，甚

至可能接近于零，即两线圈无耦合。

例如半导体收音机的磁性天线，要求适当的、比较宽松的磁耦合，就需要调节两个线圈的相对位置；有些地方还要尽量避免耦合，就应该合理选择两线圈的位置，使它们尽可能远离，或放在轴线垂直的位置，必要时则采取磁屏蔽的方法。

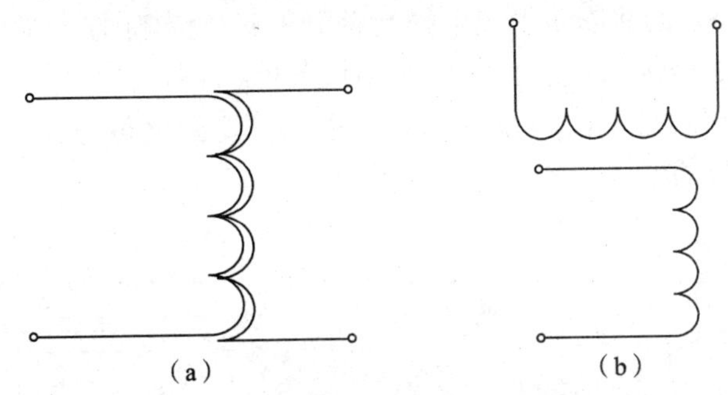

图6-17 耦合系数与线圈相互位置的关系

(a) 线圈全耦合 (b) 线圈无耦合

思考讨论>>>

1. 一个线圈两端的电压是否仅由流过线圈的电流决定？

2. 因为互感磁通小于自感磁通，所以两线圈间的互感 M 一定小于各线圈的自感 L_1 和 L_2，这个结论对吗？

3. 当图6-17所示两线圈中流过的是直流电时，两线圈相互间还有互感作用吗？

任务6.5 认识互感线圈的同名端

任务描述>>>

在交流电路中，互感线圈的感应电动势极性如何？怎样测定？下面我们来逐步完成这些任务。

知识链接>>>

6.5.1 同名端

对于自感现象，由于线圈的自感磁链是由流过线圈本身的电流产生的，只要选择自感电压 u_1 与电流 i_1 为关联参考方向，则有 $u_1=L\dfrac{\mathrm{d}i_L}{\mathrm{d}t}$，不必考虑线圈的绕向问题。

对于互感电压，在引入互感 M 之后，式（6-19）可表示为

$$\left.\begin{aligned}u_{12}&=M\left|\frac{\mathrm{d}i_2}{\mathrm{d}t}\right|\\u_{21}&=M\left|\frac{\mathrm{d}i_1}{\mathrm{d}t}\right|\end{aligned}\right\}\qquad(6-24)$$

上式表明，互感电压的大小与产生该电压的另一线圈的电流变化率成正比。

由于互感磁链是由另一线圈的交变电流产生的，由此而产生的互感电压在方向上会与两耦合线圈的实际绕向有关。分析图 6－18 所示的两耦合线圈，它们的区别仅在于线圈的绕向不同，根据楞次定律可以知道，图（a）的线圈 2 中产生的互感电压 u_{21} 的实际方向是由 B 指向 Y，而图（b）的线圈 2 中产生的互感电压 u_{21} 的实际方向是由 Y 指向 B。可见，要正确写出互感电压的表达式，必须考虑耦合线圈的绕向和相对位置。但工程实际中的线圈绕向一般不易从外部看出，而且在电路图中也不可能画出每个线圈的具体绕向来。为此，采用了标记同名端的方法。

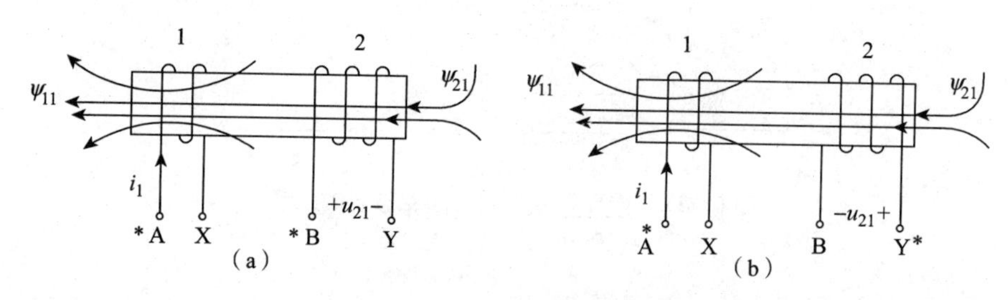

图 6－18　互感电压的方向与线圈绕向的关系

（a）互感线圈一　（b）互感线圈二

互感线圈的同名端是指：具有磁耦合的两线圈，当电流分别从两线圈各自的某端同时流入（或流出）时，若两者产生的磁通方向相同，则这两端叫做互感线圈的同名端，用“·”或“＊”做标记。

如在图 6－18（a）所示的耦合线圈中，设电流分别从线圈 1 的端钮 A 和线圈 2 的端钮 B 流入，根据右手螺旋定则可知，两线圈中由电流产生的磁通是互相增强的，那么就称 A 和 B 是一对同名端，用相同的的号“＊”标出；其他两端钮 X 和 Y 也是同名端，这里就不必再做标记，而 A 和 Y、B 和 X 均为异名端。在图 6－18（b）中，当电流分别从 A、B 两端钮流入时，它们产生的磁通是互相减弱的，则 A 和 B、Y 和 X 均为两对异名端，而 A 和 Y、B 和 X 分别为两对同名端，图中用符号“＊”标出了 A 和 Y 这对同名端。

图 6－19 中，标出了一种不同位置和绕向的互感线圈的同名端。应看到，同名端总是成对出现的，如果有两个以上的线圈彼此间都存在磁耦合时，同名端应当一对一的加以标记，每一对同名端需用不同于其他端钮的符号标出。

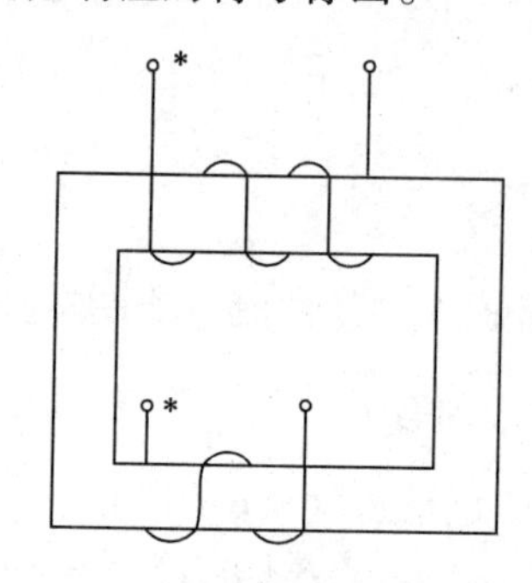

图 6－19　另一种互感线圈的同名端

采用标记同名端的方法后，图 6－18 所示的两组线圈在电路图中就可以分别用图

6－20所示的电路符号来表示。

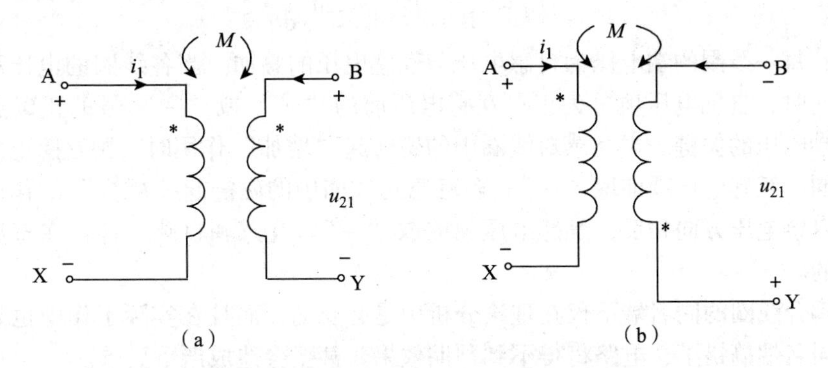

图6－20　图6－18中互感线圈的电路符号

(a) 互感线圈一　(b) 互感线圈二

6.5.2　同名端的作用

同名端确定后，在讨论互感电压时，就不必去考虑线圈的实际绕向如何，而只要根据同名端和电流的参考方向，就可以方便地确定出这个电流在另一线圈中产生的互感电压的方向。分析图6－21（a）所示电路，若设电流 i_1 和 i_2 分别从a端、c端流入，就认为磁通同向，若再设线圈上的电压、电流参考方向关联，那么两线圈上的电压分别为

$$u_1 = L_1 \frac{di_1}{dt} + M \frac{di_2}{dt}$$

$$u_2 = L_2 \frac{di_2}{dt} + M \frac{di_1}{dt}$$

如图6－21（b）所示，设电流 i_1 还从a端流入，i_2 不是从c端流入，而是从c端流出，就认为磁通方向相反，且两互感线圈上电压与其上电流参考方向关联，所以

$$u_1 = L_1 \frac{di_1}{dt} - M \frac{di_2}{dt}$$

$$u_2 = L_2 \frac{di_2}{dt} - M \frac{di_1}{dt}$$

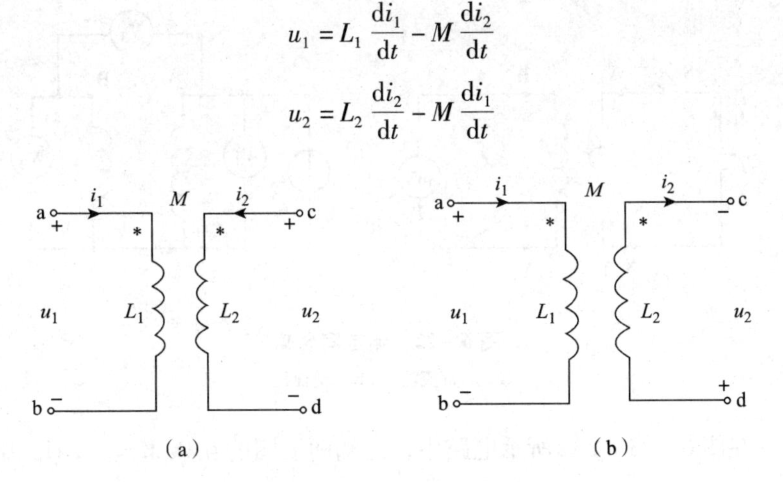

图6－21　互感线圈的同名端

可以得出结论

$$u_1 = \frac{d\psi_1}{dt} = L_1 \frac{di_1}{dt} \pm M \frac{di_2}{dt}$$

$$u_2 = \frac{d\psi_2}{dt} = L_2\frac{di_2}{dt} \pm M\frac{di_1}{dt}$$

说明：每一线圈的端电压为自感电压与互感电压的叠加。当各线圈的电压和电流取关联参考方向时，自感电压项总为正；互感电压前的“+”或“-”号的正确选取是写出耦合电感端电压的关键。当互感对线圈中的磁链起“增加”作用时，则互感电压与自感电压方向相同，互感电压项前取“+”；若互感对线圈中的磁链起“减少”的作用，这时互感电压与自感电压方向相反，互感电压项前取“-”。互感和自感一样，在直流情况下是不起作用的。

确定耦合线圈的同名端不仅在理论分析中是必要的，而且在实际工作中也是十分重要的，如果同名端搞错了，电路将得不到预期效果，甚至会造成严重后果。

6.5.3 同名端的测定

对于已知绕向和相对位置的耦合线圈可以用磁通相互增强的原则来确定同名端，而对于难以知道实际绕向的两线圈，可以通过直流法和交流法来测定。

图 6－22 所示的电路就是用来确定同名端的。图 6－22（a）中，当开关 S 闭合瞬间，线圈 1 中的电流 i_1 在图示方向下增大，即$\frac{di_1}{dt} > 0$；在线圈 2 的 B、Y 两端钮之间接入一个直流毫伏表，其极性如图所示；若此瞬间电压表正偏，说明 B 端相对于 Y 端是高电位，这时就说明两线圈的 A 和 B 为同名端。其原理是：当随时间增大的电流从互感线圈的任一端钮流入时，就会在另一线圈中产生一个相应同名端为正极性的互感电压。这种通入直流电以确定同名端的方法叫直流法。

图 6－22（b）中，当接入交流电压时，如果 V_3表的读数比 V_1、V_2表的读数大，说明 A 和 Y 为同名端；如果 V_3表的读数不比 V_1、V_2 表的读数大，说明 A 和 B 为同名端。原理同上，这种通入交流电以确定同名端的方法叫交流法。

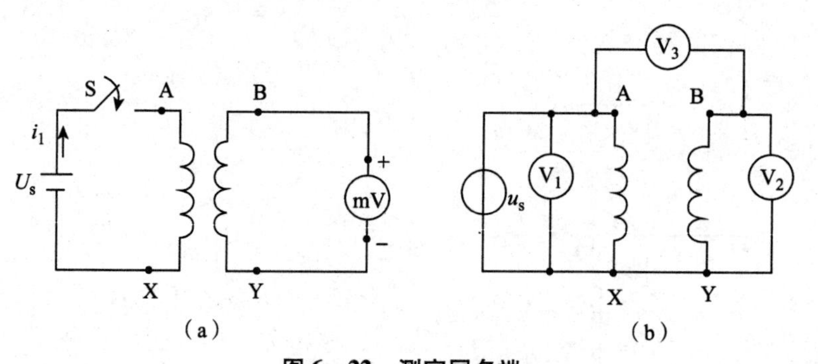

图 6－22 测定同名端

（a）直流法 （b）交流法

例 6.3 在图 6－23（a）所示电路中，已知两线圈的互感 $M = 0.1$ H，电流源 i_s 的波形如图 6－23（b）所示，试求线圈 2 中的互感电压 u_{21}及其波形。

解：互感电压 u_{21}的参考方向如图 6－23（a）所示，由图 6－23（b）可知 $0 \leqslant t \leqslant 0.05$ s 时，$i_s = 20t$，则

$$u_{21} = M\frac{d(20t)}{dt} = 0.1 \times 20 = 2 \text{ V}$$

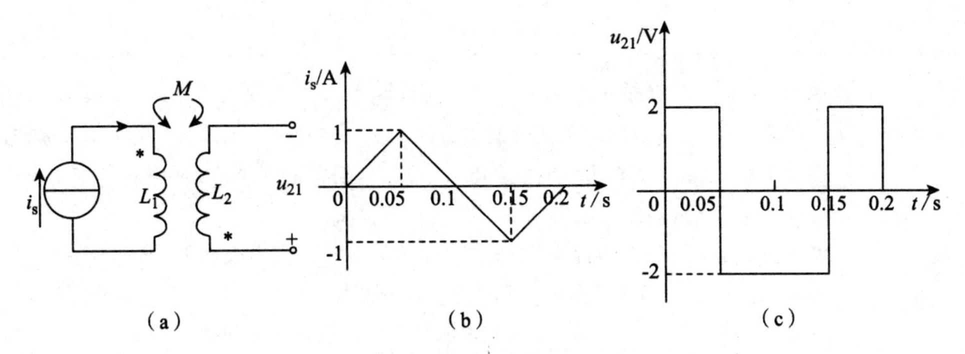

图 6-23　例 6.3 图

(a) 电路图　(b) 电流波形图　(c) 电压波形图

$0.05 \leqslant t \leqslant 0.15$ s 时，$i_s = (2-20t)$，则

$$u_{21} = M\frac{\mathrm{d}(2-20t)}{\mathrm{d}t} = 0.1 \times (-20) = -2\ \mathrm{V}$$

$0.15 \leqslant t \leqslant 0.2$ s 时，$i_s = (-4+20t)$，则

$$u_{21} = M\frac{\mathrm{d}(-4+20t)}{\mathrm{d}t} = 0.1 \times 20 = 2\ \mathrm{V}$$

互感电压 u_{21} 的波形如图 6-22（c）所示。

任务实施>>>

表 6-2　同名端的测试

RW 6-1

任务内容	① 观察互感现象； ② 学会测定互感线圈同名端的方法		
测试设备	设备名称	型号或规格	数量
	电工电路综合实训台		1 套
	交流、直流电压表		各 1 只
	交流、直流电流表		各 1 只
	互感线圈，铁、铝棒		各 1 块
	电位器		1 套
	线圈		一组
测试电路	（a）直流法测同名端电路　（b）交流法测同名端电路		

续表

测试程序	① 直流法测定同名端电路如图（a）所示，将线圈 N_1、N_2 分别接入电路中，U_1 为可调直流稳压电源，调至6 V，然后改变可变电阻器 R（由大到小地调节），使流过 N_1 侧的电流不超过0.4 A（选用5 A量程的数字电流表），N_2 侧直接接入2 mA量程的毫安表，观察毫安表，电流从哪端流入则哪端与“1”端为同名端； ② 交流法测定互感线圈的同名端电路：如图（b）所示，将小线圈 N_2 套在线圈 N_1 中，N_1 串接电流表（选0~5 A的量程）后接至自耦调压器的输出，并在两线圈中插入铁芯，接通电源前，应首先检查自耦调压器是否调至零位，确认后方可接通交流电源，令自耦调压器输出一个很低的电压（约2 V左右），使流过电流表的电流小于1.5 A，然后用0~20 V量程的交流电压表测量 U_{13}，U_{12}，U_{34}，判定同名端；拆去2、4连线，并将2、3相接，重复上述步骤，判定同名端； 拆去2、4连线，并将2、3相连，重复上述步骤，判定同名端。 ③ 整个测试过程中，注意流过线圈 N_1 的电流不超过1.5 A，流过线圈 N_2 的电流不得超过1 A； ④ 测试前，首先要检查自耦调压器，要保证手柄置在零位。因实验时所加的电压只有2~3 V，因此调节时要特别仔细、小心，要随时观察电流表的读数，不得超过规定值

思考讨论>>>

1. 自感磁链、互感磁链的方向由什么确定？

2. 在图6-22中，若已知A与B是同名端，开关S原已闭合，现瞬时断开S，毫伏表该如何偏转？为什么？这与同名端矛盾吗？

3. 试分析图6-22（b）的原理。

4. 试写出图6-24所示互感线圈端电压 u_1 和 u_2 的表达式。

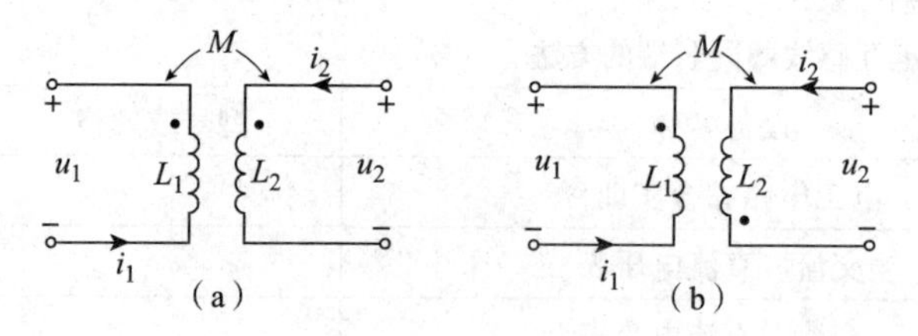

图6-24 题4图

（a）互感线圈一 （b）互感线圈二

任务6.6 互感线圈的连接及等效电路

任务描述>>>

含有互感的电路，在计算时仍然满足基尔霍夫定律，在正弦量激励下相量法也仍然适用，有互感的支路除了有自感电压外还要考虑互感电压。互感线圈串联、并联后有哪些效果?，如何分析？下面来逐步完成这些任务。

知识链接>>>

6.6.1　互感线圈的串联及等效

如图6－25所示，如果将两个线圈的异名端连在一起形成一个串联电路，电流均由两个线圈同名端流入（或流出），这种串联方式叫顺向串联；如果将两个线圈的同名端连在一起形成一个串联电路，电流均由两个线圈异名端流入（或流出），这种串联方式叫反向串联。

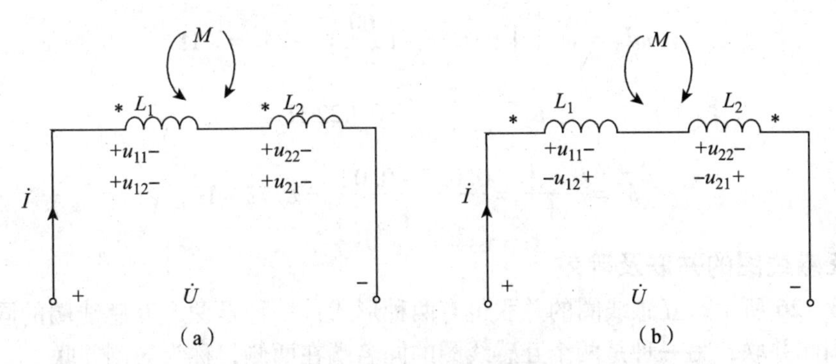

图6－25　互感线圈的串联

（a）顺向串联　（b）反向串联

按关联参考方向标出的自感电压、互感电压的方向如图6－25所示，根据KVL有

$$u = u_{11} \pm u_{12} + u_{22} \pm u_{21} \tag{6-25}$$

将电流与自感电压、互感电压的关系式代入式（6－25）得

$$u = L_1 \frac{\mathrm{d}i}{\mathrm{d}t} \pm M \frac{\mathrm{d}i}{\mathrm{d}t} + L_2 \frac{\mathrm{d}i}{\mathrm{d}t} \pm M \frac{\mathrm{d}i}{\mathrm{d}t} = (L_1 + L_2 \pm 2M)\frac{\mathrm{d}i}{\mathrm{d}t}$$

在正弦电路中，上式可写成相量形式

$$\dot{U} = \mathrm{j}\omega(L_1 + L_2 \pm 2M)\ \dot{I} = \mathrm{j}\omega L\dot{I} \tag{6-26}$$

式中，$L = L_1 + L_2 \pm 2M$，称为串联等效电感。

图6－25所示电路可以分别用一个等效电感L来替代。

顺向串联等效电感L_s大于两线圈的自感之和，其值为

$$L_s = L_1 + L_2 + 2M$$

反向串联等效电感L_f小于两线圈的自感之和，其值为

$$L_f = L_1 + L_2 - 2M$$

L_s大于L_f从物理本质上说明：顺向串联时，电流从同名端流入，两磁通相互增强，总磁链增加，等效电感增大；而反向串联时情况则相反，总磁链减小，等效电感减小。

根据L_s和L_f可以求出两线圈的互感

$$M = \frac{L_s - L_f}{4} \tag{6-27}$$

例6.4　将两个线圈串连接到50 Hz、60 V的正弦电源上，顺向串联时的电流为2 A，功率为96 W，反向串联时的电流为2.4 A，求互感M。

解： 顺向串联时

$$R=\frac{P}{I_s^2}=\frac{96}{2^2}=24\ \Omega$$

$$\omega L_s=\sqrt{\left(\frac{U}{I_s}\right)^2-R^2}=\sqrt{\left(\frac{60}{2}\right)^2-24^2}=18\ \Omega$$

$$L_s=\frac{18}{2\pi\times 50}=0.057\ \mathrm{H}$$

反向串联时

$$\omega L_f=\sqrt{\left(\frac{U}{I_f}\right)^2-R^2}=\sqrt{\left(\frac{60}{2.4}\right)^2-24^2}=7\ \Omega$$

$$L_f=\frac{7}{2\pi\times 50}=0.022\ \mathrm{H}$$

$$M=\frac{L_s-L_f}{4}=\frac{0.057-0.022}{4}=8.75\ \mathrm{mH}$$

6.6.2 互感线圈的并联及等效

如图 6－26 所示，互感线圈的并联也有两种形式：一种是两个互感线圈的同名端在一侧，称为同侧并联；另一种是两个互感线圈的同名端在两侧，称为异侧并联。

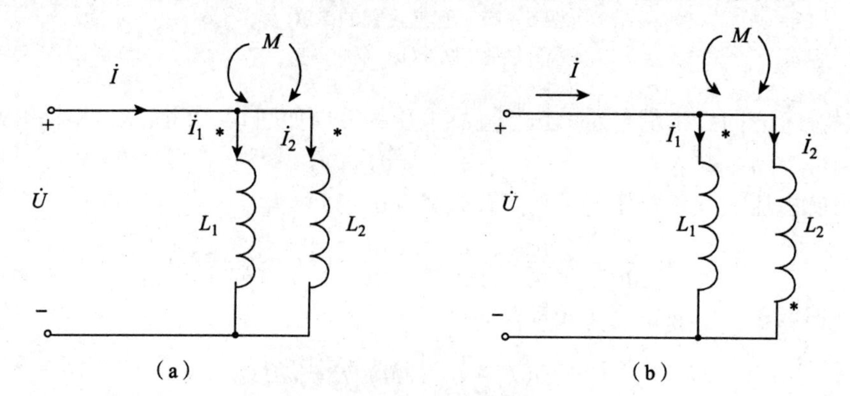

图 6－26　互感线圈的并联

(a) 同侧并联　(b) 异侧并联

在图 6－26 所示电压、电流参考方向下，可列出如下方程

$$\left.\begin{aligned}\dot I&=\dot I_1+\dot I_2\\ \dot U&=\mathrm{j}\omega L_1\dot I_1\pm\mathrm{j}\omega M\dot I_2\\ \dot U&=\mathrm{j}\omega L_2\dot I_2\pm\mathrm{j}\omega M\dot I_1\end{aligned}\right\}\tag{6-28}$$

式中，互感电压前的正号对应于同侧并联，负号对应于异侧并联，则

$$\frac{\dot U}{\dot I}=\frac{\mathrm{j}\omega(L_1L_2-M^2)}{L_1+L_2\mp 2M}\tag{6-29}$$

上式表明，两个互感线圈并联以后的等效电感

$$L=\frac{L_1L_2-M^2}{L_1+L_2\mp 2M}\tag{6-30}$$

式中，互感前的正号对应于异侧并联，负号对应于同侧并联。

按式（6－28）进行变换、整理，可得方程

$$\left.\begin{aligned}\dot{U}&=\mathrm{j}\omega L_1\dot{I}_1\pm\mathrm{j}\omega M(\dot{I}-\dot{I}_1)=\mathrm{j}\omega(L_1\mp M)\dot{I}_1\pm\mathrm{j}\omega M\dot{I}\\\dot{U}&=\mathrm{j}\omega L_2\dot{I}_2\pm\mathrm{j}\omega M(\dot{I}-\dot{I}_2)=\mathrm{j}\omega(L_2\mp M)\dot{I}_2\pm\mathrm{j}\omega M\dot{I}\end{aligned}\right\}\tag{6-31}$$

式（6－31）与图6－26所示电路的方程是一致的，也就是说，图6－26可以用图6－27的无感电路来等效。

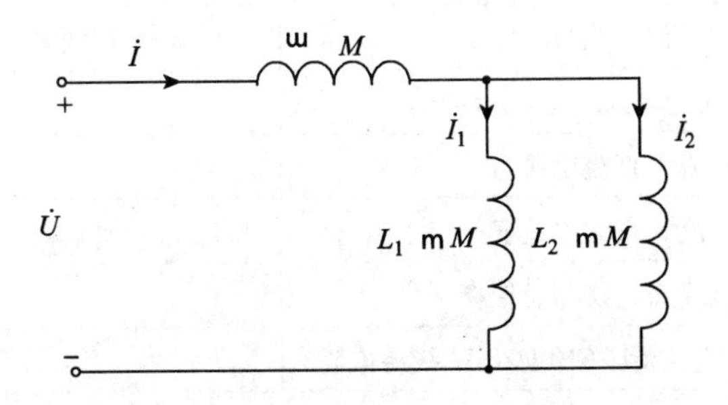

图6－27　并联互感线圈的去耦等效电路

应当注意：这种等效只是对外电路而言，电路的内部结构明显发生了变化。

有时还能遇到如图6－28所示的电路，它们有一端连在一起，通过三个端钮与外部相连接的T型连接，其中图（a）称同侧T型连接，图（b）称异侧T型连接。在图6－28所示参考方向下，可列出其端钮的电压方程为

$$\left.\begin{aligned}\dot{U}_{13}&=\mathrm{j}\omega L_1\dot{I}_1\pm\mathrm{j}\omega M\dot{I}_2\\\dot{U}_{23}&=\mathrm{j}\omega L_2\dot{I}_2\pm\mathrm{j}\omega M\dot{I}_1\end{aligned}\right\}\tag{6-32}$$

式中，M 项前的正号对应于同侧相连，负号对应于异侧相连。利用电流 $\dot{I}=\dot{I}_1+\dot{I}_2$ 关系式可将式（6－32）变换为

$$\left.\begin{aligned}\dot{U}_{13}&=\mathrm{j}\omega(L_1\mp M)\dot{I}_1\pm\mathrm{j}\omega M\dot{I}\\\dot{U}_{23}&=\mathrm{j}\omega(L_2\mp M)\dot{I}_2\pm\mathrm{j}\omega M\dot{I}\end{aligned}\right\}\tag{6-33}$$

同样可以画出式（6－33）对应的去耦等效电路模型，如图6－28（c）所示，图中 M 前的正号对应用同侧相连，负号对应于异侧相连。

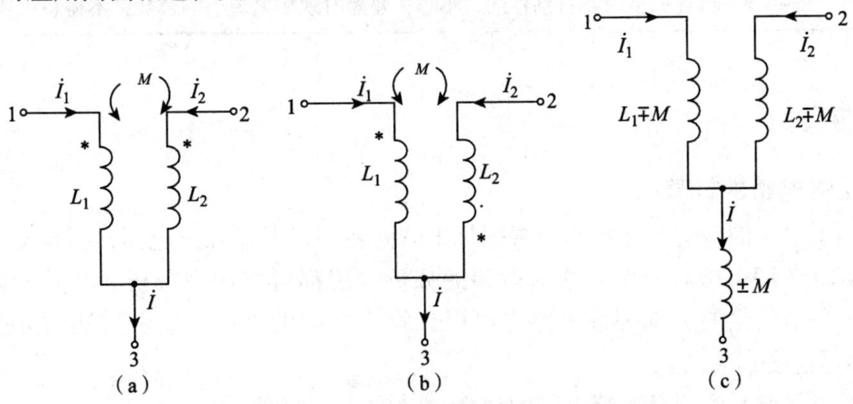

图6－28　T型互感线圈的去耦等效电路

（a）同侧T型连接　（b）异侧T型连接　（c）去耦等效电路

任务实施>>>

表 6－3　互感系数的测量

RW 6－2

任务内容	① 观察互感现象； ② 学会测定互感系数以及耦合系数的方法		
测试设备	设备名称	型号或规格	数量
	电工电路综合实训台		1 套
	交流、直流电压表		各 1 只
	交流、直流电流表		各 1 只
	互感线圈，铁棒、铝棒		各 1 块
	含 100 Ω/3 W 电位器、510 Ω/8 W 线绕电阻		1 套
测试电路	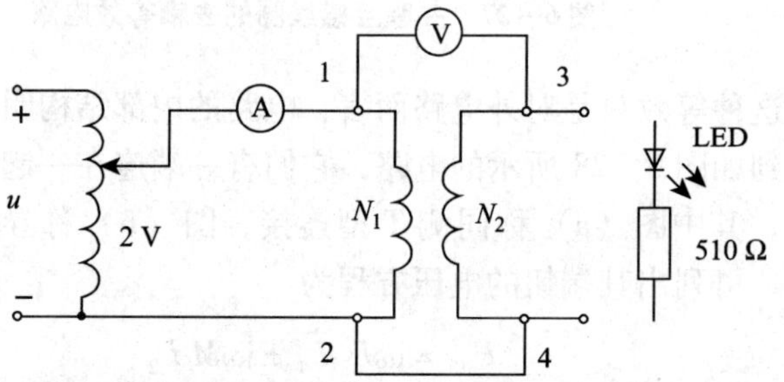		
测试程序	① 测定两线圈的互感系数 M，在测试电路中，互感线圈的 N_2 开路，N_1 侧施加 2 V 左右的交流电压 u_1，测出并记录 U_1、I_1、U_2； ② 根据互感电动势 $E_{2M} \approx U_2 = \omega M I_1$，可算得互感系数 $M = \dfrac{U_2}{\omega I_1}$； ③ 整个测试过程中，注意流过线圈 N_1 的电流不超过 1.5 A，流过线圈 N_2 的电流不得超过 1 A； ④ 整个测试过程中，都应将小线圈 N_2 套在大线圈 N_1 中，并行插入铁芯； ⑤ 测试前，首先要检查自耦调压器，要保证手柄置在零位，因实验时所加的电压只有 2～3 V，因此调节时要特别仔细、小心，要随时观察电流表的读数，不得超过规定值		

知识链接>>>

6.6.3　互感电路的计算

计算互感电路的最基本方法是：根据标出的同名端，考虑互感电压，再根据基尔霍夫定律列出 KCL、KVL 方程求解，之前电路的分析方法都可以用来分析含互感的电路。另外，利用上一节讨论的去耦等效电路也可以计算含互感的电路，这种方法叫互感消去法(也叫去耦等效法)。

本节通过例题来说明含互感电路的计算。

例 6.5　图 6－29 所示具有互感的正弦电路中，已知 $X_{L1} = 10\ \Omega$，$X_{L2} = 20\ \Omega$，

$X_C = 5\ \Omega$，耦合线圈的互感抗 $X_M = 10\ \Omega$，电源电压$\dot{U}_s = 20\angle 0°\ \text{V}$，$R_L = 10\ \Omega$，分别用支路法、互感消去法及戴维南定理求$\dot{I}_2$。

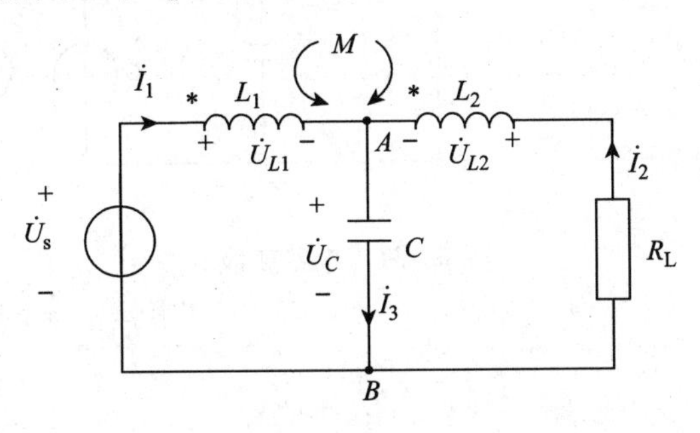

图6－29　例6.5图

解：① 支路法。

如图6－29所示，由KVL得

$$\begin{cases}\dot{U}_s = \dot{U}_{L1} + \dot{U}_C \\ \dot{U}_C = -\dot{U}_{L2} - R_L\dot{I}_2\end{cases}$$

其中，$\dot{U}_{L1} = jX_{L1}\dot{I}_1 - jX_M\dot{I}_2$，$\dot{U}_{L2} = jX_{L2}\dot{I}_2 - jX_M\dot{I}_1$，将数据代入方程中得

$$j10\dot{I}_1 - j10\dot{I}_2 - j5\dot{I}_3 = 20\angle 0°$$

$$-j20\dot{I}_2 + j10\dot{I}_1 - 10\dot{I}_2 = -j5\dot{I}_3$$

且
$$\dot{I}_3 = \dot{I}_1 + \dot{I}_2$$

解方程得
$$\dot{I}_2 = \sqrt{2}\angle 45°\ \text{A}$$

② 互感消去法。

利用互感消去法画出等效电路如图6－30所示，利用阻抗的串并联等效变换就可以计算出$\dot{I}_2$。

$$\dot{I}_2 = \sqrt{2}\angle 45°\ \text{A}$$

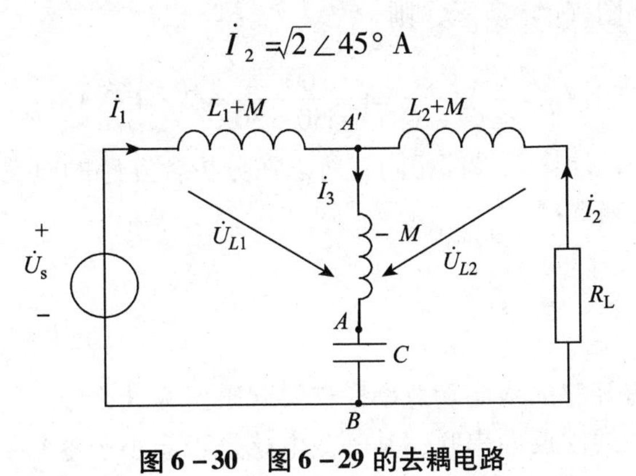

图6－30　图6－29的去耦电路

③ 用戴维南定理求解。

把 R_L 支路移去，对剩下的电路进行变换，分别求开路电压$\dot{U}_{oc}$和等效阻抗 Z，如图6－31所示。

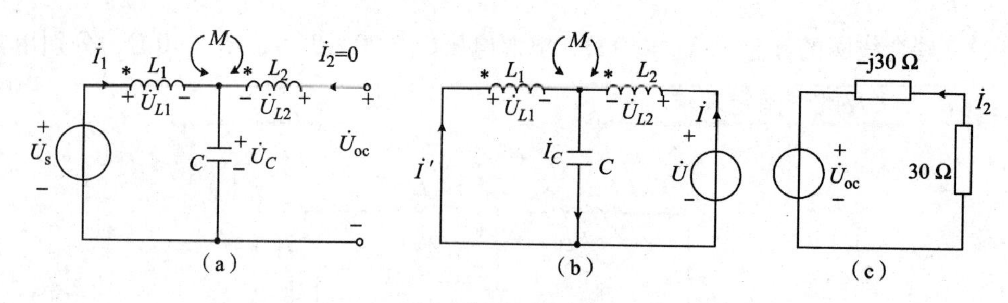

图 6-31 电路变换

(a) 电路一 (b) 电路二 (c) 电路三

$$\dot U_{oc} = \dot U_C + \dot U_{L2}$$

式中，$\dot U_C = -j5\dot I_1$，$\dot U_{L2} = -j10\dot I_1$（仅有互感，自感电压为0），则

$$\dot U_{oc} = -j5\dot I_1 - j10\dot I_1 = -j15\dot I_1$$

由图6-31（a）左边网孔KVL方程得

$$\dot U_s = \dot U_{L1} + \dot U_C = j10\dot I_1 - j5\dot I_1$$

将值代入得

$$\dot I_1 = -4j\angle 0°\ \text{A}$$

$$\dot U_{oc} = -j15\dot I_1 = -60\ \text{V}$$

用外加电源法求Z，如图6-31（b）所示，得

$$\begin{cases} \dot I = \dot I' + \dot I_C \\ j20\dot I + j10\dot I' - 5\dot I_C = \dot U \\ j10\dot I' + j20\dot I + 5\dot I_C = 0 \end{cases}$$

解方程得

$$Z = -j30\ \Omega$$

最后得等效电路如图（c）所示，则

$$\dot I_2 = -\frac{\dot U_{oc}}{Z + R_L} = \frac{60}{-j30 + 30} = \sqrt{2}\angle 45°\ \text{A}$$

不管采用哪种方法，计算结果都相同，所以在分析含互感的电路时，到底采用哪种方法，要根据电路的特点来选择。

思考讨论>>>

1. 能否将两个具有互感的线圈随意串联连接起来？为什么？

2. 两个具有互感的线圈反向串联，其等效电感是否会小于零？

3. 求图6-32所示电路ab端钮的输入阻抗。

4. 某变压器的一次线圈和二次线圈通过一定的方式连接起来，如图6-33所示。已知两线圈的额定电压都为110 V，问：① 在电源电压为220 V和110 V两种情况下，该线圈的四个端钮应如何连接？② 当电源电压为220 V时，将端钮1和3连接起来，而将2和4

端钮连接到电源上，将会出现什么情况？

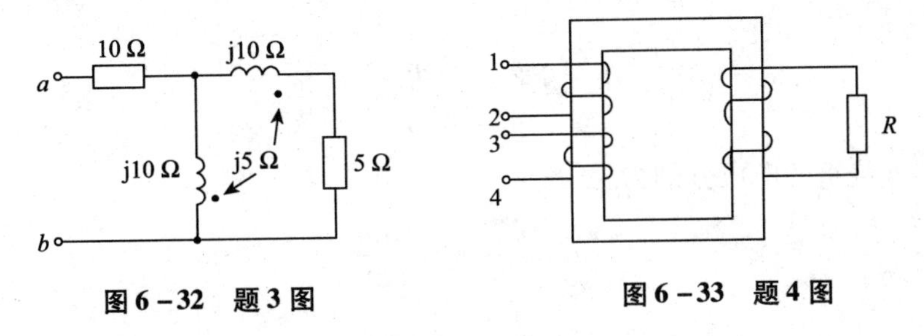

图6-32　题3图　　图6-33　题4图

5. 电路设计，要求实现含负电感的电路，如图6-34所示，问此电路能否实现？如何实现？

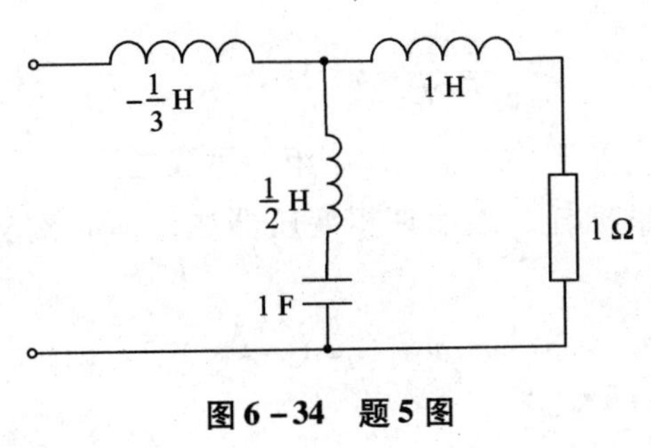

图6-34　题5图

任务6.7　理想变压器

任务描述>>>

在电力供电系统中，各种电气设备电源部分的电路中以及其他一些较低频率的电子电路中使用的变压器大多是铁芯变压器。铁芯变压器的理想化模型是理想变压器，其两个端口电压、电流关系如何？有何作用？下面来逐步完成这些任务。

知识链接>>>

6.7.1　理想变压器两个端口电压、电流关系

理想变压器满足以下三个条件：

① 耦合系数 $k=1$，即为全耦合；

② 自感系数 L_1、L_2 为无穷大，但 L_1/L_2 为常数；

③ 变压器无任何损耗，铁芯材料的磁导率 μ 为无穷大。

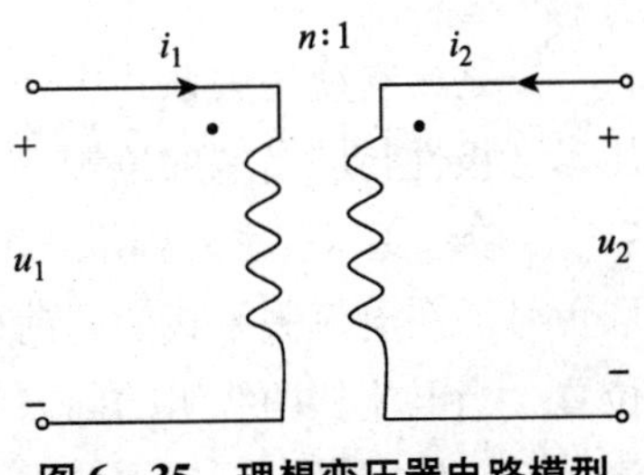

图6-35　理想变压器电路模型

理想变压器的电路模型如图6-35所示，设一次绕组和二次绕组的匝数分别为 N_1、N_2，同名端以及电压、电流参考方向如图中所示。由于为全耦合，故绕组的互感磁通

必等于自感磁通，穿过一次、二次绕组的磁通相同，用 Φ 表示。与初、次级绕组交链分别为

$$\Psi_1 = N_1\Phi$$
$$\Psi_2 = N_2\Phi$$

一次、二次绕组的电压分别为

$$u_1 = \frac{\mathrm{d}\Psi_1}{\mathrm{d}t} = N_1\frac{\mathrm{d}\Phi}{\mathrm{d}t}$$
$$u_2 = \frac{\mathrm{d}\Psi_2}{\mathrm{d}t} = N_2\frac{\mathrm{d}\Phi}{\mathrm{d}t}$$

由上式得一次、二次绕组的电压之比

$$\frac{u_1}{u_2} = \frac{N_1}{N_2} = n \quad 或\ u_1 = nu_2 \tag{6-34}$$

式中 n 为变压器的变比，它等于一次、二次绕组的匝数之比。

由于理想变压器无能量损耗，因而理想变压器在任何时刻从两边吸收的功率都等于零，即

$$u_1i_1 + u_2i_2 = 0$$

由上式得

$$\frac{i_1}{i_2} = -\frac{u_2}{u_1} = -\frac{1}{n} \quad 或 \quad i_1 = -\frac{1}{n}i_2 \tag{6-35}$$

在正弦稳态电路中，式（6-35）和式（6-34）对应的电压、电流关系的相量形式为

$$\begin{cases}\dot{U}_1 = n\dot{U}_2 \\ \dot{I}_1 = -\dfrac{1}{n}\dot{I}_2\end{cases} \tag{6-36}$$

这里需说明，式（6-34）和式（6-35）是与图6-36所示的电压、电流参考方向及同名端位置相对应的，如果改变电压、电流参考方向或同名端位置，其表达式中的符号应作相应改变。如图6-36所示的理想变压器，其电压、电流关系式为

$$\begin{cases}u_1 = -nu_2 \\ i_1 = \dfrac{1}{n}i_2\end{cases}$$

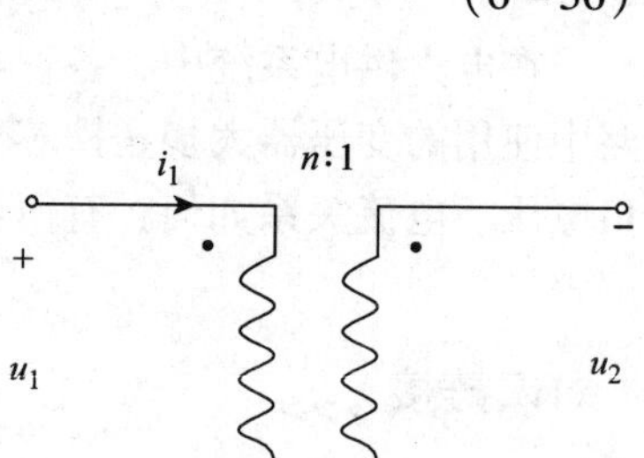

图6-36 理想变压器

总之，在变压关系式中，前面的正负号取决于电压的参考方向与同名端的位置，当电压参考极性与同名端的位置一致时，例如两电压的正极性端（或同极性端）同在两线圈的“·”端，变压关系式前取正号；反之当电压的参考极性与两线圈同名端的位置不一致时，取负号。在电流关系式中，前面的正负号取决于一、二次线圈电流的参考方向与同名端的位置，当电流从两绕组的同名端流入时，变流关系式前取负号；当电流从两绕组的异名端流入时，取正号。

6.7.2 理想变压器变换阻抗的作用

理想变压器还具有变换阻抗的作用，如果在变压器的二次侧接上阻抗 Z_L，如图6-37所示，则从一次绕组输入的阻抗

$$Z_i = \frac{\dot{U}_1}{\dot{I}_1} = \frac{n\dot{U}_2}{-\frac{1}{n}\dot{I}_2} = n^2\left[-\frac{\dot{U}_2}{\dot{I}_2}\right]$$

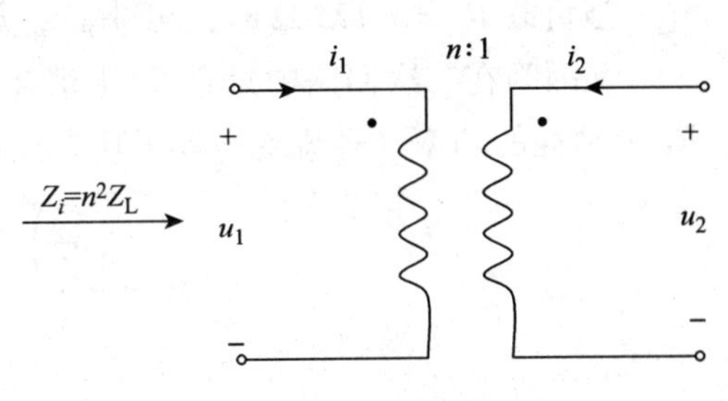

图6-37 理想变压器变换阻抗作用

式中，因负载 Z_L 上电压、电流为非关联参考方向，故 $Z_L = -\frac{\dot{U}_2}{\dot{I}_2}$，代入上式得

$$Z_i = n^2 Z_L \qquad (6-37)$$

由式（6-37）可知，当二次侧接阻抗 Z_L 时，相当于在一次接一个值为 n^2Z_L 的阻抗，即变压器具有变换阻抗的作用。因此可以通过改变变压器的变比来改变输入电阻，实现与电源的匹配，使负载获得最大功率。

例6.6 如图6-38所示电路中，$\dot{U}_s = 100\angle 0°$ V，$R_s = 50\ \Omega$，$R_L = 1\ \Omega$，$n = 4$。求 $\dot{I}_1$、$\dot{I}_2$ 及负载吸收的功率 P_L。

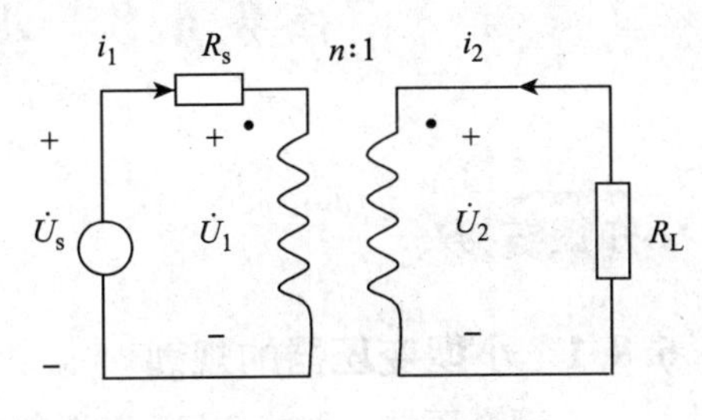

图6-38 例6.6图

解：在输入回路列KVL方程

$$\dot{U}_s = R_s\dot{I}_1 + \dot{U}_1 \qquad ①$$

理想变压器具有变换阻抗的作用，其输入电阻

$$R_i = n^2 R_L$$

因而得

$$\dot{U}_1 = R_i\dot{I}_1 = n^2 R_L \dot{I}_1$$

代入①式得

$$\dot{U}_s = R_s\dot{I}_1 + n^2 R_L \dot{I}_1$$

$$\dot{I}_1 = \frac{\dot{U}_s}{R_s + n^2 R_L} = \frac{100\angle 0°}{50 + 4^2 \times 1} = 1.52\angle 0°\ \text{A}$$

$$\dot{I}_2 = -n\dot{I}_1 = -4 \times 1.52\angle 0°\ \text{A} = 6.08\angle 180°\ \text{A}$$

$$P_L = I_2^2 R_L = 6.08^2 \times 1 = 36.97\ \text{W}$$

例6.7 在图6-38所示电路中，若负载 R_L 可调，其余电路参数同例6.6。问负载 R_L 多大时，可获得最大功率，并求此最大功率。

解：因为变压器具有变换阻抗的作用，即

$$R_i = n^2 R_L$$

一次电路中，当 $R_i = R_s$ 时，负载上获得最大功率，因而可得

$$R_i = n^2 R_L = R_s$$

$$4^2 R_L = 50$$

$$R_L = 3.125\ \Omega$$

当负载 $R_L = 3.125\ \Omega$ 时，可获得最大功率。

又因为在二次回路中只有 R_L 上消耗有功功率，所以一次回路中 R_i 上消耗的功率就是 R_L 上消耗的功率（理想变压器无功率损耗），因而负载上获得的最大功率

$$P_L = \frac{\left(\frac{U_s}{2}\right)^2}{R_i} = \frac{U_s^2}{4R_i} = \frac{100^2}{4 \times 50} = 50\ \text{W}$$

思考讨论>>>

1. 何谓理想变压器？
2. 理想变压器满足哪些条件？
3. 理想变压器有何作用？

任务 6.8　小型变压器的规划和制作

知识链接>>>

6.8.1　小型变压器的规划

小型变压器一般指 2 kW 以下的电源变压器及音频变压器，小型变压器设计原则一般有以下几个方面。

1. 变压器截面积的确定

铁芯截面积 S 是根据变压器总功率 P 确定的。铁芯截面积

$$S = k\sqrt{P_2}\ (\text{cm}^2)$$

式中，S 为铁芯截面积，k 为经验系数。k 的取值根据所用的硅钢片的好坏而定，一般型号为 D42、D43 的硅钢片的磁感应强度 B 为 10 000 ~ 12 000 Gs，系数取 1.25；若硅钢片的质量较好，如 D310 的硅钢片的 B 为 12 000 ~ 14 000 Gs，则系数可取小一些；差的硅钢片，如 D21、D22 的 B 为 5 000 ~ 7 000 Gs，系数须取 2。

2. 计算绕组的匝数

变压器的匝数主要是根据铁芯截面积和硅钢片的质量确定的。

（1）确定每伏匝数 N_0

根据 $U = 4.44fN\Phi_m$，已知铁芯截面积 S 和磁通密度 B，则 $\Phi_m = B_m S$，式中 B 的单位为 Gs，S 的单位为 cm^2。由此可求得线圈的每伏圈数

$$N_0 = N/U = 1/(4.44f\Phi_m) = 1/(4.44fB_m S)$$

$$N_0 = 45\ 000/(B_m \times S)$$

铁芯的 B 值可以这样选取：热轧硅钢片的工作磁通密度 B 一般取 9 000 ~ 12 000 Gs；冷轧硅钢片的导磁性能比热轧好，它的工作磁通密度 B 取值范围为 12 000 ~ 18 000 Gs；一般铁片取 7 000 Gs。

（2）初、次级绕组匝数的计算

初级绕组　　$N_1 = N_0 \times U_1$

次级绕组　　$N_2 = 1.05 \times N_0 \times U_2$

考虑到负载时的压降及损耗，次级绕组应增加 5% 的匝数。

3. 确定漆包线的线径

线径应根据负载电流确定，由于漆包线在不同环境下电流差异较大，因此确定线径的幅度也较大。

根据各绕组的电流大小和选定的电流密度，用经验公式可算出各组绕组的导线直径

$$d = 1.13\sqrt{I/J}$$

式中：d 的单位是 mm，电流强度 I 的单位为 A，电流密度 J 的单位为 A/mm²。其取值与变压器的使用条件、功率大小有关。一般电源变压器的电流密度可以选用 J 为 2 ~ 3 A/mm²。再根据导线直径及变压器的绝缘等级选择合适的漆包线。

4. 选用合适的变压器绝缘材料

根据变压器工作环境、温升情况及耐压要求选用合适的绝缘材料，绝缘材料的耐热等级一般分为 Y、A、E、B、F、H、N、C 级，其与最高工作温度的关系如表 6－4 所示。

表 6－4　绝缘材料的耐热等级表

耐热等级	Y	A	E	B	F	H	N	C
最高工作温度（℃）	90	105	120	130	155	180	200	220

对一般的小型电源变压器，其工作环境、温升情况无特殊要求，工作电压为 220 V，其层间绝缘可用牛皮纸，厚度为 0.05 mm；线圈间的绝缘可采用 2 ~ 3 层牛皮纸或0.12 mm 的青稞纸。

5. 核算铁芯窗口是否能容纳所有的绕组

下面以盒式收录机用的外接稳压电源的变压器为例，来说明小功率变压器的计算方法。

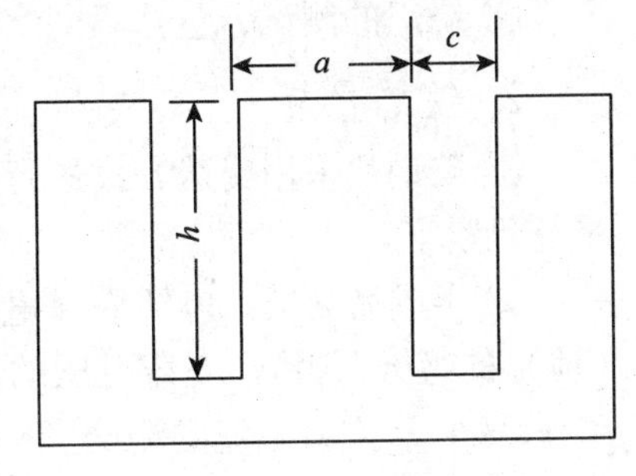

图 6－39　铁芯截面

① 首先，该变压器的功率 $P = 6.2$ W。所需铁芯的截面积 $S = 1.25 = 1.25 = 3.2$ cm²，选用 0.35 mm 厚的 D42、GEIB－14 铁芯，外形如图 6－39 所示。其舌宽 a = 14 mm，叠厚 b = 24 mm，窗口宽度 c = 9 mm，窗口高度 h = 25 mm。

② 其次，求出每伏匝数。

$$\begin{aligned} N_0 &= 45\,000/(B_m \times S) \\ &= 4.5 \times (B \cdot S) \\ &= 4.5 \times /(1.2 \times \times 3.2) \\ &\approx 12 \text{ 匝}\ (B = 12\,000 \text{ Gs}) \end{aligned}$$

初级绕组 $N_1 = 12 \times 220 = 2\ 640$ 匝

对于次级绕组，由于接入负载后将有 5% ~10% 的电压降落，因此次级绕组应乘以 1.05 ~ 1.1 的系数。

次级绕组 $N_2 = 1.1 \times 12 \times 10 = 132$ 匝

③ 再次，用经验公式计算各绕组导线的直径 d（J 取 2.5 A/mm^2）。

初级绕组 $d_1 = 0.13$ mm，选 QZϕ0.13 漆包线，连同漆层最大外径为 0.16 mm。

次级绕组 $d_2 = 0.49$ mm，选 QZϕ0.49 漆包线，最大外径为 0.55 mm。

④ 最后，核算铁芯窗口能否容纳所有的线圈。

铁芯窗口的有效高度 $h' = 0.9(h-2) = 20.7$ mm。初级绕组每层可绕 129 匝，共 21 层。每层垫 0.05 mm 厚的牛皮纸 1 层，初级线圈总厚度为 4.41 mm。初、次级绝缘与静电屏蔽层共厚 0.35 mm（初级与静电屏蔽层之间垫 0.05 mm 聚脂薄膜 2 层，0.05 mm 牛皮纸 1 层，静电屏蔽用 0.1 mm 厚的薄铜片，静电屏蔽与次级间垫 0.05 mm 的聚脂薄膜和牛皮纸各 1 层）。

次级绕组每层绕 38 匝，共 4 层，每层垫 0.08 mm 的牛皮纸 1 层，共厚 2.52 mm。

骨架用 0.5 mm 厚的弹性纸制作，外包 2 层厚 0.05 mm 的聚脂薄膜和 1 层 0.05 mm 的牛皮纸。加上线包最外层包的厚度为 0.12 mm 的牛皮纸两层，共厚 0.84 mm。共计线包总厚度为 8.12 mm，小平窗口宽度 9 mm，因此该铁芯可以使用。

6.8.2 变压器的制作步骤

1. 绕线

① 选择漆包线和绝缘材料；

② 选择或制作绕组骨架；

③ 制作木芯（木芯是套在绕线机转轴上支撑绕组骨架，以进行绕线）；

④ 绕组层次按一次侧静电屏蔽层、二次侧高压绕组、二次侧低压绕组依次迭绕；

⑤ 做好层间、绕组间及绕组与静电屏蔽层的绝缘；

⑥ 当绕组线径大于 0.2 mm 时，绕组的引出线可利用原线，当绕组线径小于 0.2 mm 时，应采用软线焊接后输出，引出线应用绝缘套管绝缘；

⑦ 绕组的测试，包括不同绕组的绝缘测试、断线及短路测试。

2. 铁芯叠装

① 硅钢片采用交迭方式进行叠装，叠装时要注意避免损伤线包；同时铁芯叠片要求平整且紧牢。

② 半成品测试：包括绝缘电阻测试（用兆欧表测试各组绕组之间及各绕组对铁芯（地）的绝缘电阻）、空载电压的测试（一次侧加额定电压时，二次侧空载电压允许误差 ≤ ±5%）和空载电流的测试（一次侧加额定电压时，其空载电流应小于 10% ~20% 的额定电流）。

3. 浸漆与烘干

① 绕组或变压器预烘干（去潮作用，温度不能超过变压器材料的耐温）；

② 浸漆（绕组或变压器浸漆）；

③ 烘干（浸漆滴干后的绕组或变压器，再次送入烘箱内干燥，烘到漆膜完全干燥、固化不粘手为止）。

4. 成品测试

① 耐压及绝缘测试（用高压仪、兆欧表测试各组绕组之间及各绕组对铁芯（地）的耐压及绝缘电阻）；

② 空载电压、电流测试（同上）；

③ 负载电压、电流测试（一次侧加额定电压、二次侧加额定负载，测量电压与电流）。

任务实施 >>>

表 6 – 5　小型变压器的参数测量

RW 6 – 3

任务内容	① 学会用变压器的空载实验和短路实验测铁损和铜损； ② 掌握测绘变压器空载特性和负载特性的方法		
测试设备	设备名称	型号或规格	数量
	交流电压表、电流表	RTT03 – 1	各 1 块
	单相功率表	RTT04	1 只
	实验变压器	220 V/36 V/50 VA	1 块
	自耦调压器		1 台
	白炽灯	10 W/220 V	3 个
测试电路	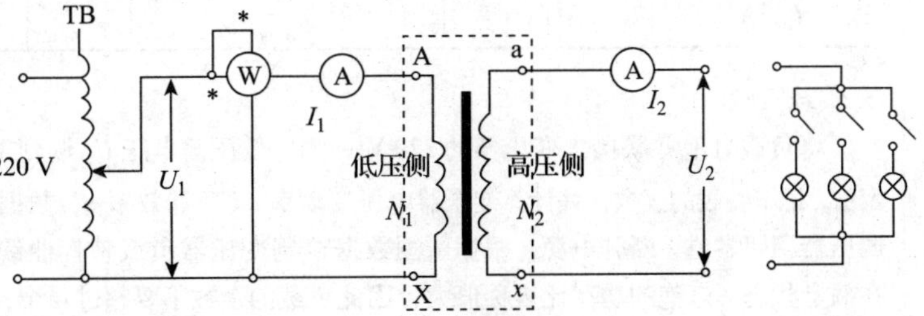 TB　~220 V　W　A　I_1　U_1　A　X　低压侧　N_1　高压侧　N_2　a　x　A　I_2　U_2 升压变压器 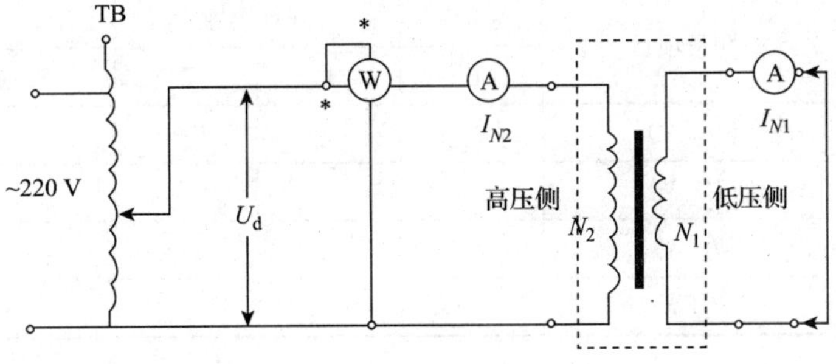 TB　~220 V　W　A　I_{N2}　U_d　高压侧　N_2　低压侧　N_1　A　I_{N1} （b）		
测试程序	① 用交流法判别变压器绕组的极性。 将变压器的原副绕组的两个端点 X、x 相连，用电压表分别测量原边电压 U_{Ax}，副边电压 U_{ax} 和两绕组间电压 U_{Aa}，根据 U_{Aa} 的大小判别变压器原副绕组的相对极性；		

续表

② 空载实验。

按图（a）接线（AX 为低压绕组，ax 为高压绕组）即电源经调压器 TB 接至低压绕组，高压绕组接 220 V/10 W 的灯组负载（用 2 组灯泡并联获得），经指导教师检查后方可进行实验。

将调压器手柄置于输出电压为零的位置（逆时针旋到底位置），然后合上电源开关，并调节调压器，使其输出电压等于变压器低压侧的额定电压 36 V，按下表读取各表数据，并计算相应的变压器变比 $K=U_{N1}/U_{20}$ 和空载时的功率因数 $\cos\varphi_0=P_0/U_{N1}I_0$

变压器的空载实验表格

测量数据					计算数据
U_{N1}(V)	U_{20}(V)	I_0(A)	P_0(W)	$\cos\varphi_0$	变压器变比 K

将高压线圈（副边）开路，确认调压器处在零位后，合上电源，调节调压器输出电压，使 U_1 从零逐次上升到 1.2 倍的额定电压（1.2×36 V），分别记下各次测得的 U_1、U_{20} 和 I_{10}，数据记入下表，并绘制变压器的空载特性曲线

变压器的空载特性表格

U_1(V)	5	10	15	20	25	30	35	40	43
U_{20}(V)									
I_{10}(A)									

③ 负载实验。

将负载灯泡并联接入变压器的 220 V 一侧，低压侧电压 U_1 调到 36 V，逐次增加负载至额定值，记下各表的读数，并计算变压器电压变动率 $\Delta U\%$ 和效率 η，数据填入下表，实验完毕将调压器调回零位，断开电源，根据所测数据绘制变压器负载特性曲线（本实验灯泡做负载，在额定状态下灯泡的功率比表称值大，因此负载的个数不要超过 4 个，以免损坏变压器）

变压器的负载特性表格

测量项目	开灯盏数				计算数据/%	
	0	1	2	3	ΔU	η
U_1(V)						
U_2(V)						
I_2(A)						
P_1(W)						

④ 短路实验。

按图（b）接好线路，首先检查调压器的旋钮是否置于零位，经确认后将低压侧短路，高压侧加电压，调压器旋钮必须从零的位置开始慢慢升到高压侧电流为额定值 $I_{2N}=1.4$ A 时为止，记录原边电流 I_{1N}、短路电压 U_d 和满载铜损 P_{CUN} 各数据，并计算短路阻抗 Z_d、短路电阻 R_d 和短路漏抗 X_d，数据记入下表中，实验完毕将调压器调回零位，断开电源

续表

<table>
<tr><td></td><td>
变压器短路实验表格

测　量　数　据				计算数据		
I_{1N}(A)	U_d(V)	I_{2N}(A)	P_{CUN}(W)	Z_d(Ω)	R_d(Ω)	X_d(Ω)

⑤ 实验注意事项。

空载实验和负载实验是将变压器作为升压变压器使用，而短路实验是将变压器作为降压变压器使用，故使用调压器时应首先调至零位，然后才可合上电源。

调压器输出电压必须用电压表监视，防止被测变压器输出过高电压而损坏实验设备，且要注意安全，以防高压触电。

由空载实验转到负载实验或到短路实验时，要注意及时变更仪表量程。

遇异常情况，应立即断开电源，待处理好故障后，再继续实验
</td></tr>
</table>

表6－6　小型变压器的规划制作

RW 6－4

<table>
<tr><td>任务内容</td><td colspan="3">设计一电源变压器：
初级电源电压为 $U_1=220$ V、$f=50$ Hz；
次级回路电压分别为 $U_2=10$ V、$I_2=0.5$ A，$U_3=5$ V、$I_3=1$ A</td></tr>
<tr><td>任务要求</td><td colspan="3">① 确定变压器的铁芯型号、规格；
② 确定绕组导线的型号、规格及匝数；
③ 确定使用绝缘材料的情况；
④ 变压器的制作；
⑤ 撰写制作报告</td></tr>
<tr><td rowspan="6">测试设备</td><td>设备名称</td><td>型号或规格</td><td>数量</td></tr>
<tr><td>交流电压表</td><td>RTT03－1</td><td>1套</td></tr>
<tr><td>交流电流表</td><td>RTT03－1</td><td>1只</td></tr>
<tr><td>单相功率表</td><td>RTT04</td><td>1只</td></tr>
<tr><td>锡钢片（E型、F型）</td><td></td><td>若干</td></tr>
<tr><td>漆包线</td><td></td><td>若干</td></tr>
<tr><td>参数要求</td><td colspan="3"> 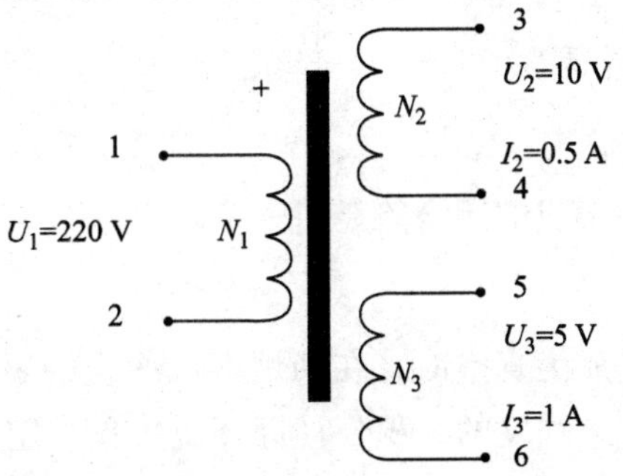</td></tr>
</table>

小 结

1. 磁场的基本物理量和基本定律

(1) 磁通 Φ

磁场的任一闭合面上，进入的磁通等于穿出的磁通，即总磁通等于零。

$$\oint_S B_n \mathrm{d}S = 0$$

(2) 磁感应强度 B

定义
$$B = \frac{\Delta F}{I\Delta l}$$
其方向即该点小磁针 N 的指向。

(3) 磁场强度 H

$$H = \frac{B}{\mu}$$

(4) 磁导率 μ

真空中的磁导率

$$\mu_0 = 4 \times \pi 10^{-7}\ \mathrm{H/m}$$

2. 铁磁性物质的磁化

① 铁磁性物质内部存在着大量的磁畴。在没有外加磁场时，磁畴排列是杂乱无章的，各个磁畴的作用相互抵消，因此对外不显磁性。在外磁场作用下，磁畴会沿着外磁场方向偏转，以致在较强的外磁场作用下达到饱和。

② 磁滞回线是铁磁性物质所特有的磁特性。在交变磁场作用时，可获得一个对称于坐标原点的闭合回线，回线与纵轴的交点到原点的距离叫剩磁，与横轴的交点到原点的距离叫矫顽力。

③ 磁滞回线族的正顶点连线叫基本磁化曲线。它表示了铁磁性物质的磁化性能，工程上常用它来作为计算的依据，常用铁磁性材料的基本磁化曲线可在工程手册中查得。

④ 铁磁性材料的 $B-H$ 曲线是非线性的，所以铁芯磁路是非线性的。

3. 磁路与磁路定律

(1) 磁路

主磁通通过铁芯所形成的闭合路径叫磁路。

(2) 安培环路定律

安培环路定律指介质为真空时，在稳恒电流产生的磁场中，不管载流回路形状如何，对任意闭合路径，磁感应强度的线积分（即环流）仅决定于被闭合路径所包围的电流的代数和。即

$$\oint_l B\mathrm{d}l = \mu_0 \sum I$$

(3) 磁路的基尔霍夫定律

磁路的基尔霍夫第一定律：

$$\sum \Phi = 0$$

磁路的基尔霍夫第二定律：

$$\sum (HL) = \sum (NI)$$

(4) 磁路的欧姆定律

$$\Phi = \mu HS = \frac{Hl}{l/\mu S} = \frac{U_{\mathrm{m}}}{l/\mu S} = \frac{U_{\mathrm{m}}}{R_{\mathrm{m}}}$$

(5) 恒定磁通磁路的计算

在计算时一般应按下列步骤进行。

① 按照磁路的材料和截面不同进行分段，把材料和截面相同的算作一段。

② 根据磁路尺寸计算出各段截面积 S 和平均长度 l。

(6) 交流铁芯线圈

① 电压及感应电动势的有效值与主磁通的最大值关系为

$$U = E = \frac{\omega N\Phi_{\mathrm{m}}}{\sqrt{2}} = \frac{2\pi fN\Phi_{\mathrm{m}}}{\sqrt{2}} = 4.44fN\Phi_{\mathrm{m}}$$

② 磁滞和涡流的影响，铁芯的磁滞损耗 P_{Z} 和涡流损耗 P_{W}（单位为 W）可分别由下式计算

$$P_{\mathrm{Z}} = K_{\mathrm{Z}} f B_{\mathrm{m}}^{n} V(\mathrm{W})$$

$$P_{\mathrm{W}} = K_{\mathrm{W}} f^{2} B_{\mathrm{m}}^{2} V(\mathrm{W})$$

(7) 电磁铁

① 直流电磁铁。

直流电磁铁的励磁电流为直流。可以证明，直流电磁铁的衔铁所受到的吸力（起重力）由下式决定：

$$F = \frac{B_0^2}{2\mu_0}S = \frac{B_0^2}{2\times 4\pi\times 10^{-7}}S \approx 4B_0^2 S\times 10^5$$

② 交流电磁铁。

交流电磁铁平均吸力

$$F_{\mathrm{av}} = \frac{1}{T}\int_0^T f(t)\,\mathrm{d}t = \frac{1}{T}\int_0^T \frac{B_{\mathrm{m}}^2 S}{2\mu_0}(1 - \cos 2\omega t)\,\mathrm{d}t$$

$$= \frac{B_{\mathrm{m}}^2 S}{4\mu_0} \approx 2B_{\mathrm{m}}^2 S\times 10^5$$

最大吸力

$$F_{\max} = \frac{B_{\mathrm{m}}^2 S}{2\mu_0}$$

4. 互感电路

(1) 互感及互感电压的概念

由于一个线圈的电流变化在另一个线圈中产生感应电压的物理现象称互感应，这种感应电压叫互感电压。

$$u_{12}=M\left|\frac{\mathrm{d}i_2}{\mathrm{d}t}\right|$$

$$u_{21}=M\left|\frac{\mathrm{d}i_1}{\mathrm{d}t}\right|$$

(2) 同名端

两线圈的电流都从同名端流入时，它们产生的磁通是增加的。同名端和两线圈的相对位置和绕向有关。

(3) 耦合系数

$$k=\frac{M}{\sqrt{L_1L_2}}=\sqrt{\frac{\Phi_{21}\Phi_{12}}{\Phi_{11}\Phi_{22}}}$$

(4) 含互感电路的计算

$$u_1=\frac{\mathrm{d}\psi_1}{\mathrm{d}t}=L_1\frac{\mathrm{d}i_1}{\mathrm{d}t}\pm M\frac{\mathrm{d}i_2}{\mathrm{d}t}$$

$$u_2=\frac{\mathrm{d}\psi_2}{\mathrm{d}t}=L_2\frac{\mathrm{d}i_2}{\mathrm{d}t}\pm M\frac{\mathrm{d}i_1}{\mathrm{d}t}$$

① 直接列方程计算法。

② 去耦法。

习题 6

1. 穿过磁极极面的磁通 $\Phi=3.84\times10^{-3}$ Wb，磁极的边长为 8 cm，宽为 4 cm，求磁极间的磁感应强度。

2. 已知电工用硅钢中的 $B=1.4$ T，$H=5$ A/cm，求其相对磁导率.

3. 有一线圈的匝数为 1 500 匝，套在铸钢制成的闭合铁芯上，铁芯的截面积为10 cm^2，长度为 75 cm。求：① 如果要在铁芯中产生 1×10^{-3} Wb 的磁通，线圈中应通入多大的直流电流？② 若线圈中通入 2.5 A 的直流电流，则铁芯中的磁通为多大？

4. 一个交流铁芯线圈接在 220 V、50 Hz 的工频电源上，线圈上的匝数为 733 匝，铁芯截面积为 13 cm^2。求：① 铁芯中的磁通和磁感应强度的最大值各是多少？② 若所接电源频率为 100 Hz，其他量不变，磁通和磁感应强度最大值各是多少？

5. 一个铁芯线圈接到 $U_\mathrm{s}=100$ V 的工频电源上，铁芯中的磁通最大值 $\Phi_\mathrm{m}=2.25\times10^{-3}$ Wb，试求线圈匝数。若将该线圈接到 $U_\mathrm{s}=150$ V 的工频电源上，要保持 Φ_m 不变，试求线圈匝数。

6. 有一个直流电磁铁，铁芯和衔铁的材料为铸钢，铁芯和衔铁的平均长度共为50 cm，铁芯与衔铁的截面积为 2 cm^2。求：① 气隙长度为 0.6 cm，吸力为 19.6 N 时的磁通势；② 保持线圈电压不变时，吸合后的吸力；③ 吸合后在线圈中串入一个电阻，使电流减小一半的吸力。

7. 一个铁芯线圈在工频时的铁损为1 kW，且磁滞和涡流损耗各占一半。若频率为60 Hz，且保持 B_m 不变，则铁损为多少？

8. 将一个铁芯线圈接到电压220 V、频率50 Hz的工频电源上，其电流为10 A，$\cos\varphi=0.2$。若不计线圈的电阻和漏磁，试求线圈的铁芯损耗，作出相量图，并求出串联形式的等效电路参数 R_m 及 X_m。

9. 一个交流铁芯线圈，工作时额定电压为220 V，铁芯中的磁通接近饱和。如果线圈上所加的电压增加10%，试问线圈中电流是否也增加10%？

10. 试从基本磁化曲线上，确定下列情况的 H 值或 B 值。① 已知硅钢片的 $B=1.6$ T，$H=?$ ② 已知铸钢的 $B=1.6$ T，$H=?$ ③ 已知硅钢片的 $H=400$ A/m，$B=?$④ 已知铸钢的 $H=400$ A/m，$B=?$

11. 扩音机的输出变压器，一次绕组 $N_1=300$ 匝，二次绕组 $N_2=60$ 匝，二次侧接阻抗为16 Ω的扬声器，若二次改接阻抗为8 Ω的扬声器，要求二次侧的等效阻抗保持不变，则这时二次绕组匝数 N_2 应为多少（假设初级绕组匝数不变）？

12. 题12图为理想变压器电路，若其变压比为5:1，求电流 I_1、I_2。

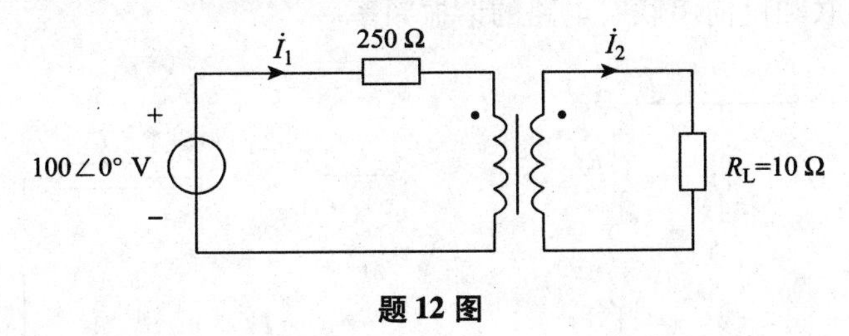

题12图

13. 已知磁耦合线圈的 $L_1=5$ mH，$L_2=4$ mH。① 若 $k=0.5$，试求互感 M；② 若互感 $M=3$ mH，求耦合系数 k；③ 若两线圈是全耦合，求 M。

14. 如题14图所示，有互感的两个线圈同名端已经标出，电压、电流的参考方向也已给出，若 $L_1=M=0.01$ H，$i_1=2\sqrt{2}\sin 314t$(A)，求电压 u_1、u_2。

15. 两个耦合线圈串联起来接到220 V、50 HZ的正弦电源上，得到如下数据：第一次串联，测出线路中的电流 $I=2.5$ A，电路有功功率为62.5 W，调换其中一个线圈的两端钮后再串联，测出电路的有功功率为250 W。问：哪种情况是顺串，哪种情况是反串？两耦合线圈的互感为多大？

16. 在题16图所示电路中，已知 $L_1=6$ H，$L_2=4$ H，两耦合线圈顺向串联时，电路的谐振频率是反向串联时谐振频率的 $\frac{1}{2}$，求互感 M。

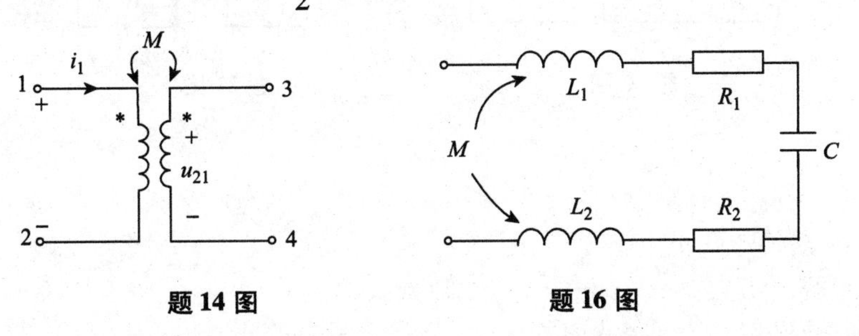

题14图　　**题16图**

17. 利用去耦等效电路求题 17 图中各电路的等效复阻抗 Z_{AB}。

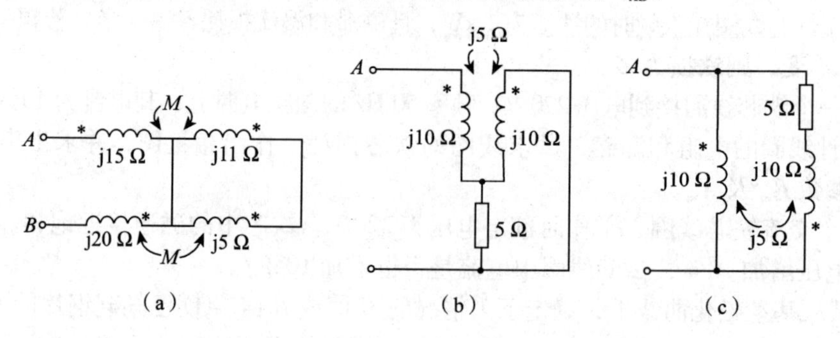

题 17 图

(a) 电路一 (b) 电路二 (c) 电路三

18. 在题 18 图所示电路中，已知 $R_1=3\ \Omega$，$R_2=4\ \Omega$，$X_{L1}=20\ \Omega$，$X_{L2}=30\ \Omega$，$X_M=15\ \Omega$，电源电压有效值 $U=200$ V，求各支路电流。

19. 在题 19 图所示电路中，已知 $L_1=0.01$ H，$L_2=0.02$ H，$M=0.01$ H，$C=20\ \mu$F。求两个线圈顺向串联和反向串联时电路的谐振频率。

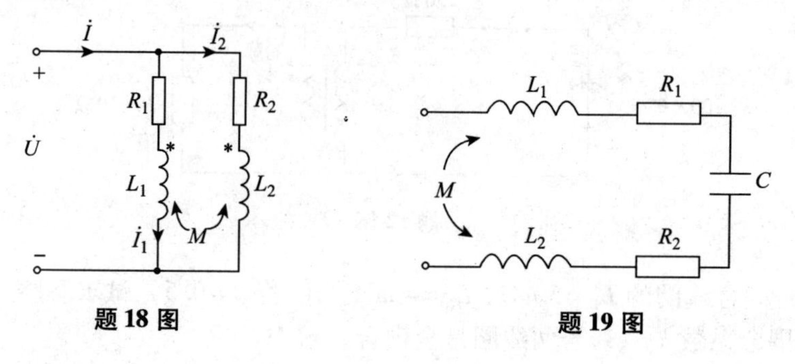

题 18 图 **题 19 图**

20. 在题 20 图所示电路中，已知 $R_1=R_2=10\ \Omega$，$X_{L1}=30\ \Omega$，$X_{L2}=20\ \Omega$，$X_M=10\ \Omega$，电源电压 $\dot{U}=100\angle 0°$ V。求电压 U_2 及 R_2 电阻消耗的功率。

21. 在题 21 图所示电路中，已知 $I_2=3$ A，$R_1=10\ \Omega$，$R_2=25\ \Omega$，$M=4$ mH，$C_1=50\ \mu$F，$L_1=3$ mH，$L_2=10$ mH，$C_2=200\ \mu$F，$\omega=1\ 000$ rad/s，求 I_1 及 U_1。

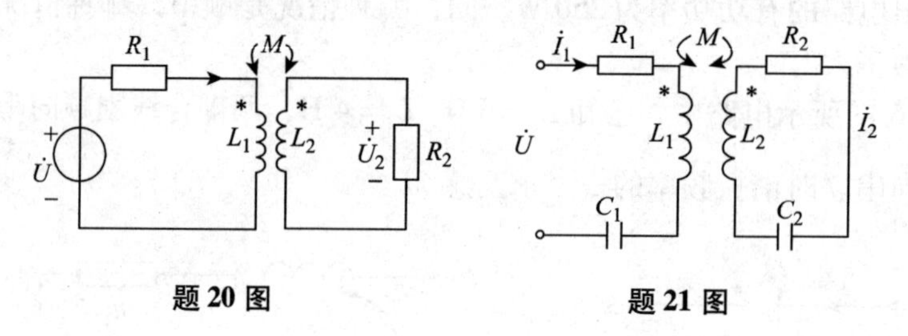

题 20 图 **题 21 图**

附录 A　测试工作任务单（一）

表 A－1　直流电压、电流的测试

<table>
<tr><td>任务内容</td><td colspan="3">① 根据给定电路，正确布线，使电路正常运行；
② 学会使用直流电压表、电流表及万用表；
③ 直流电压、电流的测试</td></tr>
<tr><td rowspan="5">测试设备</td><td>设备名称</td><td>型号或规格</td><td>数量</td></tr>
<tr><td>直流稳压电源</td><td>0 ~ 30 V</td><td>1 台</td></tr>
<tr><td>直流电压表</td><td></td><td>1 只</td></tr>
<tr><td>直流电流表</td><td></td><td>1 只</td></tr>
<tr><td>数字万用表</td><td></td><td>1 块</td></tr>
<tr><td>测试电路</td><td colspan="3">开关
干电池
灯泡
电路说明：
① 干电池也可用直流稳压电源，电源电压选择为 6 V；
② 灯泡选择 6 V/2 W</td></tr>
<tr><td>测试结果</td><td colspan="3">直流电压测试结果

测试项目 ｜ 电源 U_s ｜ 灯泡 U_L ｜ 开关 U_K
开关闭合 ｜ ｜ ｜
开关断开 ｜ ｜ ｜

直流电流测试结果

测试项目 ｜ 电源 I_s ｜ 灯泡 I_L
开关闭合 ｜ ｜
开关断开 ｜ ｜</td></tr>
</table>

表 A－2　电位、电压的测定及电路电位图的绘制

任务内容

① 测量电路中各点电位；

② 测量电路中相邻两点之间的电压

测试设备

设备名称	型号或规格	数量
电工电路综合实训台		1 套
直流数字电压表		1 只
直流数字毫安表		1 只
恒压源		2 个

测试电路

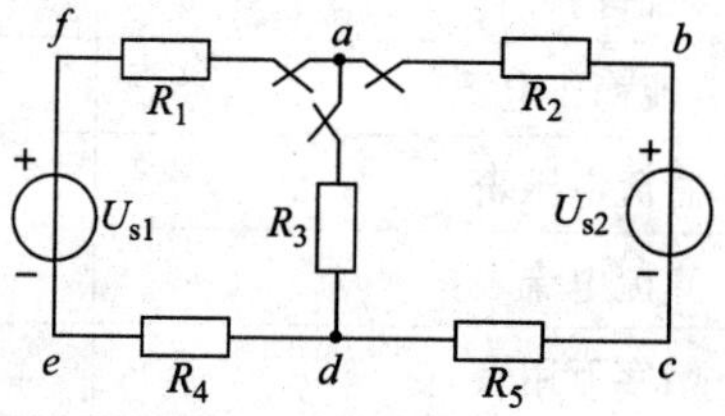

电路说明：

① 恒压源 $U_{s1}=6$ V，$U_{s2}=12$ V；

② 电阻 $R_1=510\ \Omega$，$R_2=1\ \text{k}\Omega$，$R_3=510\ \Omega$，$R_4=510\ \Omega$，$R_5=330\ \Omega$

测试结果

电位测量结果

电位参考点	V_A	V_B	V_C	V_D	V_E	V_F
A						
D						

电压测量结果

电压	U_{AB}	U_{BC}	U_{CD}	U_{DE}	U_{EF}
测量值					

表 A－3　电阻、灯泡、二极管伏安特性的测试

任务内容

① 认识电阻；
② 测量线性电阻的伏安特性，测量 6.3 V 灯泡的伏安特性；
③ 测量二极管的伏安特性

测试设备

设备名称	型号或规格	数量
电工电路综合实训台		1 套
直流稳压电源	0 ~ 30 V	1 台
直流电压表		1 只
直流电流表		1 只
数字万用表		1 块

测试电路

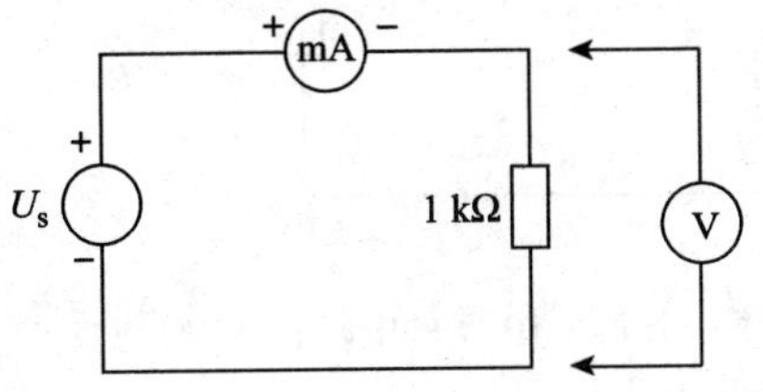

U_s　mA　1 kΩ　V

（a）

U_s　R　200 Ω　mA　IN4007　V

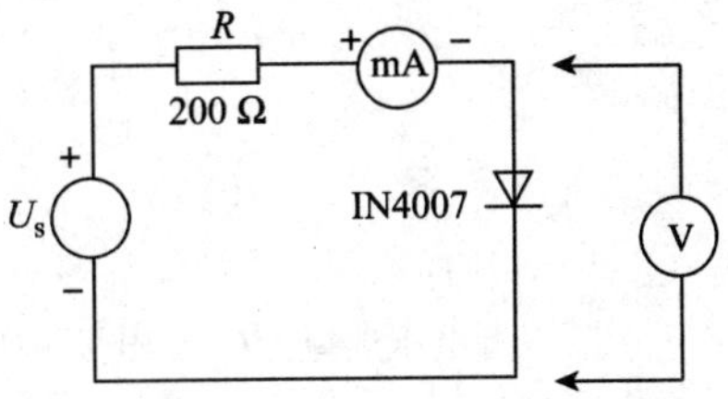

（b）

电路说明：
电源电压选择为 0 ~10 V

测试结果

线性电阻器的伏安特性

U_R(V)	0	2	4	6	8	10
I(mA)						

白炽灯泡的伏安特性

U_1(V)	0.1	0.5	1	2	3	4
I(mA)						

二极管正向特性训练

U_{D+}(V)	0	0.4	0.5	0.55	0.6	0.65	0.68	0.70	0.72
I(mA)									

二极管反向特性训练

U_{D-}(V)	0	-5	-10	-15	-20	-25	-30
I(mA)							

表 A-4　电源的外特性曲线的测绘

<table>
<tr><td>任务内容</td><td colspan="3">① 改变外电路的阻值大小，测量电源两端的电压和流过电源的电流；
② 绘出电源的外特性曲线</td></tr>
<tr><td rowspan="4">测试设备</td><td>设备名称</td><td>型号或规格</td><td>数量</td></tr>
<tr><td>电工电路综合实训台（含直流稳压电源）</td><td></td><td>1 套</td></tr>
<tr><td>直流电压表</td><td></td><td>1 只</td></tr>
<tr><td>直流电流表</td><td></td><td>1 只</td></tr>
<tr><td>测试电路</td><td colspan="3"> 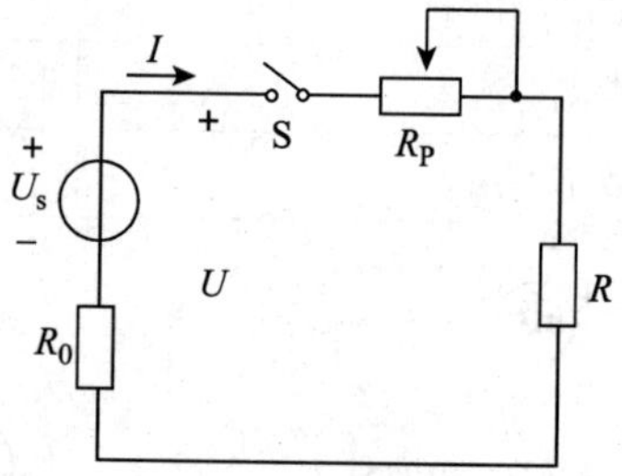电路说明：
① 电源电压选择为 6 V，电源中串联一个 $R_0=10\ \Omega$ 的电阻；
② 灯泡选择 12 V/2 W，电位器为 500 Ω</td></tr>
<tr><td>测试结果</td><td colspan="3">电源外特性测量结果</td></tr>
</table>

电源外特性测量结果

电源两端电压	1	2	3	4	5	6
电流						

表 A－5　串、并联照明电路的测试

任务内容

① 搭接三个灯泡串联电路；三个灯泡并联电路。

② 测量串、并联电路中的相关电压、电流及等效电阻。

测试设备

设备名称	型号或规格	数量
电工电路综合实训台		1 套
直流稳压电源	0 ~ 30 V	1 台
直流电压表		1 只
直流电流表		1 只
数字万用表		1 块

测试电路

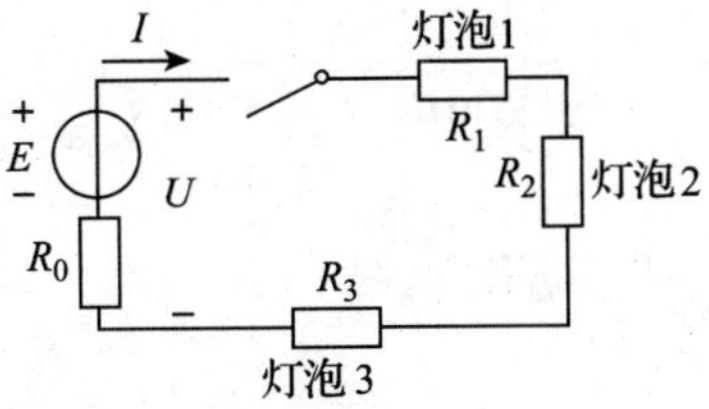

（a）

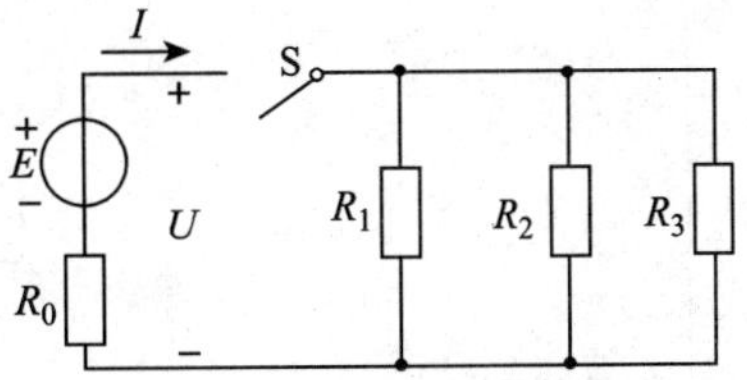

（b）

电路说明：

① 电源电压选择为 6 V；

② 灯泡 1 为 12 V/1 W，灯泡 2 为 12 V/3 W，灯泡 3 为 12 V/5 W

测试结果

串联照明电路测量结果

	电源	灯泡 1	灯泡 2	灯泡 3
电压				
电流				
电阻				
功率				

并联照明电路测量结果

	电源	灯泡 1	灯泡 2	灯泡 3	等效电阻
电压					
电流					
电阻					
功率					

表 A－6 体验基尔霍夫定律

任务内容	① 测量支路电流，分析电路节点处各支路电流的关系； ② 测量元件电压，分析回路中各元件电压的关系

测试设备	设备名称	型号或规格	数量
	电工电路综合实训台		1 套
	直流数字电压表		1 只
	直流数字毫安表		1 只

测试电路

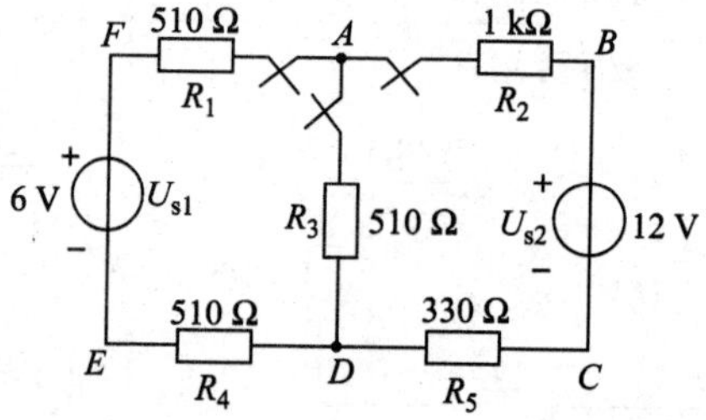

电路说明：

① 恒压源 $U_{s1}=6\ V$，$U_{s2}=12\ V$；

② 电阻 $R_1=510\ \Omega$、$R_2=1\ k\Omega$、$R_3=510\ \Omega$、$R_4=510\ \Omega$、$R_5=330\ \Omega$

测试结果

支路电流数据

支路电流（mA）	I_1	I_2	I_3
测量值			
计算值			

各元件电压数据

电压（V）	U_{s1}	U_{s2}	U_{R1}	U_{R2}	U_{R3}	U_{R4}	U_{R5}
测量值（V）							
计算值（V）							

附录 B 测试工作任务单（二）

表 B－1 两种电源电路模型的等效变换

<table>
<tr><td>任务要求</td><td colspan="3">① 正确使用测试仪表，测试有源二端电路的外特性曲线；
② 正确分析相关数据，找到电源等效变换的条件；
③ 撰写测试报告</td></tr>
<tr><td rowspan="4">测试设备</td><td>设备名称</td><td>型号或规格</td><td>数量</td></tr>
<tr><td>电工电路综合实训台
（恒压源、电阻、电位器、恒流源）</td><td></td><td>1 套</td></tr>
<tr><td>测试电路板（含源二端网络）</td><td></td><td>1 套</td></tr>
<tr><td>直流电压表、电流表</td><td></td><td>各 1 块</td></tr>
<tr><td>测试电路</td><td colspan="3"> 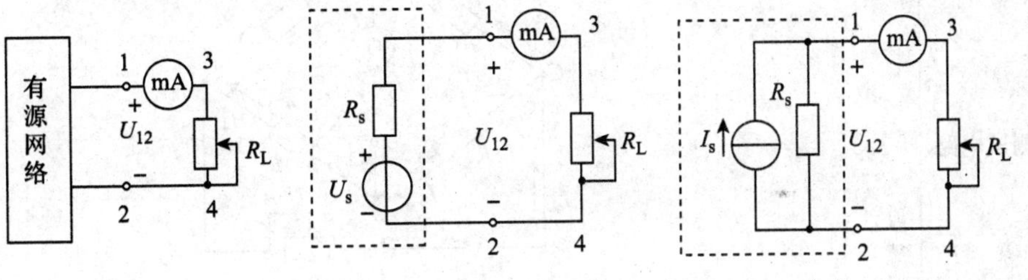有源网络 1 mA 3 + U_{12} R_L − 2 4
（a）
1 mA 3 R_s + U_{12} R_L + U_s − − 2 4
（b）
1 mA 3 R_s + I_s U_{12} R_L − 2 4
（c）</td></tr>
<tr><td>测试结果</td><td colspan="3"></td></tr>
</table>

表 B－2　电桥电路中电桥平衡的条件测试

<table>
<tr><td>任务要求</td><td colspan="3">① 正确使用测试仪表；
② 根据给定电路，正确布线，使电路正常运行；
③ 正确测试电压等相关数据及数据分析；
④ 撰写安装与测试报告</td></tr>
<tr><td rowspan="6">测试设备</td><td>设备名称</td><td>型号或规格</td><td>数量</td></tr>
<tr><td>电工电路综合实训台
（电阻 5 只或灯泡 4 只）</td><td>见电路说明</td><td>1 套</td></tr>
<tr><td>直流稳压电源</td><td>0 ~ 30 V</td><td>1 台</td></tr>
<tr><td>直流电压表</td><td></td><td>1 只</td></tr>
<tr><td>直流电流表</td><td></td><td>1 只</td></tr>
<tr><td>数字万用表</td><td></td><td>1 块</td></tr>
<tr><td>测试电路</td><td colspan="3">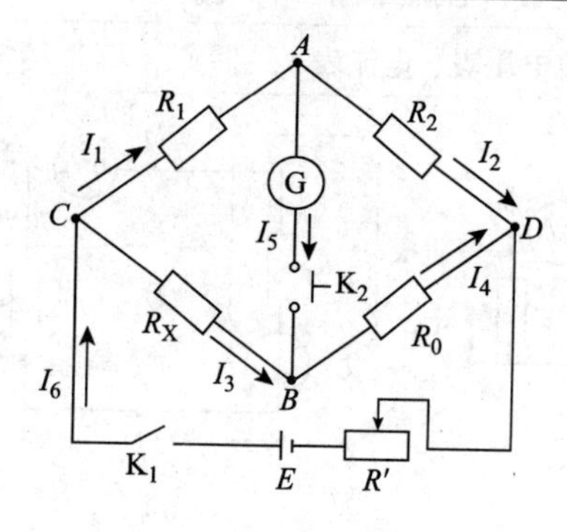
电路说明：
电源电压选择为 3 V</td></tr>
<tr><td>测试结果</td><td colspan="3">见下表</td></tr>
</table>

电压测试结果

测量项目	U_{AB}	U_{AD}	U_{AC}	U_{BC}	U_{BD}	U_{DC}
数　值						
方　向						

支路电流测试结果

测量项目	I_1	I_2	I_3	I_4	I_5	I_6
数　值						
方　向						

表B-3 体验叠加定理及齐性定理

<table>
<tr><td>任务要求</td><td colspan="3">① 测量电源单独作用和电源共同作用电路中的电压、电流；
② 正确填写测试报告数数据，并分析理解叠加定理和齐性定理的含义；
③ 撰写测试报告</td></tr>
<tr><td rowspan="4">测试设备</td><td>设备名称</td><td>型号或规格</td><td>数量</td></tr>
<tr><td>电工电路综合实训台（恒压源）</td><td>$U_{s1}=+12$ V，U_{s2}用0～+30 V可调电压输出</td><td>2套</td></tr>
<tr><td>电路板（电阻5个）</td><td>$R_1=R_3=R_4=510\ \Omega$，
$R_2=1\ \text{k}\Omega$，$R_5=330\ \Omega$，</td><td>5个</td></tr>
<tr><td>二极管</td><td>IN4007</td><td>1个</td></tr>
<tr><td>测试电路</td><td colspan="3">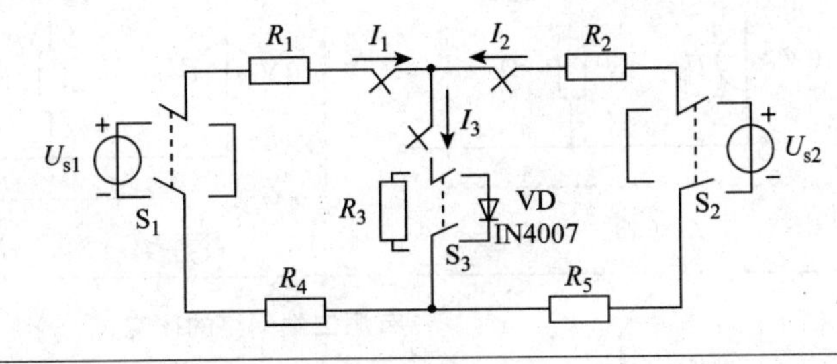</td></tr>
</table>

测试结果

叠加定理测试结果

激励 \ 响应		I_1	I_2	I_3	U_{R1}	U_{R2}	U_{R3}	U_{R4}	U_{R5}
$U_{s1}=6$ V	$U_{s2}=0$								
$U_{s1}=0$	$U_{s2}=12$ V								
$U_{s1}=6$ V	$U_{s2}=12$ V								
$U_{s1}=12$ V	$U_{s2}=0$								

结论：

表 B-4 体验戴维南定理

任务要求	① 正确使用测试仪表测量有源二端网络的开路电压 U_{oc} 和入端等效电阻 R_i； ② 测定有源二端网络的外特性并进行相关数据分析及数据计算； ③ 测定戴维南等效电路的外特性		
测试设备	设备名称	型号或规格	数量
	电工电路综合实训台（恒压源、电阻、）		1 套
	直流稳压电源	0 ~ 30 V	1 台
	直流电压表、电流表		各 1 块

测试电路

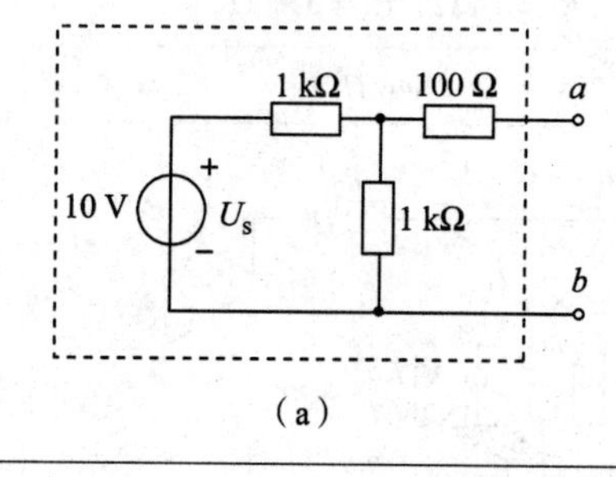

（a）

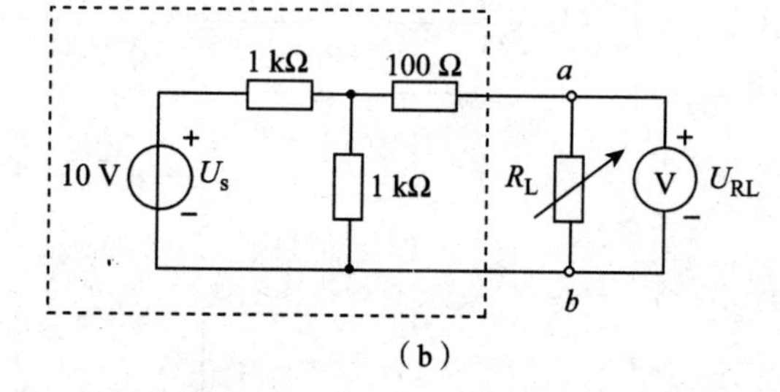

（b）

测试结果

有源二端网络的研究

有源二端网络		开路电压 U_{oc} = ____V						入端等效电阻 R_i = ____Ω				
负载电阻 $R_L(\Omega)$		0	100	200	300	400	450	500	600	700	800	900
有源二端网络	U(V)											
	I(mA)											
	$P=I^2R_L$(W)											
戴维南等效电路	U(V)											
	I(mA)											
	$P=I^2R_L$(W)											

结论分析：

表 B－5　寻找最大功率传输的条件实验

<table>
<tr><td>任务要求</td><td colspan="3">① 理解阻抗匹配，掌握最大功率传输的条件，正确使用测试仪表；
② 掌握根据电源外特性设计实际电源模型的方法，正确分析相关数据及数据计算</td></tr>
<tr><td rowspan="4">测试设备</td><td>设备名称</td><td>型号或规格</td><td>数量</td></tr>
<tr><td>电工电路综合实训台（恒压源、电阻）</td><td></td><td>1 套</td></tr>
<tr><td>MEL－06 组件（电组箱）</td><td></td><td>1 套</td></tr>
<tr><td>EEL－51 组件（直流电压表、电流表）</td><td></td><td>各 1 块</td></tr>
<tr><td>测试电路</td><td colspan="3">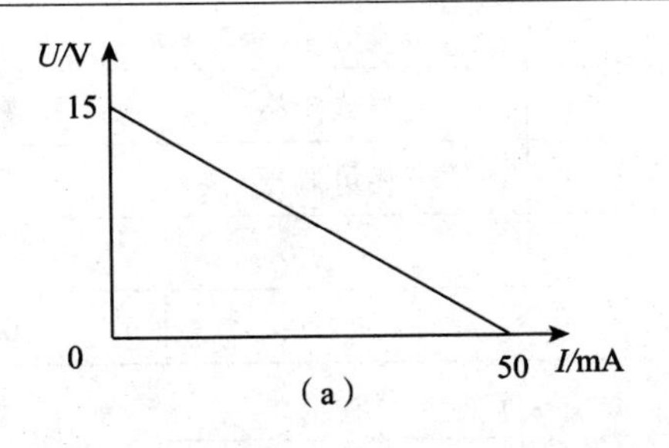

（a）
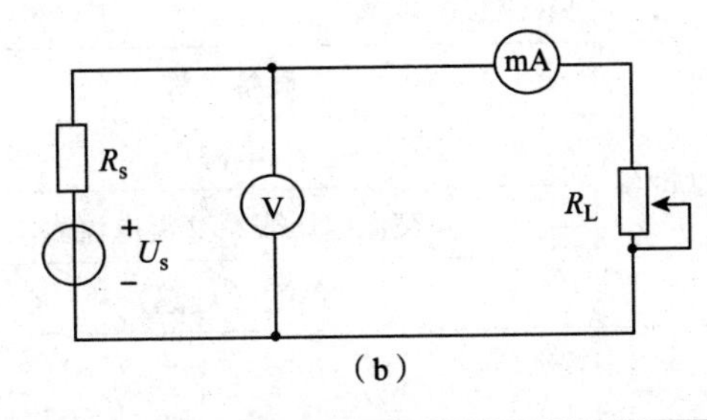

（b）</td></tr>
<tr><td>测试结果</td><td colspan="3">电路传输功率测试结果</td></tr>
</table>

电路传输功率测试结果

测量值	0	100	200	300	400	500	600
U							
I							
P							

结论：

附录 C　测试工作任务单（三）

表 C－1　正弦交流电流、电压的测试

任务要求	① 学会使用交流电压表、交流电流表； ② 根据给定电路，正确测出数据； ③ 撰写测试报告		
测试设备	设备名称	型号或规格	数量
	电源	三相可调压	1 套
	交流电压表、交流电流表		各 1 只
	负载（灯泡）		6 只
测试电路	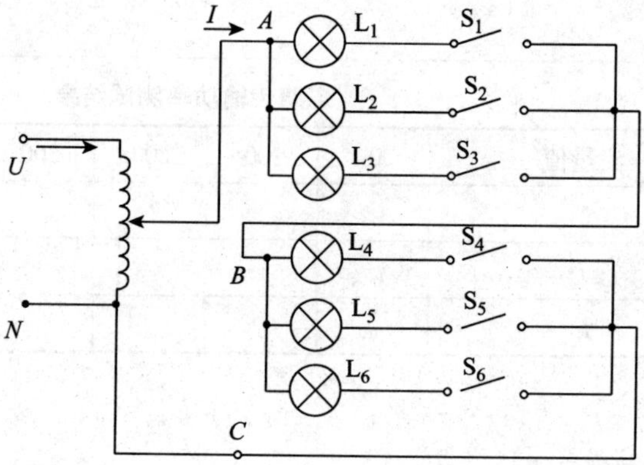 电路说明： 交流电压为 220 V，频率为 50 Hz		
测量结果			

表C-2　示波器的使用

任务内容

① 熟悉任务中所使用的示波器的布局，各按键开关的作用及其使用方法；
② 学会使用示波器观察各种电信号波形，定量测出正弦信号的波形参数；
③ 初步掌握双踪示波器的使用

测试设备

设备名称	型号或规格	数量
电工电路综合实训台（含信号发生器）		1套
交流电压表		1块
交流电流表		1块
双踪示波器		1台

测试程序

① 双踪示波器的自检：

将示波器的 Y 轴输入插口 Y_A 或 Y_B 端，用同轴电缆接至双踪示波器面板部分的“标准信号”输出，然后开启示波器电源，指示灯亮，稍后，协调地调节示波器面板上的“辉度”、“聚焦”、“辅助聚焦”、“X轴位移”、“Y轴位移”等旋钮，使在荧光屏的中心部分显示出线条细而清晰、亮度适中的方波波形；通过选择幅度和扫描速度灵敏度，并将它们的微调旋钮旋至“校准”位置，从荧光屏上读出该“标准信号”的幅值与频率，并与标称值（0.5 V，1 kHz的信号）作比较，如相差较大，请指导老师给予校准

② 正弦波信号的观测：

将示波器的幅度和扫描速度微调旋钮旋至“校准”位置。

通过电缆线，将信号发生器的正弦波输出口与示波器的 Y_A 或 Y_B 插座相连。

接通电源，调节信号源的频率旋钮，使输出频率分别为50 Hz，1.5 kHz和20 kHz（由频率计读出），输出幅值分别为有效值0.1 V，1 V，3 V（由交流毫伏表读得），调节示波器 Y 轴和 X 轴灵敏度至合适的位置，并将其微调旋钮旋至“校准”位置。从荧光屏上读得幅值及周期

测试结果

正弦波信号频率的测定

频率计读数 / 测量内容	50 Hz	1.5 kHz	20 kHz
示波器“t/cm”位置			
一个周期所占格数 n(cm)			
信号周期 T(s)			
计算所得频率 f(Hz)			

正弦波信号幅值的测定

频率计读数 / 测量内容	50 Hz	1.5 kHz	20 kHz
示波器“t/cm”位置			
波形峰峰值格数 b(cm)			
峰值 U_m(V)			
计算所得有效值 U(V)			

表 C-3 电阻元件中电压与电流之间关系的测试

<table>
<tr><td>任务要求</td><td colspan="3">① 正确使用交流电压表、交流电流表分别测量电源和电阻两端的电压以及通过电阻的电流；
② 用双踪示波器观察电阻两端电压的波形；
③ 撰写测试报告</td></tr>
<tr><td rowspan="5">测试设备</td><td>设备名称</td><td>型号或规格</td><td>数量</td></tr>
<tr><td>交流电压表、交流电流表</td><td></td><td>1 只</td></tr>
<tr><td>电阻、变阻器</td><td></td><td>各 1 只</td></tr>
<tr><td>函数信号发生器（或交流电源）</td><td></td><td>1 台</td></tr>
<tr><td>双踪示波器</td><td></td><td>1 台</td></tr>
<tr><td>测试电路</td><td colspan="3">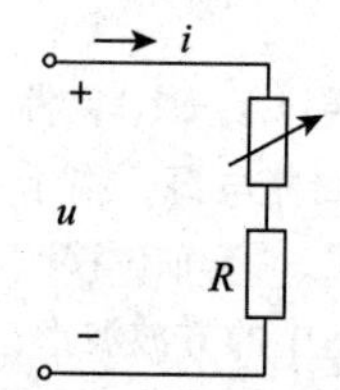

电路说明：
① 被测电阻 $R=100\ \Omega$；
② 交流电源用函数信号发生器代替，$U_{pp}=10\ V$，频率 $f=1\ kHz$</td></tr>
<tr><td>测量结果</td><td colspan="3">电阻元件电压与电流关系测量结果
<table><tr><td>U_m/I_m</td><td>U/I</td><td>相位差</td></tr><tr><td></td><td></td><td></td></tr><tr><td></td><td></td><td></td></tr><tr><td></td><td></td><td></td></tr></table></td></tr>
</table>

表 C-4　电感元件中电压与电流关系的测试

任务要求

① 测量电源和电感两端的电压，测量电路中的电流；
② 用示波器观察电阻两端电压和流过电感的电压的波形；
③ 撰写测试报告

测试仪器

设备名称	型号或规格	数量
电感器		2 只
交流电压表		1 块
交流电流表		1 块
数字万用表		1 块
函数信号发生器		1 台
示波器		1 台

测试电路

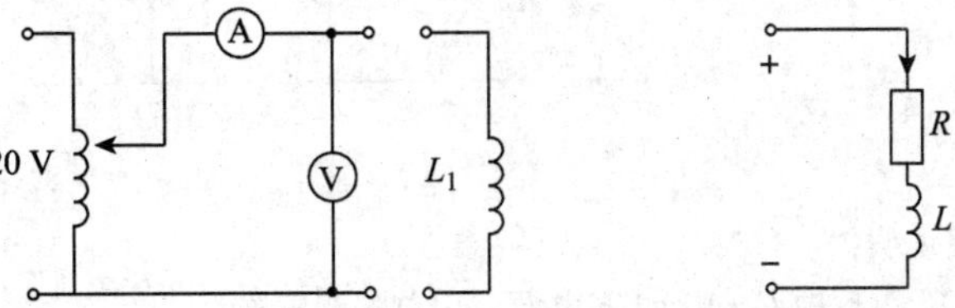

220 V　L_1　R　L　+　−

(a)　(b)

电路说明：
① 图（a）中 L_1 可用一空芯线圈，电源用单相调压器；
② 图（b）中电感 $L=100$ mH，电阻 $R=10\ \Omega$，交流电源用函数信号发生器代替，$U_{pp}=10$ V，频率 $f=1$ kHz

测量结果

电感元件伏安特性测量结果

电压（V）/ 电流	30	35	45	40	50
I					

电感元件电压与电流关系测量计算结果

U/I	U_m/I_m	相位差

分析测量结果：得出电感上的 U_m/I_m 及 U/I；电感上电压与电流的相位差

表 C-5 电容元件中电压与电流关系的测试

<table>
<tr><td>任务内容</td><td colspan="3">① 测试电容的伏安特性；
② 用示波器观察电压、电流波形及相位差</td></tr>
<tr><td rowspan="6">测试设备</td><td>设备名称</td><td>型号或规格</td><td>数量</td></tr>
<tr><td>交流电压表、交流电流表</td><td></td><td>各 1 块</td></tr>
<tr><td>电容器</td><td>$C = 10\ \mu F$、$C = 0.1\ \mu F$</td><td>各 1 只</td></tr>
<tr><td>数字万用表</td><td></td><td>1 块</td></tr>
<tr><td>函数信号发生器</td><td></td><td>1 台</td></tr>
<tr><td>示波器</td><td></td><td>1 台</td></tr>
<tr><td>测试电路</td><td colspan="3">220 V　A　V　C　(a)
i　+　u　−　R　C　(b)
电路说明：
① 图（a）中 $C = 10\ \mu F$，电源可用单相调压器；
② 图（b）中电容 $C = 0.1\ \mu F$，电阻 $R = 1\ k\Omega$，交流电源用函数信号发生器代替，$U_{pp} = 30\ V$，频率 $f = 50\ Hz$</td></tr>
<tr><td>测量结果</td><td colspan="3">电容元件伏安特性测量结果
<table><tr><td>电压（V）/ 电流</td><td>100</td><td>150</td><td>200</td><td>220</td><td>250</td></tr><tr><td>I</td><td></td><td></td><td></td><td></td><td></td></tr></table>
电容元件电压与电流关系计算结果
<table><tr><td>U_m/I_m</td><td>U/I</td><td>相位差</td></tr><tr><td></td><td></td><td></td></tr><tr><td></td><td></td><td></td></tr><tr><td></td><td></td><td></td></tr></table>
分析测量结果：得出电感上的 U_m/I_m 及 U/I；电容上电压与电流的相位差</td></tr>
</table>

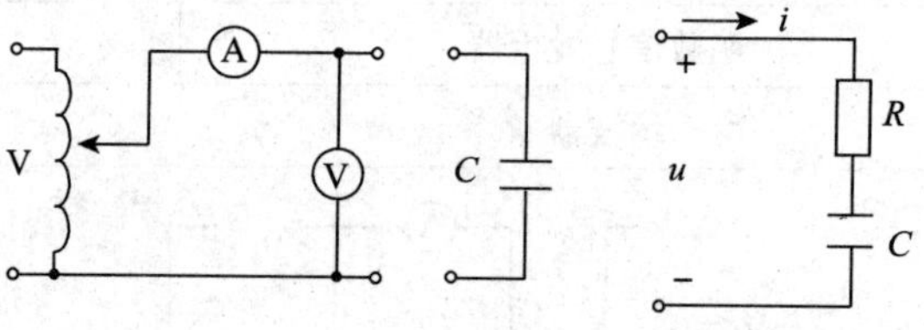

表C－6　日光灯照明电路的安装与测试

<table>
<tr><td>任务要求</td><td colspan="3">① 正确安装日光灯照明电路；
② 正确使用仪器和仪表，测出日光灯电路中电源、灯管、镇流器两端的电压并测量电路中的电流；
③ 撰写安装与测试报告</td></tr>
<tr><td rowspan="5">测试设备</td><td>设备名称</td><td>型号或规格</td><td>数量</td></tr>
<tr><td>日光灯及附件</td><td></td><td>1套</td></tr>
<tr><td>交流电压表</td><td></td><td>1块</td></tr>
<tr><td>交流电流表</td><td></td><td>1块</td></tr>
<tr><td>数字万用表</td><td></td><td>1块</td></tr>
<tr><td>安装与测试电路</td><td colspan="3">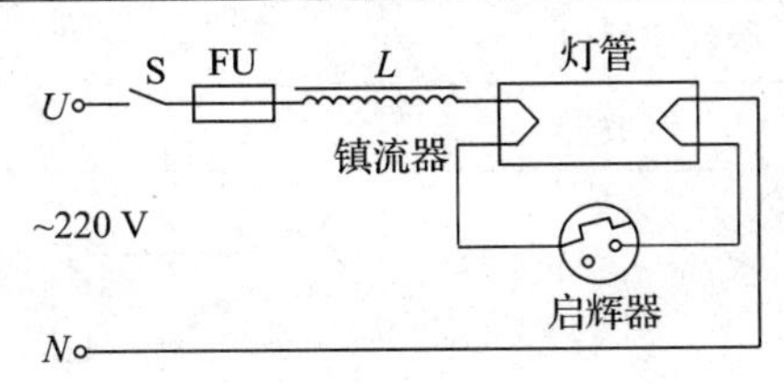

电路说明：
① 日光灯的功率为40 W；
② 在电路两端接上正弦交流电压 $U=220$ V，$f=50$ Hz</td></tr>
<tr><td>测试结果</td><td colspan="3">测试电路中电压与电流的数据表

项目 | 灯管 | 镇流器 | 电源
电压 | | |
电流 | | |

分析实验数据，找到日光灯电路中电源、灯管、镇流器两端的电压之间的关系</td></tr>
</table>

测试电路中电压与电流的数据表

项目	灯管	镇流器	电源
电压			
电流			

表 C－7　*RLC* 串联电路测试

<table>
<tr><td>任务要求</td><td colspan="3">① 用交流电压表测出电阻、电容、电感元件上的电压；
② 用交流电流表测出电路中电流；
③ 用示波器观察电源、电阻、电感和电容两端电压的波形；
④ 撰写测试报告</td></tr>
<tr><td rowspan="7">测试设备</td><td>设备名称</td><td>型号或规格</td><td>数量</td></tr>
<tr><td>电阻、电容、电感元件</td><td></td><td>各 1 只</td></tr>
<tr><td>交流电压表</td><td></td><td>1 块</td></tr>
<tr><td>交流电流表</td><td></td><td>1 块</td></tr>
<tr><td>数字万用表</td><td></td><td>1 块</td></tr>
<tr><td>函数信号发生器</td><td></td><td>1 台</td></tr>
<tr><td>示波器</td><td></td><td>1 台</td></tr>
<tr><td>测试电路</td><td colspan="3">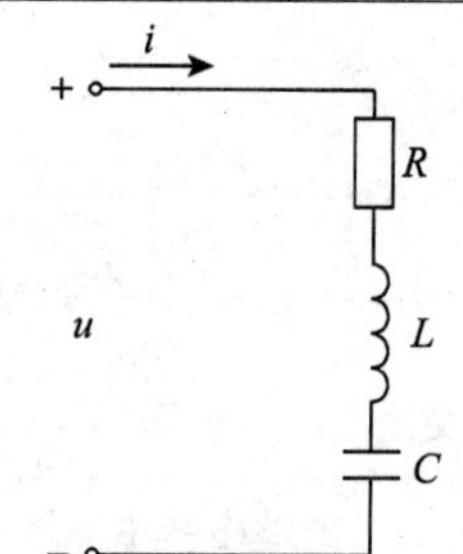

电路说明：
① 电容 $C=20\ \mu F$、电感 $L=100\ mH$、电阻 $R=100\ \Omega$；
② 在电路两端接上正弦交流电压，$U=50\ V$，$f=50\ Hz$</td></tr>
<tr><td>测试结果</td><td colspan="3"></td></tr>
</table>

表 C－8 功率因数的测量及提高的方法

任务要求

① 测量日光灯电路功率因数；
② 找出提高感性负载功率因数的方法；
③ 撰写测试报告

测试设备

设备名称	型号或规格	数量
日光灯套件		1套
交流电压表、交流电流表		各1块
电容器		5只
功率表		1只
自耦调压器（输出交流可调电压）		1台

测试电路

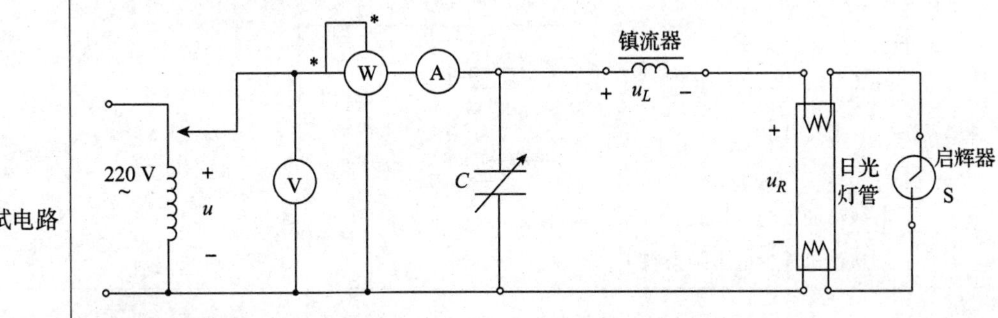

电路说明：
① 取电容 $C=1\ \mu F$；2.2 μF；3.2 μF；4.3 μF；5.3 μF；
② 日光灯为 220 V，40 W

测试结果

提高电感性负载功率因数实验数据

$C(\mu F)$	$U(V)$	$U_R(V)$	$U_L(V)$	$I(A)$	$P(W)$	$\cos\varphi$
0						
1						
2.2						
3.2						
4.3						
5.3						

表 C－9　串联谐振电路的条件测试

<table>
<tr><td>任务内容</td><td colspan="3">① 找出实现电路谐振的方法；
② 观察谐振时的电压、电流特性，测绘 RLC 串联谐振曲线；
③ 撰写测试报告</td></tr>
<tr><td rowspan="5">测试设备</td><td>设备名称</td><td>型号或规格</td><td>数量</td></tr>
<tr><td>信号发生器</td><td></td><td>1 套</td></tr>
<tr><td>交流毫伏表</td><td></td><td>1 只</td></tr>
<tr><td>电容器、电感器</td><td></td><td>各 1 只</td></tr>
<tr><td>电阻</td><td></td><td>2 只</td></tr>
<tr><td>测试电路</td><td colspan="3">+ u_R −
1　51 Ω　3
+
u　2　100 Ω　0.033 μF
−　9 mH
4　− u_L +

电路说明：
调整信号输出电压维持在 1 V 不变</td></tr>
<tr><td>测试结果</td><td colspan="3"></td></tr>
</table>

RLC 串联电路的幅频特性测试记录（$R=51\ \Omega$）

f(kHz)												
U_R(V)												
U_L(V)												
U_C(V)												

RLC 串联电路的幅频特性测试记录（$R=100\ \Omega$）

f(kHz)												
U_R(V)												
U_L(V)												
U_C(V)												

附录 D　测试工作任务单（四）

表 D－1　三相电源的测试

项目	内容		
任务要求	① 正确使用测试仪表测量电压等相关数据； ② 学会数据分析		
测试设备	设备名称	型号或规格	数量
	电工电路综合实训台		1 套
	数字万用表		1 块
	交流电压表		1 块
测试电路			

测试结果

相电压测量结果

相电压	U_{AN}	U_{BN}	U_{CN}
测量值			

线电压测试结果

线电压	U_{AB}	U_{BC}	U_{CA}
测量值			

线电压与相电压之间的数量关系计算

计算内容	计算值
U_{AB}与U_{AN}的数值关系	
U_{BC}与U_{BN}的数值关系	
U_{CA}与U_{CN}的数值关系	

结论分析：

表 D－2　三相负载 Y 形连接的测试

项目	内容		
任务要求	① 正确进行三相负载 Y 形连接； ② 测量三相平衡负载时的相电压、线电压、相电流及线电流； ③ 测量三相不平衡负载时的相电压、线电压、相电流及线电流		
测试设备	设备名称	型号或规格	数量
	电工电路综合实训台		1 套
	交流电压表、交流电流表		各 1 块
	三组负载（9 只白炽灯）		1 套

测试电路

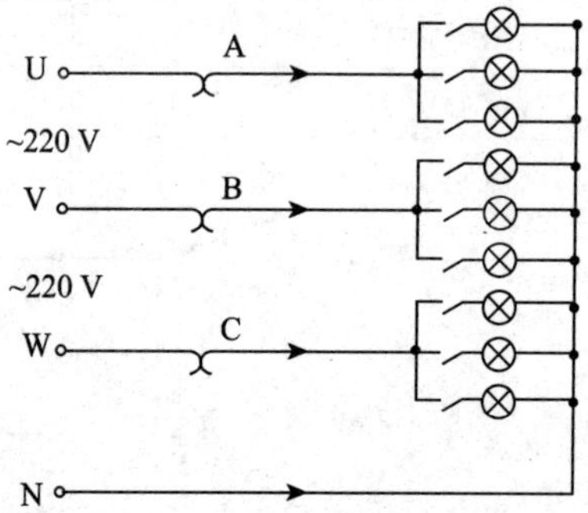

U　A
~220 V
V　B
~220 V
W　C
N

电路说明：

① 三相平衡负载 $Z_A = Z_B = Z_C$ = 交流灯泡（220 V/25 W）；

② 三相不平衡负载 $Z_A \neq Z_B \neq Z_C$

测试结果

三相负载 Y 形连接测试结果

连接方式	每相灯数（W）			线电流（A）			中线电流（A）	线电压（V）			相电压（V）		
	A	B	C	I_A	I_B	I_C	I_N	U_{AB}	U_{BC}	U_{CA}	U_A	U_B	U_C
对称 Y 形													
不对称 Y 形													
不对称 Y 形无中线													

表 D－3　三相负载三角形连接电路的测试

项目	内容
任务要求	① 正确进行三相负载△形连接； ② 正确使用测试仪表测量测量三相负载△形连接时的相电压、线电压、相电流及线电流

测试设备	设备名称	型号或规格	数量
	电工电路综合实训台		1 套
	交流电压表、交流电流表		各 1 块
	三组负载（9 只白炽灯）		1 套
	数字万用表		1 块

测试电路

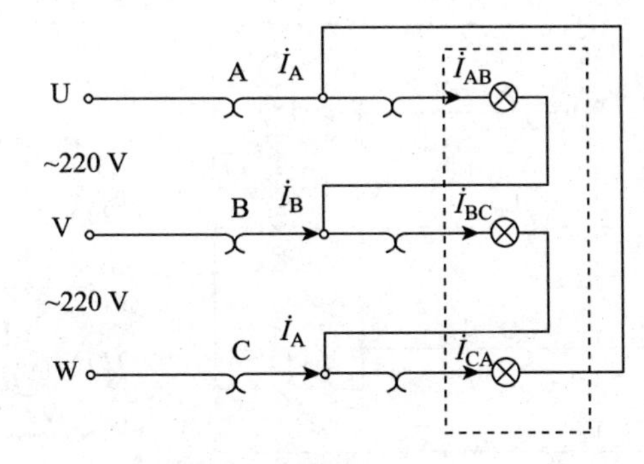

电路说明：

① 三相平衡负载 $Z_A = Z_B = Z_C =$ 交流灯泡（220 V/25 W）；

② 三相负载接到三相电源上

测试程序

三相负载三角形连接测试结果

连接方式	每相灯数（W）			线电流（A）			线电压（V）			相电流（A）		
	A－B	B－C	C－A	I_A	I_B	I_C	U_{AB}	U_{BC}	U_{CA}	I_{Ab}	I_{BC}	I_{CA}
对称三角形	1	1	1									
不对称三角形	1	2	3									

表 D-4　三相负载功率的测试

<table>
<tr><td>任务要求</td><td colspan="3">① 正确使用瓦特表，测量平衡三相负载消耗的功率；
② 测量不平衡三相负载消耗的功率；
③ 学会一瓦特表法、二瓦特表法的测量方法</td></tr>
<tr><td rowspan="5">测试设备</td><td>设备名称</td><td>型号或规格</td><td>数量</td></tr>
<tr><td>电工电路综合实训台</td><td></td><td>1 套</td></tr>
<tr><td>交流电压表</td><td></td><td>1 只</td></tr>
<tr><td>交流电流表</td><td></td><td>1 只</td></tr>
<tr><td>数字万用表</td><td></td><td>1 块</td></tr>
</table>

测试电路

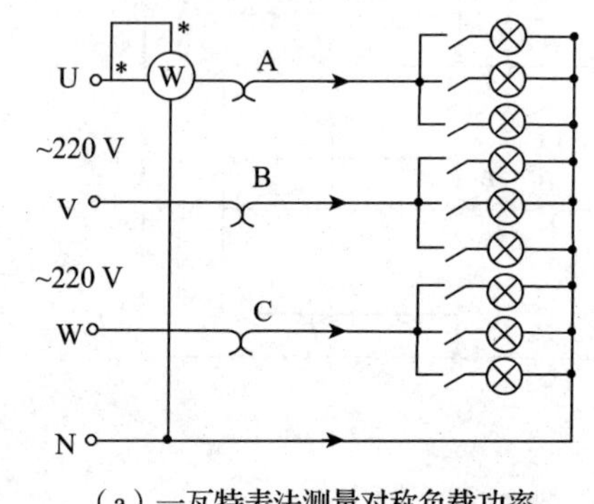

(a) 一瓦特表法测量对称负载功率

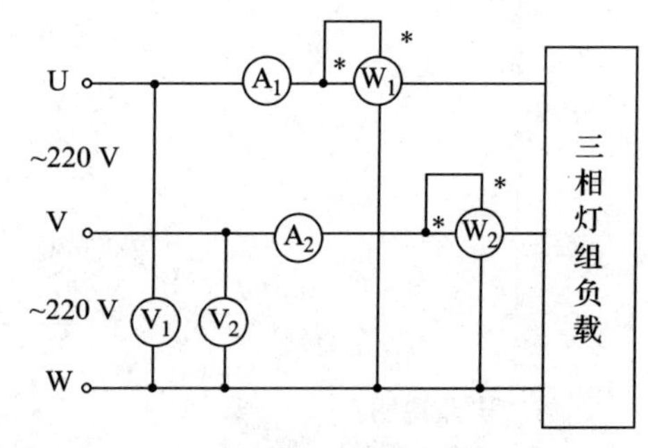

(b) 二瓦表法测定三相负载的总功率

电路说明：
交流电源的线电压为 220 V，频率为 50 Hz

测试结果

一瓦特表法测量三相负载功率测量

负载情况	开灯盏数			测量数据（W）			总功率（W）
	A 相	B 相	C 相	P_1	P_2	P_3	P
Y 形接平衡负载							
Y 形接不平衡负载							
△形接平衡负载							
△形接不平衡负载							

二瓦特表法测量三相负载功率

负载情况	开灯盏数			测量数据（W）		总功率（W）
	A 相	B 相	C 相	P_1	P_2	P
Y 形接平衡负载						
△形接平衡负载						
△形接不平衡负载						

表D-5　三相异步电动机正反转控制电路的制作

<table>
<tr><td>任务要求</td><td colspan="3">① 能正确绘出三相异步电动机正反转控制电路电路图；
② 能正确连接三相异步电动机正反转控制电路；
③ 撰写安装与测试报告</td></tr>
<tr><td rowspan="4">测试设备</td><td>设备名称</td><td>型号或规格</td><td>数量</td></tr>
<tr><td>三相异步电动机</td><td></td><td>1台</td></tr>
<tr><td>常用低压电器</td><td></td><td>各1只</td></tr>
<tr><td>数字万用表</td><td></td><td>1块</td></tr>
<tr><td>控制电路</td><td colspan="3"></td></tr>
</table>

附录E 测试工作任务单（五）

表E－1 一阶 *RC* 电路的矩形脉冲

任务内容	① 掌握用示波器等仪器测试一阶电路动态过程的方法； ② 电容电压和放电电流波形观察； ③ 测定一阶电路时间常数		
测试设备	设备名称	型号或规格	数量
	电工电路综合实训台		1套
	交流电压表		1只
	交流电流表		1只
	示波器		1台
	方波发生器		1台
测试电路	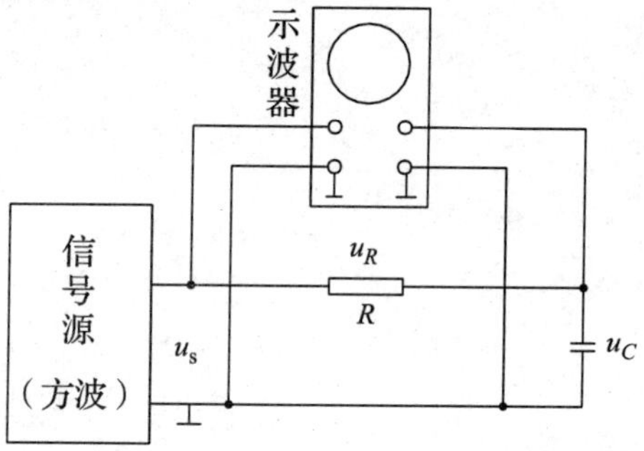 示波器 信号源（方波） u_s u_R R u_C		
测试结果			

表 E－2　延时开关电路的设计和制作

<table>
<tr><td>任务要求</td><td colspan="3">① 规划、设计一个延时 1 分钟关灯电路；
② 正确安装延时开关电路；
③ 撰写安装与测试报告</td></tr>
<tr><td rowspan="4">测试设备</td><td>设备名称</td><td>型号或规格</td><td>数量</td></tr>
<tr><td>电工电路综合实训台</td><td></td><td>1 套</td></tr>
<tr><td>电工工具</td><td></td><td>1 套</td></tr>
<tr><td>数字万用表</td><td></td><td>1 块</td></tr>
<tr><td>制作电路</td><td colspan="3">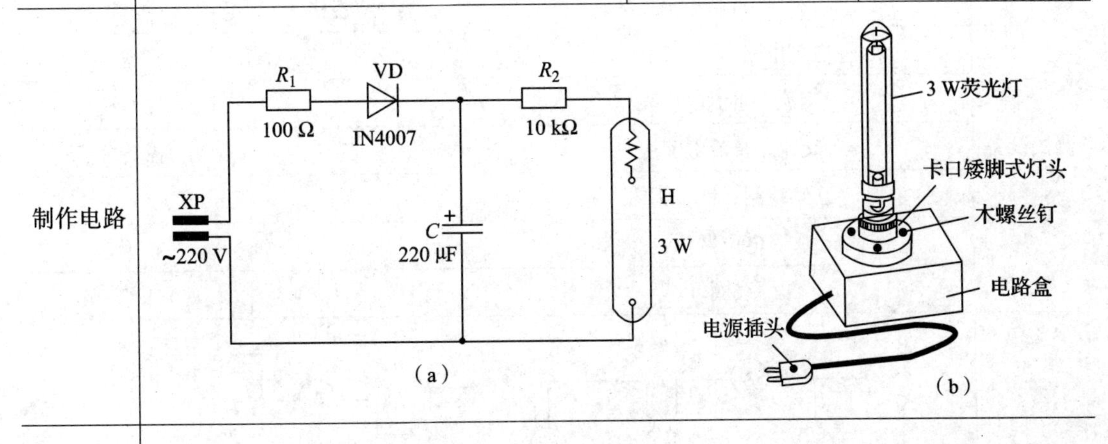

（a）　（b）</td></tr>
<tr><td>制作体会</td><td colspan="3"></td></tr>
</table>

附录 F　测试工作任务单（六）

表 F－1　同名端的测试

<table>
<tr><td>任务内容</td><td colspan="3">① 观察互感现象；
② 学会测定互感线圈同名端的方法</td></tr>
<tr><td rowspan="7">测试设备</td><td>设备名称</td><td>型号或规格</td><td>数量</td></tr>
<tr><td>电工电路综合实训台</td><td></td><td>1 套</td></tr>
<tr><td>交流、直流电压表</td><td></td><td>各 1 只</td></tr>
<tr><td>交流、直流电流表</td><td></td><td>各 1 只</td></tr>
<tr><td>互感线圈，铁、铝棒</td><td></td><td>各 1 块</td></tr>
<tr><td>电位器</td><td></td><td>1 套</td></tr>
<tr><td>线圈</td><td></td><td>1 组</td></tr>
<tr><td>测试电路</td><td colspan="3"> 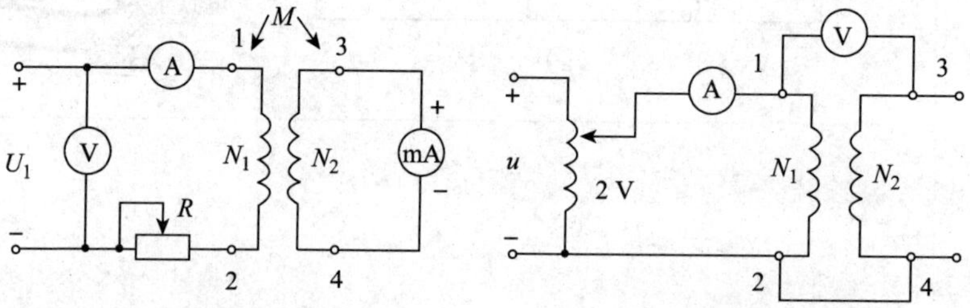（a）直流法测同名端电路
（b）交流法测同名端电路</td></tr>
<tr><td>测试结果</td><td colspan="3"></td></tr>
</table>

表F－2 互感系数的测量

<table>
<tr><td>任务内容</td><td colspan="3">① 观察互感现象；
② 学会测定互感系数以及耦合系数的方法</td></tr>
<tr><td rowspan="7">测试设备</td><td>设备名称</td><td>型号或规格</td><td>数量</td></tr>
<tr><td>电工电路综合实训台</td><td></td><td>1套</td></tr>
<tr><td>交流、直流电压表</td><td></td><td>各1只</td></tr>
<tr><td>交流、直流电流表</td><td></td><td>各1只</td></tr>
<tr><td>互感线圈，铁、铝棒</td><td></td><td>各1块</td></tr>
<tr><td>电位器</td><td></td><td>1套</td></tr>
<tr><td>线圈</td><td></td><td>1组</td></tr>
<tr><td>测试电路</td><td colspan="3"> 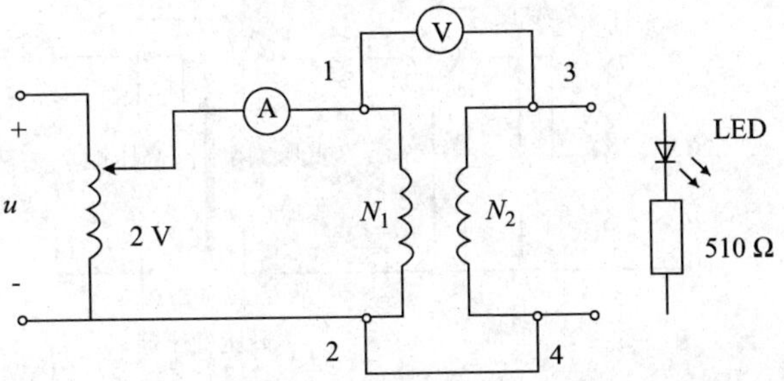V 1 3 A LED + u 2 V N_1 N_2 510 Ω - 2 4</td></tr>
<tr><td>测试结果</td><td colspan="3"></td></tr>
</table>

表 F－3 小型变压器的规划制作

任务内容

① 学会用变压器的空载实验和短路实验测铁损和铜损；
② 掌握测绘变压器空载特性和负载特性的方法

测试设备

设备名称	型号或规格	数量
交流电压表、电流表	RTT03－1	各 1 块
单相功率表	RTT04	1 只
实验变压器	220 V/36 V/50 VA	1 台
自耦调压器		
白炽灯	10 W/220 V	

测试电路

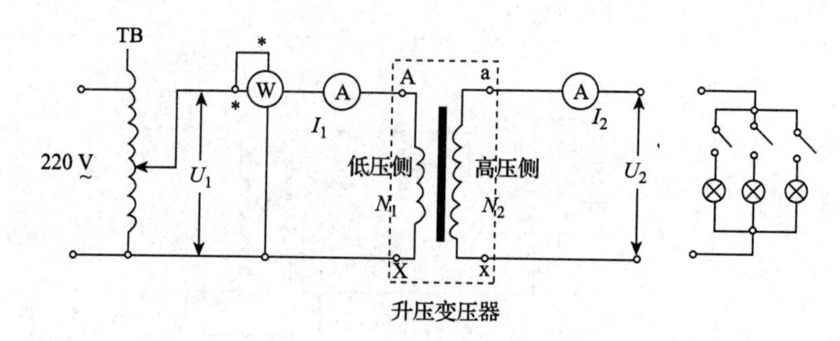

升压变压器

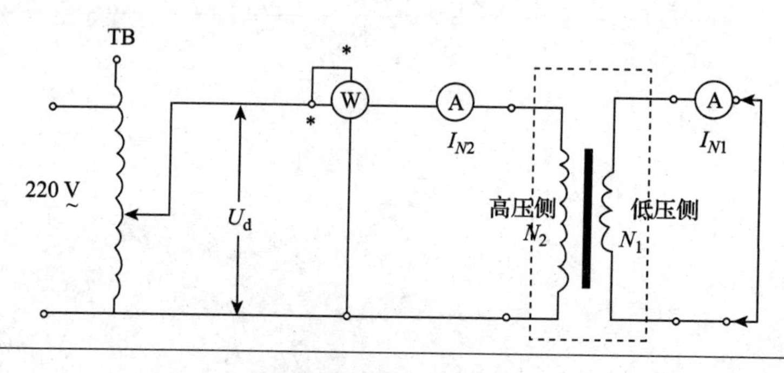

测试结果

变压器的空载实验

测 量 数 据					计算数据
U_{N1}(V)	U_{20}(V)	I_0(A)	P_0(W)	$\cos\phi_0$	变压器变比 K

将高压线圈（副边）开路，确认调压器处在零位后，合上电源，调节调压器输出电压，使 U_1 从零逐次上升到1.2倍的额定电压（1.2×36 V），分别记下各次测得的 U_1、U_{20}和 I_{10}，数据记入表 中，并绘制变压器的空载特性曲线

变压器的空载特性

U_1(V)	5	10	15	20	25	30	35	40	43
U_{20}(V)									
I_{10}(A)									

续表

③ 负载实验。

变压器负载特性

开灯盏数 测量项目	0	1	2	3	计算数据	
U_1(V)					$\Delta U\%$	$\mu\%$
U_2(V)						
I_2(A)						
P_1(W)						

④ 短路实验。

变压器短路实验

测量数据				计算数据		
I_{IN}(A)	U_d(V)	I_{2N}(A)	P_{CUN}(W)	Z_d(Ω)	R_d(Ω)	X_d(Ω)

参 考 文 献

［1］王兆奇. 电工基础［M］. 北京：机械工业出版社，2000.

［2］黎炜. 电工原理与技能训练［M］. 西安：西安电子科技大学出版社，2009.

［3］曹才开，郭瑞平. 电路分析基础［M］. 北京：清华大学出版社，2009.

［4］文孟莉. 电气技术基础及应用［M］. 北京：国防工业出版社，2009.

［5］季顺宁. 电工电路测试与设计［M］. 北京：机械工业出版社，2008.